德热纳专辑暨软物质物理学名著选译

《高分子物理学中的标度概念》

本书是德热纳的代表作之一，是国际高分子科学界在研究和教学中引证最多、最重要的参考书。全书以标度概念为主线阐述了高分子的静态构象，动力学和计算方法，共计十一章：单链，高分子熔体，高分子良溶液，不相容性和分凝，高分子凝胶，单链动力学，多链体系：呼吸模式，缠结效应，自洽场和无规相近似，高分子统计学与临界现象之间的关系，重正化群理论简介。本书的基础是简单的概念和标度律，所讨论的主要问题均概括于标度的统一理论框架之中，避免了理论物理学所需的艰深且繁杂的数学表示，目前已为高分子科学界广泛接受和采用。本书可供从事化学和化学工程、物理学、生物学、材料科学等相关科学技术领域的广大科研工作者、高校教师、研究生和高年级大学生参考。

《毛细和润湿现象——液滴、气泡、液珠和表面波》

本书是由德热纳和表面和界面科学领域的著名科学家 Françoise Brochard-Wyart 和 David Quéré 共同编著的，已被译成多种语言发行。本书阐述了日常生活中，以及作者在与工业界合作交流中发现的，与毛细和润湿现象相关的重要科学问题。作者借助简单的物理体系，并通过较少的数学工具，向读者介绍了基本物理概念和方程；其目的是阐述结论而非深入详细地推导，更多地依靠物理化学而不是统计物理知识。这种方法能使读者更清晰地抓住物理现象的本质和要点。本书内容丰富、语言简洁、物理图像清晰，涵盖了毛细和润湿现象的各个分支领域。可作为高等学校物理、化学、材料和生物专业的本科生和研究生教学参考书，也可供教师及其他相关学科的科研人员参考。

皮埃尔－吉耶·德热纳（Pierre-Gilles de Gennes），著名法国物理学家，1932年10月24日出生于法国巴黎。十二岁前仅接受家庭教育，之后以第一名成绩考入巴黎高等师范学院，1955年毕业后入法国原子能中心，任研究工程师，开始研究中子散射和磁学，1957年获博士学位。1959年赴美，在加州大学伯克利分校做博士后。在法国海军服务27个月后，1961年任巴黎大学副教授并领导Orsay超导体研究组开展超导体研究，1968年转入液晶研究。1971年任法兰西公学院物理学教授，参与并领导法国三大实验室的高分子物理学联合研究，1980年起开始研究界面现象，尤其是润湿动力学和黏合的物理化学，大力倡导对“软物质”的深入探索。1991年获诺贝尔物理学奖。1992—1994年在全法200多所高中宣传讲解“软物质”，这些讲话后来汇集成一本有名的科普书《软物质与硬科学》于1994年出版。1976—2002年他兼任巴黎工业物理和化学高等学校校长。2002年退休后在巴黎居里研究所任教授，研究细胞的黏附及大脑的功能等生物物理学问题。2007年5月18日，德热纳在Orsay去世，享年75岁。

德热纳一生的研究横跨物理学、化学和生物学等广泛的领域，涉及从固体物理到液晶物理、高分子物理等重大研究方向，以及软物质物理学和生物物理学的许多新课题。在这些研究方向上，德热纳均以其独具的风格作出了许多重大贡献，受到国际学术界的高度评价。诺贝尔基金会在对他的授奖理由中称：德热纳“把在研究简单系统中有序现象而创造的方法，成功地推广到更为复杂的物质形态，特别是液晶和高分子”，“证明了研究简单体系而发展的数学模型，同样可以应用到如此复杂的体系。他发现物理学中仿佛完全不相关的不同领域是有联系的，过去还无人明白这些关联”。他们将德热纳誉为“当代的牛顿”。

德热纳生前是法国科学院、德国科学院、美国国家艺术与科学院、美国国家科学院等的院士，以及英国皇家学会会员。他先后荣获的主要荣誉还有：法国和英国物理学会联合霍尔维克奖、法国科学院安培奖、法国国家科研中心金质奖章、意大利科学院马特西奖章、以色列哈维奖和沃尔夫奖、德国艺术和科学院洛伦兹奖、美国化学会和美国物理学会的高分子奖等。

本专辑包含了德热纳的主要学术著作，它们均为学术界公认的经典之作。除此之外，他生前还出版了自选的论文集《凝聚态物质的简单图像》（1980，1998，2003）；他去世后，他的亲密同事从他研究过的15个领域的500多篇原始论文中，精选评注编辑成了两集论文选《P. G. 德热纳对科学的影响，卷I和卷II》（2009）。这些都是他宝贵的学术遗产。

德热纳于1991年12月9日所作的诺贝尔演讲题目叫作“软物质”（Soft Matter）。在演讲的最后，他引用了下面这首诗，它是有名的法国雕版画“肥皂泡”（上图）的附诗。这首诗从某种程度上表明了德热纳对人生和科学事业的态度。

Amusons-nous. Sur la terre et sur l’onde
Malheureux, qui se fait un nom!
Richesse, Honneurs, faux éclat de ce monde,
Tout n’est que boules de savon.

德热纳的英译：

Have fun on sea and land
Unhappy it is to become famous
Riches, honors, false glitters of this world
All is but soap bubbles

中文可会意如下：

游戏海洋，游戏陆上；
不幸啊，一举天下名扬。
富贵世上，虚假闪亮；
到头啊，都是皂泡一场。

1991年诺贝尔物理学奖获得者

P. G. DE GENNES 著作选译 第一辑

SUPERCONDUCTIVITY OF METALS AND ALLOYS

JINSHU YU HEJIN DE CHAODAO DIANXING

金属与合金的超导电性

P. G. 德热纳 著 邵惠民 译

高等教育出版社·北京
HIGHER EDUCATION PRESS BEIJING

图字:01 - 2012 - 8635 号

图书在版编目(CIP)数据

金属与合金的超导电性/(法)德热纳著;邵惠民译. -- 北京:高等教育出版社, 2013.3
书名原文:Superconductivity of Metals and Alloys
ISBN 978-7-04-036886-4

Ⅰ.①金… Ⅱ.①德… ②邵… Ⅲ.①金属-超导电性②合金-超导电性 Ⅳ.①O511

中国版本图书馆 CIP 数据核字(2013)第 019973 号

策划编辑 王 超　　责任编辑 王 超　　封面设计 刘晓翔　　版式设计 杜微言
责任校对 刘 莉　　责任印制 韩 刚

出版发行	高等教育出版社	咨询电话	400-810-0598
社 址	北京市西城区德外大街 4 号	网 址	http://www.hep.edu.cn
邮政编码	100120		http://www.hep.com.cn
印 刷	涿州市京南印刷厂	网上订购	http://www.landraco.com
开 本	787mm ×1092mm 1/16		http://www.landraco.com.cn
印 张	15.75		
字 数	280 千字	版 次	2013 年 3 月第 1 版
插 页	1	印 次	2013 年 3 月第 1 次印刷
购书热线	010-58581118	定 价	49.00 元

本书如有缺页、倒页、脱页等质量问题，请到所购图书销售部门联系调换

物 料 号 36886-00

中文版序言

超导现象自1911年被发现以来,就以其独特的魅力持续不断地吸引着广大科学家的关注,这不仅因为它能展示量子力学在凝聚态物质中的一些美妙而重要的规律,同时又具有很多潜在的应用。实现室温超导是人们梦寐以求的事情。超导实际上是电子系统在凝聚态物质中发生量子凝聚以后的现象,表现出很多奇异的性质,如有限温度下的零电阻和完全抗磁特性等等。对她的研究尽管已经过去了101年,但是研究对象和研究内容都不断更新,层出不穷。伴随研究的深入,人们逐渐认识到,在一些新型的超导体中,如铜氧化物超导体和铁基超导体中,其配对方式超出原来解释超导图像的基本理论(BCS理论)的范畴,而正常态也偏离建立该理论的基本框架,即基于朗道–费米液体理论和能带论。尽管如此,在这些非常规超导材料中,BCS超导理论的很多概念仍然是适用的,超导态基本上都是由于库珀对的凝聚而出现的,低能激发也近似可以用博戈留波夫准粒子激发理论加以理解。因为超导态载流子是库珀对,而且超导态具有宏观量子相干特性,因此磁通线仍然存在,磁通动力学运动方式会由于材料晶格结构和电子结构参量的不同而有所变化,出现了诸如饼涡旋、磁通玻璃态、磁通晶格熔化和不可逆线等新概念和新现象。

由法国著名科学家P. G. de Gennes原著,由南京大学邵惠民教授翻译的这本《金属与合金的超导电性》,在超导基本知识的描述方面都是准确而且经过时间检验的。书中为了阐述一些重要概念,作者都作了较为详尽的推导。这本书深入浅出、概念明晰,对于我们理解超导的基础知识方面非常有帮助,尤其是对于研究生阶段的学习,这是一本有重要参考价值的书籍。为此,译者在早期(1980年)首版的基础上稍加修订,重新出版该书。

在本书的结尾部分,应邵惠民教授之邀,我们对目前非常规超导体研究的新进展作一个简述,以衔接这本书的知识内容与超导基础研究最新前沿动态。这是一个很难达到的目的,因为非常规超导研究已经发展成为内容十分广阔的研究领域,不是一个寥寥数页的简述所能详尽的。但愿我们这个简单的介绍能够起到一个抛砖引玉的作用。

闻海虎,邢定钰
南京大学固体微结构国家重点实验室
南京大学物理学院
2012年6月18日于南京

目　录

特　序

《金属与合金的超导电性》是在后BCS期间,在一次巨大激情中写成的。在很长一段时间之后,由于B. Matthias的英年早逝,材料科学的进展放慢了很多。尽管理论上的自慰感存在危险,但是除了像重费米子系统[①]这种困难情况之外,BCS理论上的每个方方面面似乎都非常之适合。

三年前,当铜氧化物系统(高温超导系统)为材料科学家创造了新一波的热情时,BCS理论上的这种自慰感被动摇了;曾经提出的二十个(或更多)的理论模型(包括我自己的),都在一个惊人的速度下崩溃;那些抵制、反驳不一定最令人兴奋不已。

通过重印这本书,然后我们重新来审查S波对称的库珀对,适当地鼓励通过二维约束来考虑问题,这可能是一个好主意。如果这才是大自然的选择(我很遗憾),重印这本旧书也许将被辩解。尽管许多技术细节可以改进,但我希望这种精神依然存在。

我现在远远不能从这个领域中再考虑出什么新东西出来,但我积累了很多朋友的有用的更正,它们现在已被纳入文本。

如果有朝一日,我们得到的导电聚合物是液体,或可溶,且具有超导电性,到那时,我会重新改写这本书。在这期间,我欢迎新读者,并且为大胆攻克铜氧化物(高温超导体)的那些人致以最好的祝福。

P. G. 德热纳

1989年2月于巴黎

①在这系统中存在许多不稳定复杂因素, 这一系列因素孰轻孰重? 在各具体材料上又各不相同,从而导致复杂化。

序 言

本书与1962年至1963年期间在奥尔赛讲授的入门课程的内容大体相同。该课程的主要目的,在于为我们小组的实验人员与理论人员(讲演者也包括在内)提供关于超导电性的基本知识,并以此为基础,规划新的实验。

有可能(实际上也是很诱人的)将超导电性作为长程有序的一个新颖例子引进来,然后通过对有序参数相位的研究,推导出超流性质、磁通量子化以及约瑟夫森效应。再转到朗道 – 金兹堡方程,并讨论超导体的磁学性质。最后,在作了一系列特殊假定的基础上,讨论了巴丁、库珀、施瑞弗理论及其应用。

但是,我们在奥尔赛开展超导电性实验的愿望,较之在教学上进行试验更为迫切,因此我们没有尝试用上述讲法。本书以第一类与第二类超导体的磁学性质的初步讨论为开端,然后用博戈留波夫自洽场方法建立微观理论;这种方法很适用于有序参数在空间受到调制的那些有趣情形,而且它还保留了某些和单粒子波函数相关的物理图像。在这段内容中,我们系统地讨论了合金的性质,特别是所谓的"脏"合金(尽管称为脏合金,其实它们往往是实验室中所能获得的最清洁的系统),这些讨论是和纯金属并列论述的。

我们有意略掉了某些课题。例如,关于电子 – 电子相互作用的讨论被减缩到了最低限度,因为我们无法精确地算出大多数金属超导体的基本耦合常数(正像铁磁金属情形一样)。有些模型虽在历史上曾发挥过很大作用,但如今已很少应用,我们就不去提它们了;这类例子有:(1) 戈特 – 卡西米尔理论;(2) 第二类超导体混合态的分层模型。另外还有一些课题,它所要求的理论水平超过了我们规定的标准,因此也没有讨论,如所谓的"强耦合"效应、库珀对激发态问题以及在合金化过程中与$\boldsymbol{k}$空间里有序参数的各向异性被消除有关的各种效应皆属此列。

现今这本书是综合了许多人的直接和间接的贡献而编写成的。布洛赫在早期讲习班上提出的广义自洽场方法在有限核内的应用是本书第5章的出发点。安德森论述自旋轨道效应的短文是我们处理脏超导体问题的基础。奥尔赛小组的 J. P. Burger、C. Caroli、G. Deutscher、E. Guyon、A. Martinet、J. Matricon 以及我的朋友 D. Saint James、G. Sarma、M. Tinkham、P. Pincus 一起参加了比较高深内容的推敲与讨论。作者愿向他们全体致以真诚的谢意。

每章末尾附录了少数几篇有价值的参考资料，既没有求其完整，也没有考虑历史顺序。例如，我一直推荐学生参考Tinkham的讲义[1]，而不是BCS理论的原文，因为Tinkham的讲义内容更易于理解。

P. G. 德热纳
奥尔赛
1965年10月

① 廷汉姆 M. 超导电性导论。邵惠民等译。北京：科学出版社，1985。

第 1 章

基本性质

1.1 一种新凝聚态

我们将一块锡进行冷却, 发现当温度降到 $T_c = 3.7$ K 时比热呈现反常现象 (图 1.1a). 在 T_c 以下, 锡处于一种新的热力学状态. 究竟发生了什么变化呢?

从X射线实验结果来判断, 晶格结构并**没有**变化; 这也**不是**铁磁或反铁磁转变 (通过中子的磁散射可以看到, 在原子尺度上锡不带磁矩). 令人惊异的新性质是: 锡的电阻等于零 (例如, 已观察到在锡环中感应产生的电流持续时间超过了一年). 我们说处在这种特殊相的锡是超导体, 并把持续电流称为超电流.

大量的金属和合金都是超导体, 其临界温度 T_c 的范围从不到 1 K 直到 18 K①. 甚至还发现某些重掺杂的半导体也是超导体.

历史上第一个超导体 (水银) 是卡末林·昂内斯(Kammerling Onnes) 于 1911 年发现的.

超导相的自由能 F_s 可以从比热数据推出, 它表示在图 1.1b 中 (实线). 虚线表示相应的正常金属的自由能 F_n. 差值 $(F_s - F_n)_{T=0}$ 称为凝聚能. 每个电子的凝聚能的数量级并非 $k_B T_c$、其实要小得多, 约为 $(k_B T_c)^2/E_F$ 的数量级 (E_F 是正常金属传导电子的费米能). 较典型的数据是: $E_F \sim$leV, $k_B T_c \sim 10^{-3}$eV. 故在凝聚过程中, 能量有重大修正的电子在金属电子总数中占的比例只有 $k_B T_c/E_F (\sim 10^{-3})$.

① 1973 年美国已报道获得了 T_c 高达 23.2 K 的 Nb_3Ge 材料. ——译注

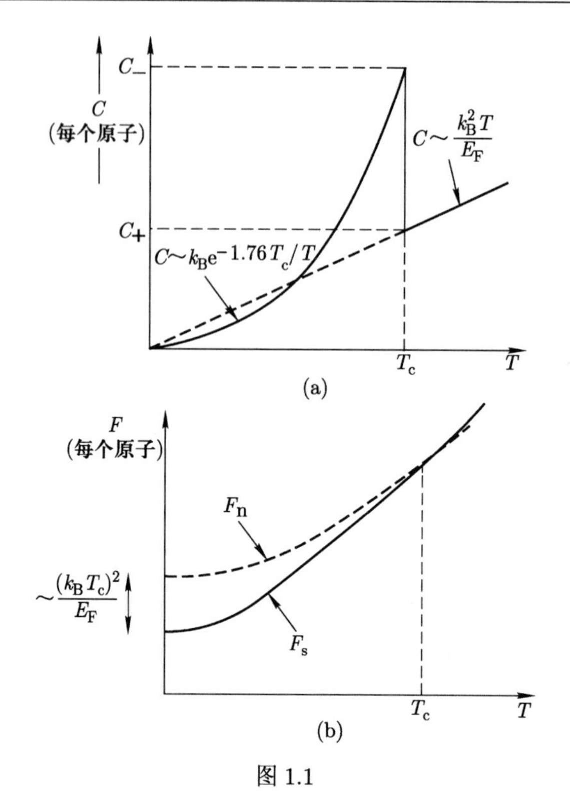

图 1.1

(a) 超导体电子比热 C(磁场等于零) 与温度的函数关系 (定性曲线). 温度高于 T_c 时 (正常相)$C_{(每个原子)}\sim k_B^2T/E_F$, 此处 E_F 是费米能. 在相变点 T_c, C 有跳跃. 在 $T\ll T_c$ 区域, C 近似为指数函数: $C\sim\exp(-1.76T_c/T)$; (b) 超导相的自由能 (F_s) 及正常相的自由能 (F_n) 与温度的关系. 二曲线在相变点 $T=T_c$ 相交 (它们各自的斜率不变). 在 $T=0$ 处, 差值 F_n-F_s(按原子平均) 是 $(k_BT_c)^2/E_F$ 的数量级.

1.2 抗磁性质

1.2.1 伦敦方程

现在把我们在能量上所作的考虑加以推广, 应用到在样品中存在超电流 $\boldsymbol{j}_s(\boldsymbol{r})$ 以及与之有关的磁场 $\boldsymbol{h}(\boldsymbol{r})$ 的情形 [1]. 我们看到, 在磁场、电流等全都很弱而且在空间变化很缓慢的极限情况下, 从自由能极小的条件可以导出一个很简单的磁场和电流的关系式 (F. 伦敦和 H. 伦敦, 1935).

现在考虑具有抛物线形导带的纯金属, 其电子的有效质量为 m. 这时自由能的形式为

$$\mathscr{F}=\int F_s\mathrm{d}\boldsymbol{r}+E_{\mathrm{kin}}+E_{\mathrm{mag}},\tag{1.1}$$

[1] 我们用 $\boldsymbol{h}$ 表示定域场值, 而保留 H 表示热力学场.

式中 F_s 是凝聚态处于相对静止时电子的能量, E_{kin} 是和持续电流相联系的动能. 让我们把 $\boldsymbol{r}$ 点的电子漂移速度记为 $\boldsymbol{v}(\boldsymbol{r})$, 它与电流密度 $\boldsymbol{j}_s$ 有关:

$$n_s e\boldsymbol{v}(\boldsymbol{r}) = \boldsymbol{j}_s(\boldsymbol{r}), \tag{1.2}$$

式中 e 是电子电荷, n_s 是每立方厘米体积内的超导电子数. 因此, 我们就有

$$E_{kin} = \int d\boldsymbol{r}\frac{1}{2}mv^2 n_s, \tag{1.3}$$

积分遍及整个样品体积. 对于均匀流动情形 ($v=$ 常量), 则式 (1.3) 应该是严格成立的. 对于目前我们所讨论的问题来说, 只要 $v(\boldsymbol{r})$ 是 $\boldsymbol{r}$ 的缓变函数, 上式仍近似正确 (后面我们还要谈到这个限制条件).

最后, E_{mag} 是与磁场 $\boldsymbol{h}(\boldsymbol{r})$ 相联系的能量:

$$E_{mag} = \int \frac{h^2}{8\pi} d\boldsymbol{r}. \tag{1.4}$$

磁场与 $\boldsymbol{j}_s$ 还通过麦克斯韦方程相互关联:

$$\text{curl}\ \boldsymbol{h} = \frac{4\pi}{c}\boldsymbol{j}_s. \tag{1.5}$$

利用式 (1.3), (1.4) 及 (1.5), 可把能量 E 改写成

$$E = E_0 + \frac{1}{8\pi}\int [\boldsymbol{h}^2 + \lambda_L^2|\text{curl}\ \boldsymbol{h}|^2] d\boldsymbol{r}, \tag{1.6}$$

$$E_0 = \int F_s d\boldsymbol{r},$$

式中长度 λ_L 定义为

$$\lambda_L = \left[\frac{mc^2}{4\pi n_s e^2}\right]^{1/2}. \tag{1.7}$$

当 $T=0$ 时, n_s 等于每立方厘米内传导电子的总数 n. 因此, 我们可以具体地算出 λ_L 的数值. 在诸如铝、锡等简单金属中, m 接近于自由电子质量, 因此, 可求得 $\lambda_L \sim 500$ Å. 对于有狭窄 d 带的过渡金属以及化合物, m 比较大, λ_L 也较大 (高达 2 000 Å).

我们希望对磁场分布 $\boldsymbol{h}(\boldsymbol{r})$ 求自由能式(1.6) 的极小值. 设 $\boldsymbol{h}(\boldsymbol{r})$ 改变 $\delta\boldsymbol{h}(\boldsymbol{r})$, 则 E 的改变为

$$\begin{aligned}\delta E &= \frac{1}{4\pi}\int [\boldsymbol{h}\cdot\delta\boldsymbol{h} + \lambda_L^2 \text{curl}\ \boldsymbol{h}\cdot\text{curl}\ \delta\boldsymbol{h}] d\boldsymbol{r} \\ &= \frac{1}{4\pi}\int [\boldsymbol{h} + \lambda_L^2 \text{curl curl}\ \boldsymbol{h}]\cdot\delta\boldsymbol{h} d\boldsymbol{r},\end{aligned} \tag{1.8}$$

式中我们已对第二项作了分部积分. 所以, 在样品内部使自由能取极小的磁场分布, 必须满足以下条件:

$$\boldsymbol{h} + \lambda_L^2 \text{curl curl } \boldsymbol{h} = 0. \tag{1.9}$$

式 (1.9) 是 F. 伦敦和 H. 伦敦首先提出的 (符号略有不同). 将它与麦克斯韦方程 (1.5) 结合起来, 便可计算出磁场与电流分布.

1.2.2 迈斯纳 (Meissner) 效应

现在我们应用伦敦方程来讨论磁场 $\boldsymbol{h}$ 在超导体内的穿透. 我们选用最简单的几何形状. 样品表面就是 xy 平面, $z<0$ 的区域全部空着 (图 1.2). 磁场 $\boldsymbol{h}$ 和电流 $\boldsymbol{j}_\mathrm{s}$ 仅与 z 有关. 除关系式 (1.9) 外, $\boldsymbol{h}$ 和 $\boldsymbol{j}_\mathrm{s}$ 还通过麦克斯韦方程相互联系:

$$\text{curl } \boldsymbol{h} = \frac{4\pi}{c}\boldsymbol{j}_\mathrm{s}, \tag{1.10}$$

$$\text{div } \boldsymbol{h} = 0. \tag{1.11}$$

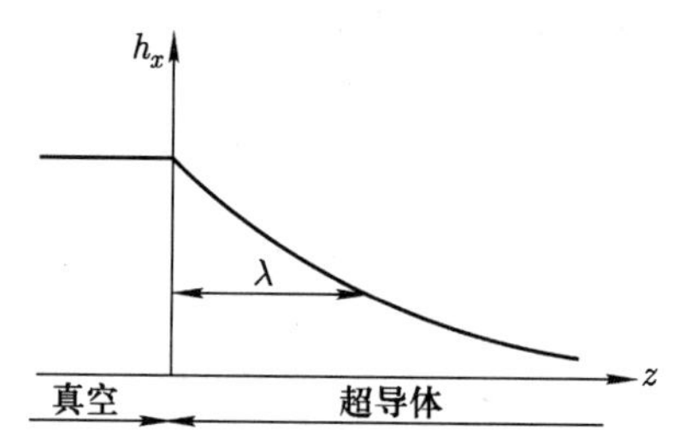

图 1.2　超导体内磁场的穿透. 距离超过几个穿透深度 λ 以后, 磁场变得很小, 可以忽略. 如果简单的伦敦方程 (1.9) 适用, 穿透呈指数形式: $h = h_0\exp(-z/\lambda_L)$.

可能有两种情况:

(1) $\boldsymbol{h}$ 与 z 轴平行. 这时式 (1.11) 简化成 $\dfrac{\partial h}{\partial z}=0$, 并且 $\boldsymbol{h}$ 在整个空间内都是常量. 所以, curl $\boldsymbol{h}=0$, 从而由式 (1.10) 推出 $\boldsymbol{j}_\mathrm{s}=0$. 将此结果代入式 (1.9), 即得到 $\boldsymbol{h}=0$. 所以不存在垂直于样品表面的磁场分量.

(2) $\boldsymbol{h}$ 与表面相切 (方向沿着 x 轴). 于是式 (1.9) 自动满足. 根据式 (1.10). $\boldsymbol{j}_\mathrm{s}$ 的方向沿 y 轴:

$$\frac{\mathrm{d}\boldsymbol{h}}{\mathrm{d}z} = \frac{4\pi \boldsymbol{j}_\mathrm{s}}{c}. \tag{1.12}$$

最后由 (1.9) 式可得

$$\frac{\mathrm{d}\boldsymbol{j}_\mathrm{s}}{\mathrm{d}z} = \frac{ne^2}{mc}\boldsymbol{h}, \tag{1.13}$$

$$\frac{\mathrm{d}^2\boldsymbol{h}}{\mathrm{d}z^2} = \frac{\boldsymbol{h}}{\lambda_L^2}, \quad \lambda_L^2 = \frac{mc^2}{4\pi ne^2}. \tag{1.14}$$

在超导体内保持有限的解是指数衰减解

$$h(z) = h(0)\exp(-z/\lambda_L). \tag{1.15}$$

磁场 h 在样品内只能穿透到深度为 λ_L 的地方. 此处的这个结论仅对半无限平板成立, 但它很容易推广到任意形状的宏观样品. 正如我们已经看到的那样, "穿透深度" λ_L 的数值很小. 因此, 无论什么情形, 弱场实际上根本不可能透入到宏观样品内①. 磁力线受到排斥, 如图 1.3 所示.

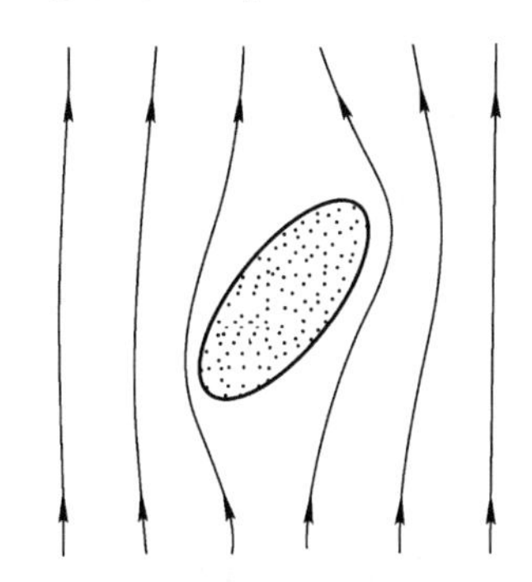

图 1.3 在宏观超导体周围磁力线的扭曲 ("宏观"是指尺寸比穿透深度大得多). 若磁场不太强, 则超导体完全排斥磁力线 (迈斯纳效应).

超导体有一种平衡态, 在这种状态中, 动能与磁能之和取极小值, 同时对于宏观样品, 这种状态对应于排斥磁通. 磁力线受到排斥, 是迈斯纳和奥森菲尔德(Meissner *and* Ochsenfeld) 于 1933 年从实验上发现的. 迈斯纳的结果对于证明超导态是真实的平衡态非常重要.

关于上述推导的三点说明:

(1) 我们假定存在持续电流, 再加上热力学平衡条件, 就可以导出抗磁性. 但通常往往沿着另一条途径: 以迈斯纳效应作为出发点, 推出存在持续电流这一结论. 我选择了第一条途径, 因为我希望向读者说明超导体内各种能量的贡献 [式 (1.6)]. 列出这些能量在后文中还有用处 (见第 3 章).

(2) 我们是从自由能 $\mathscr{F}$ 的极小条件导出式 (1.9) 的. 当外场源是永磁体时, 用这个热力学势是对的; 若外场源是通以恒定电流的线圈, 则正确的势函数不是 $\mathscr{F}$, 而是另一个函数 $\mathcal{G}$("吉布斯"势). 幸而可以证明, 在样品里两种势都导出相同的定域平衡条件 (参阅第 2 章内关于 $\mathscr{F}$ 和 $\mathcal{G}$ 的讨论).

(3) 应指出, 上面的计算只适用于弱外场. 在磁场较强时, 样品里某些区域的超导电性被破坏掉, 并允许磁通透入, 或许从能量上分析, 这样更为有利. 在第 2、第 3 章中还将详细研究这个问题.

① 在强场里, 会出现极其不同的变化.

1.3 不存在低能激发

让我们首先从无相互作用电子气体的研究入手. 在每个动量态 $\boldsymbol{p}$ 中 (其能量为 $p^2/2m$) 放入一个电子, 直到费米能量 $E_{\mathrm{F}} = p_{\mathrm{F}}^2/2m$ 为止, 费米能量 E_{F} 以上的能级则全空着, 这样就得到了基态 (在动量空间中, 费米球由条件 $p = p_{\mathrm{F}}$ 确定). 为了构成电子气的激发态, 只要从初始占据态中取出一个动量为 $\boldsymbol{p}$ 的电子 $(p \leqslant p_{\mathrm{F}})$, 把它放到原先空着的 $\boldsymbol{p}'$ 状态上去 $(p' \geqslant p_{\mathrm{F}})$(图 1.4). 这种电子 – 空穴对的激发能是

$$E_{\boldsymbol{pp}'} = \frac{p'^2 - p^2}{2m} \geqslant 0. \tag{1.16}$$

若 $\boldsymbol{p}$ 与 $\boldsymbol{p}'$ 都很接近费米动量, 则 $E_{\boldsymbol{pp}'}$ 就很小; 在自由电子气中存在着大量的低能激发态. 而在正常金属里, 定性地说, 这种自由电子图像无需修正. 低能激发表现在下列实验中:

(a) 比热数值相当大, 并且与 T 成正比 (每个电子平均为 $k_{\mathrm{B}}(k_{\mathrm{B}}T/E_{\mathrm{F}})$ 的数量级).

(b) 电子受到外加的低频微扰 (电磁波、超声波、核自旋进动等等) 作用时, 会出现很强的耗散效应.

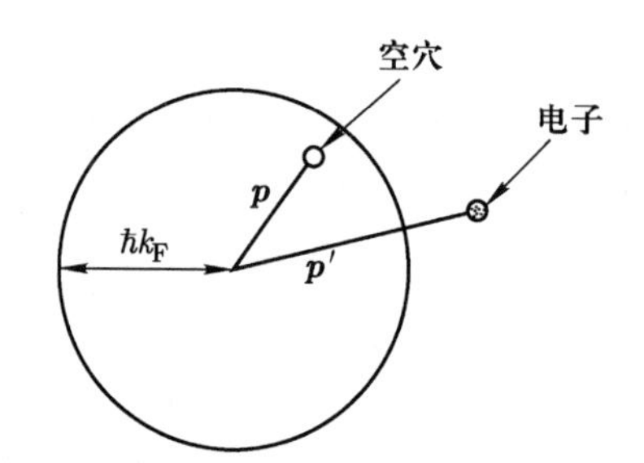

图 1.4 正常金属中电子气的激发态. 从费米球内动量为 $\boldsymbol{p}$ 的态中取出一个电子, 填到费米球外动量为 $\boldsymbol{p}$ 的态上去. 若 $\boldsymbol{p}$ 与 $\boldsymbol{p}'$ 都很靠近费米动量 $p_{\mathrm{F}} = \hbar k_{\mathrm{F}}$, 则激发能 $(p'^2 - p^2)/2m$ 非常低.

在大部分超导体里, 情况迥然不同. 产生**激发对**所需的能量 $E_{\boldsymbol{pp}'}$ 不再由式 (1.16) 决定. 这时至少须得提供一定的“配对能量” 2Δ, 即

$$E_{\boldsymbol{pp}'} \geqslant 2\Delta. \tag{1.17}$$

粗略地说, 这个“能隙” 2Δ 和转变温度有关, 其关系为 $2\Delta = 3.5k_{\mathrm{B}}T_{\mathrm{c}}$. 因此, 2Δ 的典型数值是 10 K 的数量级 (表 1.1).

表 1.1 绝对零度时的能隙的数值2Δ[K[a]]

	P	A	T_c
Zn		3.17	
Cd	1.8		
Hg	18.4		18.0
Al	6.01	4.4	4.2
In	13.6	11.9	11.9
Ga		4.03	
Sn	13.0		12.9
Pb	28.7		30.9
V	18.0	18.5	18.0
Nb	27.4	37.4	35.0
Ta		15.7	16.1
La			

a 关于能隙测量, 可参看文献 D. H. Douglas, Jr., L. M. Falicov, *Low Temp. Physics* Vol. IV, edited by C. G. Gorter(Amsterdam: North Holland Publishing Co., 1964).

实验分类如下: P 光子吸收 (微波或远红外光子); A 超声衰减; T 隧道效应. 超声实验往往是用单晶作的, 这时能隙 2Δ 与声波的方向略有关系.

应当指出, 2Δ 是产生两个激发所需的能量, 每个激发所需的能量为 Δ.

有各种测量 Δ 的实验方法, 下面列举其中几个:

(a) 低温比热具有指数形式, 与 $\exp(-\Delta/k_{\rm B}T)$ 成正比.

(b) 电磁能量的吸收. 如果 $\hbar\omega \geqslant 2\Delta$, 频率为 ω 的光子可以产生电子 – 空穴对 [对应于处在远红外区域的光子, 典型波长数值在 1 mm 范围内 (图 1.5a)].

(c) 超声衰减. 这时声子是低频的, 不能通过产生激发对的方式进行衰减. 但是, 它可以跟原已存在的激发碰撞而被吸收 (图 1.5b). 这种过程与已有的激发数目成正比, 因此与 $\exp(-\Delta/k_{\rm B}T)$ 成正比.

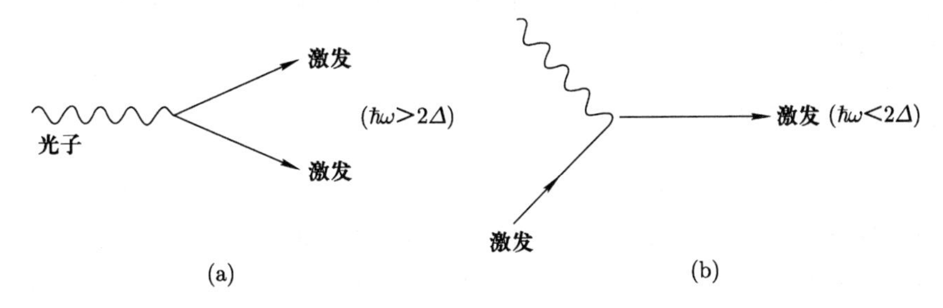

图 1.5 超导体内典型的耗散过程

(a) 表示一个光子产生一对激发态. 仅当 $\hbar\omega > 2\Delta$ 时, 才会出现这种过程; (b) 表示光子被已经存在的激发态吸收掉. 此过程即使 $\hbar\omega < 2\Delta$ 也会出现, 但是在低温时, 热激发的数目非常少, 故这个过程很弱. 在 (a) 与 (b) 中用声子代替光子, 可得到类似的过程.

(d) 隧道效应. 用一层很薄的绝缘势垒 (典型厚度是 25 Å) 将超导体 S 和正常金属 N 隔开 (图 1.6a). 根据量子力学隧道效应, 单电子可以穿过势垒. 这个电子必须已经从凝聚相里激发出来, 这种激发需要的能量为 Δ. 因此, 除非在结二端跨接上电压 V, 使得电子所升高的能量 eV 大于 Δ, 否则在低温下不会有电流出现. 电流 – 电压的特性曲线具有图 1.6(b) 所示的形状.

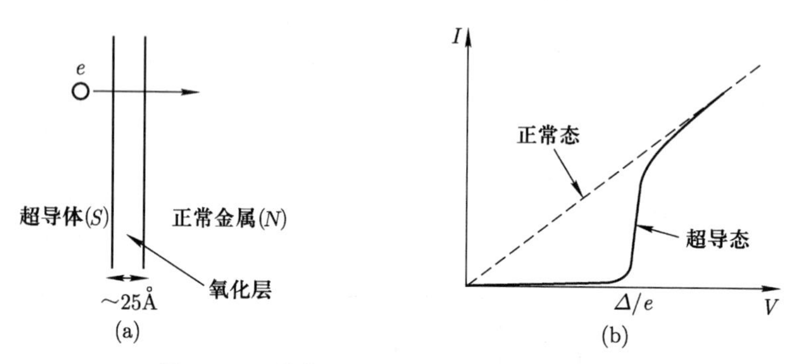

图 1.6 正常金属与超导金属之间的隧道结

(a) 几何结构; (b) 当 S 处于超导状态时 ($T \ll T_c$) 及当 S 处于正常状态时 ($T > T_c$) 的电流 – 电压特性. 典型情况下, 对于一个 1 mm×1 mm 的结, 当两种金属都处在正常态时, 结的电阻 V/I 约为 10^{-2} 到 10^{-4} Ω. 当 $T \ll T_c$ 时, 为了从超导凝聚相中拉出一个电子, 所需的最小能量为 Δ. 所以直到 $eV = \Delta$ 以前, 基本上没有电流.

例题 存在能隙是存在持续电流 (超电流性质) 的必要条件吗?

解答 不是. 已发现不少情况, 单粒子激发谱中并没有能隙, 可是仍出现超电流性质. 最简单的例子是“表面超导电性”——某些金属或合金在适当的磁场范围内只有靠近样品表面的一层薄鞘 (典型数值约为 1 000 Å) 具有超导电性. 来自内部 (正常) 区域的激发会渗入表面——它的能谱中并无能隙(这个结论最近已用隧道实验证实了), 然而这层鞘却是超导的! 还有其他的例子, 有些将在后面讨论.

1.4 两类超导体

我们在推导伦敦方程 (1.9) 时, 假定了 $\boldsymbol{v}(\boldsymbol{r})$ 或电流 $\boldsymbol{j}_s(\boldsymbol{r})$ 在空间的变化很缓慢. “缓慢”这个词应如何理解呢? 在凝聚态中, 如果 (1) 和 (2) 两个电子的距离 R_{12} 小于某个长度, 则它们的速度是相关的. 对纯金属来说, 此相关长度记做 ξ_0. 仅当 $\boldsymbol{v}(\boldsymbol{r})$ 在距离 ξ_0 上的变化可以忽略不计时, 我们的推导方法才适用. 为了估计 ξ_0 的数值, 我们注意到在动量空间中, 最重要的区域由下式确定:

$$E_F - \Delta < \frac{p^2}{2m} < E_F + \Delta, \tag{1.18}$$

式中 E_{F} 是费米能级. 式 (1.18) 所确定的 p 空间的壳层厚度是 $\delta p \simeq (2\Delta/v_{\mathrm{F}})$(式中 $v_{\mathrm{F}} = p_{\mathrm{F}}/m$ 代表费米能级上电子的速度; 我们还利用了如下事实: 在任何情况都有 $\Delta \ll E_{\mathrm{F}}$). 由动量不确定度为 δp 的一组平面波组成波包, 此波包在空间的最小扩展范围是 $\delta x \sim (\hbar/\delta p)$. 由此我们可令

$$\xi_0 = \frac{\hbar v_{\mathrm{F}}}{\pi\Delta}, \tag{1.19}$$

式中因子 $1/\pi$ 是任意加的, 这样可使以后的应用更方便. 式 (1.19) 所定义的长度 ξ_0 就称为超导体的**相干长度**.

式 (1.15) 和 (1.13) 表明, $\boldsymbol{h}$、 $\boldsymbol{j}_{\mathrm{s}}$ 或 $\boldsymbol{v}$ 都是在 λ_L 的尺度上变化的. 因此, 我们关于伦敦方程的推导只有当 $\lambda_L \gg \xi_0$ 时才适用.

(1) 在简单金属 (非过渡金属) 中, 正如我们所知, λ_L 数值很小 (~ 300 Å), 费米速度很大 ($v_{\mathrm{F}} \gtrsim 10^8$ cm/s). 因此按照式 (1.19), ξ_0 也很大 (如铝 $\xi_0 \simeq 10^4$ Å). 对这些金属伦敦方程不适用. 事实上, 它们的确呈现出迈斯纳效应, 但是, 要计算它们的穿透深度, 不能再用式 (1.9), 而须用一个由皮帕德(Pippard) 提出的更复杂些的公式. 我们把这些超导体称为第一类 (I 类) 超导体或皮帕德超导体, 并在第 2 章里讨论它们.

(2) 对于过渡金属及 $\mathrm{Nb_3Sn}$、 $\mathrm{V_3Ga}$ 等类金属间化合物, 它们的有效质量很大, 因而 λ_L 也很大 ($\sim 2\,000$ Å), 但费米速度却很小 ($\sim 10^6$ cm/s). 另外, 还发现这些化合物的转变温度 T_{c} 很高 ($\mathrm{Nb_3Sn}$ 的 T_{c} 为 18 K, 温度高于 T_{c} 超导电性消失). 正如以后将看到的那样, Δ 大致与 T_{c} 成正比, 所以 Δ 数值也高. 由于这些原因, 故 ξ_0 非常小 (~ 50 Å). 因此对于这一类材料, 在弱场中式 (1.9) 完全可以适用. 我们称这些材料为第二类 (Ⅱ类) 超导体, 或者伦敦超导体.

为了使这里的叙述完整起见, 还必须提一下超导合金的情况. 对于超导合金来说, 其相干长度与穿透深度都要受到平均自由程效应的修正, 这个问题留待以后讨论. 定性地说, 若因结构无序使平均自由程缩短, 则相干长度就会比 $\hbar v_{\mathrm{F}}/\pi\Delta$ 还要小些, 而 λ_L 却比式 (1.7) 的值有所增大. 因此经常出现这样的现象: 在皮帕德超导体中掺入杂质. 即可使其变成伦敦超导体.

此处所讲的关于二类超导体的区分, 对于所有在外场下进行的实验来说, 是十分重要的. 从历史上说, 发现迈斯纳效应之后的二十年期间, 实验主要是用第一类超导体做的. 第二类超导体的详细研究最近才开始. 很不协调的是, 理论的次序正好颠倒了. 式 (1.9) 是伦敦兄弟于 1935 年提出的, 但是对于第一类超导体来说, 一些必要的修正直到 1953 年才由皮帕德提出. 下面我们详细研究一下这二类超导体的磁性质.

参 考 资 料

关于超流性质

F. London, Superfluids, Vol. I, 2nd ed. New York: Dover, 1961.

关于超导体实验数据的一般讨论

E. A. Lynton, Superconductivity, 2nd ed. London: Methuen and Co., 1965.

关于超流概念的最近进展

J. Bardeen and R. Schrieffer, Progress in Low Temperature Physics, Vol. III, edited by C. G. Gorter, Amsterdam: North Holland, 1961.

J. M. Blatt, Theory of Superconductivity. New York: Academic Press, 1964.

Proceedings of the Brighton Symposium on Quantum Fluids (Brighton, 1965) to be published in *Reviews of Modern Physics* 1966.

第 2 章

第一类超导体的磁性质

2.1 长圆柱体的临界场

将一根半径为 r_0 的长超导圆柱体, 放入半径为 $r_1(> r_0)$ 的螺线管中 (图 2.1).

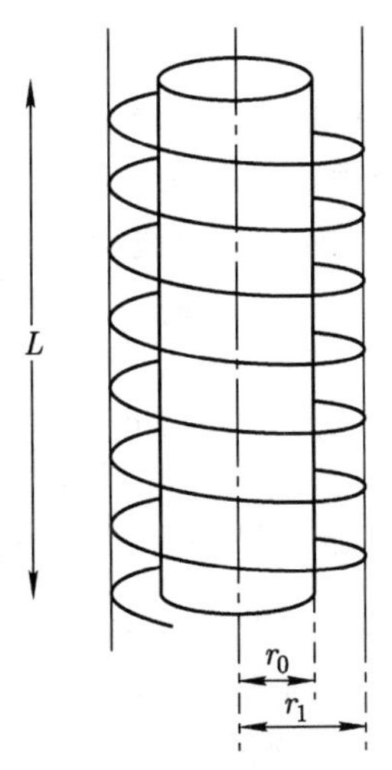

图 2.1 实验上测得的临界场的布局, 样品为长圆柱体 (长为 L, 半径为 r_0), 放在半径为 r_1 的线圈中.

在线圈中通以 (弱的) 电流 I, 由此所产生的磁场分布 $\boldsymbol{h}(\boldsymbol{r})$ 如图 2.2 所示. 样品外面磁场 $\boldsymbol{h}(\boldsymbol{r})$ 具有恒定数值 H; 样品内部磁场 (在深度 $\lambda \sim 500$ Å 内) 迅速下降为零. 我们只限于考虑宏观样品 ($r_0 \gg \lambda$), 因此从 r_0 的尺度上看, 在样品里并无磁场透入.

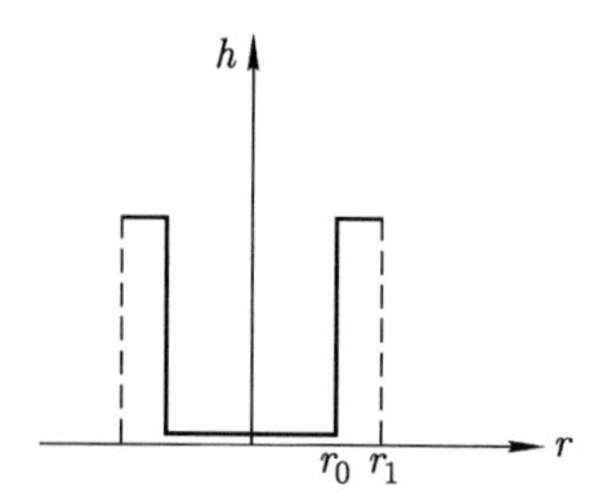

图 2.2 圆柱处于超导态时图 2.1 中的线圈与圆柱体内的磁场分布. 磁场在样品里仅透入一个穿透深度之深. 从图的尺度上看, 可以认为 H 在样品内突然降为零.

这种磁通完全被排斥的现象在外场较弱时才能观察到, 但是, 若磁场 H 达到临界值 H_c, 就会出现根本变化:

(1) 在整个截面上磁场均匀分布;

(2) 样品不再是超导的 (原则上, 通过测量圆柱两端点间的电阻, 可看清这点). 利用相当理想的样品, 可证明这种转变是可逆的. 假如现在把电流 I 降低, 则重新出现具有完全磁通排斥的超导态. 一些典型的 H_c 数值列于表 2.1 内. 临界磁场随温度升高而降低, 近似遵照如下规律:

$$H_c(T) = H_c(0)\left[1 - \frac{T^2}{T_c^2}\right] \tag{2.1}$$

(若 $T > T_c$, 即使磁场为零, 材料仍是正常的; T_c 是磁场为零时的转变温度). 我们可以从 H_c 的数值算出正常态和超导态的自由能之差:

(a) 若圆柱处于正常态, 且磁场沿螺线管断面均匀分布, 则

$$h = \frac{4\pi NI}{cL}, \tag{2.2}$$

式中 N 是螺线管总匝数, L 为螺线管之长度, 亦是样品长度. 系统的自由能为

$$\mathscr{F}_a = \pi r_0^2 L F_n + \pi r_1^2 L \frac{h^2}{8\pi}, \tag{2.3}$$

F_n 是正常样品的自由能密度, 第二项表示线圈贮存的磁能.

(b) 假若现在保持线圈的电流不变, 使圆柱转变到超导态, 样品内的磁场为零, 但在 $r_0 < r < r_1$ 区域里, 磁场仍保持式 (2.2) 的数值 ①. 自由能变成

$$\mathscr{F}_b = \pi r_0^2 L F_s + \pi (r_1^2 - r_0^2) L \frac{h^2}{8\pi}, \tag{2.4}$$

① 为了证明这一性质, 我们写出 $\operatorname{curl} \boldsymbol{h} = \left(\frac{4\pi}{c}\right) \boldsymbol{j}$, 由此式得到

$$\oint \boldsymbol{h} \cdot \mathrm{d}\boldsymbol{l} = \frac{4\pi}{c} \oint \boldsymbol{j} \cdot \mathrm{d}\boldsymbol{\sigma},$$

同时我们取一根穿过线圈 (在 $r_0 < r < r_1$ 的区域中) 的磁力线作为积分迴路. 若螺线管很长, 则在线圈外侧包围励磁电流的那部分磁力线对于 $\oint \boldsymbol{h} \cdot \mathrm{d}\boldsymbol{l}$ 的贡献可以忽略不计, 从而得到 $h = 4\pi NI/cL$.

式中 F_s 是超导样品的自由能密度. 式 (2.4) 忽略了磁场沿厚度的穿透, 同时还忽略了表面电流的动能; 这两项都属表面效应, 对于宏观圆柱体 ($r_0 \gg \lambda$), 是可以忽略不计的.

表 2.1 某些金属的 T_c 与 $H_\mathrm{c}(0)$

	Zn	Cd	Hg(α)	Al	Ga	In	Tl	Sn	Pb
$H_\mathrm{c}(0)$/G	53	30		99	51	283	162	306	803
T_c/K	0.88	0.56	4.15	1.19	1.09	3.41	1.37	3.72	7.18

因为 (1) $F_\mathrm{s} < F_\mathrm{n}$; (2) 状态 b 的磁能项较小, 我们注意到 $\mathscr{F}_b < \mathscr{F}_a$. 相变时 $\mathscr{F}_a - \mathscr{F}_b$ 这部分能量转变成什么呢? 答案是: 当我们从情况 (a) 变到情况 (b) 时, 穿过线圈的磁通 ϕ 变小了, 在线圈中感应出一电压 V. 电压对外电路所作的功为

$$\int VI\mathrm{d}t = -\int_a^b \left(\frac{N}{c}\,\frac{\mathrm{d}\phi}{\mathrm{d}t}\right) I\mathrm{d}t. \tag{2.5}$$

电流 I 在相变过程中保持不变, 因此

$$\begin{aligned}\int VI\mathrm{d}t &= \frac{N}{c}I(\phi_a - \phi_b) = \frac{NI}{c}\pi r_0^2 h \\ &= \pi r_0^2 L\frac{h^2}{8\pi}.\end{aligned} \tag{2.6}$$

两态平衡 ($h = H_\mathrm{c}$) 时, 必须满足 $\mathscr{F}_a - \mathscr{F}_b = \int VI\mathrm{d}t$. 利用式 (2.3) 与式 (2.4), 我们得到

$$F_\mathrm{n} - F_\mathrm{s} = \frac{H_\mathrm{c}^2}{8\pi}. \tag{2.7}$$

由这些公式便可推出一系列热力学性质. 固定电流数值而使温度改变, 每一相 (每立方厘米) 的熵由下式确定:

$$S_\mathrm{n} = -\frac{\mathrm{d}F_\mathrm{n}}{\mathrm{d}T}, \quad S_\mathrm{s} = -\frac{\mathrm{d}F_\mathrm{s}}{\mathrm{d}T}. \tag{2.8}$$

所以平衡时二相的熵差是

$$S_\mathrm{n} - S_\mathrm{s} = -\frac{1}{4\pi}H_\mathrm{c}\frac{\mathrm{d}H_\mathrm{c}}{\mathrm{d}T}, \tag{2.9}$$

相变潜热等于

$$L = T(S_\mathrm{n} - S_\mathrm{s}) = -\frac{T}{4\pi}H_\mathrm{c}\frac{\mathrm{d}H_\mathrm{c}}{\mathrm{d}T}. \tag{2.10}$$

此热量是正的, 故而必须提供这么大的能量才能使超导体转变到正常态①.

① 推论: 若样品在绝热条件下由超导态转变到正常态, 则它的温度将下降.

当考虑磁场为零时的相变, L 等于零; 因为若 $T = T_{\mathrm{c}}$, 则 $H_{\mathrm{c}} = 0$, 并且实验表明, 对迄今已研究的所有超导体来说, $\mathrm{d}H_{\mathrm{c}}/\mathrm{d}T$ 都保持有限, 因此 $[L]_{H=0} = 0$.

这样, *零磁场*内的超导转变属二级相变, 比热有一跳跃:

$$C_{\mathrm{n}} - C_{\mathrm{s}} = T\frac{\mathrm{d}}{\mathrm{d}T}(S_{\mathrm{n}} - S_{\mathrm{s}})_{T=T_{\mathrm{c}}} = -\frac{T}{4\pi}\left(\frac{\mathrm{d}H_{\mathrm{c}}}{\mathrm{d}T}\right)^2_{T=T_{\mathrm{c}}}. \tag{2.11}$$

在一些金属中 (特别是 Sn, In, Ta), 业已断定式 (2.10) 与式 (2.11) 的误差不大于 1%. 作这些实验要很细心; 最主要的是必须保证达到平衡状态, 也就是说, 在超导体内没有磁通“冻结”等. 式 (2.10) 与式 (2.11) 这两个公式的实际意义, 在于它使得热力学量 (潜热与比热) 跟临界场曲线相互联系起来, 而后者往往易于进行测量.

2.2 穿透深度

2.2.1 第一类超导体内电流与磁场的关系

从宏观尺度上看, 弱磁场 ($h < H_{\mathrm{c}}$) 不能透入第一类超导体. 然而, 从微观尺度上看, 磁场在表面不应当有不连续的变化, 它在金属内应透入某一深度 λ. 我们希望能计算 λ 的数值.

在第 1 章里, 我们曾从伦敦方程

$$\mathrm{curl}\,\boldsymbol{j} = -\frac{ne^2}{mc}\boldsymbol{h} \tag{2.12}$$

推出 λ 的公式. 但是, 式 (2.12) 在第一类超导体 ($\xi_0 > \lambda$) 中不适用. 我们需要有一个更普遍的电流与磁场的关系式, 即使 $\boldsymbol{j}$ 与 $\boldsymbol{h}$ 的空间变化很急剧也依然适用.

原来这里最合适的变量不是磁场 $\boldsymbol{h}$, 而是矢势 $\boldsymbol{A}$:

$$\mathrm{curl}\,\boldsymbol{A} = \boldsymbol{h}. \tag{2.13}$$

单这个公式还不能完全决定 $\boldsymbol{A}$. 我们常常发现, 附加上补充条件

$$\mathrm{div}\,\boldsymbol{A} = 0 \tag{2.14}$$

$$A_{\mathrm{n}} = 0 \quad (\text{在样品表面上})$$

($\boldsymbol{A}_{\mathrm{n}}$ 是 $\boldsymbol{A}$ 在表面法线方向上的分量), 对我们严格地确定 $\boldsymbol{A}$ 是方便的. 若 $\boldsymbol{A}$ 满足式 (2.14), 我们说 $\boldsymbol{A}$ 是按伦敦规范选取的. 在伦敦规范中, 式 (2.12) 可改写成

$$\boldsymbol{j} = -\frac{ne^2}{mc}\boldsymbol{A}. \tag{2.15}$$

因为将式 (2.13) 代入得到式 (2.12), 将式 (2.14) 代入即得

$$\operatorname{div} \boldsymbol{j} = 0, \quad \text{(连续性方程)}$$
$$j_{\mathrm{n}} = 0. \quad \text{(在表面上)}$$

若没有外电流输入到样品中, 后一表面条件得到满足.

式 (2.15) 仅适用于在空间内 ξ_0 的尺度上 $\boldsymbol{j}$ 与 $\boldsymbol{A}$ 变化都很缓慢的情况. 对于更一般的情况, 我们可以预料到, 某一 $\boldsymbol{r}$ 点的电流 $\boldsymbol{j}(\boldsymbol{r})$ 将与所有满足 $|\boldsymbol{r} - \boldsymbol{r}'| < \xi_0$ 的邻近各 $\boldsymbol{r}'$ 点的矢势 $\boldsymbol{A}(\boldsymbol{r}')$ 有关. 皮帕德曾提出一个唯象公式, 用以描述这个效应; 在伦敦规范中它的形式是

$$\boldsymbol{j}(\boldsymbol{r}) = C \int \frac{[\boldsymbol{A}(\boldsymbol{r}') \cdot \boldsymbol{R}]\boldsymbol{R}}{R^4} \mathrm{e}^{-R/\xi_0} \mathrm{d}\boldsymbol{r}', \quad \boldsymbol{R} = \boldsymbol{r} - \boldsymbol{r}' \tag{2.16}$$

只要注意到当 $\boldsymbol{A}$ 的空间 (在 ξ_0 的距离上) 变化缓慢时, 便可把 $\boldsymbol{A}$ 移到积分号外, 系数 C 就容易确定, 并且必然得到伦敦数值 (2.15). 于是得到

$$C \cdot \frac{4\pi\xi_0}{3} = -\frac{ne^2}{mc}, \quad C = \frac{-\dfrac{3ne^2}{mc}}{4\pi\xi_0}. \tag{2.17}$$

将电流与矢势的关系选择成式 (2.16) 这种简单形式, 是皮帕德的一种推测. 后来, 微观理论建立以后才证明, 如果令

$$\xi_0 = \frac{\hbar v_{\mathrm{f}}}{\pi \Delta} \quad (\text{对于} T = 0) \tag{2.18}$$

则场与电流的精确公式很接近式 (2.16).

$\boldsymbol{j}$ 与 $\boldsymbol{A}$ 之间的精确公式将在第 4 章里讨论. 在数学上, 它比式 (2.16) 要复杂得多, 故皮帕德的近似公式仍然很有用. 现在我们就用它来研究穿透深度.

2.2.2 穿透深度

式 (2.16) 适用于大块超导体, 而我们现在打算探讨样品表面附近的穿透现象, 因此, 一般必须对 $\boldsymbol{j}$ 与 $\boldsymbol{A}$ 之间的关系加以修正. 实际上, 人们是采用下述处理方法: 仍保留式 (2.16) 不变, 但是积分 $\int \mathrm{d}\boldsymbol{r}'$ 的区域限制在超导体内部各 $\boldsymbol{r}'$ 点, 不仅如此, 还附有更进一步的限制, 即电子应能从这些 $\boldsymbol{r}'$ 点沿直线达到 $\boldsymbol{r}$ 点. 比如说在金属内有一个小空腔, 那就必须排除腔的“阴影”, 如图 2.3 所示. [对于单个电子在表面受漫反射的 (通常) 情况, 这个规定是正确的. 今后我们将从微观理论来论证它.]

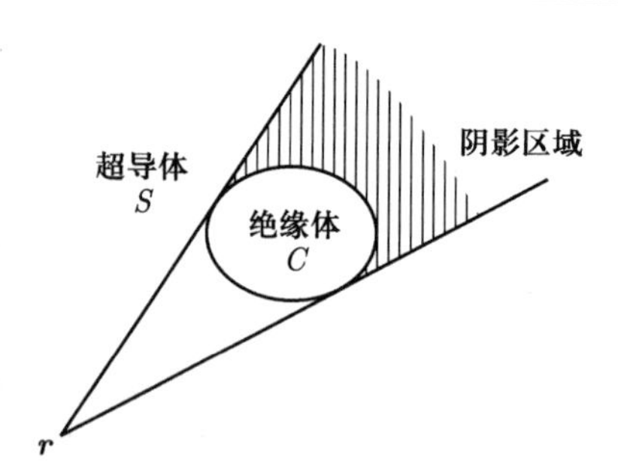

图 2.3 在计算磁场扰动 $\boldsymbol{A}(\boldsymbol{r})$ 所引起的电流 $\boldsymbol{j}(\boldsymbol{r})$ 时出现的“阴影效应”. 在超导体 S 内 C 区域有一空腔或绝缘的脱溶物, 电子在 SC 界面上受到漫反射. C 区域和阴影区域内的矢势 $\boldsymbol{A}(\boldsymbol{r}')$ 对于电流 $\boldsymbol{j}(\boldsymbol{r})$ 无贡献.

现在考虑一块超导体, 它位于 $z>0$ 区域, 具有平面界面 $x0y$, $\boldsymbol{A}$ 与 $\boldsymbol{j}$ 的方向都沿 x 轴. 我们可以从皮帕德提出的另一个直观的论证方法来估计穿透深度 λ. 假若在表面附近 ξ_0 的厚度内 $\boldsymbol{A}(z)$ 基本上保持不变, 则在这个区域中, 我们从式 (2.16) 得到 (伦敦的结果)$\boldsymbol{j}=-(ne^2/mc)\boldsymbol{A}$. 但是, 实际上 $\boldsymbol{A}(z)$ 只在更薄的 λ 厚度内才不等于零. 因此, 式 (2.16) 的积分大概要缩小 λ/ξ_0 倍:

$$\boldsymbol{j} \simeq -\frac{ne^2}{mc}\cdot\frac{\lambda}{\xi_0}\boldsymbol{A} \quad (\lambda \ll \xi_0)$$

利用这个公式, 配合 $\operatorname{curl}\boldsymbol{h}=(4\pi/c)\boldsymbol{j}$, 我们得出一个 (近似的) 穿透规律: $h(z)=h(0)\mathrm{e}^{-z/\lambda}$, 这里 λ 自洽地定义为

$$\frac{1}{\lambda^2}=\frac{4\pi ne^2}{mc^2}\cdot\frac{\lambda}{\xi_0},$$

$$\lambda^3=\lambda_L^2\xi_0. \qquad (\lambda \ll \xi_0)$$

严格的 (非常复杂的) 计算给出 $\lambda^3=0.62\lambda_L^2\xi_0$. 主要结论是: 在皮帕德极限中, λ 比伦敦数值 λ_L 要大, $(\lambda/\lambda_L)\sim(\xi_0/\lambda_L)^{1/3}>1$; 但是仍然比 ξ_0 小得多, $(\lambda/\xi_0)\sim(\lambda_L/\xi_0)^{2/3}<1$.

2.2.3 测定穿透深度的方法

历史上最早使用的测定 λ 的方法, 是测量一些尺寸很小的样品 (胶体或膜) 的磁化率. 人们首先从实验上发现, 即使很微小的胶体 ($\sim$ 100 Å), 其转变温度与大块样品也无显著的差别, 因此可以期望 ξ_0 与 λ_L 公式中的那些参数 $[n_{\mathrm{s}}, \Delta(0)]$, 无论在小质点情形或是大块情形几乎是相同的. 这个事实很令人鼓舞, 但也碰到一些困难:

(a) 胶体颗粒的尺寸有相当大的不确定性.

(b) 在这类材料里通常有许多点阵缺陷, 因此电子平均自由程 l 相当短, 又难以定出. 若 l 的大小与 ξ_0 可以相比, 皮帕德公式 (2.16) 就须加以修正.

测量 λ 的其他方法, 是换成测量有超导体时的自感或互感. 图 2.4 为互感测量法的原理.

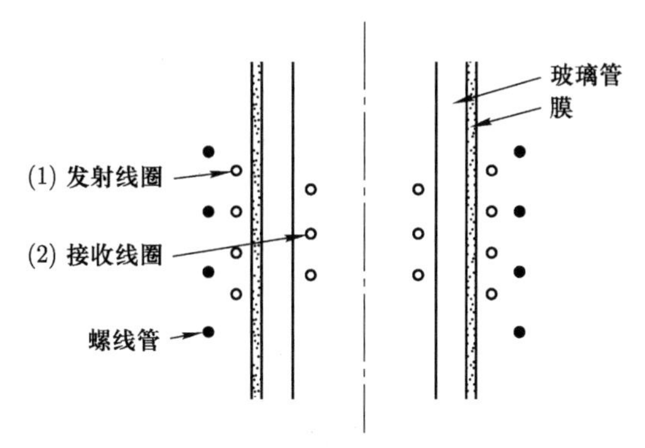

图 2.4 测量圆柱形膜穿透深度的感应法 [引自 Sarachik, et al., *Phys. Rev. Letters*, 4(1960)52]. 发射线圈在膜内产生一个受到衰减的磁场. 位于中心区域的接收线圈检测出透过超导膜的磁场. 螺线管用于研究穿透深度与磁场的关系.

线圈 1 沿膜外侧产生磁场 h_{e}, 并在内部区域产生磁场 $h_{\mathrm{i}} = \rho h_{\mathrm{e}} \ll h_{\mathrm{e}}$. 磁场 h_{i} 由线圈 2 来检测. 有了 ρ 的数值, 经过适当的理论分析便可定出 λ. 实际上, 只要系数 ρ 不低于 $10^{-9}(\rho \gtrsim 10^{-9})$, 就可将它测量出来. 这样就允许在实验中使用较厚的膜 ($\sim 10\lambda$), 这种厚膜有十分确定的晶相状态 [因而使困难 (b) 减至最低程度].

还可以测量绕在超导圆柱体外面的线圈的自感 [这个方法最初是卡西米尔 (Casimir) 提出的]. 若线圈与样品的间隙为 e(见图 2.5), 则磁通穿过的面积近似为 $2\pi R(e + \lambda)$. 由于 $\lambda \sim 10^3$ Å, 故必须尽量将 e 缩小 (典型情况 e ~2 mm, R=4 mm). 实际上很难充分精确地测出 e 的大小, 故这种方法主要用来确定 λ 与温度的函数关系. 一个不同的但原理类似的技术方法, 是用超导材料制作微波共振腔.

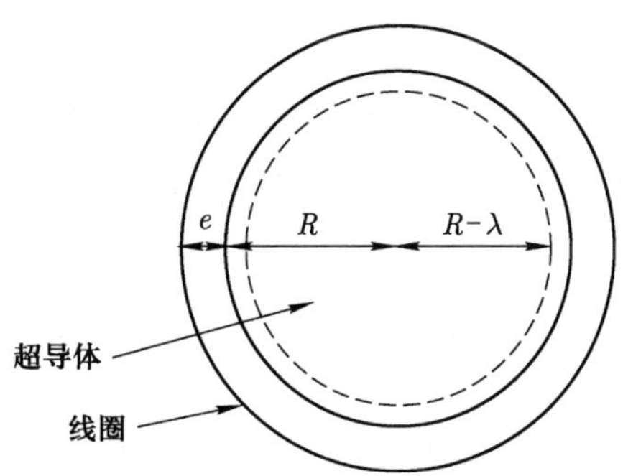

图 2.5 测量半径为 R 的超导圆柱体穿透深度的自感法. 圆柱外绕有半径为 $R+e$ 的线圈. 磁通包含在厚度为 $e+\lambda$ 的环状区域中. 实际上, e 的大小无法精确定出, 只能测出 λ 随温度的变化.

2.2.4 讨论

(1) 绝对零度时磁场在纯金属中的穿透

我们能够根据实验测定的 λ 值来验证皮帕德的唯象公式吗? 对于处在绝对零度下的纯金属, 由正常态的比热、反常趋肤效应等测量结果定出 v_{F} 与 n/m, 再由超导态的测量结果定出 $\Delta(0)$, 我们就能分别算出

$$\xi_0=\frac{\hbar v_{\mathrm{F}}}{\pi\Delta(0)},\quad \lambda_L=\left(\frac{mc^2}{4\pi ne^2}\right)^{1/2}.$$

那么, 我们就能够预言 $\lambda_L \ll \xi_0$ 情况下 λ 的理论值 ($\lambda^3=0.62\lambda_L^2\xi_0$. 若 $\lambda_L\sim\xi_0$, λ 的公式更复杂). 表 2.2 比较了理论值与实验值 (外推到 0 K). 虽然定性上符合得还不错, 但如若没有其他的资料, 要想从 λ 确定 ξ_0 是相当困难的. 我们不能认为式 (2.16) 的精确形式已由这种类型的实验所肯定.

表 2.2[a]

	λ_L	ξ_0	$\lambda_{理论}$	$\lambda_{实验}$
Al	157	16,000	530	490— 515
Sn	355	2,300	560	510
Pb	370	830	480	390

a　引自 Bardeen and Schrieffer. *Low Temperature Physics*, edited by C. J. Gorter (Amsterdam: North Holland, 1961) vol. III, p.170.

现在我们正在取得更细致的验证, 主要是测量磁场对薄膜的穿透. 具体地说, 对于这种薄膜, 式 (2.16) 的完整解预言是, 当 $\xi_0 \gg \lambda$ 时磁场的符号不是恒定的, 比例因子 ρ 可以变负; 这已在实验上观察到 (Drangeid *and* Sommerhalder, 1962).

(2) 对合金的推广

当存在杂质使得电子平均自由程受到限制时, 自然会期望 ($\boldsymbol{r}$ 点的) 电流与 ($\boldsymbol{r}'$ 点的) 矢势的关系式中要包含一个衰减因子 $\mathrm{e}^{-|\boldsymbol{r}-\boldsymbol{r}'|/l}$. 因此促使人们假定 (照皮帕德的写法)

$$\boldsymbol{j}(\boldsymbol{r})=C\int\frac{[\boldsymbol{A}(\boldsymbol{r}')\cdot\boldsymbol{R}]\boldsymbol{R}}{R^4}\mathrm{e}^{-R(1/\xi_0+1/l)}\mathrm{d}\boldsymbol{r}'. \tag{2.19}$$

假定归一化系数 C 与 l 无关 (所以 C 等于纯金属的数值 $-3ne^2/4\pi mc\xi_0$), 也就是说, 人们认为在 $\boldsymbol{r}$ 邻域 ($|\boldsymbol{r}-\boldsymbol{r}'|\lesssim l$) 内的各 $\boldsymbol{r}'$ 点, 对电流 $\boldsymbol{j}(\boldsymbol{r})$ 的贡献不受杂质的修正. 皮帕德正是采用这个假说解释了一组稀 SnIn 合金系统的实验结果. 人们发现随着杂质浓度的增加 λ 也增加 (图 2.6), 其结果用式 (2.19) 可满

意解释. 一个极限情况特别值得注意: 当 $\lambda \gg l$ 时, 我们可以略去式 (2.19) 内 $\boldsymbol{A}(\boldsymbol{r}')$ 的变化, 并完成积分

$$\boldsymbol{j}(\boldsymbol{r}) = C\boldsymbol{A}(\boldsymbol{r})\frac{4\pi}{3}\cdot\frac{1}{1/\xi_0 + 1/l}. \tag{2.20}$$

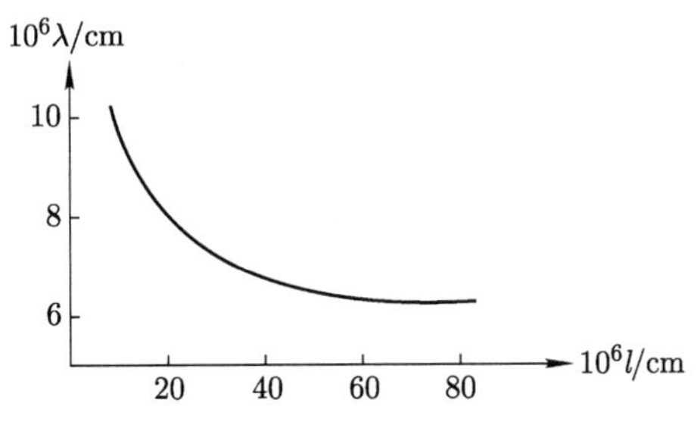

图 2.6 锡 – 铟合金的穿透深度随平均自由程的变化 [引自 A. B. Pippard, *Proc.Roy.Soc.*(London), A216(1953)547]. 此结果与皮帕德的预言 (2.21) 极为符合.

这是伦敦型的方程, 只不过系数相对纯金属作了修正. 特别在 $l \ll \xi_0$ 时, 我们得到

$$\boldsymbol{j}(\boldsymbol{r}) = -\frac{ne^2}{mc}\cdot\frac{l}{\xi_0}\boldsymbol{A}(\boldsymbol{r}).$$

由此推出穿透深度

$$\lambda = \lambda_L\left(\frac{\xi_0}{l}\right)^{1/2}. \quad (\lambda \gg l, \xi_0 \gg l) \tag{2.21}$$

在此范围内, λ 与 $l^{-1/2}$ 成正比, 所以与杂质浓度的平方根成正比.

在SnIn系统里理论与实验结果相符, 为皮帕德的假说提供了出色的证明. 在第 4 章中我们将看到它们大体上为微观理论所证实.

(3) λ 与温度的关系

迄今为止我们基本上是将讨论仅局限在 $T = 0$ K 的情形. 若温度 T 有限, 其状态可定性地用如下方式进行描述: 皮帕德方程 (2.16) 继续有效, ξ_0 差不多与温度无关, 但归一化系数 C 是温度的函数. 在转变点 T_c 上, C 等于零, 接近 T_c 时, C 是 $T_c - T$ 的线性函数. 第 5 章 (第 3 节) 里将从微观理论推出 C 的普适理论曲线. 一旦知道了 C, 通过解式 (2.20), 即可算出 λ. 实验物理学家为避免这种繁重的计算, 往往提到经验规律

$$\lambda^2(T) = \lambda^2(0)\frac{T_c^4}{T_c^4 - T^4}. \tag{2.22}$$

式 (2.22) 跟锡的实验数据很符合. 当 $T \to T_c$ 时, 它也具备正确的特征: $\lambda \sim (T_c - T)^{-1/2}$. 不过, 必须强调指出: 像式 (2.22) 这样的普适规律并非对一切超

导体都适用, 因为在 λ 的计算中包含着两个独立参数 (例如 ξ_0 和伦敦穿透深度 λ_L).

2.3 任意形状样品的磁性质: 中间态

2.3.1 中间态的起因

为了定义临界场 H_c, 我们曾选取了圆柱形样品, 并把它放在与圆柱轴平行的磁场中. 这种几何形状可保证在略去端部效应后整个样品表面上磁场完全一样. 现在我们考虑一种端部效应并非无关紧要的情形, 例如放在均匀外场 H_0 中的一个半径为 a 的超导球. 若 H_0 较低, 则磁力线被排斥于样品之外, 假定其形状如图 2.7 所示.

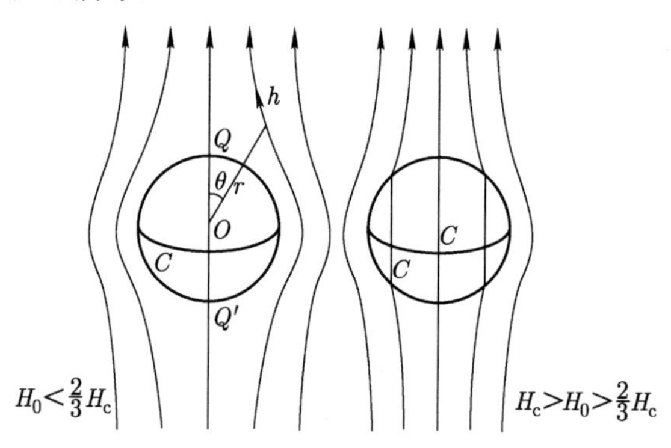

图 2.7 半径为 a 的超导球的磁场分布. 若外场 H_0 小于 $\frac{2}{3}H_c$, 出现完全迈斯纳效应, 在赤道上 (圆周 C 上任一点) 磁场为 $\frac{3}{2}H_0$, 极点 (Q, Q') 上磁场为零. 若 $H_c > H_0 > \frac{2}{3}H_c$, 球处于中间态.

在球外, 磁场的空间分布由下列方程

$$\text{div}\ \boldsymbol{h} = \text{curl}\ \boldsymbol{h} = 0 \quad \text{当} r \to \infty \text{时}, h \to H_0 \tag{2.23}$$

所确定, 式中 r 是由球心算起的距离. 迈斯纳效应最后还附加了一个条件, 即力线不能透入到球的内部. $\boldsymbol{h}$ 在球面上的法向分量为零, 即

$$(\boldsymbol{h}_n)_{r=a} = 0. \tag{2.24}$$

在球外, 合适的解是

$$\boldsymbol{h} = \boldsymbol{H}_0 + H_0\frac{a^3}{2}\nabla\left(\frac{\cos\theta}{r^2}\right), \tag{2.25}$$

平行于样品表面的磁场分量是

$$|\boldsymbol{h}_\theta|_{r=a} = \frac{3}{2}H_0\sin\theta, \tag{2.26}$$

在 Q 和 Q' 两点上, 磁场等于零. 在赤道 ($\theta=\pi/2$) 上磁场切向分量最大, 等于 $\frac{3}{2}H_0$. 表面其他各点上的磁场数值在 0 与 $\frac{3}{2}H_0$ 之间. 若 H_0 达到 $\frac{2}{3}H_0$, 赤道圆上的磁场就等于 H_c. 所以 $H_0>\frac{2}{3}H_c$ 之后, 球的某些区域应转变成正常态. 但是, 因为 $H_0<H_c$, 故必然还保留有超导区域 (假如整个球都是正常态, 则磁场应该全都等于 H_0, 又因为 $H_0<H_c$, 故系统不会稳定, 超导电性又重新出现). 所以在

$$\frac{2H_c}{3}<H_0<H_c \tag{2.27}$$

的区域里, 正常态与超导态将共存, 这种状态称为**中间态**.

应该指出, 只有对于球形样品, 才能在式 (2.27) 所确定的磁场区域内观察到这种二相平衡. 若样品不是球, 而是一个在 H_0 方向上细长的椭球 (或扁平的椭球), 那么赤道上的场与 H_0 的差别就要小些 (或更大些), 中间态存在的磁场区域也将缩小 (或变大). 特别是, 若我们考虑的是一块板面与 H_0 垂直的金属薄板, 则我们预计在 $0<H_0<H_c$ 的整个场区中都存在中间态 (若 H_0 不等于零, 而平板全保持超导, 则板边缘的磁场将非常之大, 以致大于 H_c, 故而必然出现正常区域).

让我们对一块厚度为 e 的这种平板作一下更精确的讨论. 正常区域 (N) 和超导区域 (S) 的形状如图 2.8 所示. 这些 N 和 S 区域形成许多与图平面垂直的薄层. 磁力线只在 N 区域中穿过. 在 N 与 S 区域的接触面上, 磁场必等于 H_c 才能保证两边平衡. 在 N 区域里, $\boldsymbol{h}$ 与 z 轴平行, 由 div $\boldsymbol{h}=0$ 与 curl $\boldsymbol{h}=0$, 故而 h 是常数, 所以在整个 N 区域 h 都等于 H_c. 在 S 区域里, $h=0$. 对于这种

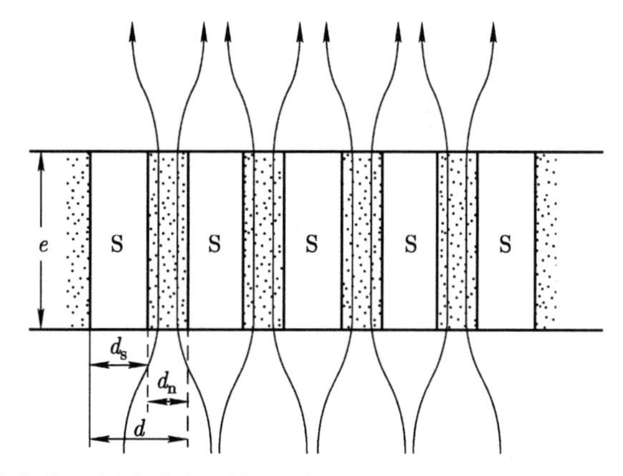

图 2.8 与磁场垂直的平板内部的磁场分布. 对于一切满足 $H<H_c$ 的磁场, 样品都处于中间态, 正常与超导区域具有层状结构 (没有考虑表面附近这些层的微小畸变).

简单几何形状来说, S 区域所占的比例 $\rho = d_{\mathrm{s}}/(d_{\mathrm{s}} + d_{\mathrm{n}})$ 直接由磁通守恒条件就能确定——离开膜比较远的地方, 磁场是均匀的, $h = H_0$, 其磁通为 SH_0(式中 S 是膜的表面积), 在膜内磁通集中在 $S(1-\rho)$ 的面积中, 且磁场等 H_{c}, 所以

$$\begin{aligned} SH_0 &= S(1-\rho)H_{\mathrm{c}}, \\ \rho &= 1 - \frac{H_0}{H_{\mathrm{c}}}. \end{aligned} \tag{2.28}$$

一个重要的看法, 是认为对于宏观样品 ($e \gg \xi_0$) 薄层的厚度 d_{n}、 d_{s} 比样品尺寸要小得多 (比 e 小)(这点已被一些精密的实验所证实, 下文要谈到). 因此在许多场合下我们都可以忽略这种层层交替的微观结构, 只需要知道 S 区域的相对数量 ρ.

对于平板, ρ 的推导十分简单. 样品的形状比较复杂时, 需要作更一般的分析 (由 Peierls 提出) 才能确定 ρ 及任一点的宏观平均磁场. 这种分析将在下列各节中加以讨论, 并应用于几种典型情形.

2.3.2 热力学预备知识

现在我们定义几个宏观概念 (磁感应 $\boldsymbol{B}$、热力学场 $\boldsymbol{H}$ 等等), 它们对于描述磁力线部分穿透的情况十分有用. 宏观样品的中间态就属于这种情况. 另一个应用与第 Ⅱ 类超导体密切相关, 将在第 3 章中遇到.

(1) 自由能的定义

系统由样品和外部客体 (线圈、发电机) 所组成. 我们按下述方法定义自由能: 首先我们取样品内电子的能量为

$$U = \sum_i \left[\frac{1}{2m}\left(\boldsymbol{P}_i - \frac{e}{c}\boldsymbol{A}\right)^2 + V_i\right] + \sum_{i>j} V_{ij}, \tag{2.29}$$

式中 $\boldsymbol{A}$ 是矢势, 它与 $\boldsymbol{h}(\boldsymbol{r})$ 有关: $\mathrm{curl}\ \boldsymbol{A} = \boldsymbol{h}$; V_{ij} 表示电子 – 电子相互作用, 而 V_i 表示单电子的势能. 其次, 我们加上“熵”项——TS. 此二项贡献实际上是以在样品体积上求积分的形式出现的:

$$U - TS = \int_{\text{样品}} F_{\mathrm{s}} \mathrm{d}\boldsymbol{r}. \tag{2.30}$$

第三, 我们在自由能中计入**磁场能量** $\int (h^2/8\pi)\mathrm{d}\boldsymbol{r}$. 三部分贡献之和称为自由能,

$$\mathscr{F} = \int_{\text{样品}} F_{\mathrm{s}} \mathrm{d}\boldsymbol{r} + \int_{\text{全空间}} \frac{h^2}{8\pi} \mathrm{d}\boldsymbol{r}. \tag{2.31}$$

(2) 磁感应 $\boldsymbol{B}$ 的定义

我们常常遇到这样的情况, 在样品内部微观磁场 $\boldsymbol{h}(\boldsymbol{r})$ 在空间有强烈变化, 其变化尺度 Δx 比样品尺寸小得多 (例如图 2.8 的中间态图像). 因此, 我们发现需引入一个矢量 $\boldsymbol{B}(\boldsymbol{r})$ 来表示围绕 $\boldsymbol{r}$ 点的某一区域内 $\boldsymbol{h}$ 的平均值才较为便利, 这个区域的尺寸相对样品来说应较小, 但相对 Δx 来说则比较大.

$$\boldsymbol{B} = \bar{\boldsymbol{h}}. \tag{2.32}$$

在样品外面, 按定义我们有 $\boldsymbol{B} = \boldsymbol{h}$. 在微观尺度上, $\boldsymbol{h}$ 满足下列方程组:

$$\begin{aligned} \operatorname{curl} \boldsymbol{h} &= \frac{4\pi}{c}\boldsymbol{j}, \\ \operatorname{div} \boldsymbol{h} &= 0, \end{aligned} \tag{2.33}$$

式中 $\boldsymbol{j}$ 是定域电流密度. 因此, 磁感应 $\boldsymbol{B}$ 满足

$$\begin{aligned} \operatorname{curl} \boldsymbol{B} &= \frac{4\pi}{c}\bar{\boldsymbol{j}}, \\ \operatorname{div} \boldsymbol{B} &= 0, \end{aligned} \tag{2.34}$$

$\bar{\boldsymbol{j}}$ 是宏观电流密度.

(3) 热力学场 $\boldsymbol{H}$ 的定义

假设 (通过改变线圈中的电流) 磁场分布 $\boldsymbol{h}(\boldsymbol{r})$ 有微小变化. 在每一 $\boldsymbol{r}$ 点上磁感应 $\boldsymbol{B}(\boldsymbol{r})$ 变化了一微小量 $\delta\boldsymbol{B}(\boldsymbol{r})$. 精确到 $\delta\boldsymbol{B}$ 的一次项, 自由能变化的最一般形式是

$$\delta\mathscr{F} = \int \frac{\boldsymbol{H}(\boldsymbol{r})}{4\pi} \cdot \delta\boldsymbol{B}(\boldsymbol{r})\mathrm{d}\boldsymbol{r}, \tag{2.35}$$

式中因子 $(1/4\pi)$ 是为方便而引入的, 而 $\boldsymbol{H}(\boldsymbol{r})$ 是 $\boldsymbol{r}$ 的某一矢量函数. 我们把 $\boldsymbol{H}(\boldsymbol{r})$ 称为 $\boldsymbol{r}$ 点的热力学场①. 在样品以外, 我们必然得到

$$\frac{\boldsymbol{h} \cdot \delta\boldsymbol{h}}{4\pi} = \frac{\boldsymbol{H} \cdot \delta\boldsymbol{B}}{4\pi}, \tag{2.36}$$

以及 $\boldsymbol{h} = \boldsymbol{B}$. 因此在样品以外 $\boldsymbol{h} = \boldsymbol{H} = \boldsymbol{B}$. 用式 (2.35) 定义 $\boldsymbol{H}$ 是相当抽象的. 为了从物理上对 $\boldsymbol{H}$ 的意义有所领会, 让我们仅考虑一下在样品中无外电流输入的情况. 这时可把电流写成

$$\bar{\boldsymbol{j}} = \boldsymbol{j}_{\mathrm{s}} + \boldsymbol{j}_{\mathrm{ext}}, \tag{2.37}$$

$\boldsymbol{j}_{\mathrm{s}}(\boldsymbol{r})$ 是样品内 $\boldsymbol{r}$ 点的平均超电流 (根据定义, 在样品外 $\boldsymbol{j}_{\mathrm{s}}$ 为零), $\boldsymbol{j}_{\mathrm{ext}}$ 是线圈、发电机等的电流. 由于没有电流直接输入到样品内, 故 $\boldsymbol{j}_{\mathrm{ext}}$ 和 $\boldsymbol{j}_{\mathrm{s}}$ 之间的划分很明确 (在样品内 $\boldsymbol{j}_{\mathrm{ext}} = 0$). 这样我们就得到

$$\operatorname{curl} \boldsymbol{H} = \frac{4\pi}{c}\boldsymbol{j}_{\mathrm{ext}}. \tag{2.38}$$

① 注意, 在完全迈斯纳态内 $\boldsymbol{B} = 0$, 故而 $\boldsymbol{H}$ 是不确定的.

式 (2.38) 的证明 若在 δt 的时间内 $\boldsymbol{B}(\boldsymbol{r})$ 改变了 $\delta\boldsymbol{B}(\boldsymbol{r})$, 则产生一电场 $\boldsymbol{E}$, $\boldsymbol{E}$ 由

$$\text{curl } \boldsymbol{E} = -\frac{1}{c}\frac{\delta \boldsymbol{B}}{\delta t}$$

给出. $\boldsymbol{E}$ 在外电流上作的功为 $\delta t\int \boldsymbol{j}_{\text{ext}} \cdot \boldsymbol{E}\mathrm{d}\boldsymbol{r}$, 或者相反地, 外电流所作的功为

$$\delta W = -\delta t\int \boldsymbol{E} \cdot \boldsymbol{j}_{\text{ext}}\mathrm{d}\boldsymbol{r}. \tag{2.39}$$

我们从热力学理论知道, 对于等温可逆转变 $\delta W = \delta\mathscr{F}$. 我们希望将此式与式 (2.35) 作一比较. 为此把式 (2.35) 按如下方式加以变换:

$$\begin{aligned}\delta\mathscr{F} &= \delta t\frac{1}{4\pi}\int \boldsymbol{H} \cdot \frac{\delta \boldsymbol{B}}{\delta t}\mathrm{d}\boldsymbol{r} \\ &= -\delta t\frac{c}{4\pi}\int \boldsymbol{H} \cdot \text{curl } \boldsymbol{E}\mathrm{d}\boldsymbol{r} \\ &= -\delta t\frac{c}{4\pi}\int \boldsymbol{E} \cdot \text{curl } \boldsymbol{H}\mathrm{d}\boldsymbol{r} - \frac{c\delta t}{4\pi}\int (\boldsymbol{E} \times \boldsymbol{H}) \cdot \mathrm{d}\boldsymbol{\sigma}.\end{aligned} \tag{2.40}$$

最后一项积分是对整个系统外围很远的表面进行的, 它代表辐射能量. 对于缓慢的可逆变化, 这项可以忽略不计. 因此从式 (2.40) 与 (2.39) 的对比, 可见式 (2.38) 成立.

结论: 在 curl $\boldsymbol{B}$ 中包含了全部电流的贡献 [式 (2.34)], 但是 curl $\boldsymbol{H}$ 中只含 $\boldsymbol{j}_{\text{ext}}$ 的贡献 [式 (2.38)]. 我们或许因此就说 $\boldsymbol{H}$ 是没有样品 (同时 $\boldsymbol{j}_{\text{ext}}$ 保持不变) 时的磁场了. 对于图 2.1 所示的圆柱样品来说, 这个结论是正确的, 但在一般情况它是错误的. 例如考虑图 2.7 所示的球形样品. 在那里球的存在会引起磁力线发生变形, 这意味着 (虽然 curl $\boldsymbol{H}$ 未变)$\boldsymbol{H}(\boldsymbol{r})$ 有了变化.

关于边界条件的说明 方程 div $\boldsymbol{B} = 0$ 照例意味着在样品表面上 $\boldsymbol{B}$ 的法向分量连续. 而另一方面, $\boldsymbol{B}$ 的切向分量一般并不连续. curl $\boldsymbol{B}$ 等价于超电流. 我们往往认为超电流只局限在表面上 (从物理上说, 超电流处在靠近表面的 λ 深度中). 假若我们设 $\boldsymbol{S}$ 是表面上每厘米的超电流, 则积分式 (2.34) 得到

$$\boldsymbol{n} \times (\boldsymbol{B}_{\text{ext}} - \boldsymbol{B}_{\text{int}}) = \frac{4\pi}{c}\boldsymbol{S} \tag{2.41}$$

($\boldsymbol{n}$ 是垂直于表面、指向面外的单位矢量).

2.3.3 保持 T 和 $\boldsymbol{j}_{\text{ext}}$ 固定的热力学势

若磁场和温度都允许发生变化, 则自由能的变化式 (2.35) 变成

$$\delta\mathscr{F} = \frac{1}{4\pi}\int \boldsymbol{H} \cdot \delta\boldsymbol{B}\mathrm{d}\boldsymbol{r} - S\delta T, \tag{2.42}$$

式中 S 代表熵. 若温度以及各 $\boldsymbol{r}$ 点的 $\boldsymbol{B}(\boldsymbol{r})$ 都保持一定, 则平衡态对应于 $\mathscr{F}$ 的极小值. 然而, 人们感兴趣的通常不是这种情形. 在实验过程中, 保持不变的物理量是 T 和线圈中的电流 $\boldsymbol{j}_{\text{ext}}$. 现在我们建立一个适合这种条件的热力学势. 定义

$$\mathcal{G} = \mathscr{F} - \int \frac{\boldsymbol{B}\cdot\boldsymbol{H}}{4\pi}\mathrm{d}\boldsymbol{r}. \tag{2.43}$$

于是

$$\delta\mathcal{G} = -\int \frac{\boldsymbol{B}\cdot\delta\boldsymbol{H}}{4\pi}\delta\boldsymbol{r} - S\delta T. \tag{2.44}$$

由于 $\operatorname{div} \boldsymbol{B} = 0$, 我们可以令 $\boldsymbol{B} = \operatorname{curl} \overline{\boldsymbol{A}}$(式中 $\overline{\boldsymbol{A}}$ 是宏观矢势), 并将上式分部积分,

$$\begin{aligned} S\delta T + \delta\mathcal{G} &= -\frac{1}{4\pi}\int \operatorname{curl} \overline{\boldsymbol{A}}\cdot\delta\boldsymbol{H}\mathrm{d}\boldsymbol{r} \\ &= -\frac{1}{4\pi}\int \overline{\boldsymbol{A}}\cdot\operatorname{curl} \delta\boldsymbol{H}\mathrm{d}\boldsymbol{r} \\ &= -\frac{1}{c}\int \overline{\boldsymbol{A}}\cdot\delta\boldsymbol{j}_{\text{ext}}\mathrm{d}\boldsymbol{r}. \end{aligned} \tag{2.45}$$

因此, 当 T 与 $\boldsymbol{j}_{\text{ext}}$ 保持一定时, $\delta\mathcal{G} = 0$, 也就是说 T 与 $\boldsymbol{j}_{\text{ext}}$ 保持一定的平衡态对应于 $\mathcal{G}$ 的极小值. 实际上, 我们通常都是先根据一种微观模型确定 $\mathscr{F}$ 和 $\boldsymbol{B}$, 尔后写出 $\mathcal{G}$, 最后再由 $\mathcal{G}$ 取极小得出决定平衡态的条件. 这个条件所起的作用跟顺磁或抗磁介质里的 $\boldsymbol{B} = \mu\boldsymbol{H}$ 关系式相同.

2.3.4 中间态里 B 与 H 的关系

为了得到样品处于中间态时 $\boldsymbol{B}$ 与 $\boldsymbol{H}$ 之间的关系, 让我们来计算体积元 $\mathrm{d}\boldsymbol{r}$ 的吉布斯势 $G\mathrm{d}\boldsymbol{r}$[在 $\mathrm{d}\boldsymbol{r}$ 体积中, 超导区域 (S) 所占的比例为 ρ, 正常区域 (N) 所占的比例为 $(1-\rho)$]. 在 (N) 区域内, 微观场取某个数值 $\boldsymbol{h}_{\text{n}}$, 在 (S) 区域内, 其数值为零. 我们证明从 $\mathcal{G}$ 的极小条件可导出 $h_{\text{n}} = H_{\text{c}}$. 将 B 用 ρ 表示有

$$B = (1-\rho)h_{\text{n}} + \rho\cdot 0 = (1-\rho)h_{\text{n}}. \tag{2.46}$$

每立方厘米的自由能变成

$$F = F_{\text{n}} - \frac{\rho H_{\text{c}}^2}{8\pi} + (1-\rho)\frac{h_{\text{n}}^2}{8\pi}. \tag{2.47}$$

第二项表示超导区域的凝聚能, 第三项表示磁能. 我们忽略了 (NS) 表面能, 并且也未计及因样品表面附近磁力线变形所引起的能量项; 在宏观尺度上, 这些表面项均可忽略不计. 将 F 用 ρ 和 $\boldsymbol{B}$ 来表示, 我们得到

$$F = F_{\text{n}} - \frac{\rho H_{\text{c}}^2}{8\pi} + \frac{B^2}{8\pi(1-\rho)}. \tag{2.48}$$

现在来建立热力学势 G, 我们发现

$$\begin{aligned} G(B,\rho) &= F - \frac{BH}{4\pi} \\ &= F_{\mathrm{n}} - \frac{\rho H_{\mathrm{c}}^2}{8\pi} + \frac{B^2}{8\pi(1-\rho)} - \frac{BH}{4\pi}. \end{aligned} \tag{2.49}$$

假如, (1) 我们相对 ρ 求 G 的极小值, 则得到

$$|\boldsymbol{B}| = H_{\mathrm{c}}(1-\rho). \tag{2.50}$$

将式 (2.50) 与 (2.46) 加以比较, 我们可以看出, 在正常区域里磁场 h_{n} 等于 H_{c}(这正是前面第 20 页上在简单例子中引用过的性质).

(2) 相对 B 求 G 的极小值, 则得到

$$\frac{\partial G}{\partial B} = 0, \quad B = H(1-\rho). \tag{2.51}$$

我们的结论是: (1) 磁场 $\boldsymbol{H}$ 与 $\boldsymbol{B}$ 平行; (2) 在整个样品中 $\boldsymbol{H}$ 的大小保持不变, 且等于 H_{c}. 这个条件与顺磁介质里 $B = \mu H$ 相当. 但要注意, 这里 $B(H)$ 不是线性的. 为了计算样品内的磁场分布, 必须解下列方程组:

$$\mathrm{div}\ \boldsymbol{B} = 0, \quad (\text{在表面上}\boldsymbol{B}_{\text{法向}}\text{连续}) \tag{2.52}$$

$$\mathrm{curl}\ \boldsymbol{H} = 0, \quad (\boldsymbol{H}_{\text{切向}}\text{连续}) \tag{2.53}$$

$$\boldsymbol{H} = \boldsymbol{B}\frac{H_{\mathrm{c}}}{|\boldsymbol{B}|}. \tag{2.54}$$

式 (2.53) 表达我们所作的假定: 在样品内没有外电流输入 (见式 2.38)

2.3.5 应用

我们仍旧只考虑样品不直接与电流源相连接的(最通常的)情况. 因此, 磁力线在样品里是**直线**. 为了证明这个结论, 我们写出 (此证明由伦敦提出)

$$\begin{aligned} H^2 &= H_{\mathrm{c}}^2, \\ 0 = \nabla(H^2) &= 2(\boldsymbol{H}\cdot\nabla)\cdot\boldsymbol{H} + 2\boldsymbol{H}\times \mathrm{curl}\ \boldsymbol{H}. \end{aligned} \tag{2.55}$$

在样品内 curl $\boldsymbol{H} = 0$, 故而 $(\boldsymbol{H}\cdot\nabla)\cdot\boldsymbol{H} = 0$. 沿磁力线 $\boldsymbol{H}$ 矢量不变, 磁力线是直的.

例题 让我们再回到球形样品, 把它放在外场 H_0 中, H_0 满足条件 $\frac{2}{3}H_{\mathrm{c}} < H_0 < H_{\mathrm{c}}$. 我们可用如下的方法求得方程组 (2.52)、(2.53) 与 (2.54) 的解.

在球内 $(r < a)$, 我们令 $\boldsymbol{H}$ 与 $\boldsymbol{B}$ 都跟 z 轴平行, 且为常量. 在数值上, $H = H_{\mathrm{c}}$, 而 B 为某一未知的数值 B_0. 另一方面, 在球外,

$$\boldsymbol{H}=\boldsymbol{B}=\boldsymbol{H}_0-H_1\frac{a^3}{2}\nabla\frac{\cos\theta}{r^2}, \tag{2.56}$$

式中 H_1 为待定常数. 表面上 $\boldsymbol{H}_{切}$ 连续的条件给出

$$\left(H_0+\frac{H_1}{2}\right)\sin\theta=H_c\sin\theta, \tag{2.57}$$

$\boldsymbol{B}_{法向}$ 连续的条件给出

$$(H_0-H_1)\cos\theta=\boldsymbol{B}_0\cos\theta. \tag{2.58}$$

对比这两个式子, 我们得到

$$B_0=3H_0-2H_c,\quad H_1=2(H_c-H_0). \tag{2.59}$$

结论

① 存在一个解, 即在整个球中 $\boldsymbol{B}$ 是一个常量. 因此超导区域所占的比例 $\rho=1-B_0/H_c$ 在整个球中到处一样.

② 磁感应 B_0 是外场的线性函数. 实际上, 我们可用一根磁探针放在球的二极 Q、Q' 附近来测量 B_0. 因为 $B_{法向}$ 连续, 在球外紧靠 Q 与 Q' 附近的磁场就等于 B_0. 将探针放在赤道上可测出 H_c(由于 $H_{切}$ 连续). 有人用干净样品作过实验, 得到了与理论曲线 (图 2.9) 几乎一样的图形.

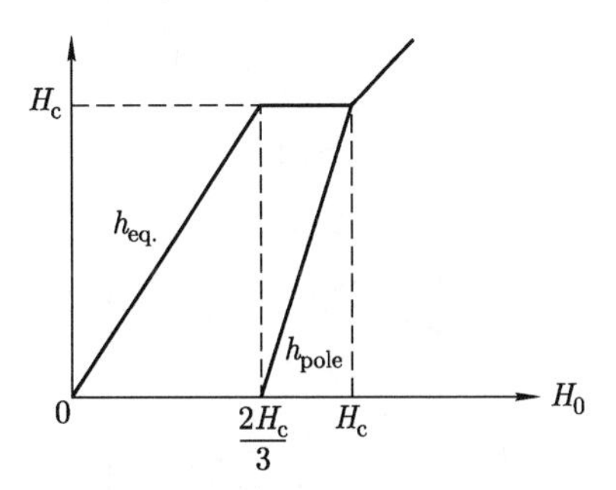

图 2.9 超导球上赤道处的磁场 (h_{eq}) 与极点的磁场 (h_{pole}). 若 $H_0<\frac{2}{3}H_c$, 出现完全迈斯纳效应, 极点的场为零. 若 $\frac{2}{3}H_c<H_0<H_c$, 球处于中间态, 赤道的场保持 H_c 不变, 而极点的场从零增大到 H_c.

(1) 超导线的临界电流

将一根半径为 a 的导线串联在发电机电极上, 使导线通过电流 I. 导线表面的磁场 $H(a)=2I/ca$. 若 $H(a)<H_c$, 导线完全是超导的. 由此定义出临界

电流

$$I_c = H_c \frac{ca}{2}. \tag{2.60}$$

若 I 大于 I_c, 则 $H(a) > H_c$, 靠近表面那部分导线必然转变到正常态. 可是, 不可能全部导线都转入正常态. 因为如若这样的话, 那么电流就会沿导线断面均匀分布, 中心区域的磁场就将很低, 所以至少有一部分必须保持超导. 最终结局是 $R < r < a$ 的外部区域为正常的, 而 $0 < r < R$ 的内部区域为超导或中间态. 在外部区域里 $\boldsymbol{B} = \boldsymbol{H}$; 在边界上 $H(R) = H_c$. 由此我们便可预言在内部区域所流过的电流数值 I_1:

$$H(R) = H_c = \frac{2I_1}{cR}, \tag{2.61}$$

$$I_1 = \frac{cRH_c}{2} = I_c \frac{R}{a} < I_c, \tag{2.62}$$

所以 $I_1 < I_c < I$. 外部区域所流过的电流必然是 $I - I_1$. 由于它是正常区域, 故沿线轴方向一定存在电场 $\boldsymbol{E}$; 又因为 curl $\boldsymbol{E} = 0$, 所以在整个导线上电场 $\boldsymbol{E}$ 应各处一样.

这就说明内部区域不可能全部超导, 否则将引起电场短路. 实际上, 内部区域一定处于中间态, 沿着垂直于圆柱轴线的方向分层 (图 2.10). 这种状态在伦敦所著的书中已有详细讨论.

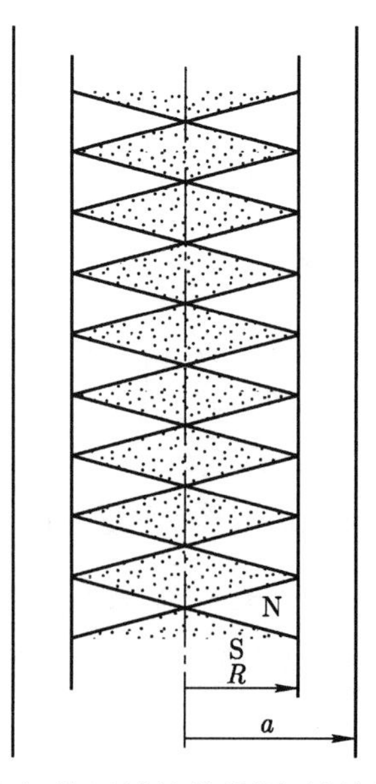

图 2.10 半径为 a 的超导线内部的区域结构草图, 导线通过的电流 $I > I_c$[式 (2.60)]. 样品有一正常的表面层和半径为 R 的中间态的芯. 界面 (R) 由 $H(R) = H_c$ 决定.

(2) 冷子管 (Cryotron) 原理

冷子管是巴克(Buck) 于 1956 年设计的一种控制器件; 原理如图 2.11 所示. "控制" 电流 I' 在螺线管中产生磁场 $H' = 4\pi NI'/cL$(此处 N 是线圈的匝数, L 为线圈的长度). 有一根直径为 $2a$、临界场为 H_c 的超导线 AB 从螺线管中穿过. 若 $H' < H_c$, 此导线没有电阻; 若 $H' > H_c$, 则导线就有一定的电阻. 所以电流 I' 可以控制 AB 中流过的电流 I 的数值. 为了使 AB 转变为正常态, 所需的最低的 I' 数值是

$$I'_{\rm m} = \frac{cL}{4\pi N} H_c. \tag{2.63}$$

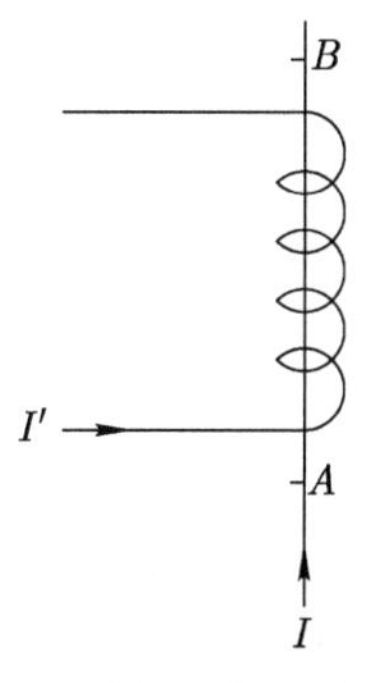

图 2.11 冷子管原理. 流过超导线 AB 的电流 I 受到螺线管中通过的电流 I' 的控制. 当螺线管中的磁场达到 H_c 时, 导线 AB 转变成正常态.

另一方面, 电流 I 不能太大, 否则导线 AB 会进入中间态, 正如前面所见的那样,

$$I \leqslant I_c = \frac{caH_c}{2}. \tag{2.64}$$

冷子管的电流增益是

$$G = \frac{I_c}{I'_{\rm m}} = 2\pi N \frac{a}{L}. \tag{2.65}$$

在巴克的头一个实验中, 控制线圈是用直径约为 0.1 mm 的铌线绕成的 [超导铌有较高的临界场 (~2 000 G)]. 导线 AB(用钽) 的 $H_c \sim 100$ G(在 4.2 K), 线径为 $2a = 0.2$ mm. 因为线圈只有一匝, 因此相应的 $Na/L \sim 1, G \sim 6$. 实际上, 增大 N 并无好处, 因为随着 N 的增大, 线圈的自感也增大, 结果使得冷子管的时间常数 τ 增长 (对于只有一匝的情况, τ 不小于 10^{-5} s). 事实上, 用两块交叉的金属薄膜 (图 2.12, 膜间由大约 1 000 Å 厚的绝缘层隔开) 代替图 2.11 中的装置, 可使时间常数显著缩短. 因为自感与绝缘层厚度成正比, 这层厚度非常薄, 故时间常数处在 $10^{-8} \sim 10^{-9}$ s 的范围内.

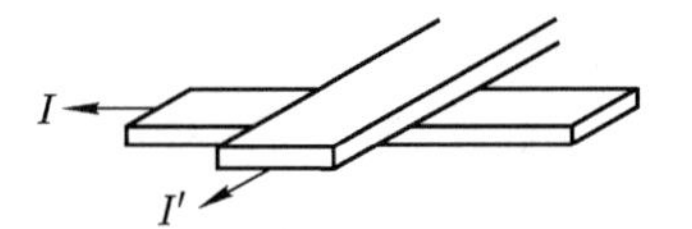

图 2.12 一种更有效的 (时间常数更短的) 冷子管用两块交叉的金属膜制成, 膜间隔着一层薄的绝缘层.

2.3.6 中间态的微观结构

将一块厚为 e、侧面尺寸为 L_xL_y(非常大) 的平板 (图 2.13), 放在垂直磁场 H_0 中, 于是将出现一些正常与超导区域. **假设**这些区域是层状的, 如图所示 (实验上, 经常采用这种布局). 我们希望知道正常区域和超导区域的厚度 $d_{\rm n}$ 与 $d_{\rm s}$, 以及层状结构的周期 $d = d_{\rm n} + d_{\rm s}$.

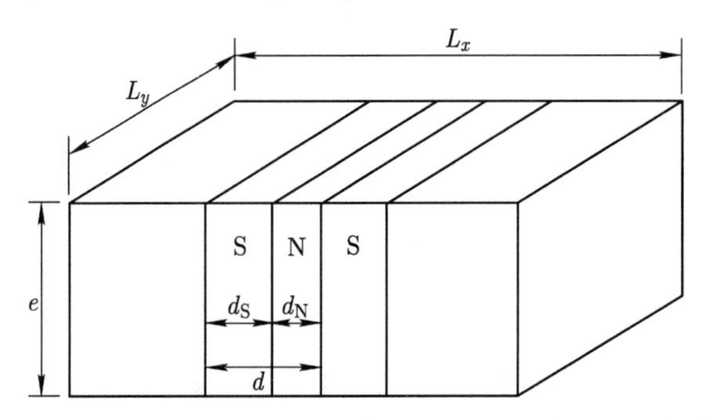

图 2.13 中间态的平板内的正常区域与超导区域的微观结构. 这些区域呈层状, 其周期 $d \sim \sqrt{e\delta}$(e= 板厚, $\delta \cong$ 相界面的厚度).

为此, 我们先建立自由能 $\mathscr{F}$ 的表式, 然后保持 H_0 不变 (相对于 $d_{\rm n}, d_{\rm s}$ 以及与它们等价的参数), 求 $\mathscr{F}$ 的极小值 (H_0 一定, 即穿过板的磁通一定, 因而合适的势函数是 $\mathscr{F}$, 而不是 $\mathcal{G}$).

在零级近似中, 我们把 S 与 N 区域严格当作一层层的平板, 并忽略掉所有表面能量. 因此, 自由能直接就是

$$\mathscr{F}_{宏观} = -\frac{H_{\rm c}^2}{8\pi}L_xL_ye\frac{d_{\rm s}}{d} + \frac{H_0^2}{8\pi}L_xL_ye\frac{d}{d_{\rm n}}. \tag{2.66}$$

第一项是 S 区域的凝聚能, 第二项是 N 区域的磁能 $h^2/8\pi$, 这里的根据是磁通守恒条件 $h = H_0(d/d_{\rm n})$.

现在继续考虑一级近似, 我们必须在 $\mathscr{F}$ 上加上三个修正:

(1) 为了在 S 区域和 N 区域之间产生一个相界面, 每平方厘米需要一定的表面能 γ. 从量纲上讲, 把 γ 写成下列形式较为方便:

$$\gamma = \frac{H_{\rm c}^2}{8\pi}\delta, \tag{2.67}$$

式中长度 δ 约为 $10^3 \sim 10^4$ Å 的数量级. 表面能对于 $\mathscr{F}$ 所相应的贡献是

$$\gamma e L_y \times (\text{界面的数目}) = \frac{H_c^2}{8\pi}\delta e L_y \frac{2L_x}{d}. \tag{2.68}$$

(2) 力线在样品表面附近“张开”, 故而二端附近超导区域变窄. 这样就要失掉一部分凝聚能, 每一 S 区域失掉约 $d_s^2 L_y$ 数量级的体积的能量. 这部分能量贡献是

$$\frac{H_c^2}{8\pi} d_s^2 L_y \frac{L_x}{d} U_0(\rho_s), \tag{2.69}$$

式中 $\rho_s = d_s/d, U_0(\rho_s)$ 为一无量纲函数, 此函数仅当“变窄”区域的精确形状知道之后才能算出.

(3) 磁场能量 $\int (h^2/8\pi)\mathrm{d}\boldsymbol{r}$ 在表面附近也须修正. 该项的形式如下:

$$\frac{H_0^2}{8\pi} d_s^2 L_y \frac{L_x}{d} V_0(\rho_s), \tag{2.70}$$

式中 $V_0(\rho_s)$ 是另一个无量纲函数 (朗道和栗弗席兹合著的《连续介质电动力学》一书里叙述了 U_0 与 V_0 的计算).

我们可以选 ρ_s 与 d 为独立变量. 若我们先对 ρ_s 求自由能极小值, 则发现对于宏观样品 $(e \gg \xi_0)$ 有

$$1 - \rho_s = \frac{H_0}{H_c}. \tag{2.71}$$

如我们所知, 该结果表明, 在正常区域里磁场等于 H_c. 其次, 我们相对于 d 求 $\mathscr{F}$ 的极小值. 与 d 有关的修正项有三项:

$$\mathscr{F} = \mathscr{F}_{\text{宏观}} + \frac{H_c^2}{8\pi} e L_x L_y \left\{ \frac{2\delta}{d} + [\rho_s^2 U_0 + \rho_s^2 (1-\rho_s)^2 V_0] \frac{d}{e} \right\}. \tag{2.72}$$

d 的最佳值是

$$d^2 = \frac{\delta e}{\phi(\rho_s)}, \tag{2.73}$$

式中 $\phi = \frac{1}{2}[\rho_s^2 U_0 + \rho_s^2(1-\rho_s)^2 V_0]$. 典型例子, 若 $H_0/H_c \sim 0.7, \phi \sim 10^{-2}$, 于是 $d \sim 10\sqrt{\delta e}$. 令 e=1 cm, δ = 3 000 Å, 我们得到 $d \sim 0.6$ mm. 靠近端部 ($\rho_s \to 0$ 或 $\rho_n \to 0$), ϕ 趋向零, 从而 d 还会变得更大. 怎样观察这种区域结构呢? 曾采用过以下几种方法:

(1) 将一根细铋丝 (它的电阻强烈地依赖于磁场) 紧贴在样品表面上移动. 经过 N 区域时其电阻变大, 经过 S 区域时其电阻变小 (Meshkovsky *and* Shalnikov, 1947).

(2) 在样品表面放上铌粉末, 铌的临界场较高 (~ 2 000 G), 因此这些铌晶粒总保持超导和抗磁状态, 它们将力图避开磁力线而聚集于 S 区域.

(3) 在样品表面上覆上一层薄铈玻璃 (典型厚度 ~0.1 mm). 这种玻璃具有很强的法拉第旋光性, 沿磁场 $\boldsymbol{H}_0$ 方向传播的偏振光 (跟样品表面垂直) 透过玻璃时, 其偏振面转过 θ 角度; 因此从样品反射后总共偏转了 2θ. 因为一般 θ 与磁场成正比 ($\theta \sim 0.02°/\mathrm{mm/G}$), 假若所观察的样品放在交叉放置的检偏振器和起偏振器之间, 则 $h \neq 0$ 的 N 区域显得很亮. 归根到底, 这些测量都可用来确定表面能 (用长度 δ 表示).

例题 由于板的厚度 e 有限, 板的临界场应作何修正?

解答 假如我们把约化场 $h_{\mathrm{r}} = H_0/H_{\mathrm{c}}$ 与 $\rho_{\mathrm{s}} = d_{\mathrm{s}}/d$ 保留下来作为另外的独立变量, 相对 d 求自由能的极小值, 则我们得到

$$\mathscr{F} = \frac{H_{\mathrm{c}}^2}{8\pi} e L_x L_y \left[-\rho_{\mathrm{s}} + \frac{h_{\mathrm{r}}^2}{1-\rho_{\mathrm{s}}} + 4\left(\frac{\delta}{e}\right)^{1/2} \phi^{1/2} \right],$$

$$\phi = \frac{1}{2}\rho_{\mathrm{s}}^2 [U_0(\rho_{\mathrm{s}}) + h_{\mathrm{r}}^2 V_0(\rho_{\mathrm{s}})].$$

在我们所感兴趣的区域, h_{r} 接近 1, ρ_{s} 接近零, 同时我们可以把 ϕ 写成

$$\phi \cong \theta^2 \rho_{\mathrm{s}}^2,$$

式中 $\theta^2 = \dfrac{1}{2}[U_0(0) + V_0(0)] = (1/\pi)\ln 2 = 0.22$(这个数字引自前面提到的朗道和栗弗席兹的计算). 相对 ρ_{s} 求 $\mathscr{F}$ 的极小值, 我们得到以下条件:

$$-1 + \left(\frac{h_{\mathrm{r}}}{1-\rho_{\mathrm{s}}}\right)^2 + 4\theta\left(\frac{\delta}{e}\right)^{1/2} = 0.$$

当 $\mathscr{F}$ 等于正常态自由能 $(H_0^2/8\pi) e L_x L_y$ 时, 磁场就达到板的临界场. 由此推出另一条件

$$\rho_{\mathrm{s}}\left(\frac{h_{\mathrm{r}}^2}{1-\rho_{\mathrm{s}}} - 1\right) + 4\theta\left(\frac{\delta}{e}\right)^{1/2} \rho_{\mathrm{s}} = 0.$$

只有当

$$\rho_{\mathrm{s}} = 0,$$

$$1 - h_{\mathrm{r}}^2 = 4\theta\left(\frac{\delta}{e}\right)^{1/2},$$

$$H_0 \cong H_{\mathrm{c}}\left[1 - 2\theta\left(\frac{\delta}{e}\right)^{1/2}\right]$$

成立时才满足这两个条件. 取 $e = 1$ mm, $\delta = 10^4$ Å, 我们算出临界场下降了 3%. 对一切几何形状都会出现与此类似的跟宏观理论结果的偏离; 在讨论第 I 类超导体的实验结果时, 它们往往十分重要.

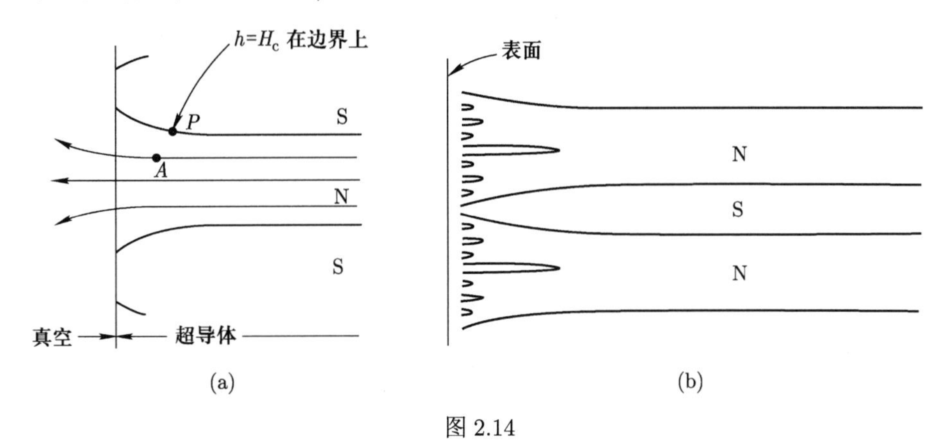

图 2.14

(a) 表面附近的层状结构. 注意, 在 A 之类的点上磁场比 P 点的小些 (正如磁通线的曲度所表示的那样)$h(A) < h(P) = H_c$. 靠近端部, 有一些微小的正常区域, 它的磁场 $h < H_c$! (b) 朗道的分枝模型. 假如我们希望在正常区域内各处都保持 $H > H_c$, 就需要这样形式的分枝. 事实上并不会发生分枝. $h > H_c$ 这一条件只适用于宏观正常区域. 在这里, 所考虑的是表面附近的微小区域, 它的临界场比 H_c 低一些; 它们可以在 $h < H_c$ 时保持正常, 因而图 2.14a 所示的简单模型是正确的.

(1) 佯谬

假如我们仔细看一下图 2.14a 的层状结构, 我们就会注意到, 在 N 区域里像 A 之类的点处, 力线业已 **"张开"** 了. 因此 A 点的磁场比边界上 P 点的磁场要稍低些, 亦即比 H_c 低. 乍一看来, 这一情况有些难以理解. 我们或许以为 A 附近的区域又会变成超导的. 朗道曾探讨过这个复杂的问题. 他的结论是: 正常区域应该发生 **"分枝"**, 如图 2.14b 所示, 并且很可能分得很细, 以致层状结构简直不可能被观察到. 实际上, 确实常常观察到简单的层状结构. 在尺度约为 1 cm 数量级的干净样品上, 并不曾发生分枝. 根据类似上面习题所讨论的效应 (不过这里所涉及的尺寸是 d, 而不是 e, 因而这个效应要大些), A 点的临界场降到了 H_c 以下, 故 A 点可以在相当低的磁场中保持正常.

假如我们有一块厚度 $e = 1$ 英里的超导体, 则 d 是 1 cm 的数量级, 在 P 点邻域仍然可应用宏观的分析, 因此会产生分枝. 分枝模型并无毛病, 只不过它不适用于通常尺寸的样品而已 (另一个有利产生分枝的方案, 不是采用增大 e, 而是减小 δ——这个途径或许能在某些合适的合金系统中实现).

(2) **表面能的起源**

我们定性地讨论二种极端情形:

① $\xi_0 \gg \lambda$: 在以往的宏观讨论中, 正常区域 N 和超导区域 S 之间有一个清晰的边界 (为便于考虑, 我们设边界为 yz 平面, 磁场沿 z 轴, 同时 N 区域对应于 $x<0$). 在 N 边, 磁场使热力学势降低了 $H_c^2/8\pi - H_c^2/4\pi$[见式 (2.49)]; 在 S 边, $\mathcal{G}$ 减小了一凝聚能 $-H_c^2/8\pi$. 从微观上看, 会出现什么情况呢? 假若 λ 很小, 则认为磁场在 $x=0$ 界面上陡然下降, 依旧是对的. 新的特征发生在 S 那一边 $(x>0)$, 超导电性在边界附近大约 ξ_0 厚度的范围内遭到“破坏”, 于是 ξ_0 范围内的凝聚能就损失掉, 因此得出表面能 $\gamma \sim (H_c^2/8\pi)\xi_0$(也即 $\delta \sim \xi_0$).

② $\xi_0 \ll \lambda$: 在这种情况下, 上述的贡献可以略去. 我们可以利用伦敦方程来计算磁场分布 (图 2.15). 让我们把界面设在 yz 平面上, 磁场方向沿 z 轴. 在正常区域 $(x<0) h = H_c$, 在 S 区域 $(x>0) h = H_c e^{-x/\lambda}$. 热力学势变成

$$\mathcal{G} = \int_{x>0} \mathrm{d}r \left(F_n - \frac{H_c^2}{8\pi} + \frac{h^2}{8\pi} - \frac{Hh}{4\pi} + \lambda^2 \frac{\left(\frac{\mathrm{d}h}{\mathrm{d}x}\right)^2}{8\pi} \right). \tag{2.74}$$

第一项是没有磁场时正常相的自由能; 第二项是凝聚能 (若 $x<0, \rho=0$; 若 $x>0, \rho=1$); 第三项是磁能; 第四项是与 $-BH/4\pi$ 相当的微观量; 最后, 末了一项代表电流动能.

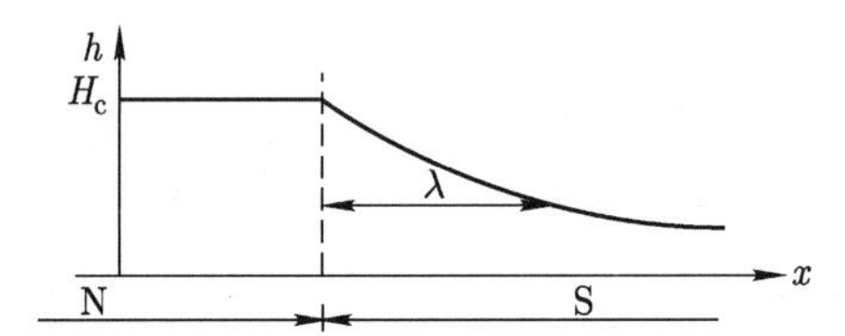

图 2.15　正常与超导区域分界面处的微观磁场分布. 在正常区域内 $h=H_c$; 在超导一边, 磁场 h 在穿透深度内降低到零.

我们首先肯定在离边界很远的地方, 两个相的吉布斯函数的密度应相等 (平衡条件), 因而可把 $\mathcal{G}$ 写成

$$\mathcal{G} = \int \mathrm{d}\boldsymbol{r} \left(F_n - \frac{H_c^2}{8\pi} \right) + \gamma S,$$

式中 S 为界面面积, 而 γ 为表面张力, 它由下式给出:

$$\gamma = \int_0^\infty \mathrm{d}x \left[\frac{h^2 + \lambda^2 \left(\frac{\mathrm{d}h}{\mathrm{d}x}\right)^2}{8\pi} - \frac{hH_c}{4\pi} \right] = -\frac{H_c^2}{8\pi}\lambda. \tag{2.75}$$

在这个极限中, 表面张力为负的, 因而产生新界面时系统的能量降低, 所以界面数目将尽可能增多, 同时磁学性质显然也会与前面所叙述的那些性质有相当大的差别. 这就是为什么把 $\xi_0 < \lambda$ 的材料称为第二类超导体的理由. 我们在下一章讨论第二类超导体.

参 考 资 料

第一类超导体的宏观描述

F. London, Superfluids(New York:Wiley, 1950), Vol I.

L. Landau and I. M. Lifschitz, Electrodynamics of Continuous Media (Pergamon, 1960), Chap.6.

电流与矢势的关系

A. B. Pippard, *Proc. Roy. Soc.* (London), A216, 547(1953).

穿透深度的测量

A. L. Schawlow and G. Devlin, *Phys. Rev.* , 113, 120(1959).

A. B. Pippard, *Proc. 7th Intern. Conf. Low Temp. Phys.* (Toronto:Toronto Univ. Press, 1960), P.320.

中间态

区域的光学观察:

W. De Sorbo, *Phys. Rev. Letters*, 4, 406(1960).

W. De Sorbo, *Proc. 7th Intern. Conf. Low Temp. Phys.* (Toronto:Toronto Univ. Press, 1960), P.370.

表面能的测定:

A. L. Schawlow, *Phys. Rev.*, 101, 157(1956).

正常 ⟶ 超导相转变的动力学:

T. E. Faber and A. B. Pippard, *Progress in Low Temp. Physics*, edited by C. G. Gorter(Amsterdam:North Holland, 1959), Vol. I. Chap.9.

第 3 章

第二类超导体的磁性质

3.1 长圆柱体的磁化曲线

第二类超导体具有下列典型的宏观特性:

(1) 除了 $H<H_{c_1}$ ①的弱磁场外, 放置在纵向磁场 H 中的圆柱体并不出现 "理想的" 磁通完全排斥的现象 (**迈斯纳效应**).

假若我们将临界场 H_c 定义为无外场情况下正常态与超导态的自由能之差, 并由下式导出,

$$F_n - F_s = \frac{H_c^2}{8\pi}, \tag{3.1}$$

那么我们会发现 H_{c_1} 明显地要比 H_c 来得小. 以化合物 V_3Ga 为例, 零场下热学测量 (推出 $F_n - F_s$) 表明 $(H_c)_{T=0} \simeq 6\,000$ G, 而磁测量给出 $(H_{c_1})_{T=0} \simeq 200$ G.

(2) 当 $H > H_{c_1}$ 时, 磁力线透入圆柱体内, 但是即使已达热平衡状态, 它还可能不是完全穿透. 穿过圆柱体的磁通 ϕ 低于样品为正常态的磁通数值. 这表明在样品里有永久电流存在, 故而样品仍然保持超导性. 出现这种情形的磁场范围是 $H_{c_1} \leqslant H \leqslant H_{c_2}$, H_{c_2} 的数值要比 H_c 高, 有时高得多, 例如 V_3Ga, $(H_{c_2})_{T=0} \sim 300\,000$ G.

(3) 当 $H > H_{c_2}$ 时, 宏观样品就不再显示有任何磁通排斥了, 即 $B \equiv H$. 然而, 超导电性并没有完全消失. 在 $H_{c_2} < H < H_{c_3}$ 的磁场区间内 (大多数情形 $H_{c_3} \sim 1.69 H_{c_2}$), 圆柱体表面保存了一层超导鞘 (典型厚度为 10^3 Å). 可以检验这层超导鞘的存在, 例如, 用测量样品表面二根探针之间电阻的方法来检验. 人们发现若测量电流很弱, 则电阻为零. 从物理上看, 超导鞘的形成原因如下: 微小的超导区域容易在样品表面附近成核——正像一杯啤酒的底部比其他地方容易产生气泡一样 (第 5 章有这个问题的较完善的论证).

① 以记号 H_{c_1} 表示第一穿透场, 是 1963 年 Colgate 超导会议的参加者所推荐的.

图 3.1 表示了 $H_{c_1}, H_{c_2}, H_{c_3}$ 等磁场随温度的变化关系. 现在我们把注意力集中到出现部分磁场穿透的磁场区域 ($H_{c_1} < H < H_{c_2}$). 舒布尼可夫根据早期对合金所做的实验 (1937), 第一个清楚地指出在 (HT) 平面上存在这个磁场区域. 因此, 我们把它称为舒布尼可夫(Schubnikov) 相, 或者有时称为涡旋态 (后一名称来源于第 3.2 节里得到的微观图像).

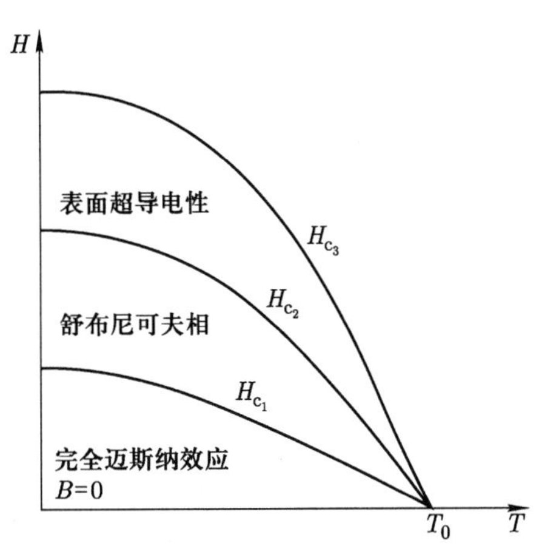

图 3.1 长圆柱形第二类超导体的相图

可以借助 $B(H)$ 曲线图来描述处于舒布尼可夫相的部分磁通穿透, 此曲线的形状如图 3.2 所示. 有时实验物理学家宁愿绘出“磁化强度” M 的曲线, 而不用磁感应 $B.M$ 定义为

$$M = \frac{B - H}{4\pi}, \tag{3.2}$$

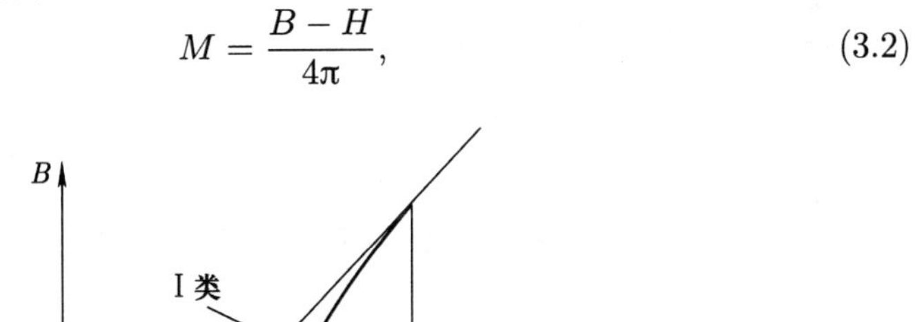

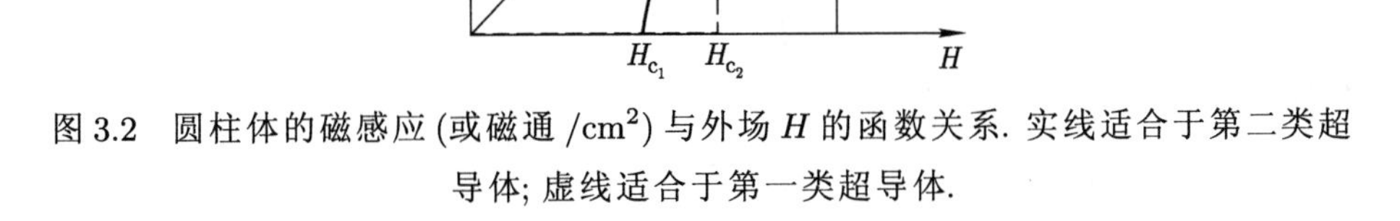

图 3.2 圆柱体的磁感应 (或磁通 /cm^2) 与外场 H 的函数关系. 实线适合于第二类超导体; 虚线适合于第一类超导体.

$M(H)$ 曲线如图 3.3 所示.

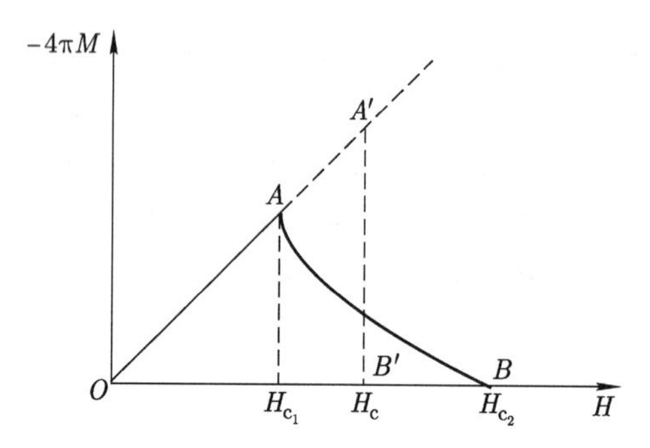

图 3.3　长圆柱形 I 类 (虚线) 或 II 类 (实线) 超导体的磁化曲线. 若两类材料具有相同的热力学场 H_c, 则面积 OAB 与面积 $OA'B'$ 相等.

(实际上往往难以观察到这些曲线, 因为要达到平衡状态是不容易的, 例如结构缺陷就会阻碍力线的移动.)

在图 3.3 中, 虚线表示 H_c 相同的第一类超导体的磁化曲线. 这两条曲线通过一个值得注意的性质——曲线所对应的面积相等——而关联着.

证明　令超导态的每单位体积的吉布斯函数为

$$G_s = F_s(B) - \frac{BH}{4\pi}. \tag{3.3}$$

若 H 保持一定, 则 G_s 取极小值, 也就是说在平衡状态下

$$\left(\frac{\partial G_s}{\partial B}\right)_H = 0. \tag{3.4}$$

令正常态的吉布斯函数为 G_n, 则

$$G_n = F_n + \frac{B^2}{8\pi} - \frac{BH}{4\pi}. \tag{3.5}$$

在正常态的热平衡状态下, $(\partial G_n/\partial B)_H = 0$, 因此 $B = H$, 从而有

$$G_n = F_n - \frac{H^2}{8\pi}. \tag{3.6}$$

设磁场从 H 变成 $H + \delta H$, 由式 (3.3) 与 (3.4) 可知

$$\frac{\partial G_s}{\partial H} = -\frac{B}{4\pi}, \tag{3.7}$$

并且由式 (3.6) 知

$$\frac{\partial G_n}{\partial H} = -\frac{H}{4\pi}, \tag{3.8}$$

$$\frac{\partial}{\partial H}(G_n - G_s) = \frac{B - H}{4\pi} = M. \tag{3.9}$$

我们现在将上式在 H=0 到 $H = H_{c_2}$ 之间进行积分. 在 $H = H_{c_2}$ 时, 二相处于平衡, 故而 $G_n = G_s$. 在 $H = 0$ 时, B=0, 我们得到 $G_n = F_n, G_s = F_s$. 又根据定义

$$(F_n - F_s)_{B=0} = \frac{H_c^2}{8\pi}.$$

所以最后得到

$$\int_0^{H_{c_2}} M\mathrm{d}H = -\frac{H_c^2}{8\pi} \tag{3.10}$$

我们的结论是: 图 3.3 中的曲线所对的面积仅依赖于 H_c. 因此从平衡磁化曲线可以确定 H_c 及凝聚能.

现在我们来讨论当外磁场 H 等于场边界数值之一 H_{c_1} 或 H_{c_2} 时所出现的相变. 先考虑在 H_{c_2} 的相变. 迄今为止, 所有经实验研究的例子都表明, 在 H_{c_2} 的相变是属于**二级相变**.

(1) 磁化强度测量表明 $B(H)$ 曲线在 $H = H_{c_2}$ 时是连续的.

(2) 在个别曾经进行过热测量的实例 (如 V_3Ga) 中, 好像没有相变潜热, 而只是比热有不连续而已.

通过纯粹热力学的分析便可将比热的跳跃与磁化曲线相互联系起来 (Goodman, 1962). 令 i 与 j 表示所考虑的二相 (这里 i 代表舒布尼可夫相, 而 j 代表 $B \equiv H$ 的相, 即样品整体处于正常态).

$$G_i = F_i(T, B_i) - \frac{B_i H}{4\pi} \tag{3.11}$$

表示 i 相每立方厘米的吉布斯函数. 保持 H 与 T 固定, 通过 G 的极值条件即可得到此相的磁场 H 与磁感应 B 之间的关系

$$\frac{\partial}{\partial B_i} F_i(T, B_i) = \frac{H}{4\pi}. \tag{3.12}$$

熵 S_i 由下式导出

$$S_i = -\left(\frac{\partial G_i}{\partial T}\right)_H = -\frac{\partial F_i}{\partial T}. \tag{3.13}$$

当磁场满足某一条件 $H = H^*(T)$ 时, i 相与 j 相之间达到平衡 (对现在所考虑的情形, 即 $H^*(T) = H_{c_2}(T)$. 在 $H = H^*(T)$ 曲线上应满足

$$G_i = G_j. \tag{3.14}$$

假如相变时没有潜热出现, 那么沿 $H = H^*(T)$ 曲线二相的熵相等, 即

$$S_i = S_j. \tag{3.15}$$

我们首先证明从这个结果就可以排除在相变时 B 有不连续的可能性. 为了证明这一点, 只要计算一下沿平衡曲线移动 $[\mathrm{d}H = (\mathrm{d}H^*/\mathrm{d}T)\mathrm{d}T]$ 时 F_i 的变化

$$\frac{\mathrm{d}F_i}{\mathrm{d}T} = \frac{\partial F_i}{\partial T} + \frac{\partial F_i}{\partial B_i}\frac{\mathrm{d}B_i}{\mathrm{d}T} \tag{3.16}$$

即可. 由上式以及式 (3.12) 与 (3.13) 我们求出沿平衡曲线 G 的变化

$$\frac{\mathrm{d}G_i}{\mathrm{d}T} = -S_i - \frac{B_i}{4\pi}\frac{\mathrm{d}H^*}{\mathrm{d}T}. \tag{3.17}$$

沿平衡曲线始终满足条件 $G_i = G_j$, 故而 $\mathrm{d}G_i/\mathrm{d}T = \mathrm{d}G_j/\mathrm{d}T$; 假如 $S_i = S_j$ 也满足, 那么必然得到 $B_i = B_j$, 即在相变时 B 连续.

现在我们计算恒定磁场中的比热

$$G_i = T\left(\frac{\partial S_i}{\partial T}\right)_H. \tag{3.18}$$

我们算出沿平衡曲线熵的全微分

$$\frac{\mathrm{d}S_i}{\mathrm{d}T} = \left(\frac{\partial S_i}{\partial T}\right)_H + \left(\frac{\partial S_i}{\partial H}\right)_T\frac{\mathrm{d}H^*}{\mathrm{d}T}. \tag{3.19}$$

利用上式可将式 (3.18) 加以变换. 从式 (3.15) 得知沿平衡曲线有 $\mathrm{d}S_i/\mathrm{d}T = \mathrm{d}S_j/\mathrm{d}T$, 因此

$$C_j - C_i = T\frac{\mathrm{d}H^*}{\mathrm{d}T}\left[\left(\frac{\partial S_i}{\partial H}\right)_T - \left(\frac{\partial S_j}{\partial H}\right)_T\right]. \tag{3.20}$$

利用式 (3.13) 与 (3.12) 将 $(\partial S_i/\partial H)_T$ 改写成

$$\begin{aligned}\left(\frac{\partial S_i}{\partial H}\right)_T &= \left(\frac{\partial S_i}{\partial B_i}\right)_T\left(\frac{\partial B_i}{\partial H}\right)_T = -\frac{\partial^2 F_i}{\partial B_i \partial T}\left(\frac{\partial B_i}{\partial H}\right)_T \\ &= -\frac{1}{4\pi}\frac{\partial H(B_i T)}{\partial T}\left(\frac{\partial B_i}{\partial H}\right)_T.\end{aligned} \tag{3.21}$$

最后, 我们写出 H^* 相对 T 的变化公式

$$\frac{\mathrm{d}H^*}{\mathrm{d}T} = \left(\frac{\partial H}{\partial T}\right)_{B_i} + \left(\frac{\partial H}{\partial B_i}\right)_T\frac{\mathrm{d}B}{\mathrm{d}T}, \tag{3.22}$$

式中 $\mathrm{d}B/\mathrm{d}T = \mathrm{d}B_i/\mathrm{d}T = \mathrm{d}B_j/\mathrm{d}T$, 表示沿平衡曲线 B 的变化. 将式 (3.22) 的 $(\partial H/\partial T)_{B_i}$ 代入式 (3.21), 我们求得

$$\left(\frac{\partial S_i}{\partial H}\right)_T = -\frac{1}{4\pi}\frac{\mathrm{d}H^*}{\mathrm{d}T}\left(\frac{\partial B_i}{\partial H}\right)_T + \frac{1}{4\pi}\frac{\mathrm{d}B}{\mathrm{d}T}, \tag{3.23}$$

$$C_j - C_i = \frac{T}{4\pi}\left(\frac{\mathrm{d}H^*}{\mathrm{d}T}\right)^2\left[\left(\frac{\partial B_j}{\partial H}\right)_T - \left(\frac{\partial B_i}{\partial H}\right)_T\right]. \tag{3.24}$$

所以假如知道了 $H^*(T)$ 与每一相的磁导率 $(\partial B_i/\partial H)_T$, 我们就能预言比热的跳跃. 对于 $(i \to j)$ 相变, 由图 3.2 知涡旋态 (i) 的磁导率为有限值 (> 1), 而正常态 (j) 的磁导率等于 1. 因此 $C_i > C_j$. 在目前要想把式 (3.24) 同实验的结果进行比较, 必要的数据还不齐全. 不过, 对于 V_3Ga 来说, $C_i - C_j$ 与 $\mathrm{d}H_{c_2}/\mathrm{d}T$ 都已知道, 假如再将 $\partial B/\partial H$ 的数值作一合理的外推, 预言出在 H_{c_2} 处 $\partial B/\partial H$ 的数

值, 那么就会发现由磁测量和由比热测量所得的结果其吻合程度大约在 10% 以内. 原则上说, 对于 $H = H_{c_1}$ 处的相变可以作类似的分析. 只不过这里舒布尼可夫相的磁导率 $(\partial B/\partial H)_{H=H_{c_1}}$ 有可能是无限大, 第 3 章第 2 节的理论计算也证明是这样. 从式 (3.24) 可知这会导致在比热中出现一无限大峰. 实际上, 这种奇异性质是微弱的, 容易被磁滞现象所掩盖. 最近, 拉特格斯(Rutgers) 小组已经 (在铌样品中) 观察到这一现象.

3.2 涡旋态: 微观描述

3.2.1 负表面能

我们在前面已经看到, 在伦敦 ($\xi < \lambda$) 超导体中正常与超导区域分界面具有负的表面张力. 在这种条件下, 我们预计在磁场的作用下会出现这样的状态, 这时 N 与 S 区域分得很细, 因而表面能对热力学势的贡献变得十分重要. 这种状态同皮帕德超导体里所出现的状态差别非常之大, 那里界面数目不多, 在宏观处理中其能量可以忽略不计.

作为一个例子, 让我们来考虑一下 B 很小的极限情况 (也就是说样品里只透入了少量磁力线, 正常态仅占很小比例). 基本上有两种可能的方式, 使得 N 区域的表面与体积之比达极大值: 形成厚度很薄 ($\geqslant \xi$) 的平板; 或者直径很细 ($\sim \xi$) 的细丝. 理论计算表明在 $\lambda \gg \xi$ 的情况下, 第二个答案能量最低①. 所以我们肯定为细丝, 它们表示于图 3.4a 中.

每根细丝有一半径为 ξ 的核芯, 核芯里超导电子密度 n_s 的下降如图 3.4c 所示. 磁力线并不只局限在核芯内; 在细丝的中心磁场最大, 但磁场仍一直延伸到 λ 距离 (图 3.4b). 细丝周围包围着环形电流 $\boldsymbol{j}$, 使得 $r \gtrsim \lambda$ 处的磁场被屏蔽掉了. 若 $r > \xi$(即我们所关心的大部分区域). 可简单地从伦敦方程算出电流和磁场. 下面还将证明核芯的半径和精确的形式仅在对数的宗量里出现, 所以没有必要精确地知道它们. 事实上, 在 $\xi \ll \lambda$ 的极限条件下, 细丝的性质非常容易算出.

每根细丝所带的磁通 $\phi = \int h \mathrm{d}\sigma$ 多大呢?

实验和理论告诉我们, 假如一个大块的超导环中有一些磁力线, 则它所包含的磁通只能取离散的数值

$$\begin{aligned} &\phi = k\phi_0, \quad (k\text{是整数}) \\ &\phi_0 = \frac{ch}{2e} = 2 \times 10^{-7}\ \mathrm{G\ cm^2}. \end{aligned} \tag{3.25}$$

关于这个效应的解释将在第 4 章末尾部分阐明. 但这个结论在这里同样正确.

① 请看第 53 页的例题.

为了获得最大限度细分的状态, 每根细丝只能带一个磁通量子 ϕ_0. 这个条件决定了图 3.4b 里磁场的比例, 也就完全确定了细丝的结构.

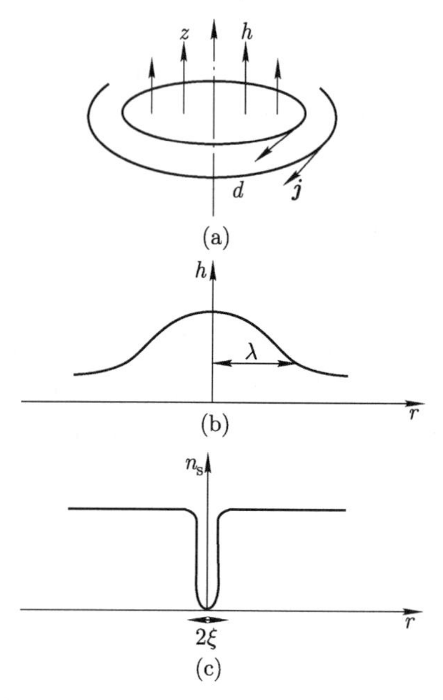

图 3.4 第 II 类超导体内的涡旋结构. 靠近涡旋中心磁场最大. 向外, 磁场减弱, 这是由于半径为 λ(穿透深度) 的"电磁区域"的屏蔽作用所致 (图 3.4b). 相反, 每立方厘米的超导电子数目 n_s, 仅仅在半径为 ξ 的较小的"核芯区域"中才有所减少 (图 3.4c).

这种量子化的细丝, 是由一个非常细的核芯及围绕轴线转动的电流所组成, 它跟氦容器旋转时超流体 He^4 中出现的涡旋线非常类似. 独有一个重要的差别, 即氦原子不带电荷, 故式 (1.13) 中 $e = 0$. 我们看到, 在 He^4 中穿透深度 λ 为无限大, 且粒子流 $\boldsymbol{j}$ 在 $r > \lambda$ 处不是按指数规律下降的, 它在离细丝很远的地方衰减得非常缓慢 (按 $1/r$ 的规律). 历史上, 昂萨格(Onsager) 与费曼(Feynman) 首先讨论了 He^4 问题里的涡旋线, 在超导电性里的推广应归功于阿布里科索夫(Abrikosov)(1965). 当超导体中含有一定密度的涡旋线时, 我们就说它处在涡旋态.

3.2.2 孤立涡旋线的性质

现在我们详细地研究在 $\lambda \gg \xi$ 的极限下一根涡旋线的结构. "核芯"的半径 ξ 非常之小, 故我们暂且将它对能量的贡献完全略去.

因此这根线的能量由下式给出:

$$\mathfrak{I} = \int_{(r>\xi)} \mathrm{d}\boldsymbol{r} \cdot \frac{1}{8\pi}[\boldsymbol{h}^2 + \lambda^2(\mathrm{curl}\boldsymbol{h})^2]. \tag{3.26}$$

式 (3.26) 曾在第 1 章中推导过 (假定 $\lambda \gg \xi$). 对于纯超导体, 穿透深度 λ 具有伦敦数值

$$\lambda_L = \left[\frac{mc^2}{4\pi n_s e^2}\right]^{\frac{1}{2}}. \tag{3.27}$$

对于超导合金 (其 $\lambda \gg \xi$), 式 (3.26) 依然适用, 但 λ 应当用修正过的数值 (要大些), 这在第 2 章中已解释过 [请看式 (2.20) 下面的讨论]. 式 (3.26) 的积分遍及核芯以外 ($r > \xi$) 的整个空间. 所以我们最好还是计算每单位长度涡旋线的能量; 每厘米的总能量 $\mathfrak{I}$ 称为涡旋线的张力. 要求 $\mathfrak{I}$ 取极小值, 像通常一样这就导出了伦敦方程

$$\boldsymbol{h} + \lambda^2 \mathrm{curl}\,\mathrm{curl}\,\boldsymbol{h} = 0, \quad |\boldsymbol{r}| > \xi \tag{3.28}$$

在核芯的内部, 必须用更为复杂的公式来代替式 (3.28). 但是, 由于核芯半径很小, 所以我们可以尝试简单地用一个二维 δ 函数 $\delta_2(r)$ 来代替相应的奇异性, 从而写出

$$\boldsymbol{h} + \lambda^2 \mathrm{curl}\,\mathrm{curl}\,\boldsymbol{h} = \boldsymbol{\phi}_0 \delta_2(r), \tag{3.29}$$

式中 $\boldsymbol{\phi}_0$ 是沿涡旋线方向的矢量. 现在我们证明式 (3.29) 的强度 ϕ_0 表示涡旋线所带的总磁通.

将式 (3.29) 在半径为 r 的圆 C 所围的面上进行积分 (此圆 C 环绕着圆柱轴线), 并利用旋度公式

$$\int \boldsymbol{h}\mathrm{d}\boldsymbol{\sigma} + \lambda^2 \oint \mathrm{curl}\,\boldsymbol{h} \cdot \mathrm{d}\boldsymbol{l} = \phi_0 \tag{3.30}$$

若圆的半径 $r \gg \lambda$, 则电流 $\boldsymbol{j}(\boldsymbol{r}) = \dfrac{c}{4\pi}\mathrm{curl}\,\boldsymbol{h}$ 可以略去, 沿圆周的线积分为零. 所以细丝所带的总磁通等于 ϕ_0.

现在我们再加上麦克斯韦方程

$$\mathrm{div}\,\boldsymbol{h} = 0 \tag{3.31}$$

继续求式 (3.30) 解的具体表示式. 磁场 $\boldsymbol{h}$ 取向 z 轴; 电流线就是 xy 平面内的圆. 容易预言 $\xi \ll r \ll \lambda$ 区域内 $\mathrm{curl}\,\boldsymbol{h}$ 的数值, 即电流的数值. 事实上, 假如我们重新考虑式 (3.30), 将圆 C 的半径取在这个区域, 则 $\displaystyle\int \boldsymbol{h} \cdot \mathrm{d}\boldsymbol{\sigma}$ 这项可以忽略不计 (圆 C 内通过的磁通占 ϕ_0 的比例仅仅是 r^2/λ^2), 因而我们有

$$\lambda^2 \cdot 2\pi r |\mathrm{curl}\,\boldsymbol{h}| = \phi_0, \tag{3.32}$$

$$|\mathrm{curl}\,\boldsymbol{h}| = \frac{\phi_0}{2\pi\lambda^2 r}. \quad (\xi < r \ll \lambda) \tag{3.33}$$

因为 $\boldsymbol{h}$ 取向 z 轴, 我们有 $|\mathrm{curl}\,\boldsymbol{h}| = -\mathrm{d}h/\mathrm{d}r$, 将此式积分得

$$h = \frac{\phi_0}{2\pi\lambda^2}\left[\ln\left(\frac{\lambda}{r}\right) + \text{常数}\right]. \quad (\xi < r \ll \lambda) \tag{3.34}$$

要定出式 (3.34) 内的积分常数, 必须写出式 (3.30) 和 (3.32) 的完整解, 即

$$h=\frac{\phi_0}{2\pi\lambda^2}\mathrm{K}_0\left(\frac{r}{\lambda}\right) \tag{3.35}$$

此处 K_0 是零阶虚宗量贝塞尔函数 (依照 Morse 与 Feshbach [1] 书中的定义). 此解的重要性质是: 当 $r \ll \lambda$ 时渐近形式为式 (3.34)(发现常数等于零), 以及距离很大时渐近形式为

$$h=\frac{\phi_0}{2\pi\lambda^2}\sqrt{\frac{\pi\lambda}{2r}}\mathrm{e}^{-r/\lambda}. \quad (r \gg \lambda) \tag{3.36}$$

磁场一经确定以后, 就容易算出能量 $\mathfrak{I}$. 将式 (3.26) 第二项进行分部积分,

$$\mathfrak{I}=\frac{\lambda^2}{8\pi}\int \mathrm{d}\boldsymbol{\sigma}\cdot\boldsymbol{h}\times\operatorname{curl}\boldsymbol{h}. \tag{3.37}$$

此处积分 $\int \mathrm{d}\boldsymbol{\sigma}$ 是在核芯表面 (半径为 ξ 的圆柱体) 上进行的. 计算沿涡旋线每厘米长度的 $\mathfrak{I}$ 比较方便. 因此

$$\mathfrak{I}=\frac{\lambda^2}{8\pi}\cdot 2\pi\xi h(\xi)|\operatorname{curl}\boldsymbol{h}(\xi)|. \tag{3.38}$$

利用式 (3.34) 与 (3.33) 上式化成

$$\mathfrak{I}=\left(\frac{\phi_0}{4\pi\lambda}\right)^2\ln\left(\frac{\lambda}{\xi}\right). \tag{3.39}$$

关于式 (3.39) 的讨论

(i) $\mathfrak{I}$ 仅取决于 ξ 的对数;

(ii) $\mathfrak{I}$ 是磁通的二次函数. 若所考虑的情形磁通是 $2\phi_0$, 那么出现二根磁通为 ϕ_0 的细丝 (总能量为 $2\mathfrak{I}$) 比出现一根具有双倍磁通的细丝 (总能量为 $4\mathfrak{I}$) 更为有利. 这就证实了将 ϕ_0 磁通选为最低值, 即磁通量子的数值是合理的.

(iii) 在 $T=0\,\mathrm{K}$ 时, 利用关系式

$$\phi_0=\frac{ch}{2e},\quad \xi=\xi_0=\frac{\hbar v_{\mathrm{F}}}{\pi\varDelta(0)} \tag{3.40}$$

以及凝聚能和能隙 $\varDelta(0)$ 之间的关系式 (它将由微观理论推出)

$$\frac{H_{\mathrm{c}}^2}{8\pi}=\frac{1}{2}N(0)\varDelta^2(0) \tag{3.41}$$

便可将 $\mathfrak{I}$ 改写成稍为不同的形式, 这里 $N(0)=m^2v_{\mathrm{F}}/2\pi^2\hbar^{-3}$ 是正常态中费米能级上单位能量间隔与每立方厘米的态密度 (对单一自旋取向而言). 把这些公式重新加以组合, 我们得到

$$\mathfrak{I}=\frac{\pi^3}{3}\cdot\frac{H_{\mathrm{c}}^2}{8\pi}\xi^2\ln\frac{\lambda}{\xi}. \quad (T=0) \tag{3.42}$$

---

[1] *Methods of Theoretical Physics*(New York:McGraw-Hill, 1953), Chap. 10, P. 1321.

鉴于下述理由这个公式是值得注意的.

到目前为止我们一直忽略了核芯部分对线能量的贡献. 实际上, 超导电性在核芯区域或多或少要遭到一些破坏, 这就需要一部分额外能量$\Im_{\text{int}} \sim (H_c^2/8\pi)\xi^2$.

从式 (3.42) 的量纲来看, 这部分能量与$\Im$是可以类比的. 不过, 数值上却小得多. 更详细计算得出如下的总能量公式:

$$\Im = \left(\frac{\phi_0}{4\pi\lambda}\right)^2\left(\ln\frac{\lambda}{\xi} + \epsilon\right). \quad (\lambda \gg \xi) \tag{3.43}$$

常数ϵ包括了核芯的影响, 其大小约为 0. 1.

例题 试讨论薄膜中的涡旋结构, 设外磁场垂直于膜表面 (J. Pearl, 1964).

解答 在薄膜里仍然有一个“核芯”, 其半径为ξ(我们假定ξ很小), 四周被电流环包围. 但是, 由于电流只局限于膜的厚度d之内, 故它的屏蔽能力较差, 所以“电磁区域”延伸得比长涡旋线更远.

在膜内我们应用式 (3.29)

$$\boldsymbol{h} + \frac{4\pi\lambda^2}{c}\operatorname{curl}\boldsymbol{j} = \phi_0\delta_2(r)\boldsymbol{n}_z,$$

式中$\boldsymbol{j}$是电流密度, $\boldsymbol{n}_z$是垂直于膜的单位矢量. 利用矢势$\boldsymbol{A}$比用磁场$\boldsymbol{h} = \operatorname{curl}\boldsymbol{A}$更为方便. 在伦敦规范中, 我们得到

$$\boldsymbol{A} + \frac{4\pi\lambda^2}{c}\boldsymbol{j} = \boldsymbol{\Phi}$$

式中$\Phi_r = \Phi_z = 0, \Phi_\theta = \phi_0/2\pi r$.

现在在膜厚度d上进行平均. 若$d \ll \lambda$, 则$\boldsymbol{A}$与$\boldsymbol{j}$在厚度里差不多是常数. 令$\boldsymbol{J}$表示总电流, $\boldsymbol{J} = \boldsymbol{j}d$. 于是

$$\boldsymbol{J} = \frac{c}{4\pi}\frac{1}{\lambda_{\text{eff}}}(\boldsymbol{\Phi} - \boldsymbol{A}),$$

$$\lambda_{\text{eff}} = \frac{\lambda^2}{d}.$$

现在用一个电流密度为$\boldsymbol{J}\delta(z)$的无限薄的载流层来代替膜, 此载流层位于$z = 0$平面内. 当d比电磁区域的尺度小得多时, 这种代换才适用.

借助此电流层表示, 则整个空间都适用的方程应是

$$\operatorname{curl}\operatorname{curl}\boldsymbol{A} = \operatorname{curl}\boldsymbol{h} = \frac{4\pi}{c}\boldsymbol{j} = \frac{1}{\lambda_{\text{eff}}}\delta(z)(\boldsymbol{\Phi} - \boldsymbol{A}),$$

或者 (因为在伦敦规范中$\operatorname{curl}\operatorname{curl}\boldsymbol{A} = -\nabla^2\boldsymbol{A}$)

$$-\nabla^2\boldsymbol{A} + \boldsymbol{A}\frac{1}{\lambda_{\text{eff}}}\delta(z) = \frac{\boldsymbol{\Phi}}{\lambda_{\text{eff}}}\delta(z).$$

这个结果是从伦敦方程式 (3.29) 推出的. 在实际的薄膜中, 像这样简单的方程通常并不适用. 可是, 关于总电流具有线性电流响应的形式 $\boldsymbol{J} = (c/4\pi\lambda_{\text{eff}})(\boldsymbol{\phi} - \boldsymbol{A})$, 这一假定仍然正确, 式中 λ_{eff} 是某个未知常数, 它可以从其他实验得出 (其实 λ_{eff} 是平行场中的有效穿透深度, 可以用相同的膜制成的中空圆柱来进行实验, 从而测出它的值).

为了解 $\boldsymbol{A}$ 的方程, 引入三维傅里叶变换

$$\boldsymbol{A}_{\boldsymbol{qk}} = \int \boldsymbol{A}(x,y,z)\exp[\mathrm{i}(q_x x + q_y y + kz)]\mathrm{d}x\mathrm{d}y\mathrm{d}z,$$

及二维傅里叶变换

$$\boldsymbol{A}_{\boldsymbol{q}} = \frac{1}{2\pi}\int \mathrm{d}\boldsymbol{k}\boldsymbol{A}_{\boldsymbol{qk}} = \int \boldsymbol{A}\delta(z)\exp\mathrm{i}(q_x x + q_y y)\mathrm{d}x\mathrm{d}y\mathrm{d}z,$$

$$\boldsymbol{\Phi}_{\boldsymbol{q}} = \int \boldsymbol{\Phi}(x,y)\exp\mathrm{i}(q_x x + q_y y)\mathrm{d}x\mathrm{d}y = \mathrm{i}\frac{\boldsymbol{\Phi}_0}{q^2}\boldsymbol{n}_z \times \boldsymbol{q}.$$

于是

$$(q^2 + k^2)\boldsymbol{A}_{\boldsymbol{qk}} + \frac{1}{\lambda_{\text{eff}}}\boldsymbol{A}_{\boldsymbol{q}} = \frac{1}{\lambda_{\text{eff}}}\boldsymbol{\Phi}_{\boldsymbol{q}}.$$

解出 $\boldsymbol{A}_{\boldsymbol{qk}}$ 并且对 k 积分,

$$\boldsymbol{A}_{\boldsymbol{q}} = -\frac{1}{2\pi}\int \mathrm{d}k\frac{1}{q^2 + k^2}(\boldsymbol{A}_{\boldsymbol{q}} - \boldsymbol{\Phi}_{\boldsymbol{q}})\frac{1}{\lambda_{\text{eff}}} = \frac{-1}{2q\lambda_{\text{eff}}}(\boldsymbol{A}_{\boldsymbol{q}} - \boldsymbol{\Phi}_{\boldsymbol{q}})$$

$$\boldsymbol{A}_{\boldsymbol{q}} = \boldsymbol{\Phi}_{\boldsymbol{q}}\frac{1}{1 + 2q\lambda_{\text{eff}}}.$$

从这个结果便可得到所需的一切:

(a) 电流的分量是

$$\boldsymbol{J}_{\boldsymbol{q}} = \frac{c}{4\pi\lambda_{\text{eff}}}(\boldsymbol{\Phi}_{\boldsymbol{q}} - \boldsymbol{A}_{\boldsymbol{q}}) = \frac{c}{4\pi\lambda_{\text{eff}}}\boldsymbol{\Phi}_{\boldsymbol{q}}\frac{2q\lambda_{\text{eff}}}{1 + 2q\lambda_{\text{eff}}},$$

当 $q \gg \lambda_{\text{eff}}^{-1}$ 时, $\boldsymbol{J}_{\boldsymbol{q}}$ 正比于 $\boldsymbol{\Phi}_{\boldsymbol{q}}$. 因此离涡旋中心的距离 r 较小时

$$\boldsymbol{J}(r) = \frac{c}{4\pi\lambda_{\text{eff}}}\boldsymbol{\Phi}(r),$$

$$\boldsymbol{J} = \frac{c\phi_0}{8\pi^2\lambda_{\text{eff}}r}. \quad (\xi \ll r \ll \lambda_{\text{eff}})$$

当 $q \ll \lambda_{\text{eff}}^{-1}$ 时,

$$\boldsymbol{J}_{\boldsymbol{q}} \cong \frac{c}{4\pi\lambda_{\text{eff}}} \cdot 2q\lambda_{\text{eff}}\boldsymbol{\Phi}_{\boldsymbol{q}} = \frac{c\phi_0}{2\pi} \cdot \frac{\mathrm{i}\boldsymbol{n}_z \times \boldsymbol{q}}{q},$$

$$\boldsymbol{J} = \frac{c\phi_0}{4\pi^2 r^2}. \quad (r \gg \lambda_{\text{eff}})$$

屏蔽区域的大小为 λ_{eff}. 但是,即使超过了 λ_{eff},J 随距离的变化也只是缓慢地减小.

(b) 膜中磁场的垂直分量由

$$\boldsymbol{h}_{z\boldsymbol{q}} = -\mathrm{i}\boldsymbol{q} \times \boldsymbol{A}_{\boldsymbol{q}} = \frac{\phi_0}{1 + 2q\lambda_{\text{eff}}}\boldsymbol{n}_z$$

导出. 当 $q \gg \lambda_{\text{eff}}^{-1}$ 时

$$h_{zq} \sim \frac{\phi_0}{2q\lambda_{\text{eff}}},$$

$$h_z(r) \sim \frac{\phi_0}{4\pi\lambda_{\text{eff}}r}. \quad (\xi < r \ll \lambda_{\text{eff}})$$

在 r 很大时, 从电流 J 很容易推出

$$\begin{aligned} h_z &= -\frac{4\pi\lambda_{\text{eff}}}{c} \cdot \frac{1}{r}\frac{\mathrm{d}}{\mathrm{d}r}(Jr) \\ &\cong \frac{2}{\pi}\frac{\phi_0\lambda_{\text{eff}}}{r^3}. \end{aligned}$$

(c) 涡旋的自由能可由式 (3.26) 推出. 为此需要知道在涡芯表面 ($\xi \ll \lambda_{\text{eff}}$) 上的 $\boldsymbol{h}$ 与 curl$\boldsymbol{h}$ 的分量, 这些前面已列出了. 最后结果是,

$$E = \left(\frac{\phi_0}{4\pi}\right)^2 \frac{1}{\lambda_{\text{eff}}}\log\frac{\lambda_{\text{eff}}}{\xi} = \frac{137\hbar c}{16\lambda_{\text{eff}}}\log\frac{\lambda_{\text{eff}}}{\xi}.$$

典型情况的 $\lambda_{\text{eff}} \sim 1\,000$ Å, $E \sim 30$eV.

(d) 二根涡旋之间的力为

$$\boldsymbol{F}_{12} = \frac{\phi_0}{c}\boldsymbol{n}_z \times \boldsymbol{J}(R_{12}).$$

应注意, 在距离很大时, $J \sim \dfrac{1}{R^2}$, 故排斥能仅按 $\dfrac{1}{R}$ 规律下降. 这种长力程是由于大部分相互作用不是通过超导体, 而是通过上下空间而形成的.

3.2.3 涡旋线之间的相互作用

(1) 二根涡旋线

研究一下二根平行于 z 轴的涡旋线, 它们分别位于 $\boldsymbol{r}_1 = (x_1, y_1)$ 和 $\boldsymbol{r}_2 = (x_2, y_2)$ 处. 磁场分布由下式决定:

$$\boldsymbol{h} + \lambda^2\text{curl curl}\boldsymbol{h} = \phi_0[\delta(\boldsymbol{r} - \boldsymbol{r}_1) + \delta(\boldsymbol{r} - \boldsymbol{r}_2)]. \tag{3.44}$$

上式是式 (3.29) 的推广. 其解 $\boldsymbol{h}$ 是涡旋 (1) 和涡旋 (2) 的磁场 $\boldsymbol{h}_1$ 和 $\boldsymbol{h}_2$ 的叠加.

$$\begin{aligned} \boldsymbol{h}(r) &= \boldsymbol{h}_1(r) + \boldsymbol{h}_2(r), \\ \boldsymbol{h}_1(r) &= \frac{\phi_0}{2\pi\lambda^2}K_0\left(\frac{r - r_1}{\lambda}\right). \end{aligned} \tag{3.45}$$

系统的能量仍写作

$$F = \int \frac{\boldsymbol{h}^2 + \lambda^2 (\mathrm{curl}\,\boldsymbol{h})^2}{8\pi} \mathrm{d}\boldsymbol{r} \\ = \frac{\lambda^2}{8\pi} \int \boldsymbol{h} \times (\mathrm{curl}\,\boldsymbol{h}) \cdot \mathrm{d}\boldsymbol{\sigma}. \tag{3.46}$$

这里积分在两个核芯的表面 ($|\boldsymbol{r} - \boldsymbol{r}_i| = \xi$) 上进行; 将 $\boldsymbol{h}$ 中的两部分贡献明显地写出, 我们得到

$$F = \frac{\lambda^2}{8\pi} \int (\mathrm{d}\boldsymbol{\sigma}_1 + \mathrm{d}\boldsymbol{\sigma}_2) \cdot (\boldsymbol{h}_1 + \boldsymbol{h}_2) \\ \times (\mathrm{curl}\,\boldsymbol{h}_1 + \mathrm{curl}\,\boldsymbol{h}_2). \tag{3.47}$$

上式共有八项, 我们重新归并如下：首先是每根涡旋线各自的能量

$$\frac{\lambda^2}{8\pi}\Big[\int \mathrm{d}\boldsymbol{\sigma}_1 \cdot \boldsymbol{h}_1 \times \mathrm{curl}\,\boldsymbol{h}_1 + \int \mathrm{d}\boldsymbol{\sigma}_2 \cdot \boldsymbol{h}_2 \times \mathrm{curl}\,\boldsymbol{h}_2\Big] = 2\mathfrak{J}.$$

其次是下列项

$$\int (\boldsymbol{h}_1 + \boldsymbol{h}_2) \cdot (\mathrm{curl}\,\boldsymbol{h}_1 \times \mathrm{d}\boldsymbol{\sigma}_2 + \mathrm{curl}\,\boldsymbol{h}_2 \times \mathrm{d}\boldsymbol{\sigma}_1).$$

它们在 $\xi \ll \lambda$ 的极限下趋向于零, 因为在积分 $\int \mathrm{d}\boldsymbol{\sigma}_2$ 的区域中 $\boldsymbol{h}_1 + \boldsymbol{h}_2$ 和 $\mathrm{curl}\,\boldsymbol{h}_1$ 都是有限的. 剩下有重要贡献的项是

$$U_{12} = \frac{\lambda^2}{8\pi} \int (\boldsymbol{h}_1 \times \mathrm{curl}\,\boldsymbol{h}_2 \cdot \mathrm{d}\boldsymbol{\sigma}_2 + \boldsymbol{h}_2 \times \mathrm{curl}\,\boldsymbol{h}_1 \cdot \mathrm{d}\boldsymbol{\sigma}_1). \tag{3.48}$$

实际上, 根据式 (3.33), 若 $|\boldsymbol{r}_1 - \boldsymbol{r}_2| \ll \lambda$, 则 $\mathrm{curl}\boldsymbol{h}_2$ 与 $1/|\boldsymbol{r} - \boldsymbol{r}_2|$ 成正比, 故这项积分后的结果在 $\xi \to 0$ 时保持有限. 假若我们令

$$h_{12} = h_1(r_2) = h_2(r_1) = \frac{\phi_0}{2\pi\lambda^2} K_0\Big(\frac{r_1 - r_2}{\lambda}\Big), \tag{3.49}$$

则利用式 (3.33), 我们求得

$$U_{12} = \frac{\phi_0 h_{12}}{4\pi}. \tag{3.50}$$

U_{12} 代表二根涡线 (每厘米) 相互作用的能量. 这是一个排斥能; 在距离很大时, 它按 $(1/\sqrt{r_{12}})\mathrm{e}^{-r_{12}/\lambda}$ 规律减小, 而在距离很小时, 它按 $\ln\left|\frac{\lambda}{r_{12}}\right|$ 规律发散.

关于力的说明 让我们来计算由于相互作用 U_{12}, 涡旋线 2 所受的力

$$f_{2x} = -\frac{\partial U_{12}}{\partial x_2} = -\frac{\phi_0}{4\pi} \cdot \frac{\partial h_{12}}{\partial x_2}. \tag{3.51}$$

现在引入电流 $\boldsymbol{j} = n_s e \boldsymbol{v}$, 它是涡旋 1 单独存在时在 $(x_2 y_2)$ 点引起的电流. 因而由麦克斯韦方程 $j_y = -(c/4\pi)(\partial h_{12}/\partial_{x_2})$, 我们得到

$$f_{2x} = \frac{\phi_0}{c} j_y = \frac{1}{2} h n v_y. \tag{3.52}$$

当不止一根涡旋作用于涡旋 (2) 时, 式 (3.52) 仍然保持有效, 只要把速度 $\boldsymbol{v}$ 理解成点 $(x_2 y_2)$ 的总超流速度.

结论 若涡线上任一点的超流速度为零, 则此涡线处于静平衡.

(2) 磁化曲线

现在我们构成吉布斯函数, 并使其极小, 从而导出样品处在热平衡状态时所具有的涡旋密度.

$$G = n_{\mathrm{L}} \Im + \sum_{ij} U_{ij} - \frac{BH}{4\pi}. \tag{3.53}$$

第一项表示各个涡旋的能量, n_{L} 是每平方厘米的涡线数目, 它与 B 的关系是

$$B = n_{\mathrm{L}} \phi_0. \tag{3.54}$$

(这个公式表明了每个涡旋带有一个磁通 ϕ_0 这一事实). 式 (3.53) 的第二项描述了涡旋之间的互相排斥作用, U_{ij} 的具体形式由式 (3.49) 与 (3.50) 给出; 最后, 末一项给出了磁场的影响, 它有利于 B 取较大数值. 这项起着压力的作用, 倾向于增加涡旋密度.

为了对相互作用项进行数值计算, 最好是分成几个区域来讨论:

① 磁感应较小的区域 $(n_{\mathrm{L}}\lambda^2 \ll 1)$, 只有最近邻涡旋的相互作用才重要, 求和 $\sum U_{ij}$ 迅速收敛.

② 当磁感应 $\boldsymbol{B}$ 较大时 $(n_{\mathrm{L}}\lambda^2 \gg 1)$, 相互作用的力程 λ 变得比涡旋线点阵的间距要大, 故用其他方法计算 $\sum U_{ij}$ 较为可取.

③ 最后, 当 n_{L} 大到可与 $1/\xi^2$ 相比拟时, 核芯开始重叠, 本节采用的初等方法不再适用. 不过定性来看, 我们可以预料到, 当核芯都已重叠时, 样品体内的超导电性消失. 这时所对应的磁感应为 $B \sim \phi_0/\xi^2$.

(3) 第一穿透磁场 H_{c_1}

涡线密度很低 (B 很小) 时, 式 (3.52) 中的相互作用项很小, 我们可将它完全忽略掉. 因此, 由式 (3.53) 我们得到

$$G \cong B\left(\frac{\Im}{\phi_0} - \frac{H}{4\pi}\right). \tag{3.55}$$

当 $H < 4\pi\Im/\phi_0$ 时, G 为 B 的递增函数. 在 $B = 0$ 时得到 G 的最低数值 (完全迈斯纳效应).

当 $H > 4\pi\Im/\phi_0$ 时, 选取 $B \neq 0$, 便可降低 G 的数值. 这样就会出现部分磁通穿透.

我们推得结论: 第一穿透磁场由

$$H_{\mathrm{c}_1} = \frac{4\pi\Im}{\phi_0} = \frac{\phi_0}{4\pi\lambda^2}\log\left(\frac{\lambda}{\xi}\right) \tag{3.56}$$

所决定. H_{c_1} 通常比式 (3.1) 所定义的热力学临界场 H_c 要小得多. 以 $T=0$ 的情况为例, 利用式 (3.40) 与 (3.41), 我们得到

$$\frac{H_{c_1}}{H_c}=\frac{\pi}{\sqrt{24}}\cdot\frac{\xi}{\lambda}\ln\left(\frac{\lambda}{\xi}\right). \tag{3.57}$$

所以其结果是 $H_{c_1}/H_c\sim\xi/\lambda$, 它可能远小于 1. 原则上说, 测量了 H_{c_1} 与 H_c 便可确定 ξ 与 λ. 例如 V_3Ga, 在 $T=0$ 时, $H_c\sim 6\,000$ G, 而 $H_{c_1}\sim 200$ G, 由式 (3.57) 得到 $\lambda/\xi\sim 80$. 然后再由式 (3.56) 得 $\lambda\sim 2\,000$ Å 及 $\xi\sim 25$ Å. 由于目前得到的 H_c 与 H_{c_1} 的值还不可靠, 所以这些量的数量级仍然很不准确. 不过希望不久的将来情况会有所改变.

(4) 磁场稍大于 H_{c_1} 的情况

对于有限的涡旋密度 (B 有限), 我们必须在式 (3.53) 中计及相互作用项. 为使这项排斥能降为极小, 涡旋线必将有规则地排列起来. 基于式 (3.53), 经详细计算表明, B 不管取什么值, 三角排列最为有利, 如图 3.5 所示 (J. Matricon, 1964).

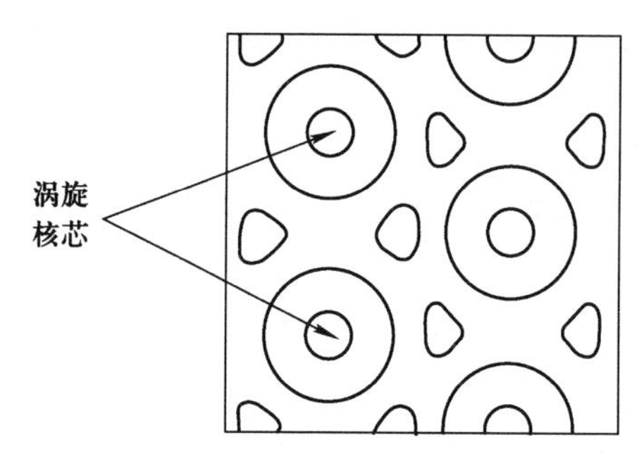

图 3.5 涡旋线的三角点阵 [引自 Kleiner, Roth and Aulter, *Phys.Rev.* **133A**,(1964)1226], 图的平面与磁场垂直. 等值线表示 n_s 为常数的线. 这个图描述了在强场时的状态 (涡芯接近重叠).

若 H 只比 H_{c_1} 稍大一点, 则我们可以预料涡旋线的平衡密度 n 也将很小, 这样相邻二根涡线的间距 d 将很大. 若 $d>\lambda$, 则在式 (3.53) 中只需保留最近邻的相互作用项的贡献. 于是写出

$$G\cong\frac{B}{4\pi}\left[H_{c_1}-H+\frac{1}{2}z\frac{\phi_0}{2\pi\lambda^2}\mathrm{K}_0\left(\frac{d}{\lambda}\right)\right], \tag{3.58}$$

式中 z 是每根涡旋的最近邻数目 (对于三角点阵, $z=6$), d 与磁感应 B 的关系为

$$B\equiv\phi_0 n_L=\frac{2}{\sqrt{3}}\frac{\phi_0}{d^2}. \quad (\text{三角点阵}) \tag{3.59}$$

上式很容易根据图 3.5 加以验证. 函数 $G(B)$ 表于图 3.6. 因为 $H > H_{c_1}$, 故初始斜率 $(\partial G/\partial B)_{B=0}$ 为负. 随着 B 的增大, 相互作用项开始有贡献, 但是相当缓慢, 因为它与 $\mathrm{K}_0(d/\lambda)$ 成正比. 当 $d > \lambda$ 时, 根据式 (3.36), 我们可写出

$$\mathrm{K}_0\left(\frac{d}{\lambda}\right) \sim \exp\left(-\frac{d}{\lambda}\right) = \exp\left[-1.07\sqrt{\frac{\phi_0}{B\lambda^2}}\right]. \tag{3.60}$$

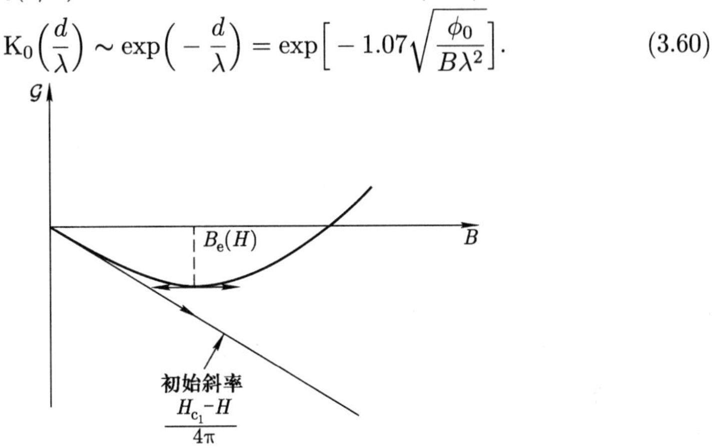

图 3.6 热力学势 $\mathcal{G}$ 与磁感应 B 的函数关系图 ($B = n_L\phi_0$ 是每平方厘米的涡旋数目 n_L 的量度). B 的平衡值 $[B_e(H)]$ 对应于 $\mathcal{G}$ 的极小值.

因此在 B 较小时, 相互作用项按指数减小. 然而在 B 较大时, 相互作用项就会对整个特性起主要作用, $G(B)$ 的数值上升. 在某一值 $B = B(H)$ 时, G 有极小值. $B(H)$ 就是在磁场 H 作用下平衡时的磁感应. 古特曼(Goodman) 依照这个方法计算出了 $B(H)$ 与 $M(H)$ 的理论值, 结果如图 3.7 所示, 图中还标出了特别纯的钼铼 (MoRe) 合金的实验结果.

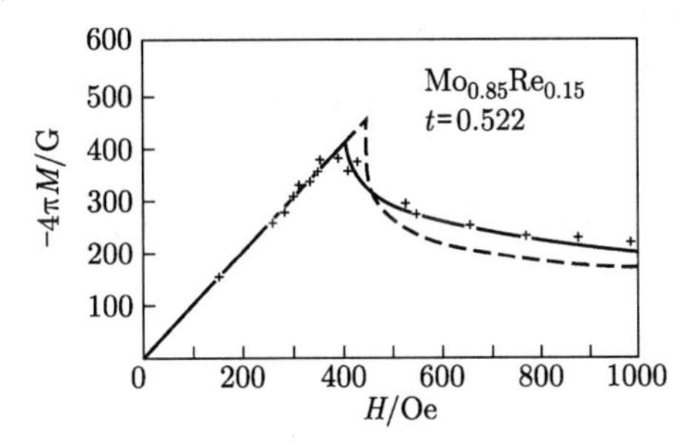

图 3.7 钼铼合金在 $T = 0.52T_0$ 时的实验磁化曲线. (引自 Joiner and Blaugher, *Rev.Mod.Phys.*$\mathbf{36}$(1964)67) 图中还绘出了两条理论曲线 (引自 B. B. Goodman). 虚线代表分层模型的结果; 实线代表涡旋线模型的结果.

必须注意下列几点:

在第一穿透场处, 理论曲线的斜率为无限大

$$(\partial M/\partial H)_{H=H_{c_1}} = \infty.$$

从物理上讲, 反映了这样的事实: 涡旋按 $e^{-d/\lambda}$ 的规律互相排斥, 亦即我们可以认为它们的相互作用有有限的力程 λ. 这样在磁场比 H_{c_1} 稍高一些时, 样品内便可出现许多涡旋, 而不会遇到相互作用能的抗拒. 实验曲线上并没有显示出非常大的斜率 $(\partial M/\partial H)_{H=H_{c_1}}$; 这并不令人惊异, 因为在我们所关心的磁场区域, 涡旋线间的相互作用很弱, 很容易被结构缺陷钉扎住. 不过, 当我们偏离 H_{c_1} 超过 10% 之后, 我们就会看到理论与实验符合得相当好.

类似的理论曲线也可从另一模型推出, 在这个模型里, 载磁通的单元不是涡旋线, 而是薄层 (见 53 页的例题). 若层的间距为 d, 我们将再次发现两个单元之间的斥力正比于 $e^{-d/\lambda}$. 不过, 在现在的情形下, 磁感应 B 与 d^{-1} 成正比, 而在涡旋线情况, B 与 d^{-2} 成正比, 如式 (3.59) 所示. 因此, 在 $H > H_{c_1}$ 时, 层模型的 $M(H)$ 比涡旋型的下降得更快. 在图 3.7 中对比了两条理论曲线; 很明显, 正如古特曼所强调的那样, 涡旋线模型符合得更好.

(5) $\dfrac{1}{\lambda^2} \ll n_L \ll \dfrac{1}{\xi^2}$ 的区域

在此区域内, 涡旋形成相当密集的点阵, 相互作用达到涡旋的远邻. 因此, 相互作用能可以用以下方法来计算. 磁场 $\boldsymbol{h}(\boldsymbol{r})$ 沿 z 轴方向, 是下式的解:

$$
\begin{gathered}
\boldsymbol{h} + \lambda^2 \operatorname{curl}\operatorname{curl}\boldsymbol{h} = \phi_0 \sum_i \delta_2(\boldsymbol{r} - \boldsymbol{r}_i), \\
\operatorname{div}\boldsymbol{h} = 0,
\end{gathered}
\tag{3.61}
$$

式中 $\boldsymbol{r}_i = (x_i, y_i)$ 代表第 i 根涡旋的位置, 这些 $\boldsymbol{r}_i$ 点形成二维周期点阵. 我们定义磁场的傅里叶变换

$$
h_J = n_L \int_{\text{元胞}} h(x_i, y_i) \exp[\mathrm{i}(J_x x + J_y y)] \mathrm{d}x \mathrm{d}y.
$$

由于 $h(x_i, y_i)$ 是周期的, 故只有当 $\boldsymbol{J}$ 等于倒格矢时, h_J 才不为零. 从式 (3.61) 有

$$
h_J = \frac{n_L \phi_0}{1 + \lambda^2 J^2}. \tag{3.62}
$$

最后自由能变成

$$
\begin{aligned}
\mathfrak{I} &= \frac{1}{8\pi} \int [\boldsymbol{h}^2 + \lambda^2 (\operatorname{curl}\boldsymbol{h})^2] \mathrm{d}\boldsymbol{r} \\
&= \frac{1}{8\pi} \sum_{\boldsymbol{J}} h_J^2 (1 + \lambda^2 J^2) = \frac{B^2}{8\pi} \sum_{\boldsymbol{J}} \frac{1}{1 + \lambda^2 J^2} \\
&= \frac{B^2}{8\pi} + \frac{B^2}{8\pi} \sum_{\boldsymbol{J} \neq 0} \frac{1}{1 + \lambda^2 J^2}.
\end{aligned}
\tag{3.63}
$$

在求和 $\sum_{J\neq 0}$ 中，矢量 $\boldsymbol{J}$ 的最小数值是 $1/d \sim \sqrt{n_{\mathrm{L}}}$ 的数量级，故而在所考虑的区域里 $\lambda^2 J^2 \sim n_{\mathrm{L}}\lambda^2 \gg 1$. 因此，可用 $1/\lambda^2 J^2$ 代替 $1/(1+\lambda^2 J^2)$. 最后我们必须将求和 $\sum_{J\neq 0} 1/J^2$ 算出，这个结果跟所考虑的具体点阵有关. 这里，我们将用积分代替求和以简化计算.

$$\begin{aligned}\sum \frac{1}{J^2} &\rightarrow \frac{1}{(2\pi)^2}\frac{1}{n_{\mathrm{L}}}\int \frac{\mathrm{d}J_x \mathrm{d}J_y}{J^2} \rightarrow \frac{1}{2\pi n_{\mathrm{L}}}\int_{J_{\min}}^{J_{\max}} \frac{J\mathrm{d}J}{J^2} \\ &= \frac{1}{2\pi n_{\mathrm{L}}}\ln\left|\frac{J_{\max}}{J_{\min}}\right|,\end{aligned}$$

其中 $J_{\min} \sim 1/d, J_{\max} \sim \dfrac{1}{\xi}$(跟核芯内部区域相关的傅里叶分量必须除去). 最后我们得到

$$\begin{aligned} F &= \frac{B^2}{8\pi} + \frac{B}{4\pi}H_{\mathrm{c}_1}\frac{\ln\beta d/\xi}{\ln\lambda/\xi}, \\ G &= F - \frac{BH}{4\pi}. \end{aligned} \tag{3.64}$$

式 (3.64) 中 β 是数量级为 1 的常数 (对于三角点阵, Matricon 曾算出 $\beta = 0.381$). 照例通过 $\partial G/\partial B = 0$ 条件可求得 $B(H)$ 的关系式. 这样就给出了

$$H = B + H_{\mathrm{c}_1}\frac{\ln\left(\beta'\dfrac{d}{\xi}\right)}{\ln\dfrac{\lambda}{\xi}}, \tag{3.65}$$

式中 $\beta' = \beta \mathrm{e}^{-1/2}$, d 始终通过式 (3.59) 和 B 相关. 式 (3.65) 所预言的对数依赖关系，同 $\lambda \gg \xi$ 的材料的可逆磁化曲线的实验数据符合得相当好.

(6) $n_{\mathrm{L}} \sim \xi^{-2}$ 区域

在这个区域里我们的简化模型失效，这点前面已经指出过. 这里需要一个建立在朗道 – 金兹堡方程 (第 5 章) 基础上的更精致的方法. 上临界场 H_{c_2} 的数量级为 ϕ_0/ξ^2, 从物理上说，它对应于核芯开始发生重叠.

例题 试比较上述的细丝结构与可能存在的层状结构的吉布斯函数.

解答 同以往一样，我们只限于考虑 $\lambda \gg \xi$ 的情形. 层状结构由一些平面所组成，例如这些平面与 x 轴垂直且间距相等 (间距为 d) (图 3.8). 每个平面近旁的 2ξ 厚度的区域的超导电性都受到严重干扰 (N 区域). 其余部分 (S 区域) 的超导电子密度数值为 n_{s}, 这种模型曾由古特曼 (1961) 进行过详细讨论. 除了很薄的 N 区域以外，磁场 $h(x)$(平行于 z 轴) 由伦敦方程

$$h = \lambda^2 \frac{\mathrm{d}^2 h}{\mathrm{d}x^2}$$

决定，其解为

$$h = H_{\mathrm{m}}\cosh(x/\lambda)/\cosh P,$$

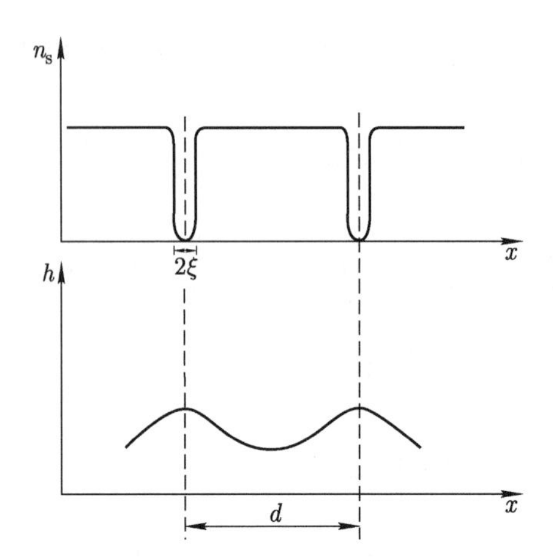

图 3.8　舒布尼可夫相的分层模型. 厚度 $\sim 2\xi$ 的薄正常层 N 和超导层 S 互相交替. N 层相互排斥, 斥力的力程是穿透深度 λ.

式中 $P = d/2\lambda, H_{\rm m}$ 是 N 区域的磁场数值. 根据式 (3.26), S 区域的自由能为

$$F_1 = \frac{2}{d}\int_0^{d/2} \mathrm{d}x \frac{h^2 + \lambda^2\left(\frac{\mathrm{d}h}{\mathrm{d}x}\right)^2}{8\pi} = \frac{H_{\rm m}^2}{8\pi}\ \frac{\tanh P}{P}.$$

还必须加上 N 区域的形成能

$$F_z \cong \frac{H_{\rm c}^2}{8\pi} \cdot \frac{2\xi}{d} = \frac{H_{\rm c}^2}{8\pi} \cdot \frac{1}{P_\kappa},$$

式中 $\kappa = \lambda/\xi$. 最后, 为了得到吉布斯函数, 还必须加上一项

$$-\frac{BH}{4\pi} = -H\frac{H_{\rm m}}{4\pi}\frac{\tanh P}{P}$$

$$G_{层状} = \frac{1}{8\pi}\left[H_{\rm m}^2\frac{\tanh P}{P} + \frac{H_{\rm c}^2}{P_\kappa} - 2HH_{\rm m}\frac{\tanh P}{P}\right].$$

相对于 $H_{\rm m}$ 求 G 的极小, 我们得到 $H = H_{\rm m}$

$$G_{层状} = \frac{1}{8\pi P}\left[-H^2\tanh P + \frac{H_{\rm c}^2}{\kappa}\right].$$

若 $H < H_{\rm c}/\sqrt{\kappa}, P$ 为无限大时 G 才取极小值, 这对应于完全迈斯纳效应. 若 $H > H_{\rm c}/\sqrt{\kappa}, G$ 极小对应的 P 为有限. 所以对于层状模型, 初始穿透的磁场是 $H_{\rm c}/\sqrt{\kappa}$. 将此结果与涡旋线模型的结果式 (3.56) 相比较, 有

$$H_{{\rm c}_1} = \frac{\pi}{\sqrt{24}} \cdot \frac{H_{\rm c}}{\kappa}\ln\kappa. \quad (\kappa \gg 1)$$

若 $\kappa \gg 1$, 则 $H_{{\rm c}_1} < H_{\rm c}/\kappa$. 若 $H_{{\rm c}_1} < H < H_{\rm c}/\kappa^{1/2}$, 我们得到

$$G_{涡旋} < G_{迈斯纳},$$

$$G_{层状} = G_{迈斯纳}.$$

所以 $G_{涡旋} < G_{层状}$; 也就是说, 在磁感应较弱的区域, 涡旋态更为有利.

在 H 较大的区域 (例如 $H \sim H_c$), 也能进行这种比较. 这时, 层状结构是处于 $P \ll 1$ 的区域. 展开 $\tanh P \cong P - P^3/3$ 并求 G 的极小值, 我们得到

$$G_{层状} = -\frac{H^2}{8\pi} + \left(\frac{3}{2\kappa}\right)^{2/3} \frac{H_c^{4/3} H^{2/3}}{8\pi}.$$

在涡旋线模型中, 势由式 (3.64) 与 (3.65) 所决定,

$$G_{涡旋} = -\frac{1}{8\pi}(H - H')^2,$$

$$H' = H_{c_1} \frac{\ln\lambda/d}{\ln\kappa} = \nu \frac{H_c}{\kappa},$$

式中 ν 是数量级为 1 的常数. 当 $T = 0$ 时,

$$\nu = \frac{\pi}{24} \ln \frac{\lambda}{d}.$$

在所考虑的区域 $H' \ll H$, 因而

$$G_{涡旋} = -\frac{H^2}{8\pi} + \nu \frac{H H_c}{4\pi\kappa}.$$

因此

$$\frac{G_{层状} + \dfrac{H^2}{8\pi}}{G_{涡旋} + \dfrac{H^2}{8\pi}} = 常数 \left(\frac{\kappa H_c}{H}\right)^{1/3}.$$

当 $H < \kappa H_c$ 时 (κH_c 大致对应于上临界场 H_{c_2}), $G_{层状} > G_{涡旋}$. 于是在中间场区与高场区域[①], 涡旋态仍然是更稳定的状态.

例题 试讨论回转椭球形第二类超导体的平衡磁化曲线, 设外场沿椭球轴的方向作用.

解答 方程组 $\mathrm{div}\boldsymbol{B} = 0, \mathrm{curl}\, \boldsymbol{H} = 0$ 及 $\boldsymbol{B} = (\boldsymbol{H}/|\boldsymbol{H}|)B_e(H)$(这里 $B_e(H)$ 是长圆柱体在磁场 H 作用下所测得的平衡磁感应) 容许在椭球内部有 B 和 H 都为常数的解, 且 $H = H_0 - NM = H_0 - N(B - H)/4\pi$, 式中 N 是椭球的退磁系数. 因此, B 和外场的关系由隐函数公式

$$B = B_e \left(\frac{H_0 - \dfrac{NB}{4\pi}}{1 - \dfrac{N}{4\pi}} \right)$$

① 在 H_{c_2} 邻近, 关于 G 的这些初等计算, 其理由不是很充分的, 以后我们将利用朗道 – 金兹堡方程再回过来研究这一区域.

给出. 若 $H_0 > H_{c_1}(1-N/4\pi)$, B 不等于零. 斜率 $(\mathrm{d}B/\mathrm{d}H_0)_{B=0}$ 有限且等于 $4\pi/N$. 因为在二级相变时, $B(H_{c_2})=H_{c_2}$, 上临界场仍等于 H_{c_2}.

例题 试讨论超导体中有规则的涡旋点阵对慢中子的散射.

解答 中子和涡旋线之间的相互作用是 $\mu_{\mathrm{n}}h(\boldsymbol{r})$, 这里 $\mu_{\mathrm{n}}=1.91e\hbar/2Mc$ 表示中子磁矩, M 为中子质量. 考虑经过一次散射使中子的动量从 $\hbar\boldsymbol{k}_0$ 变为 $\hbar(\boldsymbol{k}_0+\boldsymbol{q})$, 相应的散射振幅由玻恩近似公式

$$a=\frac{M}{2\pi\hbar^2}\int\mu_{\mathrm{n}}h(\boldsymbol{r})\mathrm{e}^{\mathrm{i}\boldsymbol{q}\cdot\boldsymbol{r}}\mathrm{d}\boldsymbol{r}$$

给出. 只有当 $\boldsymbol{q}=\boldsymbol{J}$ 时, 上式才不为零. 这里 $\boldsymbol{J}$ 是二维"涡旋点阵"的倒格矢. 从式 (3.62) 我们得到

$$\int h(\boldsymbol{r})\mathrm{e}^{\mathrm{i}\boldsymbol{J}\cdot\boldsymbol{r}}\mathrm{d}\boldsymbol{r}=\frac{BV}{1+\lambda^2J^2}=\frac{n_{\mathrm{L}}\phi_0V}{1+\lambda^2J^2},$$

式中 V 是样品的体积, n_{L} 是每平方厘米的涡旋数目. 因此

$$a_J=\frac{1}{2}\times1.91\frac{n_{\mathrm{L}}V}{1+\lambda^2J^2}.$$

对于最近邻距离为 d 的三角点阵, 我们有 $n_{\mathrm{L}}=(2/\sqrt{3})(1/d^2)$ 以及 $J=(4\pi/\sqrt{3})d^{-1}$ (对于第一级反射). 令 $B=2\,000$ G$(n_{\mathrm{L}}=10^{10})$, 我们得到 $d\sim10^3$ Å, $J\approx 6.7\times10^5\ \mathrm{cm}^{-1}$. 若 $\lambda=1\,000$ Å, 则给出 $(\lambda J)^2\cong45\gg1$. 让我们来计算每个原子的散射振幅(因为这个量是实验物理学家熟悉的量). 将 V 用原子体积 30 Å^3 代替, 我们得到 $a\cong0.7\times10^{-13}$ cm, 相应的"相干散射截面"是 $4\pi a^2\sim 5\times10^{-28}\mathrm{cm}^2=0.5$ mb——数值很小, 但可以测出.

第一级反射的散射角 θ 非常小, $\theta\cong(J/k_0)=(2/\sqrt{3})(\lambda_{\mathrm{n}}/d)$, 这里我们引用了中子波长公式 $\lambda_{\mathrm{n}}=2\pi/k_0$. 利用亚热中子, 我们充其量也不过使 λ_{n} 达到 ~5 Å 那么大. 就上面的例子而言, 得出的角度是 $\theta\sim6\times10^{-3}$ rad(或 $20'$). 已有人在金属铌样品上完成了这种实验 (Cribier, Jacort, et al. , 1964). 由于 a 的函数关系为 $1/(1+\lambda^2J^2)$, 故只能观察到 (具有最小的 J) 第一级反射 (请看图 3.9).

例题 计算因涡旋态内磁场的不均匀性所引起的核磁共振谱线的增宽 (P. Pincus, 1964).

解答 涡旋形成稠密点阵的中间场区 $H_{c_1}\ll H\ll H_{c_2}$ 磁场分布由式 (3.62) 的傅里叶变换式给出. 知道了磁场分布的各次矩, 就完全确定了核磁共振谱线的形状(如果这是引起谱线增宽的唯一原因). 然而假如谱线没有反常分支, 通常正是这种情形 (Jaccarino and Gossard, 1964), 那么磁场的二次矩很适合作为谱线宽度的量度 (请看 A. Abragam, *Principles of Nuclear Magnetism*, Claredon Press, 1961). 因此线宽由下式给出:

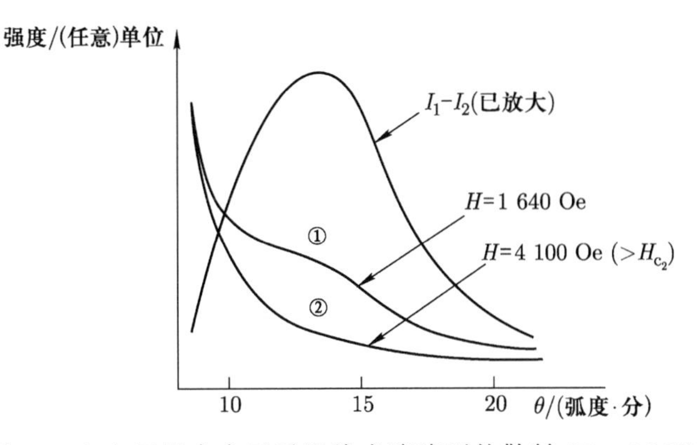

图 3.9 在金属铌中中子受涡线点阵阵列的散射 ($T = 4.2\,\mathrm{K}$)

$$\Delta H = [\langle h^2\rangle - \langle h\rangle^2]^{1/2},$$

式中 $\langle\ \ \rangle$ 表示空间平均值. $\langle h\rangle$ 正好等于 $n_{\mathrm{L}}\phi_0 = B$. $\langle h^2\rangle$ 很容易由式 (3.62) 算出：

$$\langle h^2\rangle = S^{-1}\int h^2(\boldsymbol{r})\mathrm{d}\sigma = \sum_J h_J h_{-J} = n_{\mathrm{L}}^2\phi_0^2\sum_J [1+(\lambda J)^2]^{-2},$$

式中 S 是与磁场垂直的样品表面积. 用积分代替对所有倒格矢的求和, 类似正文中式 (3.63) 之后所作的计算, 我们得到

$$\Delta H = \frac{B}{\sqrt{4\pi}}\cdot\frac{d}{\lambda}\left[1+\left(\frac{2\pi\lambda}{d}\right)^2\right]^{-1/2},$$

为简单起见这里已假设点阵是正方的. 这个结果在 $d \gg \xi$ 的区域内适用. 在 $d \ll \lambda$ 的中间场区, 我们得到

$$\Delta H \cong \frac{1}{\sqrt{2}}\frac{\phi_0}{(2\pi)^{3/2}\lambda^2}.$$

注意, 这个线宽是 H_{c_1} 的数量级 (对于 V_3Ga, $\lambda \sim 2\,000$ Å, $\Delta H \approx 20$ Oe), 而且直到磁场将近 H_{c_2} 为止都几乎与磁场无关, 在 H_{c_2} 时不均匀性引起的增宽消失. 若磁场接近 H_{c_1}($d \gtrsim \lambda$), 谱线增宽更厉害. 马特里康(Matricon) 利用式 (3.62) 详细地计算了线的形状.

例题 试计算一根靠近样品表面、与表面平行的涡旋线的能量.

解答 设涡线和磁场都平行于 z 轴, 界面为 yOz 平面, 样品占着 $x > 0$ 的半个空间. 磁场 $\boldsymbol{h}(\boldsymbol{r})$ 由下式决定：

$$\boldsymbol{h} + \lambda^2 \mathrm{curl\,curl}\,\boldsymbol{h} = \boldsymbol{\phi}_0\delta_2(\boldsymbol{r}-\boldsymbol{r}_{\mathrm{L}}),$$

式中 $\boldsymbol{r}_{\mathrm{L}}$ 表示涡线的二维坐标 (我们将令 $\boldsymbol{r}_{\mathrm{L}} = (x_{\mathrm{L}}, 0)$), 且 $\boldsymbol{\phi}_0$ 是方向沿 z 轴、大小为 ϕ_0 的矢量. 界面上的边界条件是

$$\boldsymbol{h} = \boldsymbol{H}, (\operatorname{curl} \boldsymbol{h})_x = 0, \quad \text{(法向电流分量为 0)}$$

这里 $\boldsymbol{H}$ 是外场. 可将解 $\boldsymbol{h}(\boldsymbol{r})$ 写成

$$\boldsymbol{h} = \boldsymbol{h}_1 + \boldsymbol{h}_2.$$

这里 $\boldsymbol{h}_1 = \boldsymbol{H}\exp(-x/x_{\mathrm{L}})$ 代表没有任何涡旋存在时磁场的穿透, 而 $\boldsymbol{h}_2$ 是由涡旋引起的磁场, 它可由镜像法得到. 对于在 $(x_{\mathrm{L}}, 0)$ 的涡线, 我们在 $(-x_{\mathrm{L}}, 0)$ 处加上一个符号相反的镜像, $\boldsymbol{h}_2$ 就是此涡线及其镜像所产生的磁场的代数和. 因此, $\boldsymbol{h}_2$ 在 $x = 0$ 界面上自动为零, 因而满足边界条件.

确立了 $\boldsymbol{h}(\boldsymbol{r})$ 以后, 现在我们来计算热力学势

$$\mathcal{G} = \int \mathrm{d}\boldsymbol{r} \left\{ \frac{\boldsymbol{h}^2 + \lambda^2 (\operatorname{curl} \boldsymbol{h})^2}{8\pi} - \frac{\boldsymbol{H} \cdot \boldsymbol{h}}{4\pi} \right\}$$

该积分应遍及样品体积 $(x > 0)$, 但涡旋核芯区域除外, 应将它扣掉. 最后一项是与宏观系统内的标准项 $\boldsymbol{B} \cdot \boldsymbol{H}/4\pi$ 等价的微观项. 我们利用 $\boldsymbol{h}$ 的伦敦方程将 $\mathcal{G}$ 变换成面积分, 就得到

$$\mathcal{G} = \frac{\lambda^2}{4\pi} \int_{\text{核芯和界面}} \mathrm{d}\boldsymbol{\sigma} \cdot \left(\frac{1}{2}\boldsymbol{h} - \boldsymbol{H} \right) \times \operatorname{curl} \boldsymbol{h}.$$

面积分 $\int \mathrm{d}\boldsymbol{\sigma}$ 包括核芯的表面 (给出贡献 $\mathcal{G}'$) 以及样品的表面 (给出贡献 $\mathcal{G}''$). 通常在 $\int_{\text{核芯}} \mathrm{d}\boldsymbol{\sigma}$中唯一重要的项 (在 $\lim \xi \to 0$ 极限) 是 $\operatorname{curl} \boldsymbol{h}$ 里的奇异项, 这一项的结果为

$$\mathcal{G}' = \frac{\phi_0}{4\pi} \left[\frac{1}{2} h(\boldsymbol{r}_{\mathrm{L}}) - H \right].$$

由于在样品表面 $\boldsymbol{h} = \boldsymbol{h}_1 = \boldsymbol{H}$, 第二项 $\mathcal{G}''$ 可写成

$$\mathcal{G}'' = -\frac{\lambda^2}{8\pi} \int_{\text{界面}} \mathrm{d}\boldsymbol{\sigma} \cdot \boldsymbol{h}_1 \times \operatorname{curl} \boldsymbol{h}.$$

写出 $\operatorname{curl} \boldsymbol{h} = \operatorname{curl} \boldsymbol{h}_1 + \operatorname{curl} \boldsymbol{h}_2$, 我们就能在 $\mathcal{G}''$ 中分出 $\boldsymbol{h}_1 \times \operatorname{curl} \boldsymbol{h}_1$ 项, 它是没有涡线存在时的能量, 是一个附加常数, 从现在起我们将它丢掉. 剩下的项是

$$\mathcal{G}'' = \frac{\lambda^2}{8\pi} \int_{\text{界面}} \mathrm{d}\boldsymbol{\sigma} \cdot \boldsymbol{h}_1 \times \operatorname{curl} \boldsymbol{h}_2.$$

我们把这个积分改写成

$$\int_{\text{界面}} = \int_{\text{核芯}+\text{界面}} - \int_{\text{核芯}}.$$

在核芯以外的区域, 利用 $\boldsymbol{h}$ 的伦敦方程, 我们得到

$$\int_{\text{核芯}+\text{界面}} \mathrm{d}\boldsymbol{\sigma} \cdot \boldsymbol{h}_1 \times \operatorname{curl} \boldsymbol{h}_2 = \int_{\text{核芯}+\text{界面}} \mathrm{d}\boldsymbol{\sigma} \cdot \boldsymbol{h}_2 \times \operatorname{curl} \boldsymbol{h}_1.$$

在涡线轴附近 $\boldsymbol{h}_1$ 没有奇异性, 因此当 $\xi \to 0$ 时右边核芯的贡献为零. 又因为 $(\boldsymbol{h}_2)_{x=0} = 0$, 界面积分也等于零. 最后,

$$\mathcal{G}'' = \frac{\lambda^2}{8\pi}\int_{\text{核芯}} \mathrm{d}\boldsymbol{\sigma} \cdot \boldsymbol{h}_1 \times \operatorname{curl} \boldsymbol{h}_2 = \frac{\phi_0 h_1(\boldsymbol{r}_\mathrm{L})}{8\pi},$$

$$\mathcal{G} = \frac{\phi_0}{4\pi}\Big[H \exp(-x_\mathrm{L}/\lambda) + \frac{1}{2}h_2(\boldsymbol{r}_\mathrm{L}) - H\Big].$$

[顺便指出, 当 $x_\mathrm{L} = 0$ 时, 也即涡线正好在界面上时, 由于 $\boldsymbol{h}_{2(x=0)} = 0$, 故 $\mathcal{G} = 0$] 假如我们把 $h_2(\boldsymbol{r}_\mathrm{L})$ 分解成直接项和镜像项, 那么直接项对 $\mathcal{G}$ 的贡献是涡线的自能 $\Im = \phi_0 H_{c_1}/4\pi$, 而镜像项描述涡线和镜像之间的吸引, 其值为 $-(\phi_0/8\pi)h(2x_\mathrm{L})$, 此处函数关系 $h(r)$ 是一根涡线在距离 r 处的磁场 [式 (3.35)]. 最后得

$$\mathcal{G} = \frac{\phi_0}{4\pi}\Big[H \exp\Big(-\frac{x_\mathrm{L}}{\lambda}\Big) - \frac{1}{2}h(2x_\mathrm{L}) + H_{c_1} - H\Big].$$

讨论

(1) $(\phi_0 H/4\pi)\exp(-x_\mathrm{L}/\lambda)$ 项描述涡线与外场及其相联系的屏蔽电流间的相互作用. 它与式 (3.50) 形式相同, 是排斥项.

(2) $-\phi_0 h(2x_\mathrm{L})/8\pi$ 项表示涡线与镜像间的相互吸引. 此能量的数值与式 (3.50) 相差了一个因子 1/2. 但是由它推出的力, 其值 $\phi_0 j/c$ 与通常一样. [若将 $h(2x_\mathrm{L})$ 相对 x_L 求微分, 就会得到一个因子 2].

(3) 图 3.10 表示与几个不同的外场数值 H 所对应的 $\mathcal{G}(x_\mathrm{L})$ 的形状. 当 $H \sim H_{c_1}$ 时, 有一个强的势垒阻止涡线进入. 我们可以这样来解释这个势垒: 当 $H = H_{c_1}$ 时, $\mathcal{G}(x_\mathrm{L} = 0) = \mathcal{G}(x_\mathrm{L} = \infty) = 0$. 如果我们将涡线从远处移近表面, 那么排斥项 ($\sim \exp(-x_\mathrm{L}/\lambda)$) 将超过镜像项 ($\sim \exp(2x_\mathrm{L}/\lambda)$), 因此 $\mathcal{G}$ 变成正的, 这就出现了势垒. 不过在高场时势垒消失, 这一点在图 3.10 上很清楚. 当 $H > H_\mathrm{s} = \phi_0/4\pi\lambda\xi$ 时, 从 $\mathcal{G}$ 的公式可以看出斜率 $(\partial\mathcal{G}/\partial x_\mathrm{L})_{x_\mathrm{L}=0}$ 会变成负值①.

结论是: 当磁场 $H < H_\mathrm{s}$ 时, 涡线不能进入理想的样品 (但是, 只要 $H > H_{c_1}$ 涡线就可进入, 从热力学上看来这是允许的). 这些表面势垒效应曾经独立地由比恩(Bean)和利文斯顿(Livingston), 以及奥尔赛小组预言过, 并且已在铅铊合金 (Tomach *and* Joseph) 和金属铌 (de Blois *and* de Sorbo) 的实验上观察到了. (必须使样品表面在 λ 的尺度上看来是非常平整的.)

① 以后我们将从微观分析看出, 这样定义的 H_S 具有热力学临界场 H_c 的数量级.

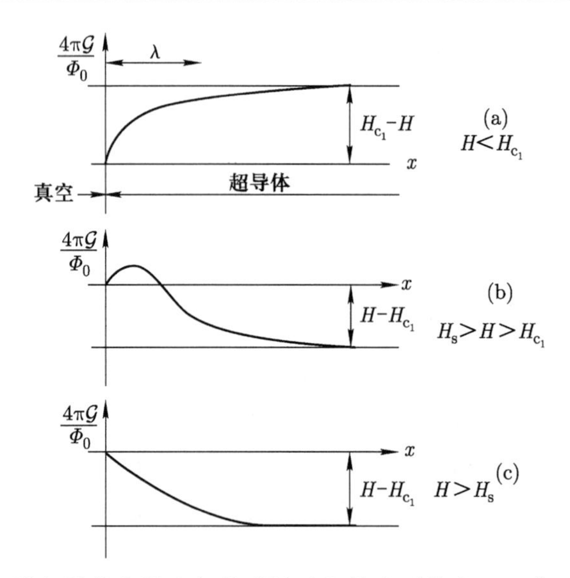

图 3.10 在第二类超导体中阻止初始磁通透入的表面势垒. (a) 若 $H < H_{c_1}$, 面内磁力线总要受到一个朝外的力作用, 故在理想样品中不存在磁力线; (b) 若 $H_s > H > H_{c_1}$, 则当涡线达到样品内部深处时, 能量上的得益为 $(\phi_0/4\pi)(H - H_{c_1})$. 但是靠近表面有一势垒. 如若表面很干净, 涡线就进不去; (c) 若 $H > H_s$, 势垒消失.

3.2.4 涡旋线的运动

现在让我们来研究图 3.11 中的二根反平行涡旋线. 按式 (3.50) 它们互相吸引. 在这个力的作用下, 它们是运动呢, 还是仍旧保持不动呢? 关于这个问题, 至今还有许多争论. 我个人相信, 在纯金属中一根涡旋将在另一根涡旋的速度场中漂移, 因此它们二者都将沿垂直其共同平面的方向运动, 其速度为

$$v_{\text{漂移}} = v_{12} \tag{3.66}$$

式中 v_{12} 是由于涡旋 1 的存在而在点 2 处产生的超流速度.

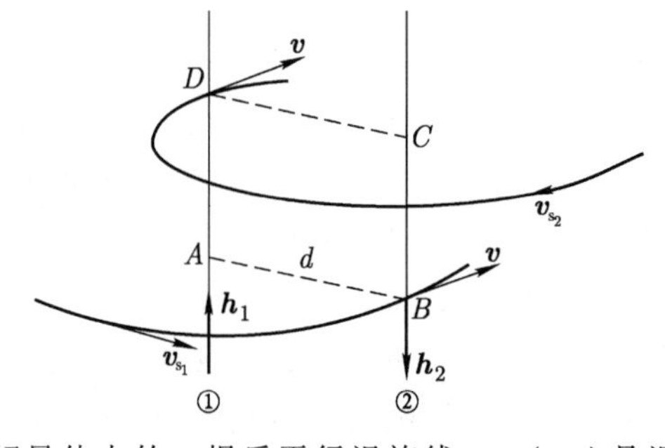

图 3.11 纯第二类超导体内的二根反平行涡旋线. $\boldsymbol{v}_{s_1}(\boldsymbol{v}_{s_2})$ 是涡线 1(2) 所引起的超电流速度. 每根涡旋以局域超流速度 $\boldsymbol{v}$ 漂移. 对于这样的特殊几何形式, 二根涡线的速度相同. 注意, $\boldsymbol{v}$ 与线的平面 $ABCD$ 垂直.

在非常纯的第二类超导金属中, 这种漂移运动会在涡旋系集里引起许多有趣的集体模式 (P. G. de Gennes, J. Matricon, 1962).

另一方面, 在脏超导体中涡线与点阵之间的摩擦对涡线的运动将起主要作用. 因此二根平行的涡旋 AD 与 CB 将彼此相向移动, 如图 3.12 所示, 其速度为

$$v_{\text{漂移}}(2) = -v_{\text{漂移}}(1) = \frac{f}{\eta}. \tag{3.67}$$

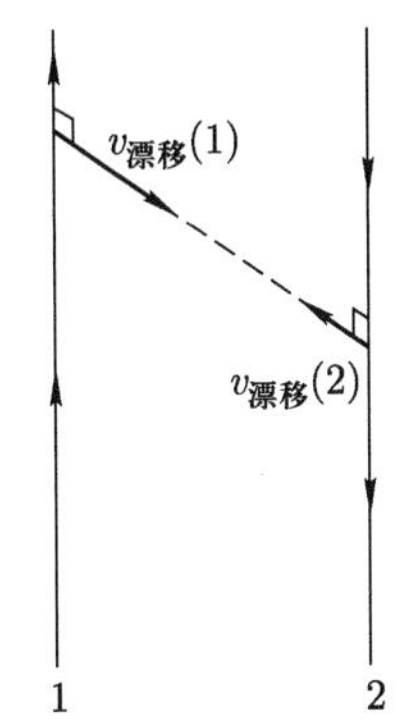

图 3.12 在脏第二类超导体内二根反平行的涡旋线: 涡线以同一漂移速度相互移近, 此漂移速度由涡线与点阵的摩擦力所控制.

这里 f 是由式 (3.52) 给出的二根涡线间的吸引力, η 是黏滞系数. 我们根据以下的一些假设来估计 η: 假设涡线 1 的电流在涡线 2 的核芯附近没有畸变, 因此涡线 2 的核芯流过的电流密度 $j = nev_{12}$. 但是此核芯基本上是正常的. 所以我们预期有损耗 (以涡线 2 的每单位长度计算).

$$W = \frac{j^2}{\sigma \pi \xi^2},$$

式中 $\sigma = ne^2\tau/m$ 是正常态的电导率, ξ 为核芯的半径. 此功率损耗也必须等于 $fv_{\text{漂移}}(2) = 1/\eta f^2$. 由式 (3.52) 有

$$f = \frac{1}{2}nhv_{12},$$

最后我们得到

$$\eta = \frac{n\tau h^2}{4\pi m\xi^2}. \tag{3.68}$$

基姆(Kim) 及其同事已经在脏超导体中观察到了黏性运动, 用这种类型的阻尼来说明它们是非常合理的.

3.3 非平衡性质

迄今为止我们一直把注意力放在第二类超导体的可逆性质上. 我们看到, 当相干长度 ξ 较小时, 超导电性可一直维持到很强的磁场 H_{c_2}, 其数量级 $\sim \phi_0/\xi^2$.

然而从技术观点来看, 最有意义的是获得能载强电流的超导线. 不过, 这个条件在热平衡状态下不可能实现, 以下的论证证明了这一点：考虑一根半径为 a 的圆柱导线, 所载的总电流为 I(实际上若电流很弱, 则电流全部在圆柱周界上厚度为 λ 的表面薄层上流动). 导线表面的磁场就是

$$H = \frac{2I}{ca}. \tag{3.69}$$

若 $H < H_{c_1}$, 这种状态是稳定的. 若 $H > H_{c_1}$, 开始出现涡旋线, 它们 (沿磁力线方向) 弯曲成圆形. 一旦涡旋线在样品表面上出现 (半径为 a), 就力图收缩 (以降低线的能量), 最终在导线的轴心附近湮灭. 这个过程要消耗能量. 因此, 在理想样品中, 只有当 $H < H_{c_1}$ 时, 或者说 $I < \dfrac{ca}{2}H_{c_1}$ 时, 电阻才等于零. 假如我们希望在导线中通过较强的电流, 就必须将涡旋线钉扎住, 也就是说要通过选择适当的点阵缺陷来消除涡线的运动, 达到非平衡状态. 虽然场 H_{c_2} 是金属 (或合金) 的固有性质, 但是对一根导线所测得的临界电流, 却对样品的金相状态极为敏感. 戈特(Gorter) 首先强调指出决定 H_{c_2} 的因素与决定 I 的因素的这种不同特征.

实际上, 用下列方法可得到有利的缺陷结构:

(1) 不完全烧结; (例如 Nb_3Sn)

(2) 冷加工; (例如 MoRe 合金)

(3) 脱溶过程. (例如铅合金)

最终所得到的具有高临界电流密度的材料, 被称为**硬超导体**.

目前还只能含糊地知道涡旋与缺陷间的耦合机构. 一个最为简单的情况是在超导体里出现一些因不完全烧结而引起的大空穴. 涡旋倾向于钉扎在空穴上, 因为这时涡旋线在超导材料中有较短的长度, 故涡线能量也较低. 冷加工所产生的机械应力会使凝聚能和超导电子的局域密度 n_s 发生微小的修正. 结果就引起了 λ、 ξ 的局域修正, 于是涡线能量 $\mathfrak{I}$ 与相互作用势 U 也要受到局域修正. 这些相互作用是相当复杂的, 下文我们只对这些效应作一个唯象的表达.

3.3.1 绝对零度时的临界态

现在考虑处于外场 H(沿 Oz 轴) 的作用下一块硬超导体. 在平衡时, 涡线密度应等于 $B(H)/\phi_0$, 且各点都应相同. 现在我们考虑一种亚稳状态, 磁感应 B 不等于 $B(H)$, 并且逐点变化 (比如沿 x 方向有变化). 因此 (1) 涡线密度不是常数; (2) 沿 y 方向有宏观电流 $J = (c/4\pi)(\partial B/\partial x)$ 流动. 作用在涡线系统上的力可用以下方式分解成几个部分: 首先, 由于涡线之间具有排斥互作用, 涡线

密度高的区域(高 B) 倾向于向密度低的区域扩散. 这种倾向在二维涡线系统中[1]可用压力 p 来描述, 此压力 (以每立方厘米计) 等于 $-\partial p/\partial x$. 这个压力必然被结构缺陷所产生的钉扎力平衡掉. 不过, 钉扎力不能无限制增大, 它一定要低于某一临界阈值 $\alpha_{\rm m}$,

$$\left|\frac{\partial p}{\partial x}\right| < \alpha_{\rm m}. \tag{3.70}$$

假如在某一点 $|\partial p/\partial x|$ 超过了 $\alpha_{\rm m}$, 那么涡线就要开始运动, 从而出现能量消耗, 这个过程直到式(3.70)条件再次满足时为止. 实际上, 涡线密度 $(1/\phi_0)B(x)$ 将按这样自行调整, 使得临界阈值条件 [式 (3.70) 中用等号] 处处正好满足. 这样一种状态称为临界态, 首先是比恩提出的. 我们想一下沙丘就可以对临界态获得某些物理印象. 如果沙丘的斜度超过某一临界值, 沙粒就会 (雪崩式地) 向下滑动. 实际上, 这种比拟很恰当, 因为据证明 (通过用探测线圈仔细细作的实验) 当系统处于过临界情形时, 涡线不是一个个单元运动, 而是雪崩式的, 比较典型的情况包含了 50 根, 或者更多数目的涡旋.

现在我们着手具体地计算涡线系统的压力 p, 以便将它代入式 (3.70). 考虑一群涡线 (N 根), 在 xy 平面上的截面为 S. 它们的能量 (以沿 Oz 轴每厘米计) 是

$$\mathcal{G} = \mathcal{S}G,$$

式中 G 是由式 (3.64) 引入的热力学势. 保持 N 不变, 由 $\mathcal{G}$ 相对于 S(即体积) 求微商就得到压力

$$p = \left(-\frac{\partial \mathcal{G}}{\partial S}\right)_N = -G - S\frac{{\rm d}G}{{\rm d}S}.$$

若 N 固定, 则得到 ${\rm d}S/S = -{\rm d}B/B$,

$$p = -G + B\frac{\partial G}{\partial B}. \tag{3.71}$$

这样, 若我们知道了热力学势 G 的形式, 我们就知道了 $p(B)$, 即知道了压力和密度的关系. 实际上, 用很简单的方法便可以推出压力梯度. 令

$$G(B) = F(B) - \frac{BH}{4\pi},$$

此处 $F(B)$ 代表涡线自能与互作用能. 由条件 $\partial G/\partial B = 0$ 可得到 $B(H)$ 或 $H(B)$ 的平衡关系. 所以 $H(B) = 4\pi(\partial F/\partial B)$. 又

$$\begin{aligned} \frac{\partial p}{\partial x} &= B\frac{\partial^2 G}{\partial B^2}\frac{\partial B}{\partial x} = \frac{B}{4\pi}\frac{\partial H(B)}{\partial B}\frac{\partial B}{\partial x}, \\ \frac{\partial p}{\partial x} &= \frac{B}{4\pi}\cdot\frac{\partial H(B)}{\partial x}. \end{aligned} \tag{3.72}$$

① 我们已作了各向同性近似, 不考虑 p 的张量性质.

因此, 如果知道 $H(B)$, 我们便可立即算出压力梯度跟 B 和 $\partial B/\partial x$ 的函数关系.

其实, 在 $H_{c_1} \ll H_{c_2}$ 的材料中, 如果 $H \gg H_{c_1}$, 则从图 3.2 的磁化曲线可以清楚地看到, $H(B)$ 差不多就等于 B. 在这个区域, 我们直接得到

$$-\frac{\partial p}{\partial x} = -\frac{B}{4\pi}\frac{\partial B}{\partial x} = \frac{BJ_y}{c}. \quad (H \gg H_{c_1}) \tag{3.72'}$$

所以临界态定义为

$$\left|\frac{B}{4\pi}\frac{\partial B}{\partial x}\right| = \left|\frac{BJ_y}{c}\right| = \alpha_{\mathrm{m}}. \quad (H(B) \gg H_{c_1}) \tag{3.73}$$

为了计算临界态的 $B(x)$, 我们在这里必须知道最大钉扎力 α 与 B(即涡线密度) 的函数关系. 比恩原先假设 α 与 B 为线性关系; 亦即在临界态中 J_y 为常数 (J_y 的典型值为 $10^5\mathrm{A/cm^2}$). 基姆及其同事对合金 NbZr 和 $\mathrm{Nb_3Sn}$ 作了一系列实验, 这些实验表明, 这些系统 (在实际所经历的具体冶金条件下, 而且磁场在 10^4Oe 的范围内) 取 α_{m} 与 B 无关是一个很好的近似. 目前在理论上还不能完满地对这个非常简单的结果作出解释. 特别是我们总指望当钉扎中心的尺寸与涡旋间距相匹配时 (这个间距又是跟 B 有关的, 即间距 $\sim B^{1/2}$), 这时钉扎中心最为有效.

由比恩模型和基姆模型推出的临界态的 $B(x)$ 剖面的形状表示在图 3.13 中. 对于比较典型的硬超导体, 当磁场约为 10^4Oe 的数量级时, 磁通线穿透区域的总厚度 Δx 约 1 mm 的数量级. 为了从实验上确定 $B(x)$[或者等价地确定 $\alpha_{\mathrm{m}}(B)$], 最简单的方法是在增加外磁场 H 数值的过程中, 测量半径为 R 的圆柱样品中的磁通 (图 3.14).

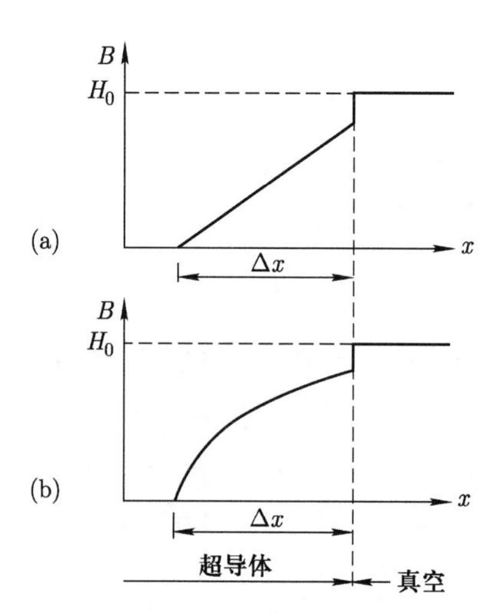

图 3.13　在硬超导体中磁通的不可逆穿透

(a) 比恩模型; (b) 安德森(Anderson)– 基姆模型 (抛物线形剖面).

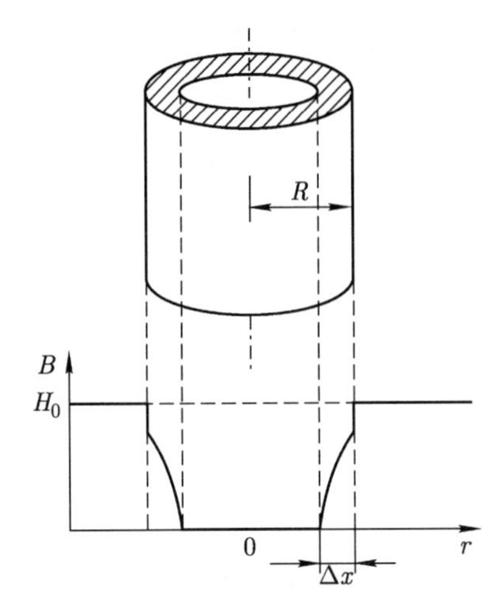

图 3.14 对圆柱体作磁化测量 (外场在增大). 磁通线仅透进影线区域.

(1) 若R 比Δx小得多, 则样品里磁感应接近均匀, $B=B(H), \phi=\pi R^2 B(H)$①.

(2) 若 $R \gg \Delta x$, 则这实质上属于一维情况. 如以 x 表示径向距离, 我们可有

$$\phi = 2\pi R \int_{R-\Delta x}^{R} \mathrm{d}x B(x) \tag{3.74}$$

在磁通区域边缘 ($x = R - \Delta x$), 我们有 $B = 0, H(B) = H_{c_1}$. 在圆柱表面 ($x = R$), 我们仍假定没有表面势垒, 则 B 应等于与外场 H 相对应的平衡值 $B = B(H)$. 通过式 (3.72) 与 (3.70) 将 $\mathrm{d}x$ 代换掉, 我们得到

$$\phi = 2\pi R \int_{H_{c_1}}^{H} \mathrm{d}H \frac{B^2(H)}{4\pi\alpha_{mH}},$$

式中 α_{mH} 表示 $\alpha_m[B(H)]$. 特别值得注意的是 ϕ 的微商

$$\frac{\mathrm{d}\phi}{\mathrm{d}H} = \frac{R}{2} \frac{B^2(H)}{\alpha_{mH}} \tag{3.75}$$

这样, 我们从外磁场增加时的磁化测量便可推出 α_{mH} 和 $\alpha_m(B)$. 另一个方法是采用中空圆柱体, 如图 3.15 所示; 这个方法是基姆及其同事提出的. 在圆柱外加上磁场 H, 测量柱内部的磁场 H'. 当 H 从零逐渐增大时, H' 起初严格保持为零. 然后在磁通前沿到达圆柱内表面时, H' 开始增加 (理论上, H' 首先突然跳到 H_{c_1}, 然后平稳地增长). 这个方法的优点是, 对 H' 开始增大的那个特定的 H 数值, 直接测出了场透入的厚度 Δx.

① 我们假定在圆柱中没有表面势垒阻止涡线进入. 表面势垒有时确实会出现, 不过它们的影响容易区分开来.

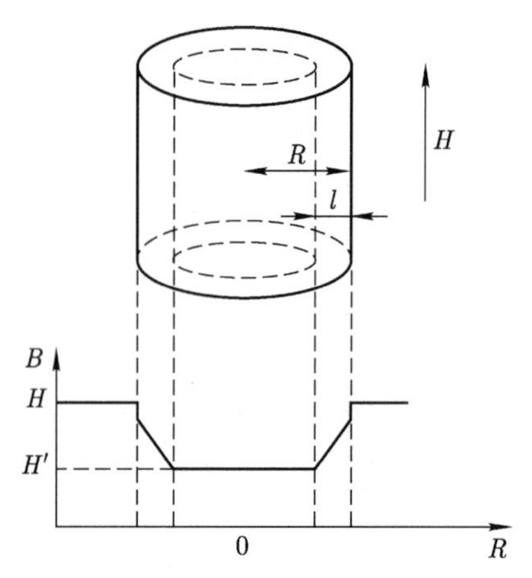

图 3.15　用中空硬超导圆柱体作的基姆实验的原理图. 加上外场 H 后，测量圆柱内部的磁场 H'.

若磁场 H 交替增大和减小时, 则情况就比较复杂, 如图 3.16 所示. 这时有些区域 $\partial B/\partial x > 0$, 有些区域 $\partial p/\partial x < 0$. 不过绝对值 $|\partial p/\partial x|$ 总保持等于 α_{m}. 若 $\alpha_{\mathrm{m}}(B)$ 已知, 即可详细算出整个磁化曲线.

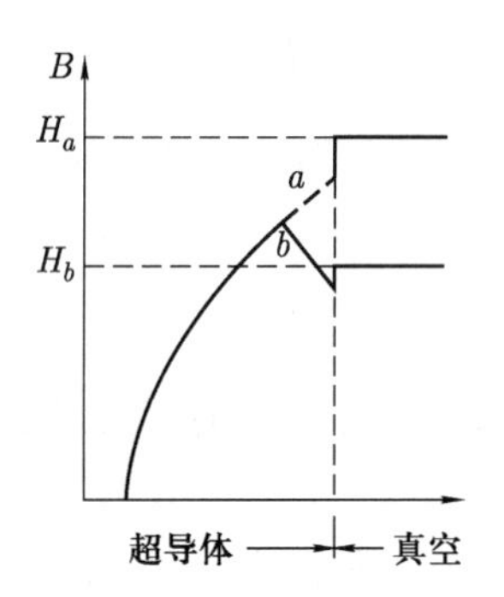

图 3.16　外场先增大到 H_a(虚线), 再降到 H_b(实线), 硬超导体内的磁通分布.

3.3.2　有限温度时的磁通蠕动

在有限温度下, 若 $\partial p/\partial x \neq 0$, 则涡线将通过激活跃过钉扎势垒的方式进行移动 (从高 B 区域向着低 B 区域运动). 我们把涡线的平均流速 (在 x 方向) 记为 v_x. 有许多方法可用来检测这种流动或 "蠕动":

(1) 磁测量, 采用粗圆柱体或中空圆柱体. 以后一情形为例, 例如 H 从零增大到某一数值后保持不变, 我们将看到 H' 将随时间的流逝而缓慢增加.

(2) 电测量. 假如磁力线在运动, 就会产生电动势, 这种电动势可以直接测出. 图 3.17 表示最简单的情况. 一根导线 (处于 y 方向) 载有电流密度 J, 在 z 方向受到外磁场的作用. 因此 $\partial B/\partial x = 4\pi J/c$ 不等于零, 磁力线 (指向沿 Oz 方向) 势必

朝 x 方向漂移. 由此所产生的电场 E_y 是沿导线轴向 (Oy), 在 $H \gg H_{c_1}$ 的极限下, 电场 E_y 由下式给出:

$$E_y = \frac{Bv_x}{c}. \tag{3.76}$$

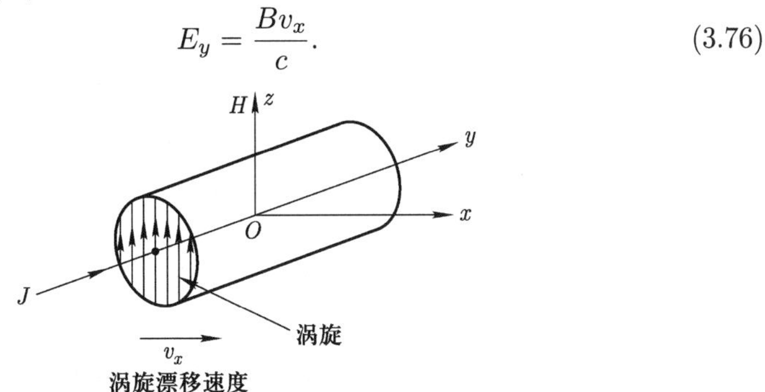

图 3.17 在硬超导线上作电测量. y 方向有电流 $J = -(c/4\pi)(\partial B/\partial x)$, 因此 $\partial B/\partial x < 0$. 在导线的左边涡线聚集得非常密, 它们以速度 v_x 向 x 轴正方向漂移.

为了证明式 (3.76), 我们计算出每单位体积的功率损耗, 也就是压力梯度在涡线上所作的功, 即 $(\partial p/\partial x)v_x$. 令它等于 E_yJ, 再利用式 (3.72′), 我们即得到式 (3.76). 因此, 为了维持电流 J, 就需要有电场 E_y. 正如安德森和基姆所指出的, 在超导态里的这种耗散效应, 可以解释硬超导体电阻性质的许多特征.

磁测量 (1) 和电测量 (2) 间的主要差别在于所涉及的速度的数量级不一样. 在情况 (1), 测量蠕动的典型时间间隔是几小时或几天, 故而速度的数量级为 1 mm/d 或者 10^{-6} cm/s. 在情况 (2), 取 $B = 10^4$G, $E_y = 1\mu$V/cm, 我们得到 $v_x \sim 10^{-2}$cm/s. 电测法 (2) 的主要困难是和导线里可能存在的不均匀性密切相关, 实验发现同一根导线不同部分有不同的 E_y.

测量结果明确地表明:

(a) 蠕动的速度具有**激活能**的特征

$$v_x = v_0 \exp\left(-\frac{E}{k_B T}\right). \tag{3.77}$$

v_0 不能很精确的知道, 不过在一些典型情形可能处在 10^{-6}cm/s 范围. 能量 E 可能高达 100 K.

(b) 能量 E 与压力梯度 $\partial p/\partial x$ 有关,

$$E = E_0 - \left|\frac{\partial p}{\partial x}\right|\rho^4. \tag{3.78}$$

这里 ρ 具有长度的量纲, 典型数值为 500 Å. 假如我们注意到, 在 $T \to 0$ 时只有当 $E = 0$ 时 v_x 才不为零, 那么我们就能将 E_0 和 ρ 跟临界压力梯度 α_m 联系起来,

$$\alpha_m = \frac{E_0}{\rho^4}. \tag{3.79}$$

这些结果主要是安德森、基姆及其同事推出的, 由它可引出几个重要推论. 首先, 按照式 (3.77)v_x 随 E 的变化很快, 因此可以把临界态的概念推广到有限的温度. 定义一个极限速度 $v_{\min}$, 涡线运动若低于此速度就不能检测出来. 因此, 假如

$$\frac{E}{k_{\mathrm{B}}T} > \ln\frac{v_0}{v_{\min}},$$

则涡旋结构被冻结. 这样, 在温度 T 时, 临界态对应于

$$\begin{aligned} E_0 - \rho^4\left|\frac{\mathrm{d}p}{\mathrm{d}x}\right| &= k_{\mathrm{B}}T\ln\frac{v_0}{v_{\min}}, \\ \left|\frac{\mathrm{d}p}{\mathrm{d}x}\right| &= \alpha_{\mathrm{m}}\left(1 - \frac{k_{\mathrm{B}}T}{E_0}\ln\frac{v_0}{v_{\min}}\right). \end{aligned} \tag{3.80}$$

一般说来, α_{m} 与 T 有关 (因为 α_{m} 包含了 λ、ξ 以及凝聚能, 它们全和温度有关). 但是如果 T 比转变温度低得多, 这种依赖关系可以忽略, 从而式 (3.80) 的全部温度变化都归结到因子 $k_{\mathrm{B}}T$ 上. $|\mathrm{d}p/\mathrm{d}x|$ 与 T 的线性函数关系确实被基姆在几种合金和化合物的实验中观察到了——硬超导体的临界电流对于温度有很强的依赖关系, 即使 $T \ll T_{\mathrm{c}}$ 也是如此.

式 (3.77) 的另一个重要推论, 是可能存在严重的热力学不稳定性, 这是安德森指出的. 如果在样品内一个很小的区域, 钉扎能量 E_0 比其他地方稍低一些, 则在这个区域涡线要耗散较大的功率, 每立方厘米的损耗等于 $[(\partial p/\partial x)v_x]$, 如果材料的导热率较低, 就会引起局部温升. 根据式 (3.77), 这种温升又反过来使涡线速度增高, 最后可能导致不稳定性. 在设计超导线圈时, 这些热学过程必须加以考虑.

结束语

我们对于钉扎蠕动所作的描述, 纯粹是唯象的. 当然, 我们很想用微观过程来解释 E_0、 ρ_0 与 v_0. 但是这里碰到两个困难:

(1) 缺陷与涡旋之间有些什么耦合呢? 有一个原先曾提及过的重要贡献, 它同穿透深度 (因应变或杂质梯度所引起) 的局域修正有关; 另一个更明显的贡献来源于超导凝聚能的局域修正. 可能还有其他的贡献.

(2) 对于存在无规扰动的强耦合涡线系统, 我们怎么才能描述它的亚平衡及其不可逆运动呢? 让我们回到沙丘的比拟, 我们既需要有关于沙丘平衡斜度的理论, 又需要关于雪崩的理论——二者皆很复杂. 对于涡旋系统, 弗兰克(Frank) 提过一个有意义的建议——蠕动可能是通过二维涡线点阵里的位错运动而引起的.

参 考 资 料

涡旋线结构:

A. Abrikosov, *Zh.Eksperim, i Teor.Fix.*, **32**, 1442(1957), 译文见 *Soviet Phys.* —— *JETP*, **5**, 1174(1957).

B. B. Goodman, *Rev.Mod.Phys.*, **36**, 12(1964).

可逆磁化曲线:

J. D. Livingston, *Phys.Rev.*, **129**, 1943(1963).

T. Kinsel, E. A. Lynton, and B. Serin, *Phys.Letters*, **3**, 30(1962).

涡旋线对中子的衍射:

D. Cribier, B. Jacrot, L. M. Rao, and B. Farnoux, *Phys.Letters*, **9**, 106(1964).

涡线钉扎与蠕动效应:

C. P. Bean, *Phys.Rev.Letters*, **8**(1962), *Rev.Mod.Phys.*, **36**, 31(1964).

P. W. Anderson, *Phys.Rev.Letters*, **9**, 309(1962).

Y. B. Kim, C. F. Hempstead, and A. R. Strnad, *Phys.Rev.*, **129**, 528(1963).

J. Friedd, P. G. de Gennes, and J. Matricon, *Appl.Phys.Letters*, **2**, 199(1963).

涡旋的黏滞运动:

Y. B. Kim, C. F. Hempstead, and A. R. Strnad, *Phys.Rev.*, **139**, A 1163(1965).

第 4 章

凝聚态的描述

4.1 存在吸引相互作用时正常态的不稳定性

自由电子气的基态, 对应于波矢量为 $\boldsymbol{k}$、能量 $\dfrac{\hbar^2k^2}{2m}$ 低于 $E_{\mathrm{F}} = \dfrac{\hbar^2k_{\mathrm{F}}^2}{2m}$(费米能量) 的所有单电子能级全被占据的状态. 然而, 若存在吸引互作用, 不管多弱, 这种状态都会变得不稳定 (Cooper, 1957). 这种不稳定性可以通过单考虑坐标为 $\boldsymbol{r}_1$ 与 $\boldsymbol{r}_2$ 的两个特定电子来理解, 其他电子仍作自由电子气处理. 根据不相容原理, 此电子气的影响只是禁止这两个电子占据所有 $k < k_{\mathrm{F}}$ 的状态. 令 $\psi(\boldsymbol{r}_1, \boldsymbol{r}_2)$ 表示这两个电子的波函数. 仅限于考虑电子对 $(\boldsymbol{r}_1, \boldsymbol{r}_2)$ 的重心为静止的状态, 因此 ψ 仅是 $\boldsymbol{r}_1 - \boldsymbol{r}_2$ 的函数. 将 ψ 展开成平面波:

$$\psi(\boldsymbol{r}_1 - \boldsymbol{r}_2) = \sum_{\boldsymbol{k}} g(\boldsymbol{k})\mathrm{e}^{\mathrm{i}\boldsymbol{k}\cdot(\boldsymbol{r}_1 - \boldsymbol{r}_2)}, \tag{4.1}$$

$g(\boldsymbol{k})$ 是一个电子处在动量为 $\hbar\boldsymbol{k}$ 的平面波态、而另一个电子处在 $-\hbar\boldsymbol{k}$ 态的概率振幅. 由于 $k < k_{\mathrm{F}}$ 的状态全已占满, 由泡利原理, 可断定

$$g(\boldsymbol{k}) = 0, \quad 对于 \quad k < k_{\mathrm{F}}. \tag{4.2}$$

我们所考虑的两个电子的薛定谔方程应是

$$-\frac{\hbar^2}{2m}(\nabla_1^2 + \nabla_2^2)\psi(\boldsymbol{r}_1, \boldsymbol{r}_2) + V(\boldsymbol{r}_1, \boldsymbol{r}_2)\psi = \left(E + \frac{\hbar^2k_{\mathrm{F}}^2}{m}\right)\psi, \tag{4.3}$$

E 是电子对的能量, 它以两个电子都处在费米能级上的状态为基准. 把 (4.1) 代入 (4.3), 我们得到 $g(\boldsymbol{k})$ 满足的方程

$$\frac{\hbar^2}{m}k^2 g(\boldsymbol{k}) + \sum_{\boldsymbol{k}'} g(\boldsymbol{k}')V_{\boldsymbol{k}\boldsymbol{k}'} = (E + 2E_{\mathrm{F}})g(\boldsymbol{k}), \tag{4.4}$$

$$V_{kk'} = \frac{1}{L^3}\int V(\boldsymbol{r})\mathrm{e}^{\mathrm{i}(\boldsymbol{k}-\boldsymbol{k}')\cdot\boldsymbol{r}}\mathrm{d}\boldsymbol{r},$$

$V_{kk'}$ 是 $\boldsymbol{k}$ 和 $\boldsymbol{k}'$ 电子态之间的相互作用矩阵元, L^3 是系统的体积. 方程 (4.4) 和泡利条件 (4.2) 一起有时称为双电子问题的贝特 – 哥德斯通 (Bethe-Goldstone) 方程. 若 $E > 2E_{\mathrm{F}}$, E 具有连续谱, 它描述两个电子从初态 $(\boldsymbol{k}, -\boldsymbol{k})$ 过渡到能量相同的终态 $(\boldsymbol{k}', -\boldsymbol{k}')$ 的碰撞过程. 但是, 如果相互作用 V 是吸引的, 那就可能存在 $E < 2E_{\mathrm{F}}$ 的束缚态解. 为了看出这一点, 考虑如下简化相互作用:

$$\begin{aligned} V_{kk'} &= -\frac{V}{L^3}, \quad \text{对于} \begin{cases} \dfrac{\hbar^2 k^2}{2m} < E_{\mathrm{F}} + \hbar\omega_{\mathrm{D}} \\ \dfrac{\hbar^2 k'^2}{2m} < E_{\mathrm{F}} + \hbar\omega_{\mathrm{D}} \end{cases} \\ &= 0, \qquad \text{其他情形} \end{aligned} \tag{4.5}$$

即在费米能级以上能带宽度为 $\hbar\omega_{\mathrm{D}}$ 的范围内, 相互作用是吸引的, 且大小不变. 因此式 (4.4) 化为

$$\left(-\frac{\hbar^2 k^2}{m} + E + 2E_{\mathrm{F}}\right) g(\boldsymbol{k}) = C, \tag{4.6}$$

式中 C 和 k 无关,

$$\begin{aligned} &C = -\frac{V}{L^3}\sum_{k'} g(\boldsymbol{k}'), \\ &E_{\mathrm{F}} < \frac{\hbar^2 k'^2}{2m} < E_{\mathrm{F}} + \hbar\omega_{\mathrm{D}}. \end{aligned} \tag{4.7}$$

比较式 (4.6) 和 (4.7), 我们就得到自洽条件

$$\begin{aligned} &1 = \frac{V}{L^3}\sum_{k'} \frac{1}{-E + \dfrac{\hbar^2 k'^2}{m} - 2E_{\mathrm{F}}}, \\ &E_{\mathrm{F}} < \frac{\hbar^2 k'^2}{2m} < E_{\mathrm{F}} + \hbar\omega_{\mathrm{D}}. \end{aligned} \tag{4.8}$$

如果令

$$\xi' = \frac{\hbar^2 k'^2}{2m} - E_{\mathrm{F}}, \tag{4.9}$$

并且引入单位能量间隔的状态密度

$$N(\xi') = (2\pi)^{-3} 4\pi k'^2 \frac{\mathrm{d}k'}{\mathrm{d}\xi'},$$

则自洽条件就成为

$$1 = V\int_0^{\hbar\omega_{\mathrm{D}}} N(\xi')\frac{1}{2\xi' - E}\mathrm{d}\xi'. \tag{4.10}$$

如果我们假定 $\hbar\omega_{\mathrm{D}} \ll E_{\mathrm{F}}$, 就可把 $N(\xi')$ 当作常数, 并且可用它在费米面上的数值 $N(0)$ 来代替. 我们可以将积分算出

$$1=\frac{1}{2}N(0)V\ \ln\frac{E-2\hbar\omega_{\mathrm{D}}}{E} \tag{4.11}$$

从而在弱相互作用 $N(0)V \ll 1$ 的极限下,

$$E=-2\hbar\omega_{\mathrm{D}}\mathrm{e}^{-\frac{2}{N(0)V}}. \tag{4.12}$$

所以说存在能量 $E<0$ 的双电子束缚态. 若我们以自由电子气为出发点, 再把相互作用 V 加进去, 我们可以预期, 电子将互相结合成对, 同时向外界释放能量. 由此可见正常态是不稳定的.

几点重要的说明

(1) 即使 V 很弱, 只要它是吸引的, 就存在不稳定性. 这一点同通常的二体问题截然不同. 如果只有两个粒子, 它们通过有限力程的吸引互作用相互耦合, 那么除非吸引互作用超过某一临界值, 否则不会形成束缚态.

对于二体问题 ($k_{\mathrm{F}}=0$), 当 $\xi \to 0$ 时, 态密度 $N(\xi)$ 按 $\xi^{1/2}$ 规律变化, 故而积分

$$\boldsymbol{f}(E)=V\int N(\xi)\frac{\mathrm{d}\xi}{-E+2\xi} \tag{4.13}$$

甚至在 $E=0$ 时也收敛. 如果 V 很小, 则 $f(0)<1$; 又假如 $E<0$, 则 $f(E)<f(0)<1$; 故在束缚态区域中, 条件 $f(E)=1$ 不能满足. 相反, 对于我们的问题, $N(\xi)$ 近似为常数, $f(0)=\infty$, 故而总有一个 $E<0$ 的数值能使 $f(E)=1$ 得到满足.

(2) 结合能正比于 $\mathrm{e}^{-2/N(0)V}$. 若 $V\to 0$, 它不能按 V 的幂次展开. 这个数学困难大大妨碍了超导理论的发展.

(3) 在上面计算中, 我们考虑了电子 (1) 和费米球内电子之间, 以及电子 (2) 和费米球内电子之间的不相容原理. 此外, 还必须保证波函数对坐标 $(\boldsymbol{r}_1,\boldsymbol{r}_2)$是反对称的. 使用式 (4.5) 的简化互作用后, $g(\boldsymbol{k})$ 仅和 ξ 有关, 也就是只和 $\boldsymbol{k}$ 的大小有关. 因此波函数 $\psi(\boldsymbol{r}_1,\boldsymbol{r}_2)$ 的空间部分式 (4.1) 具有对称的形式, 其自旋部分就必须是反对称的, 用席夫①的表示法, 应是 $\dfrac{1}{\sqrt{2}}(\alpha_1\beta_2-\beta_1\alpha_2)$ 的形式.

这个波函数描述了总自旋为零的状态, 即自旋反平行耦合. 如果互作用 $V_{kk'}$ 不像式 (4.5) 那么简单, 而是和 $\boldsymbol{k}$ 与 $\boldsymbol{k}'$ 之间的夹角有强烈的依赖关系, 那么我们可能得到:

(a) 几个束缚态;

① L. I. Schiff, *Quantum Mechanics*(New York: McGraw-Hill, 1955), Chapter 9.

(b) 几个空间各向异性的解, 因此其自旋依赖关系要复杂得多. 事实上, 在超导金属中, 似乎 $V_{kk'}$ 并不强烈依赖于角度, 因而不致于引起显著的效应.

例题 试计算库珀对 (Cooper pair) 的方均半径 ρ.

解答 按定义

$$\rho^2 = \frac{\displaystyle\int |\psi(\boldsymbol{r}_1 - \boldsymbol{r}_2)|^2 R^2 \mathrm{d}\boldsymbol{R}}{\displaystyle\int |\psi|^2 \mathrm{d}\boldsymbol{R}}, \quad \boldsymbol{R} = \boldsymbol{r}_1 - \boldsymbol{r}_2$$

$$\rho^2 = \frac{\displaystyle\sum_k |\nabla_k g(\boldsymbol{k})|^2}{\displaystyle\sum_k |g(\boldsymbol{k})|^2}$$

$$\cong \frac{N(0)\left(\dfrac{\partial \xi}{\partial k}\right)^2_{\xi=0} \displaystyle\int_0^\infty \mathrm{d}\xi \left(\dfrac{\partial g}{\partial \xi}\right)^2}{N(0)\displaystyle\int_0^\infty g^2 \mathrm{d}\xi}.$$

在式 (4.5) 的近似下, $g = \dfrac{C}{E - 2\xi}$, 同时 $\left(\dfrac{\partial k}{\partial \xi}\right)_{\xi=0} = \dfrac{1}{\hbar v_{\mathrm{F}}}$, 式中 v_{F} 是费米速度. 完成上面的积分, 得到

$$\rho = \frac{2}{\sqrt{3}} \frac{\hbar v_{\mathrm{F}}}{E}.$$

4.2 吸引相互作用的来源

在简单电子气中, 只有库仑排斥互作用, 因此不利于形成库珀 (Cooper) 现象. 要得到吸引的矩阵元 $V_{kk'}$, 电子必须同固体中其他的粒子系统或激发相耦合. 就此而言, 有许多种类的激发可供选择, 如声子、其他能带的电子、磁介质中的自旋波等. 但是只有一种耦合被真正认为是重要的 (在目前时刻), 这就是电子 – 声子互作用. 这一点首先是由弗罗利希 (Fröhlich, 1950 年) 提出的, 现在我们就来讨论它.

4.2.1 量子力学图像

我们希望知道初态 (I) 与终态 (II) 之间电子 – 电子互作用矩阵元 $V_{kk'}$; 初态 (I) 表示两个电子处在平面波态 $\boldsymbol{k}$ 与 $-\boldsymbol{k}$, 终态 (II) 表示此两个电子处在平面波态 $\boldsymbol{k}'$ 与 $-\boldsymbol{k}'$. 一般说来, $V_{kk'}$ 包括两项:

(a) 两个电子之间的直接库仑排斥项 $U_{\mathrm{c}}(\boldsymbol{r}_1 - \boldsymbol{r}_2)$. 相应的矩阵元是

$$\langle \mathrm{I}|\mathscr{H}_{\mathrm{c}}|\mathrm{II}\rangle = \int \mathrm{d}\boldsymbol{r}_1 \mathrm{d}\boldsymbol{r}_2 \mathrm{e}^{-\mathrm{i}\boldsymbol{k}\cdot(\boldsymbol{r}_1 - \boldsymbol{r}_2)} U_{\mathrm{c}}(\boldsymbol{r}_1 - \boldsymbol{r}_2) \mathrm{e}^{\mathrm{i}\boldsymbol{k}'\cdot(\boldsymbol{r}_1 - \boldsymbol{r}_2)}. \tag{4.14}$$

(波函数是在单位体积上归一化的.)

$$\langle \mathrm{I}|\mathscr{H}_{\mathrm{c}}|\mathrm{II}\rangle = \int U_{\mathrm{c}}(\boldsymbol{\rho})\mathrm{d}\boldsymbol{\rho}\mathrm{e}^{\mathrm{i}\boldsymbol{q}\cdot\boldsymbol{\rho}} = U_{\boldsymbol{q}}, \quad \boldsymbol{q} = \boldsymbol{k}' - \boldsymbol{k}. \tag{4.15}$$

(b) 一个电子发射一个声子, 然后这声子被另一个电子所吸收. 图 4.1 即描绘了这一过程. 初态 (I) 具有能量

$$E_{\mathrm{I}} = 2\xi_k,$$

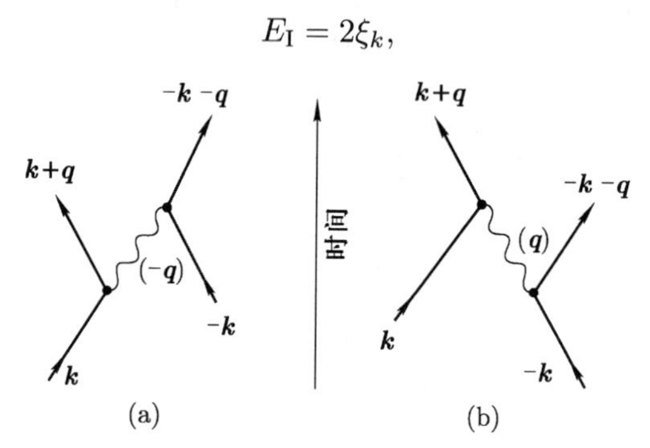

图 4.1 以声子耦合为媒介的电子 – 电子互作用. 过程 (a) 中 $\boldsymbol{k}$ 态电子发射一波矢为 $-\boldsymbol{q}$ 的声子, 然后这声子被第二个电子吸收. 过程 (b) 中, 处于 $-\boldsymbol{k}$ 态的第二个电子发射一个波矢为 $\boldsymbol{q}$ 的声子, 接着被第一个电子吸收.

式中 ξ_k 由 (4.9) 式定义 (为便利计, 单电子能量总是从费米能级算起的). 终态 (II) 具有能量

$$E_{\mathrm{II}} = 2\xi_{k'}.$$

根据动量守恒, 允许有两个中间态:

($i1$) 电子 1 处在 $\boldsymbol{k}' = \boldsymbol{k} + \boldsymbol{q}$ 的态中, 电子 2 处在 $-\boldsymbol{k}$ 态, 产生一个波矢为 $-\boldsymbol{q}$、能量为 $\hbar\omega_q$ 的声子,

$$E_{i1} = \xi_{k'} + \xi_k + \hbar\omega_q$$

(注意 ξ_k 和 ω_k 都是 k 的偶函数.)

($i2$) 电子 1 处在 $\boldsymbol{k}$ 态, 电子 2 处在 $-\boldsymbol{k}' = -(\boldsymbol{q} + \boldsymbol{k})$ 态, 产生一个波矢为 $\boldsymbol{q}$、能量为 $\hbar\omega_q$ 的声子,

$$E_{i2} = \xi_{k'} + \xi_k + \hbar\omega_q = E_{i1}.$$

耦合状态 (I) 和状态 (II) 的二级矩阵元是

$$\langle \mathrm{I}|\mathscr{H}_{\text{间接}}|\mathrm{II}\rangle = \sum_i \langle \mathrm{I}|\mathscr{H}_{\mathrm{ep}}|i\rangle \frac{1}{2}\left(\frac{1}{E_{\mathrm{II}} - E_i} + \frac{1}{E_{\mathrm{I}} - E_i}\right)\langle i|\mathscr{H}_{\mathrm{ep}}|\mathrm{II}\rangle, \tag{4.16}$$

这里求和 $\sum\limits_i$ 遍及所有允许的中间态. $\mathscr{H}_{\text{ep}}$ 是电子 – 声子耦合互作用, 它的矩阵元记为 W_q(相应于发射或吸收一个波矢为 $\boldsymbol{q}$ 的声子).

$$\langle \mathrm{I}|\mathscr{H}_{\text{间接}}|\mathrm{II}\rangle = \frac{|W_q|^2}{\hbar}\left(\frac{1}{\omega-\omega_q}-\frac{1}{\omega+\omega_q}\right), \tag{4.17}$$

式中我们已用下式所定义的频率 ω

$$\hbar\omega = \xi_{k'} - \xi_k. \tag{4.18}$$

因此, $\hbar\omega$ 和 $\hbar q$ 分别是 $\mathrm{I} \to \mathrm{II}$ 的转变过程中电子 1 的能量和动量的变化. 总矩阵元是

$$\langle \mathrm{I}|\mathscr{H}|\mathrm{II}\rangle = U_q + \frac{2|W_q|^2}{\hbar}\,\frac{\omega_q}{\omega^2-\omega_q^2}. \tag{4.19}$$

当 $\omega < \omega_q$ 时, 间接项是负的 (吸引的); 只要 U_q 不太大, 我们就能得到吸引互作用.

4.2.2 借助于介电常数的描述

有效电子 – 电子互作用也可以用以下方法推出. 两个电子间的裸库仑互作用是 e^2/r, 它导致的排斥矩阵元为 $4\pi e^2/q^2$. 但是此互作用会受到其他电子的屏蔽, 同时还要受到晶格中的正离子的屏蔽. 如果屏蔽作用发生在离子运动的共振频率 ω_q 附近, 则离子的响应就很强烈, 它们可能将电子 1 的负电荷“屏蔽过头”, 结果使电子 1 带有正电荷云, 而被电子 2 吸引.

实际上, 我们是用介电常数 $\epsilon(\boldsymbol{q},\omega)$ 来描述这个屏蔽效应的 ($\epsilon(\boldsymbol{q},\omega)$ 是波矢和频率的函数). 有效互作用就是裸互作用除以 ϵ,

$$\langle \mathrm{I}|\mathscr{H}|\mathrm{II}\rangle = \frac{4\pi e^2}{\epsilon(q,\omega)q^2}. \tag{4.20}$$

因此留下的仅是计算 ϵ 的问题了. 我们将就一个十分简单的模型来计算 ϵ, 并证明式 (4.19) 和 (4.20) 是一致的.

凝胶

现在我们考虑一个电子 (质量为 m, 电荷为 e) 和离子 (质量为 M, 电荷为 Ze) 所组成的系统, 每立方厘米有 n 个电子 (由于整个系统呈电中性, 所以每立方厘米的离子数为 n/Z). 我们只考虑粒子间的静电互作用. 此外我们把离子看成流体, 而不是有序的固体. 金属的这个简化模型称为“**凝胶**”模型①. 它主要忽略了如下的事实:

① 凝胶模型是派因斯 (Pines) 首先应用到超导中来的 (*Phys.Rev.***109**(1958)208), 互作用的声子感生部分早先由派因斯和巴丁 (Bardeen) 导出 (*Phys.Rev.***99**(1955)1140), 诺齐尔斯 (Nozieres) 首先完成用总介电常数来描述电子 – 离子系统的工作 (未发表), 之后派因斯在 1958 年的 Les Houcher 演讲中对此作了一些推广.

(1) 由于离子的内层电子能级的排斥所引起的离子之间的短程排斥互作用;

(2) 电子波函数必须和离子的内层电子波函数正交 (它导致了有效的电子 – 离子排斥互作用);

(3) 离子系统有横振动 (横声子) 的可能性. 横振动在实际固体中是存在的, 但在我们的流体模型中却没有.

所有这些简化都相当武断, 只能作为一个对于定性理解互作用很有用的简化模型而已. 介电常数 $\epsilon(\boldsymbol{q}\omega)$ 的定义如下: 假设在系统上添上一个很小的外电荷, 其电荷密度为

$$\delta\rho = \delta\rho\cos(\boldsymbol{q}\cdot\boldsymbol{r})\mathrm{e}^{\mathrm{i}\omega t} + \mathrm{C.C.}. \tag{4.21}$$

原系统将产生屏蔽电荷, 其分布为

$$\rho(\boldsymbol{r}) = \rho\cos(\boldsymbol{q}\cdot\boldsymbol{r})\mathrm{e}^{\mathrm{i}\omega t} + \mathrm{C.C.}. \tag{4.22}$$

因此介电常数就是外电荷与总电荷之比,

$$\epsilon(\boldsymbol{q},\omega) = \frac{\delta\rho}{\rho+\delta\rho}. \tag{4.23}$$

我们必须算出电荷响应 ρ. 在我们的情形中, ρ 是电子部分和离子部分之和,

$$\rho = \rho_{\mathrm{e}} + \rho_{\mathrm{i}}.$$

我们出发的方程有:

(a) 泊松方程, 它确立着静电势 V 与电荷密度 $\delta\rho, \rho_{\mathrm{i}}, \rho_{\mathrm{e}}$ 之间的联系,

$$\nabla^2 V = -4\pi(\delta\rho + \rho_{\mathrm{i}} + \rho_{\mathrm{e}}). \tag{4.24}$$

(b) 离子在电场 $\boldsymbol{E} = -\nabla V$ 中的运动方程为

$$M\frac{\mathrm{d}\boldsymbol{j}_{\mathrm{i}}}{\mathrm{d}t} = nZe^2\boldsymbol{E}, \tag{4.25}$$

式中 $\boldsymbol{j}_{\mathrm{i}}$ 是离子运载的电流, 通过连续性方程它和 ρ_{i} 有关,

$$\frac{\partial\rho_{\mathrm{i}}}{\partial t} + \mathrm{div}\boldsymbol{j}_{\mathrm{i}} = 0. \tag{4.26}$$

在小运动近似下, 式 (4.25) 的全导数 $\dfrac{\mathrm{d}\boldsymbol{j}_{\mathrm{i}}}{\mathrm{d}t}$ 可用偏导数 $\dfrac{\partial\boldsymbol{j}_{\mathrm{i}}}{\partial t}$ 来代替. 由式 (4.25) 与 (4.26) 消去 $\boldsymbol{j}_{\mathrm{i}}$, 我们得到

$$\frac{\partial^2\rho_{\mathrm{i}}}{\partial t^2} = \frac{nZe^2}{M}\nabla^2 V. \tag{4.27}$$

令 $\dfrac{\partial}{\partial t}=\mathrm{i}\omega$, 并利用式 (4.24), 就得到

$$\omega^2\rho_{\mathrm{i}}(\boldsymbol{q},\omega)=\omega_{\mathrm{i}}^2[\rho_{\mathrm{i}}(\boldsymbol{q},\omega)+\rho_{\mathrm{e}}(\boldsymbol{q},\omega)+\delta\rho(\boldsymbol{q},\omega)], \tag{4.28}$$

式中

$$\omega_{\mathrm{i}}=\sqrt{\frac{4\pi nZe^2}{M}}. \tag{4.29}$$

在后文中我们将会看到, ω_{i} 实质上是我们简单模型中的声子谱宽度, 其典型大小约为 $\omega_{\mathrm{i}}\sim 10^{13}\ \mathrm{s}^{-1}$.

(c) 我们需要有一个方程能把电子气的响应 (即 ρ_{e}) 和静电势 V 联系起来. 作这种计算时有一个可供简化的特征: 电子气的两个特征频率是 $E_{\mathrm{F}}/\hbar$ 和等离子振荡频率

$$\omega_{\mathrm{p}}=\left(\frac{4\pi ne^2}{m}\right)^{1/2}\sim\omega_{\mathrm{i}}\left(\frac{M}{m}\right)^{1/2},$$

它们都非常高. 然而 ω 却很低 ($\omega\sim\omega_{\mathrm{i}}$). 因此在这部分计算中, 我们可以将 ω 完全忽略不计, 从而单就**静微扰势** V 来计算 ρ_{e}.

我们还作了进一步的近似, 即用托马斯和费米的方法推算 ρ_{e}[这个方法仅在长波区域 ($q\ll k_{\mathrm{F}}$) 才严格成立]. 在这种近似下, $\boldsymbol{r}$ 处的电子密度正比于 $[E_{\mathrm{F}}+eV(\boldsymbol{r})]^{3/2}$. 因此对于小的 V, 它的相对变化为

$$\frac{\rho_{\mathrm{e}}}{-ne}=\frac{3}{2}\ \frac{eV}{E_{\mathrm{F}}} \tag{4.30}$$

按照方程式 (4.24), 对于波矢为 $\boldsymbol{q}$ 的傅里叶分量, 上式可改写成

$$\rho_{\mathrm{e}}=\frac{k_{\mathrm{S}}^2}{q^2}(\rho+\delta\rho), \tag{4.31}$$

式中

$$k_{\mathrm{S}}^2=\frac{6\pi ne^2}{E_{\mathrm{F}}}.$$

将式 (4.28) 与 (4.31) 结合起来, 就有

$$\rho=\rho_{\mathrm{i}}+\rho_{\mathrm{e}}=\left(\frac{\omega_{\mathrm{i}}^2}{\omega^2}-\frac{k_{\mathrm{S}}^2}{q^2}\right)(\rho+\delta\rho),$$

以及

$$\epsilon(\boldsymbol{q}\omega)=\frac{\omega^2(k_{\mathrm{S}}^2+q^2)-\omega_{\mathrm{i}}^2q^2}{\omega^2q^2}. \tag{4.32}$$

首先让我们由上式来确定波矢为 $\boldsymbol{q}$ 的声子频率 ω_q. 系统的自发振荡模式相应于外部电荷为零 ($\delta\rho=0$) 或 $\epsilon(\boldsymbol{q},\omega)=0$. 这就对每一个 $\boldsymbol{q}$ 定义了一个频率 ω_q, ω_q 由下式给出:

$$\omega_q^2=\omega_{\mathrm{i}}^2\frac{q^2}{k_{\mathrm{S}}^2+q^2}. \tag{4.33}$$

对于长波, $\omega_q \sim \left(\dfrac{\omega_{\rm i}}{k_{\rm S}}\right) q, \omega_q$ 是 q 和声速 $\omega_{\rm i}/k_{\rm S}$ 的线性函数. 事实上, 对于所有非过渡金属来说, 若 Z 取作金属的原子价, 则这个公式给出了相当正确的声速值. 借助于 ω_q, 可把 (4.32) 改写成

$$\frac{1}{\epsilon(q,\omega)} = \frac{q^2}{k_{\rm S}^2 + q^2}\left(1 + \frac{\omega_q^2}{\omega^2 - \omega_q^2}\right). \tag{4.34}$$

因而互作用矩阵元是

$$\langle \mathrm{II}|\mathscr{H}|\mathrm{I}\rangle = \frac{4\pi e^2}{q^2\epsilon(q,\omega)} = \frac{4\pi e^2}{k_{\rm S}^2 + q^2} + \frac{4\pi e^2}{k_{\rm S}^2 + q^2} \times \frac{\omega_q^2}{\omega^2 - \omega_q^2}, \tag{4.35}$$

上式恰好就是式 (4.19) 所预言的形式, 而且还定出了精确的数值系数. 第一项是 (屏蔽) 库仑排斥项; 第二项是以声子为媒介的相互作用项, 当 $\omega < \omega_q$ 时, 它是吸引相互作用.

按声子的平均而言, $\omega_q \sim \omega_{\rm D}, \omega_{\rm D}$ 是材料的德拜频率. 因此具有吸引互作用的能量间隔约为 $\hbar\omega_{\rm D} = k_{\rm B}\theta_{\rm D}$, 式中 $k_{\rm B}$ 为玻尔兹曼常数; $\theta_{\rm D}$ 是德拜温度, 其典型大小为 300K($\boldsymbol{k}_{\rm B}\theta_{\rm D}$ ~0.03 eV). 应当指出, ω_q(或 $\omega_{\rm D}$) 与离子质量有关, 式 (4.29) 和 (4.33) 表明 $\omega_q \sim M^{-1/2}$. 因此, 同一超导元素的两种同位素具有不同的吸引作用的宽带, 它们的转变温度也略有不同——这种**同位素效应**是弗罗利希首先预言的, 不久就被观察到 (Maxwell, Reynolds, et al., 1950). 同位素效应证实了点阵振动对于电子 – 电子相互作用有重要贡献.

4.2.3 互作用常数的数值

目前我们还不能用很可靠的方法来计算矩阵元 $V_{kk'}$——关于所涉及的能带结构、电子 – 声子耦合等我们知道得实在太少了. 又鉴于下述的原因, 所以计算特别困难: 库仑排斥和间接相互作用二者在频率 ω 较低的区域有较强的抵消. 特别对于“凝胶”, 我们看到当 $\omega \to 0$ 时, $\epsilon(q,\omega) \to \infty$. 在这种模型中静微扰 $\delta\rho$ 完全被屏蔽掉了. 为了将电荷 $\delta\rho$ 中和, 正离子可以毫无阻碍地以任意密度堆积起来①. 假如把离子间短程排斥考虑进来, 则上述效应消失, 屏蔽不会完全, 于是 $\epsilon(\boldsymbol{q},0)$ 保持有限. 以上的评述表明吸引相互作用的带宽和吸引力对于具体的物理模型的细节比较敏感. 在计算直接和间接相互作用时, 所作的近似应严格相同, 以避免在求和中出现较大的误差, 这一点十分重要.

例题 试用“凝胶”近似估计简单金属的 $N(0)V_{\rm p}$.

---

① 看来, 在钯中游离的质子或许就是这种异常特别的屏蔽效应起重要作用的一个物理上的特例. 这些质子很易于移动, 如果把一个金属杂质加到氢化钯中, 则杂质周围的屏蔽电荷大部分是由质子组成, 而不是电子组成.

解答 我们定义 V_{p} 为 $\omega=0$ 时相互作用的吸引部分. 于是,

$$V_{\mathrm{p}}=\frac{4\pi e^2}{k_{\mathrm{S}}^2+q^2}.$$

我们将 q 代以方均根平均值 $q^2=\frac{3}{5}q_{\mathrm{D}}^2$, 这里 q_{D} 是德拜截断因子, 其定义为

$$V_0(2\pi)^{-3}\frac{4\pi}{3}q_{\mathrm{D}}^3=1,$$

V_0 是原子体积. 其次

$$N(0)=\frac{mk_{\mathrm{F}}}{2\pi^2\hbar^2}, \tag{4.36}$$

$$N(0)V_{\mathrm{p}}=\frac{2}{\pi}\cdot\frac{me^2}{\hbar}\cdot\frac{k_{\mathrm{F}}}{q^2+k_{\mathrm{S}}^2}. \tag{4.37}$$

在式 (4.31) 下面已有 k_{S}^2 的定义, 它是每立方厘米的电子数 n 的函数,

$$\boldsymbol{n}=\frac{k_{\mathrm{F}}^3}{3\pi^2}=\frac{Z}{V_0}. \tag{4.38}$$

最后, 我们记得 $\frac{\hbar^2}{me^2}=a_0=0.529\text{Å}$ 就是玻尔半径. 综上所述, 我们得到①

$$\boldsymbol{N}(0)V_{\mathrm{p}}=\frac{1}{2+4.7a_0|V_0Z|^{-1/3}} \tag{4.39}$$

例题 试研究低频情形下磁介质中电子间互作用的符号.

解答 假设一个自旋为 $\boldsymbol{S}_i$、位于 $\boldsymbol{r}_1$ 的电子同介质的局域磁化强度 $\boldsymbol{M}(\boldsymbol{r})$ 之间互作用有标量形式

$$H_1=-\Gamma\boldsymbol{S}_i\cdot\boldsymbol{M}(\boldsymbol{r}).$$

由于我们仅对零频极限感兴趣, 所以我们将计算磁介质对于微扰 H_1 的静响应. 精确到 Γ 的一次项, 其形式为

$$\delta M_\alpha(\boldsymbol{r}')=\sum_\beta\chi_{\alpha\beta}(\boldsymbol{r}-\boldsymbol{r}')\Gamma\boldsymbol{S}_{i\beta},$$

① 这个结果与安德森及莫雷 (Morel) 的结果不同 [*Phys.Rev.***125**, 1263(1962)] 他们的式 (14) 利用的是公式 $\omega_q=(\omega_{\mathrm{i}}q)/k_{\mathrm{S}}$, 而不是自洽形式

$$\omega_q=\omega_{\mathrm{i}}\cdot\frac{q}{(k_{\mathrm{S}}^2+q^2)^{1/2}}.$$

关于有效互作用最近的讨论, 可以查看派因斯写的《固体中的元激发》[*Elementary Excitations in Solids* (New York: Benjamin, 1963)] 第五章, 那里考虑了周期性、更为精确的屏蔽等因素.

式中 χ 是广义磁化率张量, 同时 $\alpha, \beta = x, y, z$. 现在考虑自旋为 $\boldsymbol{S}_j$、位于 $\boldsymbol{r}'$ 的第二个电子同 δM 的互作用 V,

$$V(\boldsymbol{r}-\boldsymbol{r}') = -\Gamma \boldsymbol{S}_j \cdot \delta\boldsymbol{M}(\boldsymbol{r}') = -\Gamma^2 \sum_{\alpha,\beta} S_{j\alpha}\chi_{\alpha\beta}(\boldsymbol{r}-\boldsymbol{r}')S_{i\beta}.$$

这里研究上式的傅里叶变换是有益的:

$$V(\boldsymbol{q}) = -\Gamma^2 \sum_{\alpha,\beta} S_{i\alpha}\chi_{\alpha\beta}(\boldsymbol{q})S_{j\beta}.$$

上式中静磁化率张量 $\chi_{\alpha\beta}(\boldsymbol{q})$ 是对称的, 通过适当选择坐标轴可使它对角化. 三个主磁化率 $\chi_{\alpha\alpha}(\boldsymbol{q})$ 必须为正 (否则相对于磁化强度的波矢为 $\boldsymbol{q}$ 的正弦扰动来说, 磁性材料将是不稳定的).

如果自旋 $\boldsymbol{S}_i$ 和 $\boldsymbol{S}_j$ 反平行 (单态), 那么静相互作用是正的 (排斥). 由于连续性, 这个结论对于有限的频率将仍保持正确, 只要频率相对磁介质的交换频率而言较小即可 (在有序系统中, 在 $\omega = \omega_q$ 处符号发生改变, ω_q 是波矢为 $\boldsymbol{q}$ 的最低自旋波频率). 因此, 存在磁介质时, 对于反平行自旋的库珀对, 互作用的低频部分是排斥的. 相反, 对于自旋平行的对 (三重态), 原则上可以得到在低频区域是吸引的互作用.

4.3 基态与元激发

4.3.1 试探波函数的选择

库珀的论证 (本章第一节) 表明, 在存在吸引相互作用的情况下自由电子气的基态是不稳定的. 这个论证当然只是示意性的. 具体地说, 它没考虑到费米面以上的电子受到费米面内电子的散射. 现在我们在同一立脚点上等同地处理所有电子, 详细计算一下凝聚态的结构.

在第一节中我们考虑了一对由波函数 $\psi(\boldsymbol{r}_1-\boldsymbol{r}_2)$ 描述的电子. 为了在同一立脚点上处理 N 个电子, 一个自然的推广是寻找如下形式的波函数

$$\begin{aligned}&\phi_N(\boldsymbol{r}_1, \boldsymbol{r}_2, \cdots, \boldsymbol{r}_N)\\ =&\phi(\boldsymbol{r}_1-\boldsymbol{r}_2)\phi(\boldsymbol{r}_3-\boldsymbol{r}_4)\cdots\phi(\boldsymbol{r}_{N-1}-\boldsymbol{r}_N).\end{aligned} \tag{4.40}$$

在 ϕ_N 所描述的态中, 电子全结合成对, 各对的波函数都一样. 由 ϕ_N 态的能量为极小的条件, 我们就可以决定此波函数.

三点技术上的说明:

(a) 只有电子数目 N 为偶数时, 才能建立波函数 ϕ_N. 如果 N 为奇数, 就必须把最后一个电子放入单独的状态. 对于电子气 ($N \sim 10^{23}$) 来说, 最后一个电

子的存在对于每个粒子的能量以及凝聚态的其他性质所带来的影响只有$1/N$的数量级, 所以无关重要. 相反, 对于N较小的费米子 (原子核) 的超流来说, N为偶数或为奇数这种特征在激发谱的形式上将起着异常重要的作用.

(b) 在ϕ_N中没有包括自旋角标. 受到与第一节所讨论的情况的类似性的启发, 我们将选取$\uparrow\downarrow$的自旋态, 即每对的两个电子自旋相反. 假如互作用$V_{kk'}$对$\boldsymbol{k}$与$\boldsymbol{k}'$的夹角只有较弱的依赖关系, 则这样选择的波函数最为有利.

(c) 波函数ϕ必须是反对称的. 我们用算符A表示这种操作:

$$\begin{aligned}\phi_N =&A\phi(\boldsymbol{r}_1-\boldsymbol{r}_2)\phi(\boldsymbol{r}_3-\boldsymbol{r}_4)\cdots\phi(\boldsymbol{r}_{N-1}-\boldsymbol{r}_N)(1\uparrow)(2\downarrow)\\&\cdots(N-1\uparrow)(N\downarrow)\end{aligned}\tag{4.41}$$

4.3.2 代数变换

ϕ_N取成式 (4.41) 的形式, 优点是清晰明确, 但是在另一方面, 如若直接用它来进行计算则相当复杂. 我们引入电子对波函数的傅里叶变换

$$\phi(r)=\sum_{\boldsymbol{k}}g_k\mathrm{e}^{\mathrm{i}\boldsymbol{k}\cdot\boldsymbol{r}},\tag{4.42}$$

$$\begin{aligned}\phi_N=&\sum_{k_1}\cdots\sum_{k_{N/2}}g_{k_1}\cdots g_{k_{N/2}}\cdots A\mathrm{e}^{\mathrm{i}\boldsymbol{k}_1\cdot(\boldsymbol{r}_1-\boldsymbol{r}_2)}\cdots\\&\mathrm{e}^{\mathrm{i}\boldsymbol{k}_{N/2}(\boldsymbol{r}_{N-1}-\boldsymbol{r}_N)}(1\uparrow)(2\downarrow)\cdots(N\downarrow)\end{aligned}\tag{4.43}$$

函数$A\exp[\mathrm{i}\boldsymbol{k}_1(\boldsymbol{r}_1-\boldsymbol{r}_2)]\cdots\exp[\mathrm{i}\boldsymbol{k}_{N/2}\cdot(\boldsymbol{r}_{N-1}-\boldsymbol{r}_N)]\times(1\uparrow)\times(2\downarrow)\cdots(N\downarrow)$有一个很简单的解释: 它描述了一个电子占据$(\boldsymbol{k}_1\uparrow)$态, 另一个电子占据$(-\boldsymbol{k}_1\downarrow)$态, 第三个占据$(\boldsymbol{k}_2\uparrow)$态如此等等的一种状态. 因为有$A$, 故已将它方便地反对称化了. 这就是通常所谓的斯莱特 (Slater) 行列式, 由态

$$(\boldsymbol{k}_1\uparrow)(-\boldsymbol{k}_1\downarrow)(\boldsymbol{k}_2\uparrow)(-\boldsymbol{k}_2\downarrow)\cdots(\boldsymbol{k}_{N/2}\uparrow)(-\boldsymbol{k}_{N/2}\downarrow)$$

所组成. 为表示这种斯莱特行列式, 我们采用更为简便的维格纳 – 若尔当 (Wigner-Jordan) 符号:

$$a^+_{k_1\uparrow}a^+_{-k_1\downarrow}\cdots a^+_{k_{N/2}\uparrow}a^+_{-k_{N/2}\downarrow}\phi_0.\tag{4.44}$$

$a^+_{k\alpha}$算符作用在 (用ϕ_0表示) 真空态上使$(\boldsymbol{k}\alpha)$态上产生一个电子. 我们还用了消灭算符$a_{k\alpha}$, 它是$a^+_{k\alpha}$的共轭量, 同时满足$a_{k\alpha}\phi_0=0$. 维格纳与若尔当曾经证明, 假如算符a与a^+满足反对易关系①

$$\begin{aligned}&a^+_{k\alpha}a^+_{l\beta}+a^+_{l\beta}a^+_{k\alpha}=0,\\&a^+_{k\alpha}a_{l\beta}+a_{l\beta}a^+_{k\alpha}=\delta_{kl}\delta_{\alpha\beta},\\&a_{k\alpha}a_{l\beta}+a_{l\beta}a_{k\alpha}=0,\end{aligned}\tag{4.45}$$

① 参阅 Landau and Lifshitz, *Nonrelativistic Quantum Mechanics*(New York: Pergamon, 1959), Chap 9. (中译本: 朗道, 栗弗席兹 著. 量子力学 (非相对论理论). 严肃 译, 喀兴林 校. 北京: 高等教育出版社, 2008.)

则式 (4.44) 可以正确地重现斯莱特行列式的全部性质. 我们所讨论的波函数 ϕ_N 具有如下的形式:

$$\phi_N = \sum_{k_1} \cdots \sum_{k_{N/2}} g_{k_1} \cdots g_{k_{N/2}} a^+_{k_1\uparrow} a^+_{-k_1\downarrow} \cdots a^+_{k_{N/2}\uparrow} a^+_{-k_{N/2}\downarrow} \phi_0 \tag{4.46}$$

用上式处理问题仍不太方便. 可考虑用生成函数 $\tilde{\phi}$ 来代替它

$$\tilde{\phi} = C \prod_k (1 + g_k a^+_{k\uparrow} a^+_{-k\downarrow}) \phi_0. \tag{4.47}$$

这里乘积 $\prod_k$ 遍及所有平面波态 ①, C 是归一化常数. 将式 (4.46) 与 (4.47) 作一对比, 很容易看出 ϕ_N 就是 $\tilde{\phi}$ 中 N 个产生算符作用在 ϕ_0 上的部分, 仅因子 C 有所不同, 即 ϕ_N 是 $\tilde{\phi}$ 里描述 N 个粒子的状态的分量. 将因子 C 归并到乘积 $\prod_k$ 里去, 使 $\tilde{\phi}$ 稍微变换一下形式有

$$\tilde{\phi} = \prod_k (u_k + v_k a^+_{k\uparrow} a^+_{-k\downarrow}) \phi_0, \tag{4.48}$$

其中

$$\frac{v_k}{u_k} = g_k, \quad u_k^2 + v_k^2 = 1. \tag{4.49}$$

后一条件保证了 $\tilde{\phi}$ 的归一化. 我们已假定 g_k, u_k 和 v_k 是实数 (以后我们会明白这个限制无关紧要). 波函数 $\tilde{\phi}$ 是巴丁、库珀与施瑞弗 (Schrieffer) 在他们 1957 年发表的奠基性论文中引入的. $\tilde{\phi}$ 比 ϕ_N 要简单得多. 若 N 很大, 则全部计算全可用 $\tilde{\phi}$ 而不用 ϕ_N 来进行. 为了弄懂这一点, 不妨写出 $\tilde{\phi}$ 的展开式

$$\tilde{\phi} = \sum_N \lambda_N \phi_N, \tag{4.50}$$

这里 $\sum_N |\lambda_N|^2 = 1$, 以保证归一化 (应注意, 若用上面选择的 u_k 和 v_k, 则系数 λ_N 实际上是实数).

如果 N 很大, 不论 g_k 有怎样的具体形式, $|\lambda_N|^2$ 作为 N 的函数总具有图 4.2 所示的形状. $|\lambda_N|^2$ 有一个尖锐的极大值. 通过计算状态的平均粒子数, 我们可以得出极值的位置.

$$N^* = \langle N \rangle = \sum_k 2v_k^2 = \frac{\Omega}{(2\pi)^3} \int \mathrm{d}\boldsymbol{k} 2v_k^2, \tag{4.51}$$

① 应当指出, 乘积 $\prod_{\boldsymbol{k}}$ 中的所有因子全都互易, 这点可由式 (4.45) 看出.

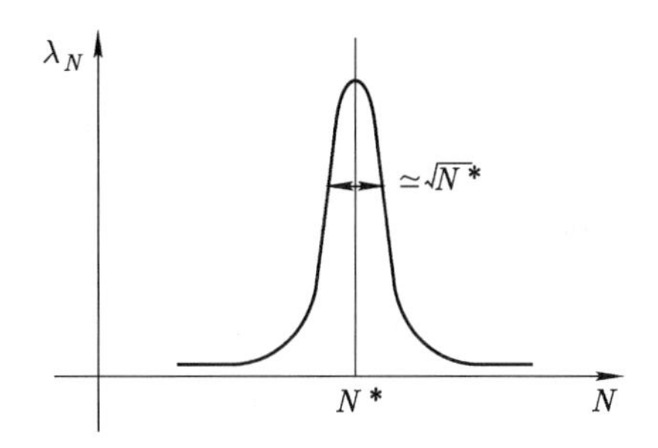

图 4.2 在 BCS 波函数 (4.50) 中概率振幅 λ_N 随粒子数 N 变化的形状. λ_N 在 $N=N^*$ 附近有一很强的峰.

式中 Ω 是样品的体积. 同样, 也可计算 $|\lambda_N|^2$ 的方均分布. 由式 (4.44) 得到

$$\langle N^2\rangle-\langle N\rangle^2=\sum_k 4v_k^2u_k^2=\frac{\Omega}{(2\pi)^3}\int \mathrm{d}\boldsymbol{k}4v_k^2u_k^2. \tag{4.52}$$

$\langle N^2\rangle-\langle N\rangle^2$ 正比于 Ω, 故正比于 N^*——曲线的半宽度的数量级为 $\sqrt{N^*}$. 在这些条件下, N 的相对涨落是 $1/\sqrt{N^*}$ 的数量级——十分微小. 从另一方面来说, $\sqrt{N^*}$ 与 1 相比又非常大, 因此当 N 发生少许变化时 λ_N 的变化可以忽略不计, 即

$$\lambda_{N+p}\sim\lambda_N \quad 若 p\ll\sqrt{N^*} \tag{4.53}$$

我们现在研究任一算符 F 相对 ϕ_N 的矩阵元与相对 $\tilde{\phi}$ 的矩阵元之间的对应关系,

$$\langle\tilde{\phi}|F|\tilde{\phi}\rangle=\sum_{NN'}\lambda_{N^*}\lambda_{N'}\langle\phi_N|F|\phi_{N'}\rangle. \tag{4.54}$$

首先我们假定 F 保持粒子数守恒, 于是

$$\langle\tilde{\phi}|F|\tilde{\phi}\rangle=\sum_N|\lambda_N|^2\langle\phi_N|F|\phi_N\rangle. \tag{4.55}$$

矩阵元 $\langle\phi_N|F|\phi_N\rangle$ 是 N 的缓变函数, 我们可用它的峰值来代替. 由于 $\sum\limits_N|\lambda_N|^2=1$, 于是得到

$$\langle\tilde{\phi}|F|\tilde{\phi}\rangle=\langle\phi_{N^*}|F|\phi_{N^*}\rangle. \tag{4.56}$$

同样, 假如 F 作用在 ϕ_N 上给出具有 $N+p$ 个粒子的态, 则

$$\begin{aligned}\langle\tilde{\phi}|F|\tilde{\phi}\rangle&=\sum_N\lambda_{N^*+p}\lambda_N\langle\phi_{N+p}|F|\phi_N\rangle\\&\cong\sum_N|\lambda_N|^2\langle\phi_{N+p}|F|\phi_N\rangle\\&=\langle\phi_{N^*+p}|F|\phi_{N^*}\rangle.\end{aligned} \tag{4.57}$$

所以实际上 $\tilde{\phi}$ 所含的信息与 ϕ_N 相同.

4.3.3 计算能量

令 $\mathscr{H}$ 为相互作用电子系统的哈密顿量. 如果用 ϕ_N 作为波函数, 则可直接应用变分原理计算 $\langle\phi_N|\mathscr{H}|\phi_N\rangle$ 的极小值. 如果波函数采用 $\tilde{\phi}$, 则略微有些不同. 因为粒子数并不固定, 我们必须计算

$$\langle\tilde{\phi}|\mathscr{H}|\tilde{\phi}\rangle - E_{\rm F}\langle\tilde{\phi}|\boldsymbol{N}|\tilde{\phi}\rangle \tag{4.58}$$

的极小值. 式中 N 是粒子数, $E_{\rm F}$ 是拉格朗日 (Lagrange) 乘子, 我们称它费米能级. 下面列出 $\mathscr{H} - E_{\rm F}N$ 内各项的贡献. 动能项是

$$\begin{aligned}\mathscr{H}_0 &= \sum_{k\alpha}\xi_k a_{k\alpha}^+ a_{k\alpha},\\ \xi_k &= \frac{\hbar^2k^2}{2m} - E_{\rm F}.\end{aligned} \tag{4.59}$$

势能项 $\mathscr{H}_{\rm int}$, 其矩阵元描述了两个电子的散射

$$(\boldsymbol{k}\alpha)(\boldsymbol{k}'\beta) \longrightarrow (\boldsymbol{k}+\boldsymbol{q},\alpha)(\boldsymbol{k}'-\boldsymbol{q},\beta),$$

$$\mathscr{H}_{\rm int} = \frac{1}{2}\sum_{\substack{k,k',q\\ \alpha\beta}} V(\boldsymbol{k}+\boldsymbol{q},\boldsymbol{k}'-\boldsymbol{q}|\boldsymbol{k},\boldsymbol{k}')a_{k+q,\alpha}^+ a_{k'-q,\beta}^+ a_{k'\beta}a_{k\alpha}, \tag{4.60}$$

式 (4.60) 已考虑了动量及总自旋的守恒.

在 $\tilde{\phi}$ 态中, $\boldsymbol{k}$ 态占据概率为 v_k^2, 所以动能就是

$$\langle\tilde{\phi}|\mathscr{H}_0|\tilde{\phi}\rangle = \sum_{k\alpha} v_k^2\xi_k. \tag{4.61}$$

势能项 $\mathscr{H}_{\rm int}$ 中只有以下几项有贡献:

(1) 对角项 $V(\boldsymbol{k}\boldsymbol{k}',\boldsymbol{k}\boldsymbol{k}')$;

(2) 交换项 $V(\boldsymbol{k}\boldsymbol{k}',\boldsymbol{k}'\boldsymbol{k})$;

(3) 描述一个电子从 $(\boldsymbol{k}\uparrow,-\boldsymbol{k}\downarrow)$ 态跃迁到 $(\boldsymbol{l}\uparrow,-\boldsymbol{l}\downarrow)$ 态的项, $V(\boldsymbol{l},-\boldsymbol{l}|\boldsymbol{k},-\boldsymbol{k}) = V_{kl}$.

(1) 与 (2) 两部分贡献对正常金属总是存在的. 以后我们会看出这两部分贡献可以简单地归并到 ξ_k 中去, 暂且把它们略掉. 令人感兴趣的贡献来自于 (3). 这一项可用如下方法推出. 首先将波函数 $\tilde{\phi}$ 分解成两部分 ϕ_{k1} 与 ϕ_{k0}, 这两部分分别对应于**对态** $(\boldsymbol{k}\uparrow,-\boldsymbol{k}\downarrow)$ 已被占据或未被占据两种情况. 根据式 (4.48) 我们得到

$$\tilde{\phi} = v_k\phi_{k1} + u_k\phi_{k0}. \tag{4.62}$$

可将 $\tilde{\phi}$ 类似地分成四个分量, 这些分量描述两个不同的对态 $(\boldsymbol{k}\uparrow,-\boldsymbol{k}\downarrow)$ 及 $(\boldsymbol{l}\uparrow,-\boldsymbol{l}\downarrow)$ 的占据情况,

$$\tilde{\phi} = v_kv_l\phi_{k1l1} + v_ku_l\phi_{k1l0} + u_kv_l\phi_{k0l1} + u_ku_l\phi_{k0l0}. \tag{4.63}$$

在计算 V_{kl} 对于相互作用能 $\langle\tilde{\phi}|\mathscr{H}_{\text{int}}|\tilde{\phi}\rangle$ 的贡献时, 我们一定会遇到以下分量:

$$v_k u_l \langle \phi_{k1l0}|\mathscr{H}_{\text{int}}|\phi_{k0l1}\rangle u_k v_l,$$

保留下来的矩阵元正是 V_{kl}. 故而我们得出

$$\langle\tilde{\phi}|\mathscr{H} - E_{\text{F}}N|\tilde{\phi}\rangle = 2\sum_k \xi_k v_k^2 + \sum_{kl} V_{kl} u_k v_k u_l v_l. \tag{4.64}$$

为了在求 $\langle\tilde{\phi}|\mathscr{H}|\tilde{\phi}\rangle$ 的极小值时能考虑到 $u_k^2+v_k^2=1$ 这一关系, 我们最好令

$$u_k = \sin\theta_k \quad v_k = \cos\theta_k. \tag{4.65}$$

因此

$$\langle\tilde{\phi}|\mathscr{H}|\tilde{\phi}\rangle = 2\sum_k \xi_k \cos^2\theta_k + \frac{1}{4}\sum_{kl} \sin 2\theta_k \sin 2\theta_l V_{kl}. \tag{4.66}$$

极小值方程就是

$$0 = \frac{\partial}{\partial\theta_k}\langle\tilde{\phi}|\mathscr{H}|\tilde{\phi}\rangle = -2\sum_k \xi_k \sin 2\theta_k + \sum_{kl} \cos 2\theta_k \sin 2\theta_k V_{kl},$$

或者

$$\xi_k \tan 2\theta_k = \frac{1}{2}\sum_l V_{kl} \sin 2\theta_k. \tag{4.67}$$

我们定义

$$\varDelta_k = -\sum_l V_{kl} u_l v_l, \tag{4.68}$$

$$\epsilon_k = \sqrt{\xi_k^2 + \varDelta_k^2}, \tag{4.69}$$

从而得到

$$\tan 2\theta_k = -\frac{\varDelta_k}{\xi_k}, \tag{4.70}$$

$$2u_k v_k = \sin 2\theta_k = \frac{\varDelta_k}{\epsilon_k}. \tag{4.71}$$

$$-u_k^2 + v_k^2 = \cos 2\theta_k = -\frac{\xi_k}{\epsilon_k}. \tag{4.72}$$

(在最后一个公式中符号的选择是根据在 ξ_k 取很大的正数时, $u_k = 1, v_k = 0$, 并且总电子数目 $\sum_k v_k^2$ 收敛.)

将 $u_l v_l$ 的数值代入式 (4.68), 最后得到 $\varDelta$ 的方程.

$$\varDelta_k = -\sum_l V_{kl} \frac{\varDelta_l}{2(\xi_l^2 + \varDelta_l^2)^{1/2}}. \tag{4.73}$$

首先我们注意到该方程总有平易解 $\varDelta_k=0$, 它相应于

$$v_k=\begin{cases}1 & \xi_k<0\\ 0 & \xi_k>0,\end{cases} \tag{4.74}$$

其波函数 $\tilde{\phi}$ 就是

$$\tilde{\phi}_n=\prod_{k<k_{\mathrm{F}}}a_k^+a_{-k}^+\phi_0. \tag{4.75}$$

这个波函数代表着由能量低于 $E_{\mathrm{F}}=\hbar^2k_{\mathrm{F}}^2/2m$ 的所有状态所组成的斯莱特行列式, 也就是无相互作用电子气的波函数. 为了明确地证明还存在另外的解, 我们选取简化相互作用

$$V_{kl}=\begin{cases}-V & 若|\xi_k|,|\xi_l|\leqslant\hbar\omega_{\mathrm{D}}\\ 0 & 其他情形\end{cases} \tag{4.76}$$

这种简化互作用称为 **BCS 互作用**. V 是一个正常数. 因此

$$\begin{aligned}&\varDelta_k=0\quad 若|\xi_k|>\hbar\omega_{\mathrm{D}}\\ &\varDelta_k=\varDelta(不依赖k)\quad 若|\xi_k|<\hbar\omega_{\mathrm{D}}.\end{aligned} \tag{4.77}$$

然后我们可以将式 (4.73) 改写一下. 先保持 ξ_l 一定, 对 $\boldsymbol{l}$ 的所有方向进行求和, 这就得到一个因子 $N(\xi_l)$, 它是正常态时一给定自旋取向的每单位能量间隔的状态密度. 由于我们所关心的能量宽度 $\hbar\omega_{\mathrm{D}}\ll E_{\mathrm{F}}$, 故可用费米能级处的态密度 $N(0)$ 代替 $N(\xi_l)$,

$$\varDelta=N(0)V\int_{-\hbar\omega_{\mathrm{D}}}^{\hbar\omega_{\mathrm{D}}}\varDelta\frac{\mathrm{d}\xi}{2\sqrt{\varDelta^2+\xi^2}} \tag{4.78}$$

$$\frac{1}{N(0)V}=\int_0^{\hbar\omega_{\mathrm{D}}}\frac{\mathrm{d}\xi}{\sqrt{\varDelta^2+\xi^2}}=\operatorname{arsinh}\left(\frac{\hbar\omega_{\mathrm{D}}}{\varDelta}\right). \tag{4.79}$$

这个方程只对正 V(亦即吸引互作用) 有解. 因此

$$\varDelta=\frac{\hbar\omega_{\mathrm{D}}}{\sinh\dfrac{1}{N(0)V}}. \tag{4.80}$$

在以下的全部内容中, 我们只对弱耦合极限 $N(0)V\ll1$ 感兴趣, 这时

$$\varDelta=2\hbar\omega_{\mathrm{D}}\mathrm{e}^{-1/N(0)V}. \tag{4.81}$$

这个极限的正确性怎样证实呢? 我们不久就会看到, 在这种简化模型中, 转变温度由 $\varDelta=1.75\boldsymbol{k}_{\mathrm{B}}T_{\mathrm{c}}$ 给出. 所以 $\mathrm{e}^{-1/N(0)V}=0.88T_{\mathrm{c}}/\varTheta_{\mathrm{D}}$, 此处 $\varTheta_{\mathrm{D}}$ 是德拜温度,

它定义为$\hbar\omega_{\rm D}=\boldsymbol{k}_{\rm B}\Theta_{\rm D}$. 对于大多数超导金属, $\Theta_{\rm D}\sim$330 K, $T_{\rm c}\sim$10 K. 所以从实践经验我们断定 $N(0)V<0.3$(铅与水银是两个值得注意的例外, 其 $N(0)V$ 分别等于 0.39 与 0.35).

知道Δ后, 我们就能具体地计算动能与势能. 在弱耦合极限下, 从式 (4.64) 推出

$$\langle\tilde{\phi}|\mathscr{H}_0|\tilde{\phi}\rangle=2\sum_{k<k_{\rm F}}\xi_k+\frac{\Delta^2}{V}-\frac{N(0)\Delta^2}{2}. \tag{4.82}$$

第一项是正常态 ($\Delta=0$) 的动能. 同样求得

$$\langle\tilde{\phi}|\mathscr{H}_{\rm int}|\tilde{\phi}\rangle=-\frac{\Delta^2}{V}. \tag{4.83}$$

$\tilde{\phi}$ 态与正常态的能量差为

$$\langle\tilde{\phi}|\mathscr{H}|\tilde{\phi}\rangle-\langle\phi_n|\mathscr{H}|\phi_n\rangle_{(\Delta=0)}=-\frac{N(0)\Delta^2}{2}, \tag{4.84}$$

凝聚态的能量低于正常态的能量. 然而, 能量的得益相当小, 按粒子均分只有 $\Delta^2/E_{\rm F}$ 的数量级. 若 Δ =10 K, $E_{\rm F}=10^4$ K, 其结果为 $\Delta^2/E_{\rm F}=10^{-2}$ K. 我们不可能这等精确地计算正常态的能量. 所幸的是, 未知的那些项在正常态和在凝聚态几乎完全一样. 式 (4.82) 中的每一项都是不准确的, 但是能量差却相当准确, 而实验测量的正是这个能量差.

有了函数 $\tilde{\phi}$, 便可以决定某些简单的性质:

(a) 让我们找出一个电子凝聚到 ($\boldsymbol{k}\alpha$) 态的概率. 根据式 (4.70) 与 (4.55), 此概率由下式给出

$$\langle\tilde{\phi}|a^+_{k\alpha}a_{k\alpha}|\tilde{\phi}\rangle=v_k^2=\frac{1}{2}\left(1-\frac{\xi_k}{\sqrt{\xi_k^2+\Delta_k^2}}\right). \tag{4.85}$$

它作为 k 的函数绘于图 4.3 中. v_k^2 给出了基态中动量的分布. 从理论上说, v_k^2 可以通过康普顿效应、正电子湮灭等方法加以测量. 实际上, 在所感兴趣的区域直接测量 v_k^2 需要很高的精度. 当 $k\ll k_{\rm F}$ 时, $v_k=1$; 当 $k\gg k_{\rm F}$ 时, $v_k=0$. 分布函数 v_k^2 是连续变化的, 这与正常态的分布函数不同, 后者在 $k_{\rm F}$ 处不连续. v_k 由 1 变化到 0 的过渡区域的能量宽度为 Δ, 动量宽度为 δk.

$$\begin{aligned}\frac{\hbar^2}{2m}[(k_{\rm F}+\delta k)^2-k_{\rm F}^2]&\cong\Delta\\ \delta k=\frac{m\Delta}{\hbar^2k_{\rm F}}&=\frac{\Delta}{\hbar v_{\rm F}}.\end{aligned} \tag{4.86}$$

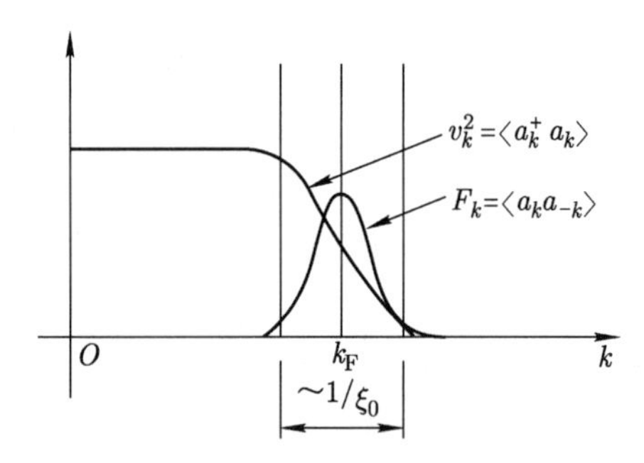

图 4.3　BCS 基态中电子的动量分布 ($|v_k|^2$). 在正常金属中, 此分布在 $k=k_{\rm F}$ 处有不连续的降落. 在超导体里, 这个降落被拉开到 $\delta k\sim 1/\xi_0\sim \Delta/kv_{\rm F}$ 的间隔区域. 图中还绘出了凝聚振幅 F_k.

(b) 让我们在凝聚态 $\tilde{\phi}$ 的 $\boldsymbol{k}\uparrow$ 与 $-\boldsymbol{k}\downarrow$ 态上加上两个电子. ϕ_{N+2} 态的概率振幅多大? 此概率振幅等于

$$F_k=\langle\phi_{N+2}|a_{k\uparrow}^+a_{-k\downarrow}^+|\phi_N\rangle=\langle\tilde{\phi}|a_{k\uparrow}^+a_{-k\downarrow}^+|\tilde{\phi}\rangle. \tag{4.87}$$

我们称 F_k 为 $\boldsymbol{k}$ 态的凝聚振幅. 利用 $\tilde{\phi}$ 的定义, 我们得到

$$F_k=u_kv_k. \tag{4.88}$$

F_k 只在过渡区域里不等于零, 且在 $k=k_{\rm F}$ 处有极大值.

4.3.4　第一激发态

我们已经建立了基态波函数 ϕ_N, 其中 N 个粒子组合成对. 现在我们试图再加上一个处于平面波 ($\boldsymbol{m}\alpha$) 态的粒子, 得到状态

$$\begin{aligned}\phi_{N+1,m\alpha}(\boldsymbol{r}_1\cdots\boldsymbol{r}_{N+1})=&A\phi(\boldsymbol{r}_1-\boldsymbol{r}_2)\cdots\phi(\boldsymbol{r}_{N-1}-\boldsymbol{r}_N)\\&\times\exp(\mathrm{i}\boldsymbol{m}\cdot\boldsymbol{r}_{N+1})(1\uparrow)\cdots(N\downarrow)(N+1,\alpha).\end{aligned} \tag{4.89}$$

我们引入相应的生成函数

$$\tilde{\phi}_{\boldsymbol{m}\alpha}=\sum_{\boldsymbol{N}}\lambda_N\phi_{N+1,\boldsymbol{m}\alpha}, \tag{4.90}$$

将早先对 ϕ 所作的论证重复应用于 $\phi_{\boldsymbol{m}\alpha}$ 上, 就得到

$$\tilde{\phi}_{\boldsymbol{m}\alpha}=\prod_{k\neq m}(u_k+v_ka_{k\uparrow}^+a_{-k\downarrow}^+)a_{m\alpha}^+\phi_0, \tag{4.91}$$

$\tilde{\phi}_{\boldsymbol{m}\alpha}$ 与 $\tilde{\phi}$ 正交. $\tilde{\phi}_{\boldsymbol{m}\alpha}$ 态的能量是什么呢? 先看动能, 我们有

$$\langle\tilde{\phi}_{\boldsymbol{m}\alpha}|\mathscr{H}_0|\tilde{\phi}_{\boldsymbol{m}\alpha}\rangle=\langle\tilde{\phi}|\mathscr{H}_0|\tilde{\phi}\rangle+(1-2v_m^2)\xi_m. \tag{4.92}$$

由于 $\tilde{\phi}_{\boldsymbol{m}\alpha}$ 态中有一个电子占据了轨道态 $\boldsymbol{m}\alpha$, 而在 $\tilde{\phi}$ 态里, 发现一个电子处在 $(m\uparrow)$ 态或 $(m\downarrow)$ 态的概率是 $2v_m^2$. 再看势能, 我们注意到 $\boldsymbol{m}\alpha$ 态不能为电子对所占据, 故只有从 $(\boldsymbol{k},\alpha)(-\boldsymbol{k},-\alpha)$ 跃迁到 $(\boldsymbol{k}',\alpha)(-\boldsymbol{k}',-\alpha)$, 而且 $\boldsymbol{k}\neq\boldsymbol{m},\boldsymbol{k}'\neq\boldsymbol{m}$ 的项才对势能有贡献. 所以

$$\begin{aligned}\langle\tilde{\phi}_{\boldsymbol{m}\alpha}|\mathscr{H}_{\text{int}}|\tilde{\phi}_{\boldsymbol{m}\alpha}\rangle =&\langle\tilde{\phi}|\mathscr{H}_{\text{int}}|\tilde{\phi}\rangle\\ &-2\sum_l V_{ml}u_m v_l u_l v_m,\end{aligned}\tag{4.93}$$

总能量成为

$$\begin{aligned}\langle\tilde{\phi}_{\boldsymbol{m}\alpha}|\mathscr{H}|\tilde{\phi}_{\boldsymbol{m}\alpha}\rangle &= E_0+(1-2v_m^2)\xi_m+2u_m v_m\varDelta_m\\ &=E_0+\frac{\xi_m^2}{\epsilon_m}+\frac{\varDelta_m^2}{\epsilon_m}\\ &=E_0+\epsilon_m.\end{aligned}\tag{4.94}$$

因为 E_0 是基态 $\tilde{\phi}$ 的能量, 故 $\epsilon_m=\sqrt{\varDelta_m^2+\xi_m^2}$ 就是将一个新粒子放入 $\boldsymbol{m}$ 态所需的能量. 值得注意的是: 即使 $\xi_m=0,\epsilon_m$ 仍然有限, 且等于 $\varDelta_{k_\text{F}}=\varDelta$.

我们可能想以同样方式构成 2, 3, $\cdots,n$ 个激发态. 就举两个激发态为例, 我们很想取如下的函数

$$\varXi_{m\alpha,n\beta}=\prod_{k\neq m,n}(u_k+v_k a_{k\uparrow}^+a_{-k\downarrow}^+)a_{m\alpha}^+a_{n\beta}\phi_0,\tag{4.95}$$

可惜这种函数不一定与 $\tilde{\phi}$ 正交, 例如

$$\langle\tilde{\phi}|\varXi_{m\uparrow,-m\downarrow}\rangle=v_m\neq 0.\tag{4.96}$$

避免这一困难有两种方法:

(a) 在 $\varXi$ 上加上一项 $\lambda\tilde{\phi}$, 选取 λ 使得总的函数与 $\tilde{\phi}$ 正交, 这正是原 BCS 的方法. 这个方法在数学上很繁.

(b) 重新考虑单激发的波函数 $\tilde{\phi}_{\boldsymbol{m}\alpha}$. 让我们试一试将单激发波函数改写成

$$\tilde{\phi}_{\boldsymbol{m}\alpha}=\gamma_{m\alpha}^+\tilde{\phi},\tag{4.97}$$

此处 $\gamma_{m\alpha}^+$ 是一个元激发的产生算符. 假如可以找到算符 γ^+ 及其共轭算符 γ, 使得

(1) γ 与 γ^+ 遵循费米对易规则 [类似于式 (4.45)];

(2) $\gamma_{m\alpha}\tilde{\phi}=0$, 即 $\tilde{\phi}$ 是没有激发的状态. 那么通过应用对易关系, 不难看出将任意数目的 γ^+ 算符作用在 $\tilde{\phi}$ 而得到的一切态, 都相互正交、归一而且与基态 $\tilde{\phi}$ 正交. 因此, 从运动学的观点上看, 这些波函数适宜用来描述多重激发态.

现在我们必须找出 γ^+. 作为初次尝试, 我们注意到

$$\tilde{\phi}_{\boldsymbol{m}\alpha} = \frac{1}{u_m} a^+_{m\alpha} \tilde{\phi} \tag{4.98}$$

利用式 (4.91), 再考虑到 $a^+_{m\alpha} a^+_{m\alpha} = 0$ 等关系, 上式不难加以证明. 然而, $(1/u_m) a^+_{m\alpha}$ 并不满足上述的反对易规则. 再作第二次尝试, 我们注意到

$$\tilde{\phi}_{m\downarrow} = \frac{1}{v_m} a_{m\uparrow} \tilde{\phi}. \tag{4.99}$$

然而这里又碰到对易规则上的同样困难. 于是我们试一试把 γ^+ 定义成上述两种形式的线性组合. 假如我们令

$$\begin{aligned} \gamma^+_{m\uparrow} &= u_m a^+_{m\uparrow} - v_m a_{-m\downarrow}, \\ \gamma^+_{m\downarrow} &= u_m a^+_{m\downarrow} + v_m a_{-m\uparrow}, \end{aligned} \tag{4.100}$$

则我们发现 (4.97) 以及条件 (1) 和 (2) 全都得到满足. 比如条件 (2) 变成

$$\begin{aligned} \gamma_{m\uparrow} \tilde{\phi} &= \prod_{k \neq m} (u_k + v_k a^+_{k\uparrow} a^+_{-k\downarrow})(u_m a_{m\uparrow} - v_m a^+_{-m\downarrow}) \\ &\quad \times (u_m + v_m a^+_{m\uparrow} a_{-m\downarrow}) \phi_0 \\ &= \prod_{k \neq m} (u_k + v_k a^+_{k\uparrow} a^+_{-k\downarrow}) u_m v_m (a^+_{-m\downarrow} - a^+_{-m\downarrow}) \phi_0 \\ &= 0, \end{aligned} \tag{4.101}$$

式中我们已利用了 $a_{-m\alpha}\phi_0 = 0, a_{m\alpha} a^+_{m\alpha} \phi_0 = \phi_0$ 以及反对易关系. 于是我们找出了算符 γ^+, 由它产生的激发态互相正交, 与基态也正交. 使用 γ 与 γ^+ 后, 所有涉及激发态起主要作用的计算都大为简化 (Bogolubov, Valatin, 1958). 我们把 γ^+ 所产生的激发态称为**准粒子**.

几点物理上的注释

(a) $\gamma^+_{m\alpha}$ 是 $a^+_{m\alpha}$ 与 $a_{m-\alpha}$ 的线性组合表明这样的事实, 即 $\phi_{N+1,k\alpha}$ 态可以由基态 ϕ_N 上加上一个电子 $(k\alpha)$ 来产生, 也可从 ϕ_{N+2} 态取出一个电子 $(-k-\alpha)$ 来产生.

(b) 假定以基态为出发点. 我们业已看到要想在 $\boldsymbol{k}$ 态上加上一个粒子, 它的能量至少必须等于 $E_{\mathrm{F}} + \Delta$. 这种“注入”实验并不是纯理念的设想, 可以通过让电子越过薄氧化层进入超导体的方法实现. 这就是以前说过的隧道效应 (Giaever, 1959), 我们可用它确定能隙 Δ.

(c) 不过除隧道实验外, 通常讨论激发态时 N 是不变的 (例如红外辐射). 如果 N 为偶数, 这种类型的第一激发态对应于拆开一个电子对, 相应的波函

数是 $\gamma_{k\alpha}^{+}\gamma_{l\beta}^{+}$ 的形式 ($k\alpha\neq l\beta$). 激发能不难算出, 等于 $\epsilon_k+\epsilon_l$, 其最小值 (对应于红外吸收能隙) 是 2Δ. 如果 N 是奇数 ($N=2K+1$), 则状态由 K 个电子对加上一个未配对电子组成. 因此出现两种激发: 或者拆开一个电子对 (能隙为 2Δ) 或者只改变未配对电子的状态 (能隙为零). 不过第一种过程的吸收强度比第二种过程近似大了 N 倍. $N\sim10^{23}$, 故实际上测量的吸收阈值总是 2Δ.

(d) 激发能至少为 2Δ, 但是第一个激发粒子的能量只是 Δ. 在低温情况下, 一个粒子激发到给定的 $\boldsymbol{k}$ 态 (k 接近 k_{F}) 的概率按 $\exp(-\Delta/k_{\mathrm{B}}T)$ 的规律变化.

4.3.5 两块超导体耦合的情况

现在研究被一绝缘层隔开的两块超导体 S 与 S'. 若绝缘层较厚而电子不能透过, 则 S 与 S' 完全是独立的. 若绝缘层很薄 (厚度 <30 Å), 则电子可通过隧道效应穿过绝缘层引起 S 与 S' 两部分间的耦合. 现在我们就来研究这种耦合. 在数学上可以通过在 S 与 S' 的电子哈密顿算符 $\mathscr{H}_{SS'}$ 上加上一个小项 $\mathscr{H}_{\mathrm{T}}$ 来描述这种电子迁移, $\mathscr{H}_{\mathrm{T}}$ 项引起一个电子从 S 隧道迁移到 S' 或者相反的过程:

$$\mathscr{H}=\mathscr{H}_{SS'}+\mathscr{H}_{\mathrm{T}},$$
$$\mathscr{H}_{\mathrm{T}}=\sum_{kl}(a_{kS}^{+}a_{lS'}T_{kl}+a_{lS'}^{+}a_{kS}T_{kl}^{+}),\tag{4.102}$$

式中 a_{kS}^{+} 在 S 边产生一个 $\boldsymbol{k}$ 态电子, $a_{lS'}$ 在 S' 边消灭一个 $\boldsymbol{l}$ 态电子. 矩阵元 T_{kl} 可具体地由势垒层中单电子薛定谔方程的解算出 (注意, $\mathscr{H}_{SS'}$ 是 S 与 S' 的完整哈密顿量, 包含了电子互作用势 V). $\mathscr{H}_{SS'}$ 的本征态将是两个 (4.43) 类型的函数的乘积, 一个与 S 有关, 一个与 S' 有关. 令

$$\psi_\nu=\phi_{2(N-\nu)}^{(S')}\phi_{2\nu}^{(S)},\quad \mathscr{H}_{SS'}\psi_\nu=E_\nu\psi_\nu,\tag{4.103}$$

ψ_ν 描述 S 边有 2ν 个电子配对而在 S' 边有 $2(N-\nu)$ 个电子配对的状态. 总电子数 $2N$ 保持一定. 相反, ν 预先并不知道. 试问能量 E_ν 是怎样随 ν 而变化的呢? 假如 S' 边减少 2 个电子, 因而 S 边增加 2 个电子、ν 的数值增加 1, 那么由热力学知道

$$E_{\nu+1}-E_\nu=2(E_{\mathrm{F}}^{(S)}-E_{\mathrm{F}}^{(S')}),\tag{4.104}$$

式中 $E_{\mathrm{F}}^{(S)}$ 是 S 边的化学势 (费米能级). 我们暂时假定 S 与 S' 之间没有电压. 于是 $E_{\mathrm{F}}^{(S)}=E_{\mathrm{F}}^{(S')}$, 故而 ψ_ν 函数是简并的 ($E_\nu=E$ 不依赖 ν 值). 微扰 $\mathscr{H}_{\mathrm{T}}$ 消除

了这种简并. 精确到 $\mathscr{H}_{\mathrm{T}}$ 的二次项, 得到一个耦合函数 ψ_ν 与 $\psi_{\nu+1}$ 的矩阵元:

$$J_0 = \sum_{\substack{k,l\\k',l'}} \langle \nu+1|T_{kl}a^+_{kS}a_{lS'}|I\rangle \frac{1}{E-E_I} \times \langle I|T_{k'l'}a^+_{k'S}a_{l'S'}|\nu\rangle, \tag{4.105}$$

式中 $|I\rangle$ 表示中间态, 即在 S 边有 $2\nu+1$ 个电子而 S' 边有 $2(N-\nu)-1$ 个电子的状态, 隧道哈密顿量 $\mathscr{H}_{\mathrm{T}}$ 作用在 S 边有 ν 对电子的状态上得到在 S 边有一波矢为 $\boldsymbol{k}'$ 的"单身电子"的状态 $|I\rangle$. 然后 $\mathscr{H}_{\mathrm{T}}$ 作用在 $|I\rangle$ 上, 在 S 边产生另一个波矢为 $\boldsymbol{k}$ 的电子. 而它所投影的终态是在 S 边有 $(\nu+1)$ 对电子所构成的状态, 因此我们必须令 $\boldsymbol{k}=-\boldsymbol{k}'$; 同理 $\boldsymbol{l}=-\boldsymbol{l}'$. 这样, 我们利用 $T_{-k-l}=T^+_{kl}$ 这一对称关系, 以及关于激发态所推得的一些结果就得到

$$\boldsymbol{J}_0 = -4\sum_{kl}|T_{kl}|^2\frac{u_kv_ku_lv_l}{\epsilon_k+\epsilon_l}. \tag{4.106}$$

精确到 $\mathscr{H}_{\mathrm{T}}$ 的二次项, 就可以写出

$$\mathscr{H}\psi_\nu = E\psi_\nu + \boldsymbol{J}_0(\psi_{\nu+1}+\psi_\nu). \tag{4.107}$$

正确的波函数应该是 ψ_ν 的线性组合. 这个问题在形式上跟一个电子在线性原子链中的运动相同. ψ_ν 类似于局域在第 ν 个原子周围的原子轨道波函数. 在紧束缚近似中, 人们试图用 ψ_ν 的线性组合来构成波函数, 这种线性组合 ψ_k 应满足布洛赫定理:

$$\psi_k = \sum_\nu \psi_\nu \mathrm{e}^{\mathrm{i}k\nu}, \tag{4.108}$$

式中 k 与波矢量相类似. 对应的能量 $E(k)$ 为

$$E(k) = E + 2J_0\cos k. \tag{4.109}$$

假定现在我们用波矢在 k 与 $k+\Delta k$ 之间的 ψ_k 组成一个波包. 按"线性链"这种类比, 波包的空间尺度应为 $\Delta\nu\sim 1/\Delta k$. 因为 ν 十分大 $(\nu\sim 10^{22})$, 我们既可将 $\Delta\nu$ 取得很大 (例如说 $\Delta\nu\sim\sqrt{\nu}\sim 10^{11}$) 从而使 Δk 非常小, 同时又可使 $\Delta\nu/\nu$ 非常小 $(\sim 10^{-11})$. 由此可见, 同时精确地规定 k 与 ν 的数值是可能的. 这种波包将以群速

$$\frac{\hbar\mathrm{d}\langle\nu\rangle}{\mathrm{d}\boldsymbol{t}} = \frac{\partial E(k)}{\partial k} = -2J_0\sin k \tag{4.110}$$

运动. 对于我们所考虑的波包, 就它描述的状态而言, ν 是随时间变化的. 因此有一电流从 S 流向 S',

$$I = 2e\frac{\mathrm{d}\langle\nu\rangle}{\mathrm{d}t} = -4e\frac{J_0}{\hbar}\sin k. \tag{4.111}$$

换句话说, 若将 S 与 S' 连到电源上, 电流 ($< 4eJ_0/\hbar$) 可以在没有电压的状况下从 S 流向 S'. 式 (4.111) 以简单的例证向我们说明为什么凝聚态会具有超流性质. 注意, 在正常态 ($u_k v_k \equiv 0$), J_0 等于零 [式 (4.106)]. 这个效应是约瑟夫森 (Josephson)(1961) 预言的, 安德森与罗厄尔 (Rowell) 首先用实验观察到了这个效应. 现用的推导是费雷尔 (Ferrel)(1963) 提出的. (典型的电流数值约为 $10^{-2}\ \mathrm{A/cm^2}$.)

在 S 与 S' 之间加上电压, 这些结果该如何修正呢? 这时我们有 $E_{\nu+1} - E_\nu = 2\ eV$. 这跟在 "链" 上加上均匀电场的情形类似. 波包的运动遵循动力学方程

$$\frac{\mathrm{d}\langle \hbar k\rangle}{\mathrm{d}t} = 2\ eV. \tag{4.112}$$

式 (4.111) 与 (4.112) 完全决定了结的性质. 例如若电压保持恒定, k 将随时间线性变化, 故 I 是频率为 $2\ eV/\hbar$ 的交变电流.

例题 将约瑟夫森结 SS' 与电阻 R 串联, 再接到电压为 U 的电源上, 试计算电流.

解答 结两端电压为

$$V = U - RI = U + \frac{4eJ_0R}{\hbar}\sin k.$$

由式 (4.112) 有

$$\frac{\mathrm{d}k}{\mathrm{d}t} = \frac{2e}{\hbar}\left(U + \frac{4eJ_0R}{\hbar}\sin k\right) = \omega_0(1 - \lambda \sin k),$$

式中

$$\omega_0 = \frac{2eU}{\hbar}, \quad \lambda = -\frac{4eJ_0R}{\hbar U} = \frac{RJ_\mathrm{m}}{U},$$

J_m 是结允许流过的最大超流.

动力学方程可写成如下形式:

$$\omega_0(t - t_0) = \int \frac{\mathrm{d}k}{1 - \lambda \sin k}.$$

我们考虑二种情况:

(a) 如果 $\lambda > 1$, 分母在 $k = k_0$ 时有极点, 这里 $\sin k_0 = 1/\lambda$. 当 $k \to k_0$ 时, t 趋向无穷大, 电流趋向有限数值 U/R. 电流达到这个数值后, 结两端电压 $U - RI$ 将下降到零. 所以存在一个永久持续电流的区域.

(b) 如果 $\lambda < 1$, 分母永不会为零. k 与 t 的关系可直接积分. 令

$$m = \tan\frac{k}{2}, \quad I = \frac{2J_\mathrm{m}m}{1 + m^2}.$$

我们得到

$$m = \lambda + \sqrt{1-\lambda^2}\tan\left[\frac{1}{2}\sqrt{1-\lambda^2}\omega_0(t-t_0)\right],$$

m 是时间的周期函数, 其周期为 $2\pi/\omega_0\sqrt{1-\lambda^2}$, 因此 k 也一样. 注意, 电流并不是正弦形式的, 除非 $\lambda = 0$.

4.4 温度不等于零情况下的计算

4.4.1 自由能的组成

若 $T \neq 0, \gamma_k^+\tilde{\phi}, \gamma_k^+\gamma_l^+\tilde{\phi}$ 之类的态被热激发. 当 $k_{\rm B}T \ll 0$ 时, 只有很少量的激发, 它们是独立的. 然而, 当 $k_{\rm B}T \sim \varDelta$ 时, 激发数目很大. 我们研究激发之间相互作用的平均效应, 我们证明这种平均效应可简单地用能隙 $\varDelta$ 随温度变化加以描述.

我们仍然通过变换式 (4.100) 定义费米算符 r_k^+, 式中 u_k 与 v_k 为待定量. 将系统的激发作为独立的准粒子气体来处理. 当温度为 T 时, 发现一个波矢为 $\boldsymbol{k}$、自旋为 α 的准粒子的概率为 ①

$$f_{k\alpha} = \langle\gamma_{k\alpha}^+\gamma_{k\alpha}\rangle = 1 - \langle\gamma_{k\alpha}\gamma_{k\alpha}^+\rangle, \tag{4.113}$$

括号 $\langle\ \rangle$ 表示热平均. 我们算出自由能 F(这里 f_k 是任意的), 然后相对于 u_k 与 v_k, 以及 f_k 求 F 的极小值.

(1) 由式 (4.92) 计算平均动能:

$$\begin{aligned}\langle\mathscr{H}_0\rangle &= \sum_{k\alpha}\xi_k[u_k^2\langle\gamma_{k\alpha}^+\gamma_{k\alpha}\rangle + v_k^2\langle\gamma_{k\alpha}\gamma_{k\alpha}^+\rangle] \\ &= \sum_k 2\xi_k[u_k^2 f_k + v_k^2(1-f_k)]\end{aligned} \tag{4.114}$$

(2) 势能: 按我们的近似, 仍旧只是描述 $(\boldsymbol{k}\uparrow, -\boldsymbol{k}\downarrow) \to (\boldsymbol{l}\uparrow, -\boldsymbol{l}\downarrow)$ 的碰撞项才有贡献.

$$\langle\mathscr{H}_{\rm int}\rangle = \sum_{kl}\langle a_{k\uparrow}^+ a_{-k\downarrow}^+ a_{-l\downarrow}a_{l\uparrow}\rangle V_{kl}. \tag{4.115}$$

在式 (4.115) 中, 算符 a^+、a 是算符 γ^+、γ 的线性组合, 而 γ、γ^+ 描述一系列独立费米子. 因此, 我们有以下简单的性质:

$$\langle 0_1 0_2 0_3 0_4\rangle = \langle 0_1 0_2\rangle\langle 0_3 0_4\rangle + \langle 0_1 0_4\rangle\langle 0_2 0_3\rangle - \langle 0_1 0_3\rangle\langle 0_2 0_4\rangle, \tag{4.116}$$

其中每个 0 表示 a 或者 a^+. 为验证这一性质 (威克 (Wick) 定理的一种具体的应用) 可先直接写出从 a 到 γ 的变换, 然后取它们的平均值. 它大大简化了

① 在最通常情况下, $f_{k\alpha}$ 将与下标 α 无关, 故可简写成 f_k.

数学运算. 就目前的情况来说, 我们可得到三个互作用项, 其中有二项只包括 $\langle a_k^+ a_k \rangle$ 平均值, 导致哈特里项和交换项——二者基本上都与温度无关, 照例可将它略掉. 由保留下的项 $\langle a^+ a^+ \rangle \langle aa \rangle$ 得出

$$\langle \mathscr{H}_{\text{int}} \rangle = \sum_{kl} V_{kl} u_k v_l u_l v_l (1 - 2f_k)(1 - 2f_l). \tag{4.117}$$

(3) 熵 S: 独立费米子系统的熵由下式给出:

$$S = -k_{\text{B}} \sum_{k\alpha} [f_k \ln f_k + (1 - f_k) \ln(1 - f_k)]. \tag{4.118}$$

(4) 总自由能成为

$$F = \langle \mathscr{H}_0 + \mathscr{H}_{\text{int}} \rangle - TS. \tag{4.119}$$

首先我们要求 F 相对于 u_k 与 v_k 是稳定的. 仍旧令

$$u_k = \sin \theta_k, \quad v_k = \cos \theta_k,$$

我们就得到

$$\begin{aligned} &2\xi_k (1 - 2f_k) \sin 2\theta_k \\ &\quad = \sum_l V_{kl} \cos 2\theta_k \sin 2\theta_l (1 - 2f_k)(1 - 2f_l). \end{aligned} \tag{4.120}$$

如果我们定义

$$\Delta_k = -\frac{1}{2} \sum_l V_{kl} \sin 2\theta_k (1 - 2f_l), \tag{4.121}$$

则我们将重新得到原来的解 (4.69)—(4.72), 唯一的修正是式 (4.121) 定义的 Δ_k 与式 (4.68) 相差一个激发占据数 f_l. 如果我们现在相对于 f_k 求 F 的极小值, 我们就得到

$$\begin{aligned} &2\xi_k (u_k^2 - v_k^2) - 4 \sum_l V_{kl} u_k v_k u_l v_l (1 - 2f_l) \\ &\quad + 2k_{\text{B}} T \ln \left(\frac{f_k}{1 - f_k} \right) = 0. \end{aligned} \tag{4.122}$$

因此利用式 (4.69)—(4.72) 我们求得

$$f_k = \frac{1}{1 + \exp(\epsilon_k / k_{\text{B}} T)}, \tag{4.123}$$

这正是通常能量为 ϵ_k 的费米子的分布函数. 然而, 因为 ϵ_k 与 Δ_k 还与温度有关, 故 f_k 随温度的变化不是简单函数关系.

4.4.2 能隙随温度的变化与相变点

自洽方程 (类似式 (4.73)) 变为

$$\Delta_k = -\sum_l V_{kl} \frac{\Delta_l}{2\epsilon_l}[1 - 2f(\epsilon_l)]. \tag{4.124}$$

我们首先将 V_{kl} 取为简化的 BCS 互作用式 (4.76). 自洽条件化为

$$1 = N(0)V \int_0^{\hbar\omega_D} \frac{d\xi}{\sqrt{\xi^2 + \Delta^2}}[1 - 2f(\sqrt{\xi^2 + \Delta^2})]. \tag{4.125}$$

这是 T 与 Δ 间的隐函数关系. 若 $T = 0$, 费米函数 $f(E)$ 为零 (由于 E 是正的), 又重新得到条件 (4.79). $\Delta(T)$ 的形式绘于图 4.4 中. Δ 随温度 T 的增大而减小, 最后在某个温度 T_c 时 Δ 消失. 在 T_c 以上, 正常态 ($\Delta_k \equiv 0$) 是方程 (4.124) 的唯一解. 所以 T_c 是 (磁场为零时)S 态与 N 态的转变温度. T_c 的数值由式 (4.125) 令 $\Delta = 0$ 定出:

$$1 = N(0)V \int_0^{\hbar\omega_D} \frac{d\xi}{\xi} \tanh \frac{\xi}{2k_BT_c}. \tag{4.126}$$

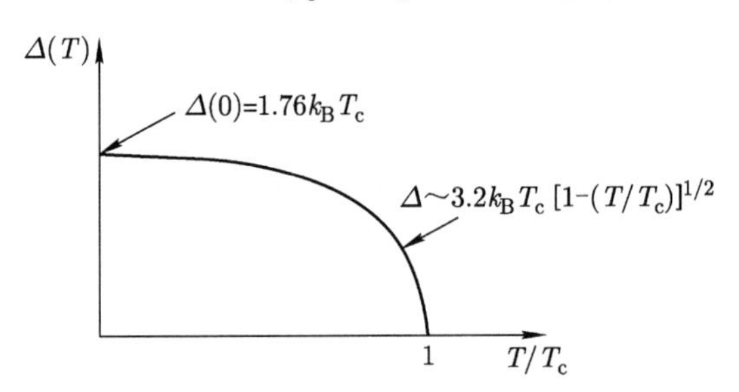

图 4.4 在 BCS 近似中有序参数 Δ 随温度变化的曲线

若 $\hbar\omega_D \gg k_BT_c$, 显然在主要的积分区域里双曲正切函数等于 1, 所以积分的渐近式为 $\ln(\hbar\omega_D/k_BT_c) + C$. 详细计算后给出 $C = \ln 1.14$. 所以

$$1 = N(0)V \ln\frac{1.14\hbar\omega_D}{k_BT_c}$$

或

$$k_BT_c = 1.14\hbar\omega_D e^{-1/N(0)V}. \tag{4.127}$$

取 $\hbar\omega_D = k_B\Theta_D$, 式中 Θ_D 是德拜温度 (由比热测量推出), 我们可由 T_c 定出耦合常数 $N(0)V$. 表 4.1 列出了非过渡金属的耦合常数数值. 大多数金属元素的耦合常数都很小, 同时 $T_c \ll \Theta_D$, 只有 Hg 与 Pb 是很重要的例外 (对于这两种金属, 自洽场方法可能不准确). 我们从式 (4.127) 的指数形式可以看出, 若 $N(0)V$ 数值低于 0.1, 而 $\Theta_D \sim 200$ K, 则 T_c 落入 10^{-3} K 温区. 对于

这样低的T_c数值,超导电性就有可能被一些寄生的效应(例如地磁场、核自旋等)所掩盖掉. 因此某些尚未发现具有超导电性的金属, 仍然可能具有微弱的吸引互作用. 最后, 在价电子数Z和原子体积V_0的数值比较大时, $N(0)V$也比较大. 从这种意义上看, 它证实了"凝胶"理论的定性预言①.

表 4.1

金属	Θ_D/K	T_c/K	$[N(0)V]_{实验值}$
Zn	235	0.9	0.18
Cd	164	0.56	0.18
Hg	70	4.16	0.35
Al	375	1.2	0.18
In	109	3.4	0.29
Tl	100	2.4	0.27
Sn	195	3.75	0.25
Pb	96	7.22	0.39

(1) 同位素效应

按照BCS相互作用式(4.76), T_c与截止频率ω_D成正比. 前面已讲过, 凡电子性质相同而离子质量不等的两种同位素, 它们的ω_D也将不同, 且按$M^{-1/2}$规律变化(这是一个十分普遍的结论, 它是建立在如下事实的基础上的: 离子的运动方程具有$M\mathrm{d}^2x/\mathrm{d}t^2 = F$的形式, 式中$F$是恢复力, 和$M$无关). 式(4.127)因此预言了转变温度的同位素效应($T_c \propto M^{-1/2}$). 这种$M^{-1/2}$的依赖关系的确已在许多非过渡金属(Hg, Pb, Mg, Sn, Tl)中观察到. 然而, 在其他许多超导体(过渡金属与化合物)中同位素效应很小, 有的甚至几乎没有(Ru, Os). 对此有种种可能的解释, 主要有

(a) 互作用仍由声子作媒介, 但BCS相互作用V_{kl}过分简化了;

(b) 互作用由固体中点阵运动以外的其他低频模式作媒介.

第二种解释在某些情形可能较为适宜,但是很难从实验上证实它(或推翻它). 我们只讨论第一种.

(2) 计及库仑排斥

实际上在本章最初讨论电子 – 电子互作用时, 我们得出两项: 基本上与频率无关的排斥库仑项, 以及声子项(在频率$\omega < \omega_D$时为吸引, 频率$\omega \gg \omega_D$时忽略不计).

① 不过, 凝胶模型推出的$N(0)V$的理论数值太大了, 即使把库仑排斥计入进来也是如此.

我们依旧完全略去矩阵元 V_{kl} 对于 $\boldsymbol{k}$ 与 $\boldsymbol{l}$ 间的夹角的依赖关系, 写成

$$\begin{aligned} V_{kl} &= V(\omega) = V_{\mathrm{c}} - V_{\mathrm{p}}(\omega), \\ \omega &= \frac{\xi_l - \xi_k}{\hbar}. \end{aligned} \tag{4.128}$$

转变温度的方程 (4.124) 现在应变为

$$\Delta(\xi) = -N(0)\int \mathrm{d}\xi' V\left(\frac{\xi-\xi'}{\hbar}\right)\Delta(\xi')\frac{1-2f(\xi')}{2\xi'}. \tag{4.129}$$

不幸的是, 即便采用简化互作用式 (4.128), 这个积分方程仍难以求解, 因而我们将用不太严格的方法进行计算. 将库仑项单独划分开来, 其贡献称为 A.

$$A = -N(0)\int \mathrm{d}\xi' V_{\mathrm{c}}\Delta(\xi')\frac{1-2f(\xi')}{2\xi'}, \tag{4.130}$$

A 不依赖于 ξ'. Δ 的方程是

$$\Delta(\xi) = N(0)\int \mathrm{d}\xi' V_{\mathrm{p}}\left(\frac{\xi-\xi'}{\hbar}\right)\Delta(\xi')\frac{1-2f(\xi')}{2\xi'} + A. \tag{4.131}$$

当 $|\xi| \gtrsim \hbar\omega_{\mathrm{D}}$ 时, 上积分较小, 因为因子 $V_{\mathrm{p}}[(\xi-\xi')/\hbar]$ 和 $1/\xi'$ 不可能同时很大. 因此在此区域, 可以近似地令 $\Delta(\xi) = A$. 另一方面, 当 $|\xi|$ 较小时, 积分十分重要. 将 $\hbar\omega > |\xi|$ 区域里 Δ 的平均值记为 B. 这样我们得到

$$\begin{aligned} B &\cong N(0)V_{\mathrm{p}}\int_{-\hbar\omega_{\mathrm{D}}}^{\hbar\omega_{\mathrm{D}}} \mathrm{d}\xi' B\frac{1-2f(\xi')}{2\xi'} + A \\ &\cong N(0)V_{\mathrm{p}}\log\frac{\hbar\omega_{\mathrm{D}}}{k_{\mathrm{B}}T_{\mathrm{c}}} + A, \end{aligned} \tag{4.132}$$

式中 V_{p} 是 $V_{\mathrm{p}}(\omega)$ 在 $-\omega_{\mathrm{D}} < \omega < \omega_{\mathrm{D}}$ 范围的某种平均值. 最后, A 的定义式 (4.130) 可写成

$$\begin{aligned} A \cong& -N(0)V_{\mathrm{c}}\left[B\int_{-\hbar\omega_{\mathrm{D}}}^{\hbar\omega_{\mathrm{D}}} + A\int_{-\hbar\omega_{\mathrm{D}}}^{\hbar\omega_{\mathrm{D}}} + A\int_{-\hbar\omega_{\mathrm{D}}}^{\hbar\omega_{\mathrm{c}}} \right. \\ &\left. + A\int_{-\hbar\omega_{\mathrm{c}}}^{\hbar\omega_{\mathrm{D}}}\right] \times \mathrm{d}\xi'\frac{1-2f(\xi')}{2\xi'} \\ \cong& -N(0)V_{\mathrm{c}}\left[B\log\frac{\hbar\omega_{\mathrm{D}}}{k_{\mathrm{B}}T_{\mathrm{c}}} + A\log\frac{\omega_{\mathrm{c}}}{\omega_{\mathrm{D}}}\right], \end{aligned} \tag{4.133}$$

ω_{c} 是库仑相互作用的高频截止频率 (实际上约为 $E_{\mathrm{F}}/\hbar$ 的数量级). 由式 (4.133) 与 (4.130) 的自洽要求, 我们得出条件

$$\begin{aligned} 1 &= \log\frac{\hbar\omega_{\mathrm{D}}}{k_{\mathrm{B}}T_{\mathrm{c}}}\left(K_{\mathrm{p}} - \frac{K_{\mathrm{c}}}{1+K_{\mathrm{c}}\log\dfrac{\omega_{\mathrm{c}}}{\omega_{\mathrm{D}}}}\right), \\ K_{\mathrm{p}} &= N(0)V_{\mathrm{p}}, \quad K_{\mathrm{c}} = N(0)V_{\mathrm{c}}. \end{aligned} \tag{4.134}$$

式 (4.134) 形式的温度转变方程首先由博戈留波夫 (1958) 推出. 它包含了一些值得重视的含义:

(1) 库仑排斥 (由 K_{c} 所描述) 并非以全部效能来对抗超导电性, 这是因为有

$$\frac{1}{1+K_{\mathrm{c}}\log\dfrac{\omega_{\mathrm{c}}}{\omega_{\mathrm{D}}}}$$

这个因子的缘故. 特别我们可以有 $K_{\mathrm{p}}<K_{\mathrm{c}}$(那就是说总互作用保持为斥力), 而仍呈现超导电性, 只要

$$K_{\mathrm{p}}\left(1+K_{\mathrm{c}}\log\frac{\omega_{\mathrm{c}}}{\omega_{\mathrm{D}}}\right)>K_{\mathrm{c}}.$$

(2) 同位素效应受到修正. 若离子质量有相对变化 $\delta M/M$, 德拜频率按照 $\delta\omega_{\mathrm{D}}/\omega_{\mathrm{D}}=-\dfrac{1}{2}\delta M/M$ 变化, 转变温度应按如下规律变动:

$$\frac{\delta T_{\mathrm{c}}}{T_{\mathrm{c}}}=\frac{\delta\omega_{\mathrm{D}}}{\omega_{\mathrm{D}}}\left[1-\frac{K_{\mathrm{c}}^{2}}{1+K_{\mathrm{c}}\ \log\dfrac{\omega_{\mathrm{c}}}{\omega_{\mathrm{D}}}}\right].$$

同位素效应的幅度缩小了, 这在窄带金属 (ω_{c} 小) 中应当特别显著. 由此可解释为什么在过渡金属及其有关的化合物 (Garland, 1963) 里同位素效应会大幅度减小.

反之, 假如上述模型有效, 则可从 T_{c} 与同位素效应的实验数值推出 K_{p} 与 K_{c}. 各种金属 K_{p} 的实验结果表明: K_{p} 和正常相电子比热系数 γ 密切相关[①] (Muller, 1963)(图 4.5).

4.4.3 热力学函数的计算

将动能与势能的公式 (4.114) 与 (4.115) 跟前一节推出的 u_k 与 v_k 的公式结合起来, 我们求得总能量

$$\begin{aligned}E=\sum_{k}\frac{1}{2\epsilon_{k}}[&(\epsilon_{k}+\xi_{k})^{2}f(\epsilon_{k})\\&-(\epsilon_{k}-\xi_{k})^{2}(1-f(\epsilon_{k}))].\end{aligned}\tag{4.135}$$

特别是在绝对零度 ($f=0$), 我们将再次得出 4.3 节计算的能量. 由熵的表式 (4.118) 我们得到

$$TS=2\sum_{k}[\epsilon_{k}f(\epsilon_{k})+k_{\mathrm{B}}T\ln(1+\exp(\epsilon_{k}/k_{\mathrm{B}}T))].\tag{4.136}$$

① γ 正比于费米面态密度. 然而 γ 与 $N(0)$ 之间有如下差别: γ 是按每个原子定义的, 而 $N(0)$ 是按单位体积定义的.

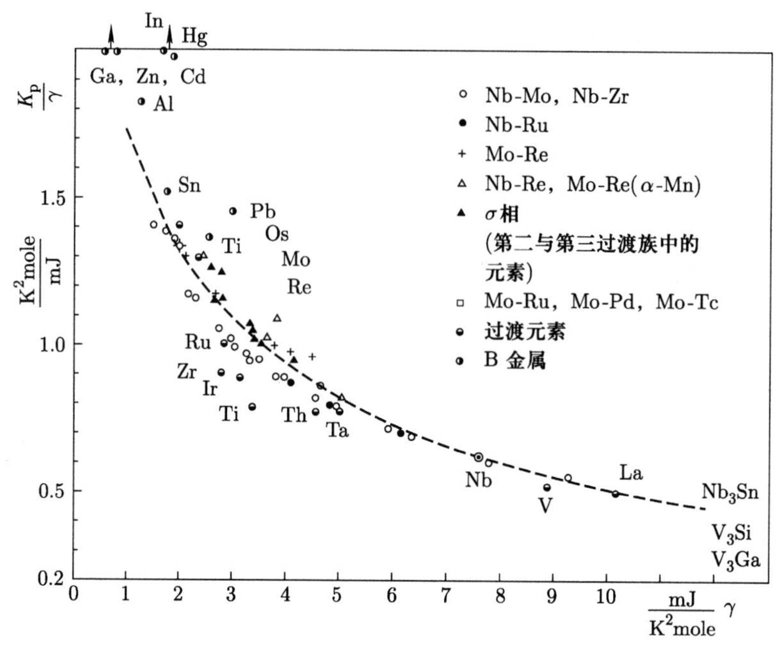

图 4.5　声子媒介的电子 – 电子互作用的耦合常数 $K_{\rm p}$, 与电子比热参数 γ 之间的经验关系.

例如比热由

$$C = T\frac{\mathrm{d}S}{\mathrm{d}T} \tag{4.137}$$

确定. 记住, 式 (4.136) 中的 ϵ_k 与 T 有关, 我们求得

$$C = 2\beta^2 k_{\rm B}\sum_k f(\epsilon_k)(1-f(\epsilon_k))\left[\epsilon_k^2 + \beta\epsilon_k\frac{\mathrm{d}\epsilon_k}{\mathrm{d}\beta}\right]. \tag{4.138}$$

在 BCS 近似中, $\epsilon_k \mathrm{d}\epsilon_k/\mathrm{d}T = \varDelta\mathrm{d}\varDelta/\mathrm{d}T$ 与 k 无关, 因此

$$C = 2\beta^2 k_{\rm B}N(0)\int_0^\infty \mathrm{d}\xi f(\epsilon)(1-f(\epsilon))\left[\epsilon^2 - T\varDelta\frac{\mathrm{d}\varDelta}{\mathrm{d}T}\right],$$
$$\epsilon = \sqrt{\xi^2+\varDelta^2}. \tag{4.139}$$

比热曲线的形状如图 1.1 所示. 在温度非常低时 ($\beta\varDelta \gg T$), $\varDelta\mathrm{d}\varDelta/\mathrm{d}T$ 项可忽略不计, 从而

$$C \sim 2\beta^2 k_{\rm B}N(0)\varDelta^2\int_0^\infty \mathrm{d}\xi \mathrm{e}^{-\beta\sqrt{\varDelta_0^2+\xi^2}}$$
$$\sim 2\beta^2 k_{\rm B}N(0)\varDelta^2\mathrm{e}^{-\beta\varDelta_0}\int_0^\infty \mathrm{d}\xi \mathrm{e}^{-\beta\xi^2/2\varDelta_0}, \tag{4.140}$$

式中 $\Delta_0 = \Delta_{T=0}$. 这个积分等于

$$\sqrt{\frac{\pi}{2}}(k_{\mathrm{B}}T\Delta_0)^{1/2}.$$

比热 C 里的主要因子是 $\mathrm{e}^{-\beta\Delta_0}$ 项, 这点我们曾经预言过. 从低温比热的测量, 我们能定出 Δ_0. 另外方程 (4.139) 预言在转变温度处比热有跳跃, 这是由 $\Delta\mathrm{d}\Delta/\mathrm{d}T$ 项引起的.

$$\begin{aligned}
C_{\mathrm{s}} - C_n &= k_{\mathrm{B}}N(0)\beta_0^2\left(\frac{\mathrm{d}(\Delta^2)}{\mathrm{d}\beta}\right)_{T_{\mathrm{c}}}, \\
\beta_0 &= 1/k_{\mathrm{B}}T_{\mathrm{c}}.
\end{aligned} \tag{4.141}$$

从式 (4.125) 经数值求解得 $(\mathrm{d}\Delta^2/\mathrm{d}\beta)_{T_0} = 10.2/\beta_0^3$, 以及

$$C_{\mathrm{s}} - C_n = 10.2k_{\mathrm{B}}^2T_{\mathrm{c}}N(0). \tag{4.142}$$

最后, 将式 (4.135) 与 (4.136) 相加得出吉布斯函数

$$\begin{aligned}
G &= \sum_k \frac{1}{2\epsilon_k}(\epsilon_k + \xi_k)^2 f + (\epsilon_k - \xi_k)(f-1) - 4f(\epsilon_k^2 + \xi_k^2) \\
&= \sum_k \left(-\epsilon_k + \frac{\Delta^2}{2\epsilon_k}\right)(2f+1) + \xi_k.
\end{aligned} \tag{4.143}$$

还可将式 (4.143) 式进行改写. 我们注意到

$$\sum_k \frac{(2f+1)}{2\epsilon_k}\Delta^2 = \sum_k \frac{(2f-1)\Delta^2}{2\epsilon_k} + \sum_k \frac{\Delta^2}{\epsilon_k},$$

右边第一项可由自洽方程式 (4.124) 定出, 结果等于 $-\Delta^2/V$, 于是

$$G = -2\sum_k \left(\epsilon_k f(\epsilon_k) - \frac{\Delta^2}{V} + \xi_k - \frac{\xi_k^2}{\epsilon_k}\right). \tag{4.144}$$

知道 G 以后, 我们就可从方程

$$G_{\mathrm{n}} - G_{\mathrm{s}} = \frac{H_{\mathrm{c}}^2}{8\pi} \tag{4.145}$$

计算第 2 章里所定义的热力学临界场. 特别是在 $T = 0$ 时, 我们有 $H_{\mathrm{c}} = H_{\mathrm{c}_0}$,

$$H_{c_0}^2 = 4\pi N(0) \quad |\varDelta(0)|^2.$$

若温度 T 有限, 根据式 (4.144) 我们发现 $H_c(T)$ 曲线与经验公式

$$\frac{H_c}{H_{c_0}} = 1 - \left(\frac{T}{T_c}\right)^2 \tag{4.146}$$

十分接近.

假如我们考察得更为精细, 就会发现对于 $N(0)V$ 不太大的 (弱耦合) 超导体, 基于 BCS 理论推算出的 H_c 与 T 的详细理论曲线要比简化规律式 (4.146) 更加符合于实验数据.

4.4.4 跃迁概率的计算

假设在超导电子气体上加上一个随时间变化的外部微扰. 例如

(1) 超声: 纵向声波改变每个电子的势能, 修正项为 $U\theta(rt)$, 这里 θ 是点阵的局域膨胀率, U 为一常数 ("形变势"), 约为几个电子伏的数量级. 此微扰在电子平面波态 $\boldsymbol{k}$ 与 $\boldsymbol{k}'$ 之间的矩阵元是 $U\theta_{\boldsymbol{k}-\boldsymbol{k}'}$[$\theta_q$ 是 $\theta(\boldsymbol{r})$ 的傅里叶分量]. 因此作用在电子系统上的微扰是

$$\mathscr{H}_1 = \sum_{kk',\alpha} U\theta_{k-k'} a_{k\alpha}^+ a_{k'\alpha}. \tag{4.147}$$

(2) 微波: 将电子能量公式里的 $p^2/2m$ 用 $(1/2m)(\boldsymbol{p} - (e/c)\boldsymbol{A})^2$ 代替, 就能给出由矢势 $\boldsymbol{A}(\boldsymbol{r}, t)$ 所表述的电磁微扰的影响. 精确到 $\boldsymbol{A}$ 的一次项, 此微扰是 $(-e/m)(\boldsymbol{pA} + \boldsymbol{Ap})$, 而作为 a 与 a^+ 的函数, 它变成

$$\mathscr{H}_1 = \sum_{kk'\alpha} -\frac{e\hbar}{2mc} \boldsymbol{A}_{k-k'} \cdot (\boldsymbol{k} + \boldsymbol{k}') a_{k\alpha}^+ a_{k'\alpha}. \tag{4.148}$$

更一般地说, 微扰具有下述形式:

$$\mathscr{H}_1 = \sum_{\substack{k\alpha \\ k'\alpha'}} B(k\alpha|k'\alpha') a_{k\alpha}^+ a_{k'\alpha'}. \tag{4.149}$$

$\mathscr{H}_1$ 的存在有两个效应:

(1) $\mathscr{H}_1$ 引起由 γ^+ 所描述的不同激发态之间的跃迁. 为了对跃迁进行分类, 我们把 $\mathscr{H}_1$ 写成 γ、γ^+ 这些算符的函数. 将式 (4.100) 作逆运算

$$a_{m\alpha}^+ = u_m \gamma_{m\alpha}^+ + \sum_\beta \rho_{\alpha\beta} v_m \gamma_{-m\beta}, \tag{4.150}$$

$$\rho = \begin{pmatrix} 0 & -1 \\ 1 & 0 \end{pmatrix}.$$

由此得到

$$
\begin{aligned}
\mathscr{H}_1 = \sum_{\substack{k\alpha \\ k'\alpha'}} B(k\alpha|k'\alpha')\Big\{ & u_k u_{k'} \gamma_{k\alpha}^{+} \gamma_{k'\alpha'} \\
& + v_k v_{k'} \sum_{\beta,\beta'} \rho_{\alpha\beta}\rho_{\alpha'\beta'} \gamma_{k\beta}\gamma_{k'\beta'}^{+} \\
& + u_k v_{k'} \sum_{\beta} \rho_{\alpha'\beta'} \gamma_{k\alpha}^{+} \gamma_{-k'\beta'}^{+} \\
& + u_{k'} v_k \sum_{\beta} \rho_{\alpha\beta} \gamma_{-k\beta} \gamma_{k'\alpha'} \Big\}.
\end{aligned} \tag{4.151}
$$

$\gamma_i^+\gamma_j$ 与 $\gamma_i\gamma_j^+$ 描述准粒子从 i 态散射到 j 态 (以及相反) 的跃迁过程. $\gamma_i^+\gamma_j^+$ 产生两个准粒子, $\gamma_i\gamma_j$ 消灭两个准粒子.

(2) $\mathscr{H}_1$ 还会使描述凝聚态结构的一些参数 (比如 Δ) 受到调制, 这种调制同样要引起吸收. 这种影响在许多情况可以忽略不计. 以超声衰减问题为例, 直接的微扰作用是 $U\theta(\boldsymbol{r})$. 假如对势也受到了调制, 偏离的数值为 $\delta\Delta = C\Delta\theta(r)$, 这里 C 是数量级为 1 的常数. 这就引起了广义自洽场的修正. 但是 U 的数量级是 $1\sim 10\,\text{eV}$, 而 $C\Delta$ 的数量级为 $10^{-3}\,\text{eV}$. 故而 Δ 的调制在这儿是无关紧要的. 这节里我们就将它忽略掉 (不过在后面研究迈斯纳效应时, 我们还要回过来讨论它).

现在我们回到 $\mathscr{H}_1$ 的表示式 (4.151), 并且考虑一个准粒子从 $(\boldsymbol{k}'\alpha')$ 态过渡到 $(\boldsymbol{k}\alpha)$ 态的跃迁. 此跃迁的矩阵元 $M(k\alpha|k'\alpha')$ 是 $\gamma_{k\alpha}^+\gamma_{k'\alpha'}$ 前的系数. 若情况 $1\neq 2$, 由于 $\gamma_1\gamma_2^+ = -\gamma_2^+\gamma_1$, 故式 (4.151) 中头二项有贡献. 于是

$$
\begin{aligned}
M(k\alpha|k'\alpha') = & B(k\alpha|k'\alpha') u_k u_{k'} \\
& - v_k v_{k'} \sum_{\sigma,\sigma'} \rho_{\sigma'\alpha'}\rho_{\sigma\alpha} B(-k'\sigma'|-k\sigma).
\end{aligned} \tag{4.152}
$$

$\sum\limits_{\sigma\sigma'} B(-k'\sigma'|-k\sigma)\rho_{\sigma'\alpha'}\rho_{\sigma\alpha}$ 这一项实质上就是矩阵元 B, 只是电子的自旋与动量全被反转. 就我们所考虑的互作用 $\mathscr{H}_1$ 来说, 它与 $B(k\alpha|k'\alpha')$ 至多相差一个符号,

$$
\sum_{\sigma\sigma'} B(-k'\sigma'|-k\sigma)\rho_{\sigma\alpha}\rho_{\sigma'\alpha'} = \eta B(k\alpha|k'\alpha'), \tag{4.153}
$$

$$
\text{其中 } \eta = \begin{cases} +1 & \text{情况 I} \\ -1 & \text{情况 II}. \end{cases}
$$

因此

$$
M(k\alpha|k'\alpha') = B(k\alpha|k'\alpha')[u_k u_{k'} - \eta v_k v_{k'}]. \tag{4.154}
$$

因子 $[u_k u_{k'} - \eta v_k v_{k'}]$ 被称为跃迁相干因子. $(k'\alpha' \to k\alpha)$ 跃迁的数目与反向跃迁数目的差额为

$$\begin{aligned}\dot{\nu} =& \frac{2\pi}{\hbar}|M(k\alpha|k'\alpha')|^2\{f(\epsilon_{k'})[1-f(\epsilon_k)]\\ &- f(\epsilon_k)[1-f(\epsilon_{k'})]\}\\ &\times \delta(\epsilon_k - \epsilon_{k'} - \hbar\omega).\end{aligned} \tag{4.155}$$

这里我们已经假定 $\mathscr{H}_1$ 是频率为 ω 的正弦微扰. 吸收功率为

$$W_1 = \sum_{k,k'} \dot{\nu}\hbar\omega. \tag{4.156}$$

为了计算 W_1, 我们首先对 $\boldsymbol{k}$ 与 $\boldsymbol{k}'$ 的角度以及矩阵元 B 的自旋指标求平均,

$$B^2 = \overline{|B(k\alpha|k'\alpha')|^2}.$$

由于 $|\xi_k|$ 与 $|\xi_{k'}|$ 相对 E_{F} 来说很小 [这一点在式 (4.155) 中由 f 因子所保证], 故 B 可作为常数, 从而

$$\begin{aligned}W_1 =& 2\pi\omega B^2 \int_{\Delta}^{\infty} N_{\mathrm{s}}(\epsilon)N_{\mathrm{s}}(\epsilon')\mathrm{d}\epsilon\mathrm{d}\epsilon'(uu' - \eta vv')^2\\ &\times [f(\epsilon') - f(\epsilon)]\delta(\epsilon - \epsilon' - \hbar\omega).\end{aligned} \tag{4.157}$$

在这个公式中, $N_{\mathrm{s}}(\epsilon) = N(0)|\mathrm{d}\xi/\mathrm{d}\epsilon|$ 是博戈留波夫激发的态密度,

$$N_{\mathrm{s}}(\epsilon) = N(0)\frac{\epsilon}{\sqrt{\epsilon^2 - \Delta^2}} \quad \epsilon > \Delta. \tag{4.158}$$

利用 u 与 v 的定义式 (4.71) 与 (4.72), 我们可以推出

$$[uu' - \eta vv']^2 = \frac{1}{2}\left[1 + \frac{\xi\xi'}{\epsilon\epsilon'} - \eta\frac{\Delta^2}{\epsilon\epsilon'}\right]. \tag{4.159}$$

对两个相反的 ξ 值只得出一个 ϵ 值, 故当对这两个数值求和时, $\xi\xi'/\epsilon\epsilon'$ 项抵消. 最后得

$$\begin{aligned}W_1 =& 4\pi\omega B^2 N(0)\int_{\Delta}^{\infty}\mathrm{d}\epsilon\int_{\Delta}^{\infty}\mathrm{d}\epsilon'\frac{\epsilon\epsilon' - \eta\Delta^2}{(\epsilon^2-\Delta^2)^{1/2}(\epsilon'^2-\Delta^2)^{1/2}}\\ &\times [f(\epsilon') - f(\epsilon)]\delta(\epsilon - \epsilon' - \hbar\omega).\end{aligned} \tag{4.160}$$

类似地可算出产生和消灭两个准粒子所吸收的功率 W_2. 若 $\hbar\omega > 2\Delta, W_2$ 不等于零. $W = W_1 + W_2$ 的最终公式与式 (4.160) 相比只是积分区域不同

$$\begin{aligned}W =& 2\pi\omega B^2 N(0)\int_{-\infty}^{\infty}\int_{-\infty}^{\infty}\mathrm{d}\epsilon\mathrm{d}\epsilon'\frac{\epsilon\epsilon' - \eta\Delta^2}{(\epsilon^2-\Delta^2)^{1/2}(\epsilon'^2-\Delta^2)^{1/2}}\\ &\times [f(\epsilon') - f(\epsilon)]\delta(\epsilon - \epsilon' - \hbar\omega),\end{aligned} \tag{4.161}$$

式中 ϵ 与 ϵ' 的符号任意, 但 $|\epsilon| > \Delta, |\epsilon'| > \Delta$. 实际上总是将 W 与正常态情况所得的吸收值 W_N 相比较 [W_N 可由式 (4.161) 令 $\Delta = 0$ 求得].

$$\frac{W}{W_N} = \frac{1}{\hbar\omega}\int \mathrm{d}\epsilon\mathrm{d}\epsilon' \frac{\epsilon\epsilon' - \eta\Delta^2}{(\epsilon^2 - \Delta^2)^{1/2}(\epsilon'^2 - \Delta^2)^{1/2}} \times [f(\epsilon) - f(\epsilon')]\delta(\epsilon - \epsilon' - \hbar\omega). \tag{4.162}$$

应用

(1) 声吸收: 在这种情况下 $\eta = 1$, 同时当 ϵ 与 ϵ' 同时接近 Δ 或 $-\Delta$ 时相干因子较小. 假如我们研究这样的情况, 即 $\hbar\omega$ 相对于 Δ 或 $k_{\mathrm{B}}T$ 来说较小, 则式 (4.162) 化成

$$\frac{W}{W_N} = -\int_{|\epsilon|>\Delta} \mathrm{d}\epsilon \frac{\epsilon^2 - \Delta^2}{\epsilon^2 - \Delta^2}\frac{\partial f}{\partial \epsilon} = \frac{2}{1 + \mathrm{e}^{\beta\Delta}}. \tag{4.163}$$

在低温下衰减非常小, 而当 $T \to T_{\mathrm{c}}$ 时衰减迅速增大. 所以这就给出了一个测量 $\Delta(T)$ 的方法, 特别著名的是莫尔斯(Morse) 及其合作者 (见图 4.6) 给出的方法, 此法已广泛应用.

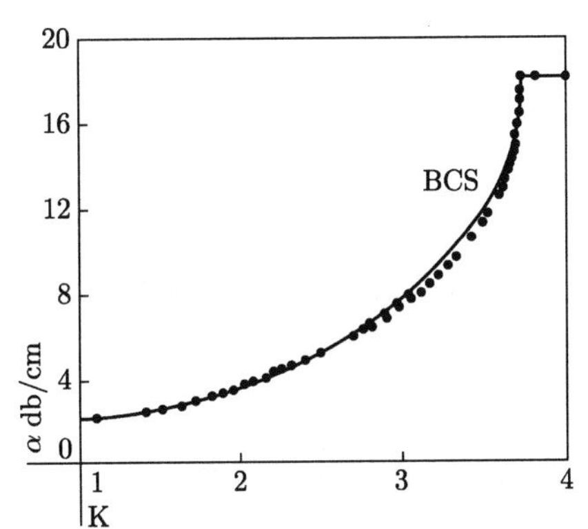

图 4.6 对锡所作的超声测量, 与 BCS 预言进行了对比

[引自 R.W.Morse, *IBMJ.*, **6**,(1963)58].

(2) 核弛豫: 核自旋与传导电子之间的相互作用 $\mathscr{H}_1$ 是十分复杂的, 不过无论怎样总属于情况 Ⅱ: $\eta = -1$. 人们可测出在外场为零时核自旋与电子之间温度达到均衡时所需的时间 T_1. 超导态与正常态的弛豫率之比 T_{1n}/T_1 仍由式 (4.162) 决定. 这里用的频率应该是核自旋在其他核的局域场中进动的频率. 这个量很小 ($\omega \sim 10^4$). 所以我们可令 $\omega \to 0$, 从而得到

$$\frac{T_{1n}}{T_1} = -\int_{|\epsilon|>\Delta} \mathrm{d}\epsilon \frac{\mathrm{d}f}{\mathrm{d}\epsilon}\frac{\epsilon^2 + \Delta^2}{\epsilon^2 - \Delta^2}. \tag{4.164}$$

这里当分母为零时 ($|\epsilon| = \Delta$), 相干因子不为零: 积分对数发散. 但是在实际金属中, Δ_k 是各向异性的. 故而态密度 $N_{\mathrm{s}}(\epsilon)$ 的奇异性多少被抹平, 从而积分

收敛. 最终的详细状况依赖于 Δ_k 的各向异性的性质. 其实 Δ 的各向异性是相当弱的; 因而 T_{1n}/T_1 随温度的变化如图 4.7 所示. T 稍比 T_c 低一点, 其弛豫率就比正常态的弛豫率要大. 这个异常的结果是态密度 $N_s(\epsilon)$ 增大所造成的. 相反, 在 $T \ll T_c$ 的低温下, 因为占据数因子 $df/d\epsilon$ 的缘故, 弛豫变得非常缓慢. 赫贝尔(Hebel) 与斯利克特(Slichter) 在 1957 年首先观察到了 $1/T_1$ 随 T 有这种形式的变化关系. 超声衰减和核弛豫二者之间有不同的相干因子, 并且最终出现完全不同的性质. 这一预言已经成为 BCS 理论的显著成果之一.

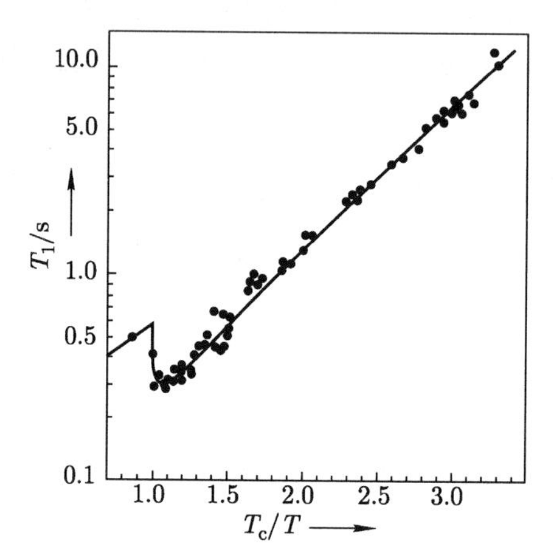

图 4.7　铝的核弛豫率 [引自 A.G.Redfield, *Phys.Rev.*,**125**(1962)159]. 应注意温度低于转变温度处 T_1 的下落. 计算理论曲线所根据的假定是: BCS 态密度中的峰在 $\Delta/5$ 的能量间隔上被抹平.

参 考 资 料

M. Tinkham, "Superconductivity" , in: Low Temperature Physics, Les Houches lecture notes(New York: Gordon & Breach, 1965).

E. A. Lynton, Superconductivity(London: Methuen, 1964, 2nd edition), Chap. 8, 9, 10, 11.

第 5 章

自洽场方法

5.1 博戈留波夫方程

在前一章中，我们研究了具有吸引相互作用的均匀电子气. 现在我们考虑更普遍的情形: 电子还受到任意外势 $U_0(\boldsymbol{r})$ 的作用 (对于描述杂质效应和样品表面效应, 这将是很重要的) 以及还存在磁场 $\boldsymbol{H} = \mathrm{curl}\ \boldsymbol{A}$ 的情形.

初看起来, 处理 $U_0(\boldsymbol{r})$ 的最自然方法应是:

(1) 找出单电子的哈密顿波函数 w_n, 也就是下述方程的解:

$$\xi_n w_n = \Big(-\frac{\hbar^2}{2m}\nabla^2 + U_0(\boldsymbol{r}) - E_{\mathrm{F}} \Big) w_n. \tag{5.1}$$

(2) 注意到对应于每一种能量 ξ_n 至少存在两个解:

$$w_n = w_n(\boldsymbol{r})|\uparrow\rangle \quad 和 \quad w_{\bar{n}} = w_n^*(\boldsymbol{r})|\downarrow\rangle, \tag{5.2}$$

式中 $|\alpha\rangle$ 表示自旋态.

(3) 构成 BCS 型的试探函数, 用以描写处于简并能态 w_n 和 $w_{\bar{n}}$ 的一对电子:

$$\tilde{\phi} = \prod_n (u_n + v_n a_n^+ a_{\bar{n}}^+)\phi_0, \tag{5.3}$$

式中 $a_{\bar{n}}^+$ 是 $w_{\bar{n}}$ 状态电子的产生算符. 然后依照前章第三节的方法进行分析.

实际上这种方法有几个缺点: (a) 不能用于存在磁场的情形; (b) 最主要的是: 试探函数不具备足够的调节幅度, 实际上如果我们把状态选得比 w_n 还好, 按这种状态把电子配成对, 则往往可以降低能量.

下面我们描述一种更有效的方法 [博戈留波夫 (Bogolubov)1959], 它基本上是 哈特里 – 福克 (Hartree–Fock) 方程对超导情形的推广. 我们从改写电子

系的哈密顿量 $\mathscr{H}$ 出发, 用 $\varPsi$ 算符来代替 $a_{k\alpha}$ 算符, $\varPsi$ 的定义是:

$$
\begin{aligned}
\varPsi(\boldsymbol{r}\alpha) &= \sum_k \mathrm{e}^{\mathrm{i}\boldsymbol{k}\cdot\boldsymbol{r}} a_{k\alpha}, \\
\varPsi^+(\boldsymbol{r}\alpha) &= \sum_k \mathrm{e}^{-\mathrm{i}\boldsymbol{k}\cdot\boldsymbol{r}} a_{k\alpha}^+,
\end{aligned} \tag{5.4}
$$

($\alpha =\uparrow$ 或 $\downarrow$ 仍表示自旋指标). 算符 $\varPsi$ 满足反对易规则:

$$
\begin{aligned}
\varPsi(\boldsymbol{r}\alpha)\,\varPsi(\boldsymbol{r}'\beta) + \varPsi(\boldsymbol{r}'\beta)\,\varPsi(\boldsymbol{r}\alpha) &= 0, \\
\varPsi^+(\boldsymbol{r}\alpha)\,\varPsi^+(\boldsymbol{r}'\beta) + \varPsi^+(\boldsymbol{r}'\beta)\,\varPsi^+(\boldsymbol{r}'\alpha) &= 0, \\
\varPsi^+(\boldsymbol{r}\alpha)\,\varPsi(\boldsymbol{r}'\beta) + \varPsi(\boldsymbol{r}'\beta)\,\varPsi^+(\boldsymbol{r}\alpha) &= \delta_{\alpha\beta}\boldsymbol{\delta}(\boldsymbol{r}-\boldsymbol{r}').
\end{aligned} \tag{5.5}
$$

和粒子数相联系的算符是:

$$
N = \sum_{k\alpha} a_{k\alpha}^+ a_{k\alpha} = \sum_\alpha \int \mathrm{d}\boldsymbol{r}\, \varPsi^+(\boldsymbol{r},\alpha)\,\varPsi(\boldsymbol{r},\alpha). \tag{5.6}
$$

用 $\varPsi$和$\varPsi^+$ 写出的哈密顿量 $\mathscr{H}$ 也很简单①:

$$
\mathscr{H} = \mathscr{H}_0 + \mathscr{H}_1, \tag{5.7}
$$

$$
\mathscr{H}_0 = \int \mathrm{d}\boldsymbol{r} \sum_\alpha \varPsi^+(\boldsymbol{r}\alpha) \left[\frac{\left(\boldsymbol{p} - \dfrac{e}{c}\boldsymbol{A}\right)^2}{2m} + U_0(\boldsymbol{r}) \right] \varPsi(\boldsymbol{r}\alpha), \tag{5.8}
$$

$$
\mathscr{H}_1 = -\frac{1}{2} V \int \mathrm{d}\boldsymbol{r} \sum_{\alpha\beta} \varPsi^+(\boldsymbol{r}\alpha)\,\varPsi^+(\boldsymbol{r}\beta)\,\varPsi(\boldsymbol{r}\beta)\,\varPsi(\boldsymbol{r}\alpha). \tag{5.9}
$$

我们已取 $U_0(\boldsymbol{r})$ 和自旋无关 (为了描述磁介质中存在的交换势, 最终还须加入与自旋有关的项). 而且对电子 – 电子耦合项 $\mathscr{H}_1$, 我们还假定它具有互作用表示式的最简形式, 就是: (a) 和自旋无关 (对于非磁性材料, 这是正确的).(b) 是类点势, 因此仅用一个系数 V 来表示它的特性 (BCS 近似).

还应指出, 在 $\mathscr{H}_0$ 中我们已经忽略了磁场对传导电子自旋的影响 (这适用于 $e\hbar H/mc < \varDelta$ 的情形).

为了便于表述, 不妨定义

$$
H_0 - E_{\mathrm{F}} N = \sum_\alpha \int \varPsi^+(\boldsymbol{r}\alpha)\mathscr{H}_e\,\varPsi(\boldsymbol{r}\alpha)\mathrm{d}\boldsymbol{r}, \tag{5.10}
$$

式中

$$
\mathscr{H}_e(\boldsymbol{r}) = \frac{1}{2m}\left(-\mathrm{i}\hbar\nabla - \frac{e\boldsymbol{A}}{c}\right)^2 + U_0(\boldsymbol{r}) - E_{\mathrm{F}} \tag{5.11}
$$

---

① 参阅Landau *and* Lifschitz. *Nonrelativistic Quantum Mechanics* (New York:Pergamon, 1959) 第九章.

5.1.1 有效势的定义

现在我们将相互作用$V\Psi^{+}\Psi^{+}\Psi\Psi$用某一平均势代替,此平均势每次只作用于一个粒子(因此只包含Ψ或Ψ^{+}这样两个算符).我们试一下如下形式的有效哈密顿量

$$\begin{aligned}\mathscr{H}_{\text{eff}} = \int \mathrm{d}\boldsymbol{r}\Big\{ \sum_{\alpha} \Psi^{+}(\boldsymbol{r}\alpha)\mathscr{H}_{\text{e}}(\boldsymbol{r})\Psi(\boldsymbol{r}\alpha) + U(\boldsymbol{r})\Psi^{+}(\boldsymbol{r}\alpha)\Psi(\boldsymbol{r}\alpha) \\ + \Delta(\boldsymbol{r})\Psi^{+}(\boldsymbol{r}\uparrow)\Psi^{+}(\boldsymbol{r}\downarrow) + \Delta^{*}(\boldsymbol{r})\Psi(\boldsymbol{r}\downarrow)\Psi(\boldsymbol{r}\uparrow)\Big\}. \qquad (5.12)\end{aligned}$$

含U的项消灭并产生一个电子,因此粒子数守恒;相反,含Δ的项使粒子数增加或减少两个.这对我们不应当有什么妨碍,因为$\mathscr{H}_{\text{eff}}$将作用在诸如$\tilde{\phi}$那样的波函数上,而$\tilde{\phi}$并不是粒子数算符的本征函数.在前一节的简单情形中,像$\langle\tilde{\phi}|a_{k}^{+}a_{-k}^{+}|\tilde{\phi}\rangle$这样的平均值不等于零.同样,在这里乘积$\Psi^{+}\Psi^{+}$的平均值也不等于零,这种项将起重要的作用.我们把$\Delta$叫做**“对势”**(注意,根据对易规则式(5.5),诸如$\Psi(\boldsymbol{r}\uparrow)\Psi(\boldsymbol{r}\uparrow)$这样的项恒等于零).

5.1.2 有效哈密顿量 $\mathscr{H}_{\text{eff}}$ 的能级

暂且让我们假定$\mathscr{H}_{\text{eff}}$是已知的,试确定一下它的本征态和相应的能量.$\mathscr{H}_{\text{eff}}$是Ψ和Ψ^{+}的二次式,可以通过幺正变换将它对角化,此幺正变换与式(4.100)完全类似:

$$\begin{aligned}\Psi(\boldsymbol{r}\uparrow) &= \sum_{n} \gamma_{n\uparrow}u_{n}(\boldsymbol{r}) - \gamma_{n\downarrow}^{+}v_{n}^{*}(\boldsymbol{r}), \\ \Psi(\boldsymbol{r}\downarrow) &= \sum_{n} \gamma_{n\downarrow}u_{n}(\boldsymbol{r}) + \gamma_{n\uparrow}^{+}v_{n}^{*}(\boldsymbol{r}),\end{aligned} \qquad (5.13)$$

式中γ和γ^{+}是新算符,它们仍满足费米算符的反对易关系式:

$$\begin{aligned}\gamma_{n\alpha}^{+}\gamma_{m\beta} + \gamma_{m\beta}\gamma_{n\alpha}^{+} &= \delta_{mn}\delta_{\alpha\beta}, \\ \gamma_{n\alpha}\gamma_{m\beta} + \gamma_{m\beta}\gamma_{n\alpha} &= 0.\end{aligned} \qquad (5.14)$$

式(5.13)的变换必定使$\mathscr{H}_{\text{eff}}$对角化,即

$$\mathscr{H}_{\text{eff}} = E_{\text{g}} + \sum_{n\alpha} \epsilon_{n}\gamma_{n\alpha}^{+}\gamma_{n\alpha}, \qquad (5.15)$$

式中E_{g}是$\mathscr{H}_{\text{eff}}$的基态能量,而ϵ_{n}是激发态n的能量.我们还可以用$\mathscr{H}_{\text{eff}}$和$\gamma_{n\alpha}$及$\gamma_{n\alpha}^{+}$的对易式形式写出这个条件:

$$\begin{aligned}[\mathscr{H}_{\text{eff}}, \gamma_{n\alpha}] &= -\epsilon_{n}\gamma_{n\alpha}, \\ [\mathscr{H}_{\text{eff}}, \gamma_{n\alpha}^{+}] &= \epsilon_{n}\gamma_{n\alpha}^{+}.\end{aligned} \qquad (5.16)$$

这些条件确定了式 (5.13) 中的函数 u_n 和 v_n. 为了推出 u 和 v 的方程式, 首先要算出对易式 $[\mathscr{H}_{\mathrm{eff}}, \Psi]$, 利用 $\mathscr{H}_{\mathrm{eff}}$ 的定义式 (5.12) 及 Ψ 的反对易性质可得:

$$\begin{cases}[\Psi(\boldsymbol{r}\uparrow), \mathscr{H}_{\mathrm{eff}}] = (\mathscr{H}_e + U(\boldsymbol{r}))\Psi(\boldsymbol{r}\uparrow) + \Delta(\boldsymbol{r})\Psi^+(\boldsymbol{r}\downarrow), \\ [\Psi(\boldsymbol{r}\downarrow), \mathscr{H}_{\mathrm{eff}}] = (\mathscr{H}_e + U(\boldsymbol{r}))\Psi(\boldsymbol{r}\downarrow) - \Delta(\boldsymbol{r})\Psi^+(\boldsymbol{r}\uparrow).\end{cases} \tag{5.17}$$

利用式 (5.13) 把上述等式中的 Ψ 用 γ 来代替, 再应用对易式 (5.16), 最后比较方程两边 γ_n(和 γ_n^+) 的系数, 就得到博戈留波夫方程:

$$\begin{aligned}\epsilon u(\boldsymbol{r}) &= (\mathscr{H}_e + U(\boldsymbol{r}))u(\boldsymbol{r}) + \Delta(\boldsymbol{r})v(\boldsymbol{r}), \\ \epsilon v(\boldsymbol{r}) &= -(\mathscr{H}_e^* + U(\boldsymbol{r}))v(\boldsymbol{r}) + \Delta^*(\boldsymbol{r})u(\boldsymbol{r}).\end{aligned} \tag{5.18}$$

$\begin{pmatrix} u_n \\ v_n \end{pmatrix}$ 是线性系统的本征函数, 相应的本征值为 ϵ_n:

$$\epsilon \begin{pmatrix} u \\ v \end{pmatrix} = \hat{\Omega} \begin{pmatrix} u \\ v \end{pmatrix}. \tag{5.19}$$

附注 (1) 当存在磁场时, 算符 $\mathscr{H}_e^*$ 和 $\mathscr{H}_e$ 是不同的:

$$\mathscr{H}_e = \frac{1}{2m}\Big(-\mathrm{i}\hbar\nabla - \frac{e\boldsymbol{A}}{c}\Big)^2 + U_0(\boldsymbol{r}) - E_{\mathrm{F}},$$

$$\mathscr{H}_e^* = \frac{1}{2m}\Big(\mathrm{i}\hbar\nabla - \frac{e\boldsymbol{A}}{c}\Big)^2 + U_0(\boldsymbol{r}) - E_{\mathrm{F}} \neq \mathscr{H}_e.$$

然而, $\mathscr{H}_e$ 和 $\mathscr{H}_e^*$ 二者都是厄米的.

(2) 算符 $\hat{\boldsymbol{\Omega}}$ 是厄米算符; 因此不同的本征函数 $\begin{pmatrix} u \\ v \end{pmatrix}$ 相互正交.

(3) 如果 $\begin{pmatrix} u \\ v \end{pmatrix}$ 是相应于本征值 ϵ 的解, 则 $\begin{pmatrix} -v^* \\ u^* \end{pmatrix}$ 是相应于本征值 $-\epsilon$ 的解①, 为了和式 (5.15) 相一致, 我们只保留相应于正 ϵ 的解.

5.1.3 势 U 和 Δ 的选择

我们现在来确定 $\mathscr{H}_{\mathrm{eff}}$, 其方法是要求从使 $\mathscr{H}_{\mathrm{eff}}$ 对角化的状态算出的自由能 F 是稳定的. 按定义

$$F = \langle \mathscr{H} \rangle - TS, \tag{5.20}$$

① 由这两个性质我们可以证明式 (5.13) 式的变换确实是幺正变换.

式中 $\mathscr{H}$ 是原来的哈密顿量 $\mathscr{H}=\mathscr{H}_0+\mathscr{H}_1$ 式 (5.7— 5.9), 而平均值 $\langle\mathscr{H}\rangle$ 则由下式给出:

$$\langle\mathscr{H}\rangle=\frac{\Sigma_\phi\langle\phi|\mathscr{H}|\phi\rangle\exp(-\beta E_\phi)}{\Sigma_\phi\exp(-\beta E_\phi)}. \tag{5.21}$$

矩阵元是对 $\mathscr{H}_{\text{eff}}$ 的本征函数 $|\phi\rangle$ 来求的:

$$\mathscr{H}_{\text{eff}}|\phi\rangle=E_\phi|\phi\rangle. \tag{5.22}$$

计算 $\langle\mathscr{H}\rangle$ 的一般方法是: 按式 (5.13) 用 γ 算符代替式 (5.7) 中的 $\varPsi$ 算符, 然后利用平均值法则

$$\begin{gathered}\langle\gamma_{n\alpha}^+\gamma_{m\beta}\rangle=\delta_{nm}\delta_{\alpha\beta}f_n,\\ \langle\gamma_{n\alpha}\gamma_{m\beta}\rangle=0,\\ f_n=\frac{1}{\exp(\beta\epsilon_n)+1}.\end{gathered} \tag{5.23}$$

然而实际上无须作这样完整的计算. 只要把 $\langle\mathscr{H}\rangle$ 写成如下形式即可,

$$\begin{aligned}\langle\mathscr{H}\rangle=&\sum_\alpha\int \mathrm{d}\boldsymbol{r}\langle\varPsi^+(\boldsymbol{r}\alpha)\mathscr{H}_e\varPsi(\boldsymbol{r}\alpha)\rangle\\ &-\sum_{\alpha\beta}\frac{V}{2}\int\mathrm{d}\boldsymbol{r}\langle\varPsi^+(\boldsymbol{r}\alpha)\varPsi^+(\boldsymbol{r}\beta)\varPsi(\boldsymbol{r}\beta)\varPsi(\boldsymbol{r}\alpha)\rangle,\end{aligned} \tag{5.24}$$

乘积 $\langle\varPsi^+\varPsi^+\varPsi\varPsi\rangle$ 可根据威克定理加以简化. 威克定理之所以能应用只是由于 $\varPsi^+$ 和 $\varPsi$ 是 γ^+、γ 的线性函数这一事实. 由威克定理得到

$$\begin{aligned}&\langle\varPsi^+(1)\varPsi^+(2)\varPsi(3)\varPsi(4)\rangle\\ =&\langle\varPsi^+(1)\varPsi(4)\rangle\langle\varPsi^+(2)\varPsi(3)\rangle\\ &-\langle\varPsi^+(1)\varPsi(3)\rangle\langle\varPsi^+(2)\varPsi(4)\rangle\\ &-\langle\varPsi^+(1)\varPsi^+(2)\rangle\langle\varPsi(3)\varPsi(4)\rangle.\end{aligned} \tag{5.25}$$

现在我们把振幅$\begin{pmatrix}u\\ v\end{pmatrix}$改变$\begin{pmatrix}\delta u\\ \delta v\end{pmatrix}$, 并把占据数 f_n 改变 δf_n, 则自由能式 (5.20) 的改变为

$$\begin{aligned}\delta F=\int\mathrm{d}\boldsymbol{r}\Big\{&\sum_\alpha\delta[\langle\varPsi^+(\boldsymbol{r}\alpha)\mathscr{H}_e\varPsi(\boldsymbol{r}\alpha)\rangle]\\ &-V\sum_{\alpha\beta}\langle\varPsi^+(\boldsymbol{r}\alpha)\varPsi(\boldsymbol{r}\alpha)\rangle\delta[\langle\varPsi^+(\boldsymbol{r}\beta)\varPsi(\boldsymbol{r}\beta)\rangle]\\ &+V\sum_{\alpha}\langle\varPsi^+(\boldsymbol{r}\alpha)\varPsi(\boldsymbol{r}\alpha)\rangle\delta[\langle\varPsi^+(\boldsymbol{r}\alpha)\varPsi(\boldsymbol{r}\alpha)\rangle]\\ &-V[\langle\varPsi^+(\boldsymbol{r}\uparrow)\varPsi^+(\boldsymbol{r}\downarrow)\rangle\delta(\langle\varPsi(\boldsymbol{r}\downarrow)\varPsi(\boldsymbol{r}\uparrow)\rangle)+C.C.]\Big\}-T\delta S,\end{aligned} \tag{5.26}$$

式中已假定 $\langle\Psi^+(\boldsymbol{r}\uparrow)\Psi(\boldsymbol{r}\downarrow)\rangle=0$, 因为我们讨论的是“非磁”情形, 该条件总是满足的.

应该注意到, 由于我们所考虑的激发使 $\mathscr{H}_{\rm eff}$ 严格对角化, 因此相对于 $\delta u_n,\delta v_n$ 和 δf_n 来说, 量

$$F_1=\langle\mathscr{H}_{\rm eff}\rangle-TS \tag{5.27}$$

是稳定的. 利用式 (5.12), 该条件可更明确地写成

$$\begin{aligned}0&=\delta\langle\mathscr{H}_{\rm eff}\rangle-T\delta S\\&=\int{\rm d}\boldsymbol{r}\Big\{\sum_\alpha\delta\langle\Psi^+(\boldsymbol{r}\alpha)(\mathscr{H}_e+U(\boldsymbol{r}))\Psi(\boldsymbol{r}\alpha)\rangle\\&\quad+[\Delta(\boldsymbol{r})\delta(\langle\Psi^+(\boldsymbol{r}\uparrow)\Psi^+(\boldsymbol{r}\downarrow)\rangle)+C.C.]\Big\}-T\delta S.\end{aligned} \tag{5.28}$$

对照式 (5.26) 和 (5.28) 可以看到, 如果我们取有效势

$$\begin{aligned}U(\boldsymbol{r})&=-V\langle\Psi^+(\boldsymbol{r}\uparrow)\Psi(\boldsymbol{r}\uparrow)\rangle\\&=-V\langle\Psi^+(\boldsymbol{r}\downarrow)\Psi(\boldsymbol{r}\downarrow)\rangle\end{aligned} \tag{5.29}$$

(点相互作用情形的标准哈特里 – 福克结果), 并且取

$$\Delta(\boldsymbol{r})=-V\langle\Psi(\boldsymbol{r}\downarrow)\Psi(\boldsymbol{r}\uparrow)\rangle=V\langle\Psi(\boldsymbol{r}\uparrow)\Psi(\boldsymbol{r}\downarrow)\rangle, \tag{5.30}$$

则 F 将是稳定的.

如果我们利用式 (5.13) 将 Ψ算符用γ算符代换, 并应用平均值法则 (5.23), 则可把上述条件化为显示式

$$U(\boldsymbol{r})=-V\sum_n[|u_n(\boldsymbol{r})|^2f_n+|v_n(\boldsymbol{r})|^2(1-f_n)], \tag{5.31}$$

$$\Delta(\boldsymbol{r})=V\sum_n v_n^*(\boldsymbol{r})u_n(\boldsymbol{r})(1-2f_n). \tag{5.32}$$

这些条件保证了势 U 和 Δ 是自洽的.

实际上 $U(\boldsymbol{r})$ 和 $\Delta(\boldsymbol{r})$ 有显著的差别. 哈特里 – 福克势 $U(\boldsymbol{r})$ 由费米面以下所有状态的整个求和 $\sum\limits_n$ 给出, 因此 $U(\boldsymbol{r})$ 几乎和温度无关. U 可以近似地取为 **“正常态”** 的哈特里 – 福克势. 这是个很大的简化. 反之, **对势** $\Delta(\boldsymbol{r})$ 则是 $u_nv_n^*$ 形式的项的总和, 正如我们已经看到的, 对于均匀电子气, 只有在费米面附近这种项才不等于零. 由于这个原因, 故 $\Delta(\boldsymbol{r})$ 强烈依赖于温度.

对于前节中考虑的均匀电子气, $\Delta(\boldsymbol{r})$ 在空间是不变的, 因而自洽方程 (5.31) 简化为确定常数 Δ. 而当 $\Delta(\boldsymbol{r})$ 在空间有变化时, 要保证 Δ 的自洽就更加困难了. 我们将会在几个地方再谈到这个问题.

例题 试讨论纯超导体中均匀电流流动状态的准粒子谱. 描述均匀流态的对势形式为 $\Delta=|\Delta|\mathrm{e}^{2\mathrm{i}\boldsymbol{q}\cdot\boldsymbol{r}}$, 这里 $\boldsymbol{q}$ 是平行于流动方向的矢量 (该态中每个电子的平均动量为 $\hbar\boldsymbol{q}$).

解答 式 (5.18) 的解可取如下形式:

$$\boldsymbol{u}(\boldsymbol{r})=U_k\mathrm{e}^{\mathrm{i}(\boldsymbol{k}+\boldsymbol{q})\cdot\boldsymbol{r}},$$

$$\boldsymbol{v}(\boldsymbol{r})=V_k\mathrm{e}^{\mathrm{i}(\boldsymbol{k}-\boldsymbol{q})\cdot\boldsymbol{r}}.$$

因而本征值方程为

$$(\epsilon_k-\xi_{k+q})U_k-|\Delta|V_k=0,$$

$$-|\Delta|U_k+(\epsilon_k+\xi_{k-q})V_k=0.$$

正本征值 ϵ_k 由下式给出:

$$\epsilon_k=\frac{\xi_{k+q}-\xi_{k-q}}{2}+\left[\left(\frac{\xi_{k+q}+\xi_{k-q}}{2}\right)^2+|\Delta|^2\right]^{1/2}.$$

下面将看到, 我们感兴趣的主要区域是:$q\sim\Delta/\hbar v_{\mathrm{F}}$, 因此 $q\ll k_{\mathrm{F}}$, 只需保留 q 的一次项, 即得

$$\frac{\xi_{k+q}-\xi_{k-q}}{2}=\frac{\hbar^2\boldsymbol{k}}{m}\cdot\boldsymbol{q},$$

$$\frac{\xi_{k+q}+\xi_{k-q}}{2}\cong\xi_k,$$

$$\epsilon_k=\epsilon_k^0+\frac{\hbar^2\boldsymbol{k}}{m}\cdot\boldsymbol{q},$$

式中 ϵ_k^0 是 $q=0$ 的激发能, $\epsilon_k^0=\sqrt{|\Delta|^2+\xi_k^2}$, 而 $\hbar q/m$ 通常称为超流速度 v_{s}, 应注意, 当 $v_{\mathrm{s}}=|\Delta|/\hbar k_{\mathrm{F}}=|\Delta|/p_{\mathrm{F}}$ 时, 能谱中的能隙趋向于零 (应用这些公式时必须记住, 一般说来 $|\Delta|$ 的自洽值和 v_{s} 有关).

原则上讲, 用纯金属薄膜可以研究这种能谱, 但实际却不然, 理由是: 膜厚 d 必须小于穿透深度 λ(以保证电流均匀), 但 d 又必须大于 ξ_0(否则膜界面上的漫散射将引起能谱的重大改变). 因此我们必须用 $\lambda\gg\xi_0$ 的纯Ⅱ类超导材料来进行工作. 但这又带来另一个困难: 当 $v_{\mathrm{s}}\sim|\Delta|/p_{\mathrm{F}}$ 时, 电流密度 $n_{\mathrm{s}}ev_{\mathrm{s}}$ 很大, 膜面上磁场的数量级为

$$\frac{1}{c}(n_{\mathrm{s}}ev_{\mathrm{s}})d\sim\frac{\phi_0 d}{\lambda^2\xi_0},\quad 当T=0时.$$

该值比第一临界场 H_{c_1} 大一个因子 $\sim d/\xi_0>1$, 因此会有涡旋线进入膜内, 这种情况已超出了我们当前讨论的范围.

另一方面, 上述计算可用于讨论纯的第 Ⅱ 类超导体块样品在舒布尼可夫相中的准粒子 (M. Cyrot, 1964). 假定:

(a) 朗道 – 金兹堡参数 $k=\lambda/\xi$ 远大于 1.

(b) 磁场 H 比上临界场 H_{c_2} 小得多.

则涡旋线之间的距离 d 远大于 ξ, 因而大多数激发 (具有能量 $\epsilon\sim\Delta_\infty$, Δ_∞ 是远离涡旋线处对势的振幅) 可用下述方法得到: 算出 $\boldsymbol{r}$ 点的超流速度 $v_{\mathrm{s}}(\boldsymbol{r})$, 并且认为, 局域的激发具有移动的 BCS 谱:

$$\epsilon(\boldsymbol{k},\boldsymbol{r})=\{\Delta_\infty^2+\xi_k^2\}^{1/2}+\hbar\boldsymbol{v}_{\mathrm{s}}\cdot\boldsymbol{k},$$

式中 $\xi_k=\dfrac{\hbar^2(k^2-k_{\mathrm{F}}^2)}{2m}$.

因为由这些激发所组成的波包其最小空间范围是 ξ 数量级, 而一般说来场和速度 v_{s} 受调制的尺度 $d>\xi$, 所以上述处理是正确的.

但是对很靠近一根涡旋线的低激发态 ($\epsilon\ll\Delta_\infty$), 它所处位置上的 v_{s} 和有序参数 Δ 变化很快, 上述讨论不再适用. 这些特殊的激发将在下一道习题 (下节习题二) 中加以讨论.

5.2 对势和激发谱的定理

5.2.1 规范不变性

单电子哈密顿项

$$\mathscr{H}_e(\boldsymbol{A})=\frac{1}{2m}\left(\boldsymbol{p}-\frac{e}{c}\boldsymbol{A}\right)^2+U-E_{\mathrm{F}},$$

及其复数共轭

$$\mathscr{H}_e^*(\boldsymbol{A})=\frac{1}{2m}\left(\boldsymbol{p}+\frac{e}{c}\boldsymbol{A}\right)^2+U-E_{\mathrm{F}},$$

都和矢势 $\boldsymbol{A}$ 的选择有关. $\boldsymbol{A}$ 的选择不是唯一的, 如果用 $\boldsymbol{A}'$ 替代 $\boldsymbol{A}$:

$$\boldsymbol{A}'=\boldsymbol{A}+\nabla\chi(\boldsymbol{r}),\tag{5.33}$$

式中 χ 是任意的函数, 则

$$\mathrm{curl}\ \boldsymbol{A}'=\mathrm{curl}\ \boldsymbol{A}'=\boldsymbol{h}.$$

$\boldsymbol{A}$ 和 $\boldsymbol{A}'$ 都可以用来描述场分布 $\boldsymbol{h}(\boldsymbol{r})$, 用 $\boldsymbol{A}$ 或 $\boldsymbol{A}'$ 作计算, 求得的一切物理上可测的量都具有相同的值. 下面我们就以准粒子的激发能, 即方程 (5.18) 的本征值为例来验证这一性质.

假定矢势为 $\boldsymbol{A}$ 时式 (5.18) 的本征函数 $\begin{pmatrix} u_n \\ v_n \end{pmatrix}$ 是已知的. 再考虑矢势为 $\boldsymbol{A}'$ 的式 (5.18), 则有两点需要修正:

(a) 本征函数 $\begin{pmatrix} u_n' \\ v_n' \end{pmatrix}$ 不同于 $\begin{pmatrix} u_n \\ v_n \end{pmatrix}$:

$$\begin{aligned} u_n'(\boldsymbol{r}) &= u_n(\boldsymbol{r})\exp\left[\frac{\mathrm{i}e}{\hbar c}\chi(\boldsymbol{r})\right], \\ v_n'(\boldsymbol{r}) &= v_n(\boldsymbol{r})\exp\left[-\frac{\mathrm{i}e}{\hbar c}\chi(\boldsymbol{r})\right]. \end{aligned} \tag{5.34}$$

(b) 对势也要修正: 若和 $\boldsymbol{A}$ 相关的对势为 $\Delta(\boldsymbol{r})$, 则对势 $\Delta'(\boldsymbol{r})$ 应为

$$\Delta'(\boldsymbol{r}) = \Delta(\boldsymbol{r})\exp\left[\frac{2\mathrm{i}e}{\hbar c}\chi(\boldsymbol{r})\right]. \tag{5.35}$$

式 (5.34) 的证明 由式 (5.34) 定义的函数 u_n' 满足:

$$\begin{aligned} \left(\boldsymbol{p} - \frac{e}{c}\boldsymbol{A}'\right) u_n'(\boldsymbol{r}) &= \left(-\mathrm{i}\hbar\nabla - \frac{e}{c}\boldsymbol{A}'\right)\exp\left[\frac{\mathrm{i}e}{\hbar c}\chi(\boldsymbol{r})\right] u_n(\boldsymbol{r}) \\ &= \exp\left[\frac{\mathrm{i}e}{\hbar c}\chi\right]\left(-\mathrm{i}\hbar\nabla - \frac{e}{c}\boldsymbol{A}' + \frac{e}{c}\nabla\chi\right) u_n(\boldsymbol{r}) \\ &= \exp\left[\frac{\mathrm{i}e}{\hbar c}\chi\right]\left(\boldsymbol{p} - \frac{e}{c}\boldsymbol{A}\right) u_n. \end{aligned} \tag{5.36}$$

推导中用到了式 (5.33). 将上述性质再作一次迭代则得

$$\begin{aligned} \left(\boldsymbol{p} - \frac{e}{c}\boldsymbol{A}'\right)^2 u_n' &= \exp\left[\frac{\mathrm{i}e}{\hbar c}\chi\right]\left(\boldsymbol{p} - \frac{e}{c}\boldsymbol{A}\right)^2 u_n, \\ \mathscr{H}_e(\boldsymbol{A}')u_n' &= \exp\left[\frac{\mathrm{i}e}{\hbar c}\chi\right]\mathscr{H}_e(\boldsymbol{A})u_n. \end{aligned} \tag{5.37a}$$

类似地可得

$$\mathscr{H}_e^*(\boldsymbol{A}')v_n' = \exp\left[-\frac{\mathrm{i}e}{\hbar c}\chi\right]\mathscr{H}_e^*(\boldsymbol{A})v_n \tag{5.37b}$$

因为 $\begin{pmatrix} u_n \\ v_n \end{pmatrix}$ 是式 (5.18) 的本征函数, 故有

$$\mathscr{H}_e(\boldsymbol{A})u_n + \Delta v_n = \epsilon_n u_n.$$

用 $\exp\left[\frac{\mathrm{i}e\chi}{\hbar c}\right]$ 乘上式两边, 并利用式 (5.37a) 则可得

$$\mathscr{H}_e(\boldsymbol{A}')u_n' + \Delta' v_n' = \epsilon_n u_n', \tag{5.38a}$$

类似地可得

$$-\mathscr{H}_e^*(\boldsymbol{A}')v_n' + \Delta'^* u_n' = \epsilon_n v_n'. \tag{5.38b}$$

因此 $\begin{pmatrix} u_n' \\ v_n' \end{pmatrix}$ 是矢势 $\boldsymbol{A}'$ 和对势 Δ' 的本征函数, 而且若 Δ 满足以 $\begin{pmatrix} u \\ v \end{pmatrix}$ 为本征函数的自洽关系式 (5.32), 则 Δ' 同样满足以 $\begin{pmatrix} u' \\ v' \end{pmatrix}$ 为本征函数的式 (5.32).

结论　在"规范变换" $\boldsymbol{A} \longrightarrow \boldsymbol{A}'$ 之下, 波函数以及对势都有所改变, 我们就说, 例如 Δ 是"规范协变的". 但是本征值 ϵ_n 不变, 我们就说它们是"规范不变的". 用同样的方法可以证明, 所有物理上可测的量 (如某一点的电流密度等) 都是规范不变的.

附注

关于规范函数 χ 选用上的限制: 不管选用哪种规范, 自洽场 $\Delta(\boldsymbol{r})$ 都必须是 $\boldsymbol{r}$ 的单值函数. 例如取一中空的圆柱形样品, oz 是柱轴而 φ 是环绕 oz 的旋转角. 请试验规范函数

$$\chi = \frac{\hbar c}{2e} m\varphi, \tag{5.39}$$

式中 m 是任意常数. 于是

$$\Delta'(\boldsymbol{r}) = \Delta(\boldsymbol{r})\mathrm{e}^{\mathrm{i}m\varphi}. \tag{5.40}$$

无论 $\Delta(\boldsymbol{r})$ 还是 $\Delta(\boldsymbol{r})'$ 都必须是单值的, 这就限定 m 必须是整数. 更一般地说, 对于任意环状样品, 绕环行进一周所造成的 χ 的增量必须等于 $2\pi(c\hbar/2e) = ch/2e$ 乘以整数.

规范的特殊选择

从给定的 $\boldsymbol{A}$ 出发, 给 $\boldsymbol{A}'$ 加上一些方便的限制条件, 变换函数 χ 也就选定了.

例 1　对单连通样品, 我们限定:

$$\begin{aligned} &\mathrm{div}\ \boldsymbol{A}' = 0 \quad \text{在样品内部}, \\ &\boldsymbol{A}' \cdot \boldsymbol{n} = 0 \quad \text{在样品表面上}. \end{aligned} \tag{5.41}$$

(式中 $\boldsymbol{n}$ 是垂直于表面的单位矢量).

那么可用下式来推出变换函数 χ:

$$\begin{aligned} &\nabla^2\chi = -\mathrm{div}\ \boldsymbol{A} \quad \text{在样品内部}, \\ &\boldsymbol{n} \cdot \nabla\chi = -\boldsymbol{n} \cdot \boldsymbol{A} \quad \text{在样品表面上}. \end{aligned} \tag{5.42}$$

按静电学的一般原理, 对于单连通样品式 (5.42) 的 χ 的解是唯一的, 因此 $\boldsymbol{A}'$ 是确定的. 我们把 $\boldsymbol{A}'$ 叫做"伦敦"规范中的矢势.

例 2 用 $\boldsymbol{A}$ 表示矢势, 对势为 $\Delta(\boldsymbol{r})$. 把 Δ 的振幅和相位分开:

$$\Delta(\boldsymbol{r}) = |\Delta(\boldsymbol{r})|\mathrm{e}^{\mathrm{i}\varphi(\boldsymbol{r})}. \tag{5.43}$$

于是可用规范函数

$$\chi = -\frac{\hbar c}{2e}\varphi \tag{5.44}$$

将 $\boldsymbol{A}$ 变换为 $\boldsymbol{A}'$. 因为 Δ是单值的, 这样选择 χ 总是切实可行的 ①. 规范变换后对势简化为

$$\Delta'(\boldsymbol{r}) = |\Delta(\boldsymbol{r})|,$$

因此总可以选择一种规范, 使对势变为实数. 对无外电流引线的单连通超导体, 这种规范实际上和伦敦规范是一致的, 不过前者是在更普遍的情形下定义的.

5.2.2 磁通量子化

现在我们考虑图 5.1 所示的超导环 (其直径和环带宽度远大于穿透深度). 多尔(Doll)、纳巴罗(Nabauer) 以及迪费(Deaver)、费尔班克斯(Fairbanks) 的实验工作 (1961) 已经证实: 穿过环的磁通 ϕ 只能取某些间断值:

$$\begin{gathered}\phi = n\phi_0, \quad \phi_0 = \frac{ch}{2e} \simeq 2.07\times 10^{-7}\ \mathrm{G\cdot cm^2}, \\ n = \text{任意整数}.\end{gathered} \tag{5.45}$$

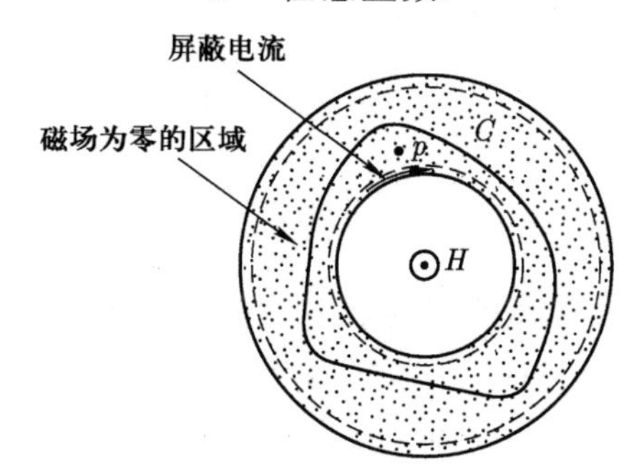

图 5.1 大超导环所俘获的磁通. 假定环的宽度比穿透深度大得多, 因此在超导环内总可以找到一个路径 C, 沿 C 电流和磁场都等于零.

(这种微小磁通的测量, 是用沉积在直径 $\sim 10\ \mu\mathrm{m}$ 的毛细管表面上的金属膜进行的, 因此单位磁通 ϕ_0 对应着相当大的磁场 ~ 0.1 G).

证明 引进矢量

$$\boldsymbol{u} = \hbar\nabla\varphi - \frac{2e}{c}\boldsymbol{A}, \tag{5.46}$$

① 这一性质是马库斯 (P.Marcus) 指出的.

式中 φ 就是前文中定义的 Δ 的相位. 首先要注意 $\boldsymbol{u}$ 是规范不变的, 这可以从变换法则式 (5.34) 及 (5.35) 看出. 从物理上说, 对于 $|\Delta|$ 在空间不变的情形, $\boldsymbol{u}$ 和局域超流密度成正比 (例如上一道习题所描述的均匀流动和 $\boldsymbol{A}=0$ 的情形). 现在考虑环内一点 P(图 5.1). 在 P 点无外场穿透, 也没有电流, 因而 $\boldsymbol{u}=0$, 环绕回路 C 对该式进行积分, 回路 C 上没有任何一点靠近表面 (沿回路 $C, \boldsymbol{u}=0$),

$$\int_C \mathrm{d}\boldsymbol{l}\left(\hbar\cdot\nabla\varphi-\frac{2e}{c}\boldsymbol{A}\right)=0. \tag{5.47}$$

$\int_C \boldsymbol{A}\cdot\mathrm{d}\boldsymbol{l}=\phi$ 正是环内所包含的磁通, 而 $\int\nabla\varphi\cdot\mathrm{d}\boldsymbol{l}=[\varphi]$ 则是绕 C 一周后 $\Delta(\boldsymbol{r})$ 的相位的改变量, 因为 Δ 必须是单值的: $[\varphi]=2n\pi$(n 是整数). 把这些结果代入式 (5.47) 就得到式 (5.45).

磁通量子化是伦敦首先考虑的. 他预言的磁通量子 ch/e 等于实验值的两倍. 现在我们先重复他的论证 (对于纯金属及 $T=0\mathrm{K}$ 的情形), 然后再设法改正它. 令 $\phi_0(\boldsymbol{r}_1\cdots\boldsymbol{r}_N)$ 是超导电子 i 的基态波函数 (没有电流的状态), 如用下式代替 ϕ_0 则得到电流稳恒流动的状态

$$\phi_0\exp\mathrm{i}\boldsymbol{q}\cdot[\boldsymbol{r}_1+\boldsymbol{r}_2+\cdots+\boldsymbol{r}_N]. \tag{5.48}$$

相应的电流密度为 $ne\hbar q/m$, 更普遍的宏观运动状态应是

$$\phi_0\exp\mathrm{i}[S(\boldsymbol{r}_1)+\cdots+S(\boldsymbol{r}_N)], \tag{5.49}$$

式中 $S(\boldsymbol{r})$ 是空间的缓慢变化函数. 如果还存在矢势 $\boldsymbol{A}$, 则总电流为

$$\boldsymbol{j}=\frac{ne}{m}\left(\hbar\nabla S-\frac{e\boldsymbol{A}}{c}\right). \tag{5.50}$$

如果假定超导体中唯一可能实现的状态就是式 (5.49) 形式的态, 那么立即就可导出迈斯纳效应: 取式 (5.50) 的旋度就导出了伦敦方程. 进而可得磁通量子化. 为此再考虑超导环, 在其内部远离表面的地方 $\boldsymbol{j}=0$, 因此矢势为

$$\boldsymbol{A}=\frac{c\hbar}{e}\nabla S. \tag{5.51}$$

如果有磁通 ϕ 穿过环, S 就不可能是单值的. 考虑如图 5.1 所示的路径 C, 假如 C 不靠近样品表面, 则沿 C 式 (5.51) 适用, 故而 C 所包围的磁通为

$$\int H\mathrm{d}\sigma=\oint\boldsymbol{A}\cdot\mathrm{d}\boldsymbol{l}=\frac{c\hbar}{e}\oint\nabla S\cdot\mathrm{d}\boldsymbol{l}=\frac{c\hbar}{e}\$, \tag{5.52}$$

式中积分 $\oint\mathrm{d}\boldsymbol{l}$ 是沿 C 的回路积分, 而 $\$$ 则是绕该回路一整周后 S 的增量.$\$$

不能取任意值. 由于波函数必须是 $\boldsymbol{r}_1\cdots\boldsymbol{r}_N$ 的单值函数, 如果我们允许某一坐标比如 $\boldsymbol{r}_1$ 沿 C 变化, 则经过一整周之后我们必须得到和原先相同的函数. 因为 ϕ_0 是单值的, 这就限定了条件 $\$=2n\pi$, n 是整数. 再利用式 (5.52) 就得到磁通量子为 ch/e.

然而这一论证有个弱点 (Brenig, 1961). 实际上状态 $\phi_0\ \exp\{\mathrm{i}[S(\boldsymbol{r}_1)+\cdots+S(\boldsymbol{r}_N)]\}$ 并不是超导体中我们能够构成的唯一宏观运动状态. 为了看出这一点, 必须审察 ϕ 的详细形状. 让我们从一简单问题着手, 考虑具有周期性边界条件的超导电子气,

$$\phi(x_1\cdots x_i\cdots x_N)\equiv\phi(x_1\cdots x_i+L\cdots x_N),\quad \text{对所有的}\boldsymbol{i}. \tag{5.53}$$

我们构成每个电子都以 $\hbar\boldsymbol{q}$ 进行平动的状态. 将电子按 $(\boldsymbol{k}+\boldsymbol{q},\uparrow)$ 和 $(-\boldsymbol{k}+\boldsymbol{q},\downarrow)$ 态配成对, 就能组成 BCS 波函数:

(1) 如果 $qL=\$=2n\pi$($n$ 是整数), 我们就用波矢为 $\boldsymbol{k}$ 的单电子态, $\boldsymbol{k}$ 满足通常的周期性边界条件

$$k_xL=2n_x\pi\quad(n_x\text{是整数}). \tag{5.54}$$

因此式 (5.53) 总能满足.

(2) 如果 $qL=\$=(2n+1)\pi$($n$ 是整数), 则我们选用波矢为 $\boldsymbol{k}$ 的单电子态, 不过 $\boldsymbol{k}$ 满足截然不同的边界条件

$$k_xL=(2n_x+1)\pi, \tag{5.55}$$

因此式 (5.53) 也能满足.

第 (1) 类函数是伦敦型的, 它们和无平动的 BCS 函数仅在于因子 $\exp[\mathrm{i}q(x_1+x_2+\cdots+x_N)]$ 上有差别. 第 (2) 类函数则不是伦敦型的, 两类函数都可以用, 但不论是哪种情形能量都是

$$E=E_0+\frac{\hbar^2q^2}{2m}N. \tag{5.56}$$

只要

$$k_{\mathrm{F}}L\gg1\quad\text{和}\quad\frac{L}{\xi_0}\gg1, \tag{5.57}$$

则式 (5.56) 对上述两种情形都适用.

如果式 (5.57) 满足, 所有对允许的 k 值的求和都可以用积分来代替, 而和选用条件式 (5.54) 还是式 (5.55) 无关.

最后, 很容易把上述结果应用到环的情形, 这时我们得到 $\$ = n\pi$, 因而磁通量子为$ch/2e$.

例题　绕环一周后, 博戈留波夫振幅 $\begin{pmatrix} u \\ v \end{pmatrix}$ 将有何变化?

解答　答案当然和选用的规范有关. 若选用 Δ 为实数的规范, 则绕环一周后振幅须乘以 $(-1)^n$, 这里 n 是环内的磁通量子数.

证明: 再回到匀速平移的简单情形. 这时边界条件为式 (5.53), 在 $\Delta = |\Delta|\mathrm{e}^{2\mathrm{i}qx}$ 的规范中, 正如前一道习题所讨论的,

$$\begin{pmatrix} u \\ v \end{pmatrix} = \begin{pmatrix} U_k & \mathrm{e}^{\mathrm{i}(\boldsymbol{k}+\boldsymbol{q})\cdot\boldsymbol{r}} \\ V_k & \mathrm{e}^{\mathrm{i}(\boldsymbol{k}-\boldsymbol{q})\cdot\boldsymbol{r}} \end{pmatrix}. \tag{5.58}$$

对于 $\$ = n\pi$ 的情形, 刚才已看到必须选择单电子态 $\mathrm{e}^{\mathrm{i}\boldsymbol{k}\cdot\boldsymbol{r}}$, 使其满足

$$\exp(\mathrm{i}k_x L) = (-1)^n,$$

及 $\mathrm{e}^{\mathrm{i}\boldsymbol{q}L} = (-1)^n$.

因此在这种规范中 $\begin{pmatrix} u \\ v \end{pmatrix}$ 是周期性的, 如果变换到 Δ 是实数的规范中去, 则得振幅为

$$\begin{pmatrix} u' \\ v' \end{pmatrix} = \begin{pmatrix} U_k & \mathrm{e}^{\mathrm{i}\boldsymbol{k}\cdot\boldsymbol{r}} \\ V_k & \mathrm{e}^{\mathrm{i}\boldsymbol{k}\cdot\boldsymbol{r}} \end{pmatrix}. \tag{5.59}$$

若 x 变为 $x+L$, 则 $\begin{pmatrix} u' \\ v' \end{pmatrix}$ 须乘以 $(-1)^n$.

例题　试讨论涡旋线核内的低能激发 (C.Caroli; P. G. de Gennes; J. Matricon 1964).

解答　我们只限于讨论“纯”的Ⅱ类超导体, 出发点是式 (5.18), 采用柱坐标 (r,θ,z), 涡旋线沿 z 轴方向, 并选用 $\Delta(\boldsymbol{r}) = |\Delta(\boldsymbol{r})|\mathrm{e}^{-\mathrm{i}\theta}$ 的规范, 我们称 $\boldsymbol{A}$ 为该特殊规范中的矢势. 在 $r=0$ 处 $|\Delta(r)|$ 等于零. 然后 $\Delta(\boldsymbol{r})$ 逐渐增加 (r 较小时是线性增大), 如图 5.2 所示, 最后当距离 $r > \xi$ 时达到 BCS 值 Δ_∞. 采用简练的旋量符号 $\hat{\phi} = \begin{pmatrix} u \\ v \end{pmatrix}$, 并令

$$\hat{\phi} = \exp\left(-\frac{\mathrm{i}}{2}\sigma_z\theta\right)\hat{\psi},$$

以消去 Δ 的相位 (式中 σ_x、 σ_y、 σ_z 是泡利矩阵). 于是式 (5.18) 化为

$$\sigma_z\left\{\frac{1}{2m}\left(\boldsymbol{p} - \sigma_z\frac{e\boldsymbol{A}}{c} - \sigma_z\frac{\hbar}{2}\nabla\theta\right)^2 - E_{\mathrm{F}}\right\}\hat{\psi} + \sigma_x\Delta\hat{\psi} = \epsilon\hat{\psi}.$$

注意到 $A \sim Hr$ 及

$$\frac{\frac{eA}{c}}{\hbar\nabla\theta} \sim \left(\frac{H}{\phi_0}\right) r^2, \quad (\text{式中}\phi_0 = ch/2e\text{是磁通量子})$$

对于我们所关心的激发, $r \leqslant \xi$. 因此

$$\frac{eA}{c\hbar\nabla\theta} \sim \frac{H\xi^2}{\phi_0} \sim \frac{H}{H_{C_2}} \ll 1,$$

故而可以忽略所有磁场的效应.

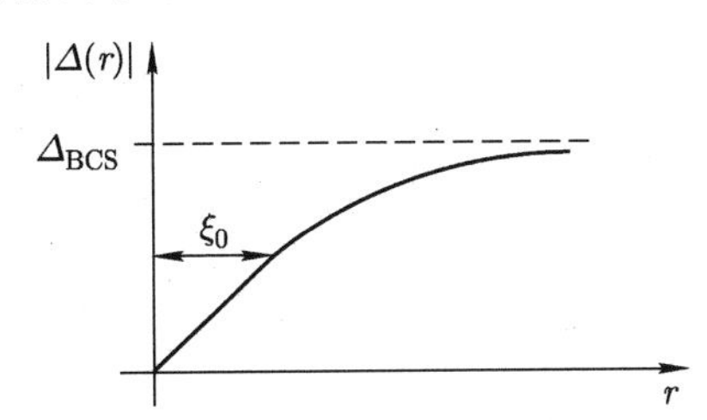

图 5.2 纯Ⅱ类超导体中单根涡旋线周围有序参数 Δ 的振幅, 在 $z=0$ 处 $\Delta=0$, 而当 $r \longrightarrow 0$ 时 Δ 具有有限的斜率.Δ 比 BCS 值低的区域的半径 $\sim \xi_0$.

我们寻找如下形式的解: $\hat{\psi} = \exp(\mathrm{i}k_{\rm F}z\cos\alpha)\exp(\mathrm{i}\mu\theta)\hat{f}(r)$, 式中 $k_{\rm F}$ 是费米波矢, α 是一任意角, 2μ 是奇数. 最后一个条件保证了绕核一整周后 ϕ 乘以 (-1), 这是在 Δ 是实数的规范中, 核心含一个磁通量子时所必须满足的条件.

略去 $\hat{\psi}$ 的方程中含矢势 $\boldsymbol{A}$ 的项后, 可得

$$\sigma_z \frac{\hbar^2}{2m}\left\{-\frac{\mathrm{d}^2\hat{f}}{\mathrm{d}r^2} - \frac{1}{r}\frac{\mathrm{d}\hat{f}}{\mathrm{d}r} + \left(\mu - \frac{\sigma_z}{2}\right)^2 \frac{\hat{f}}{r^2} - k_{\rm F}^2\sin^2\alpha\hat{f}\right\} + \sigma_x\Delta(r)\hat{f} = \epsilon\hat{f}.$$

在 $0 < \mu \ll k_{\rm F}\xi$ 的区域中, 该方程完全可解, 而且将看到这是个重要的区域. 考虑到半径 $r_{\rm c}$, 它满足下式:

$$\left(\mu + \frac{1}{2}\right) k_{\rm F}^{-1} \ll r_{\rm c} \ll \xi.$$

当 $r < r_{\rm c}$ 时, Δ 项可略去, 因而 $\hat{f} = \begin{pmatrix} f_+ \\ f_- \end{pmatrix}$ 由下式给出:

$$f_\pm(r) = A_\pm \mathrm{J}_{\mu\mp1/2}\{(k_{\rm F}\sin\alpha \pm q)r\},$$

式中 J 是贝塞尔函数.A_+, A_- 是任意的系数, $q = \dfrac{\epsilon}{\hbar v_{\rm F}\sin\alpha}$.

当 $r > r_{\mathrm{c}}$ 时, 令

$$\hat{f} = \hat{g}(r)\mathrm{H}_m(k_{\mathrm{F}} r \sin\alpha) + C.C. \left(m = \sqrt{\mu^2 + \frac{1}{4}} \right),$$

式中 H 是汉克尔函数, 而 $\hat{g}$ 是缓慢变化的包迹, 于是 $\hat{g}$ 的方程可化为

$$-\mathrm{i}\sigma_z \hbar v_{\mathrm{F}} \sin\alpha \frac{\mathrm{d}\hat{g}}{\mathrm{d}r} + \varDelta\sigma_x \hat{g} = \left(\epsilon + \frac{\mu\hbar^2}{2mr^2}\right)\hat{g}, \quad v_{\mathrm{F}} = \frac{\hbar k_{\mathrm{F}}}{m}.$$

对于 $\epsilon \ll \varDelta_\infty$ 及 $k_{\mathrm{F}} r \gg \mu$ 的情形, 上式右边是小的微扰, 处理到一级近似可得

$$\hat{g} = 常数 \times \begin{pmatrix} \mathrm{e}^{\mathrm{i}\psi/2} \\ -\mathrm{i}\mathrm{e}^{-\mathrm{i}\psi/2} \end{pmatrix} \mathrm{e}^{-K},$$

$$K(r) = (\hbar v_{\mathrm{F}} \sin\alpha)^{-1} \int_0^r \varDelta(r)\mathrm{d}r,$$

$$\psi(r) = -\int_r^\infty \exp\{2K(r) - 2K(r')\}\left(2q + \frac{\mu}{k_{\mathrm{F}} r'^2 \sin\alpha}\right)\mathrm{d}r'$$

$$\begin{aligned}\psi(r_{\mathrm{c}}) \cong\ & -\mu(k_{\mathrm{F}} r_{\mathrm{c}} \sin\alpha)^{-1} + 2qr_{\mathrm{c}} \\ & -2\int_0^\infty \mathrm{d}r' \mathrm{e}^{-2K(r')}\left(q - \frac{\mu\varDelta(r')}{\hbar k_{\mathrm{F}} v_{\mathrm{F}} \sin^2\alpha}\right).\end{aligned}$$

最后我们在 $r = r_{\mathrm{c}}$ 处把上述解连接起来, 利用渐近表式

$$\mathrm{J}_m(z) = 常数 \times z^{-1/2} \sin\left\{z + \frac{m^2}{2z} - \frac{\pi}{2}\left(m - \frac{1}{2}\right)\right\}$$

等等, 可得条件 (对 $\mu \neq 0$):

$$\psi(r_{\mathrm{c}}) = 2qr_{\mathrm{c}} - \mu(k_{\mathrm{F}} r_{\mathrm{c}} \sin\alpha)^{-1}.$$

和前面得到的 $\psi(r_{\mathrm{c}})$ 的表式相对照, 可以看到, 所有和 r_{c} 有关的项互相抵消, 因而求得本征值为

$$\begin{aligned}\epsilon_{\mu\alpha} = \hbar q v_{\mathrm{F}} \sin\alpha &= \mu(k_{\mathrm{F}} \sin\alpha)^{-1} \frac{\displaystyle\int_0^\infty \frac{\varDelta(r)}{r}\mathrm{e}^{-2K(r)}\mathrm{d}r}{\displaystyle\int_0^\infty \mathrm{e}^{-2K(r)}\mathrm{d}r} \\ &= \mu(k_{\mathrm{F}} \sin\alpha)^{-1}\left(\frac{\mathrm{d}\varDelta}{\mathrm{d}r}\right)_{r=0} g(\alpha) \quad (\mu \neq 0, \mu \ll k_{\mathrm{F}}\xi).\end{aligned}$$

由此确定的无量纲函数 $g(\alpha)$ 取决于假设的 $\varDelta(r)$ 的确切形式, 但总接近于 1. 特别是 $g(0) = g(\pi) = 1$, 因此本征值的大小约为 $\mu\varDelta_\infty/k_{\mathrm{F}}\xi \sim \mu\varDelta^2/E_{\mathrm{F}}$, 最低

的本征值对应于 $\mu=\dfrac{1}{2}$. 和能级有关的态密度 N_l(对单一自旋取向和单位长涡旋线而言) 是

$$N_l(\epsilon)=\frac{1}{2\pi}\left\{\left(\frac{\mathrm{d}\Delta}{\mathrm{d}r}\right)_{r=0}\right\}^{-1}k_{\mathrm{F}}^2\int_0^{\pi}\mathrm{d}\alpha\frac{\sin^2\alpha}{g(\alpha)}$$

$$\left(\frac{\Delta_{\infty}^2}{E_{\mathrm{F}}}<\epsilon\ll\Delta_{\infty}\right).$$

应注意, $N_l(\epsilon)\sim N(0)\xi^2$, 也就是说每条涡旋线等价于半径 $\sim\xi$ 的正常区. 低激发态只占据了体积相当于 $\sim(\xi^2/d^2)\sim(B/H_{C_2})$ 的部分, 主要是在低温 T 下 (大致是当 $(\xi/d)^2\exp(\Delta_{\infty}/T)>1$ 时) 它们才显得重要. 因此比热将是 T 的线性函数, 热导是各向异性的 (沿涡旋线的方向为最大). 而在某些情形下核弛豫可能受到自旋扩散率的限制.

5.2.3 非均匀系统的激发阈

现在考虑不存在外场或电流的纯金属. 通常在整个样品中对势 Δ 是常数, 因此函数 u 和 v 是平面波, 而且容易证明能隙就等于 Δ. 然而对于足够薄的样品可能非得认为 $\Delta(\boldsymbol{r})$ 是随空间而变的不可 (例如在超导体上沉积一层有不同性质的金属). 现在我们研究图 5.3 所示的特别简单的情形. 对势只在 x 方向有变化, 在 $x=0$ 处对势具有极小值 Δ_0, 在 $x\neq 0$ 处 Δ 变大. Δ 发生变化的空间尺度相当大 (至少 $\sim\xi_0$). 让我们来证明准粒子的阈能 ϵ_0 也就是式 (5.18) 的最小正本征值, 近似等于 Δ_0. 把式 (5.18) 写成更简练的形式:

$$\epsilon\hat{\psi}=(\mathscr{H}_e\sigma_z+\Delta\sigma_x)\hat{\psi}=\hat{\Omega}\hat{\psi},\tag{5.60}$$

式中 $\hat{\psi}=\begin{pmatrix}u\\v\end{pmatrix}$, $\sigma_z=\begin{pmatrix}1&0\\0&-1\end{pmatrix}$ 和 $\sigma_x=\begin{pmatrix}0&1\\1&0\end{pmatrix}$ 是泡利矩阵. 我们希望用变分原理证明 ϵ_0 很接近于 Δ_0. 不过 $\hat{\Omega}$ 不是正定算符 [ϵ 和 $-\epsilon$ 都是它的本征值), 因此必须研究一下 Ω^2:

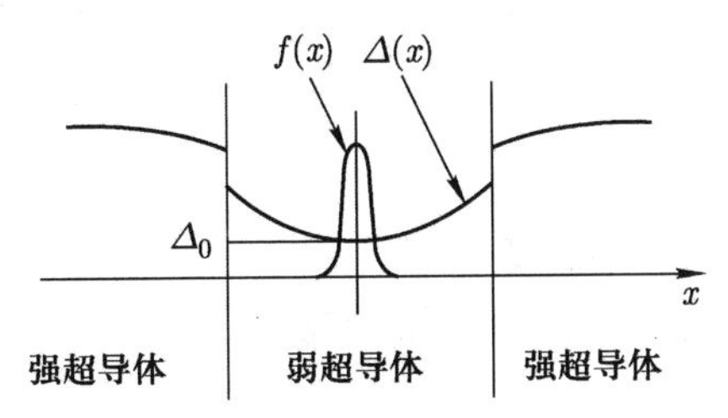

图 5.3 三层金属系统的对势 $\Delta(x)$, 中间层是最弱的超导体, Δ 具有极小值 Δ_0. 有可能构成一准粒子, 其振幅 $f(x)$ 局限于 Δ_0 附近, 这样一个准粒子的激发能基本上等于 Δ_0.

$$\hat{\Omega}^2 = \mathscr{H}_e^2 + \Delta^2 + \mathrm{i}[\mathscr{H}_e, \Delta]\sigma_y \tag{5.61}$$

(为了得到式 (5.61), 我们已用了 $\sigma_x\sigma_z + \sigma_z\sigma_x = 0$, 和 $\sigma_x\sigma_z - \sigma_z\sigma_x = -2\mathrm{i}\sigma_y$]. 试探函数可取

$$\hat{\Psi}(r) = \exp(\mathrm{i}k_\mathrm{F}z)f(x)\hat{\phi}_y, \tag{5.62}$$

式中 z 是指垂直于 x 轴的任意方向, $\hat{\phi}_y$ 是满足 $\sigma_y\hat{\phi}_y = \pm\hat{\phi}_y$ 的恒定旋量. 因为 $\mathscr{H}_e$ 是从费米面算起的能量, 故有

$$\mathscr{H}_e\hat{\Psi} = \exp(\mathrm{i}k_\mathrm{F}z)\left(-\frac{\hbar^2}{2m}\right)\frac{\mathrm{d}^2 f(x)}{\mathrm{d}x^2}\hat{\phi}_y \tag{5.63}$$

(如此选择波函数可以得到无节点的基态函数 f, 这样选择有利于得到低的动能). 计算 $\hat{\Omega}^2$ 的平均值可得

$$\begin{aligned}\epsilon^2 =&\langle\hat{\Psi}|\hat{\Omega}^2|\hat{\Psi}\rangle = \int \mathrm{d}x f^*(x)\left(\frac{\hbar^2}{4m^2}\frac{\mathrm{d}^4}{\mathrm{d}x^4} + |\Delta(x)|^2\right)f(x)\\ &\pm\mathrm{i}\int \mathrm{d}x f^*(x)\left[-\frac{\hbar^2}{2m}\frac{\mathrm{d}^2}{\mathrm{d}x^2}, \Delta(x)\right]f(x).\end{aligned} \tag{5.64}$$

若取 f 为实数, 最后的积分式等于零. 若选 f 是空间范围为 L 的正则函数, 则动能项的贡献为 $\alpha\left(\frac{\hbar^2}{2mL^2}\right)^2$, α 是数量级等于 1 的数值系数. 关于对势项, 我们假定 Δ 在 Δ_0 附近作抛物线形变化:

$$\Delta(x) = \Delta_0\left(1 + \frac{x^2}{\delta^2}\right), \tag{5.65}$$

式中 $\delta \gg L$, 于是势能项化为 $\Delta_0^2[1 + \beta(L^2/\delta^2)]$, 其中 β 是另一个数值系数. 最后得到

$$\epsilon^2 = \Delta_0^2 + \alpha\left(\frac{\hbar^2}{2mL^2}\right)^2 + \beta\Delta_0^2\frac{L^2}{\delta^2}. \tag{5.66}$$

将上式对 L 求极小则得

$$\epsilon_0^2 \cong \Delta_0^2(1 + \mu^{2/3}), \tag{5.67}$$

式中 $\mu \sim \hbar^2/(2m\delta^2\Delta_0)$, 对于 $\delta \sim \xi \sim \hbar v_\mathrm{F}/\Delta_0$, 则 $\mu \sim 1/k_\mathrm{F}\xi_0 \sim 10^{-2}$ 至 10^{-3}. 因此实际上 ϵ_0 很接近Δ_0.

5.2.4 非磁性合金: 安德森定理

下面我们研究零磁场下超导合金的激发谱. 为此必须求解方程组 (5.18):

$$\begin{aligned}\epsilon u &= \left(-\frac{\hbar^2}{2m}\nabla^2 + U(\boldsymbol{r}) - E_\mathrm{F}\right)u + \Delta v,\\ \epsilon v &= \left(\frac{\hbar^2}{2m}\nabla^2 - U(\boldsymbol{r}) + E_\mathrm{F}\right)v + \Delta^* u.\end{aligned} \tag{5.68}$$

$U(\boldsymbol{r})$ 是正常态中单电子的完整哈特里势. 和往常一样, 在式 (5.68) 中我们已假定电子 – 电子耦合项近似为点相互作用 $[-v\delta(\boldsymbol{r}_1-\boldsymbol{r}_2)]$, 并且势函数 $U(\boldsymbol{r})$ 和自旋指标无关 (非磁性合金). $U(\boldsymbol{r})$ 中还包括杂质势, 因此式 (5.68) 包含了全体杂质引起的多重散射效应. 总之, 这是个极其复杂的系统. 但是, 如果我们假定, 即使存在杂质, $\Delta(\boldsymbol{r})$ 仍和 $\boldsymbol{r}$ 无关, 情况就可大大改观. 当然这不是严格正确的, 不过只要杂质和母体在化学性质上差异不太大, 已经证明上述假定是合理的 (C. Caroli, 1962). 于是, 只要引进由下式定义的正常态单电子波函数 $w_n(\boldsymbol{r})$, 问题就相当简化了:

$$\xi_n w_n(\boldsymbol{r}) = \left[-\frac{\hbar^2}{2m}\nabla^2 + U(\boldsymbol{r}) - E_{\mathrm{F}}\right] w_n(\boldsymbol{r}). \tag{5.69}$$

对纯金属而言,$w_n(\boldsymbol{r})$ 即布洛赫函数, 在合金中 $w_n(\boldsymbol{r})$ 则是描述电子被所有杂质逐次散射的复杂函数. 幸运的是, 在下面的计算中并不需要知道这些函数的详情. 当对势 $\Delta(\boldsymbol{r})$ 简化为常数 Δ 之后, 式 (5.68) 的解的空间依赖关系和 $w_n(\boldsymbol{r})$ 完全一样. 若令

$$\begin{aligned} u_n(\boldsymbol{r}) &= w_n(\boldsymbol{r})u_n, \\ v_n(\boldsymbol{r}) &= w_n(\boldsymbol{r})v_n, \end{aligned} \tag{5.70}$$

不难看出, 只要

$$\begin{aligned} (\epsilon_n - \xi_n)u_n - \Delta v_n &= 0, \\ \Delta^* u_n - (\epsilon_n + \xi_n)v_n &= 0, \end{aligned} \tag{5.71}$$

式 (5.68) 就能满足.

与以往一样, 上式表明

$$\epsilon_n^2 = \xi_n^2 + |\Delta|^2, \tag{5.72}$$

系数 u_n 和 v_n 只和 ξ_n 有关. 根据归一化条件它们应满足

$$|u_n|^2 + |v_n|^2 = 1. \tag{5.73}$$

利用式 (5.71), 可以明确写出

$$\begin{aligned} |u_n|^2 &= \frac{1}{2}\left(1 + \frac{\xi_n}{\epsilon_n}\right), \\ |v_n|^2 &= \frac{1}{2}\left(1 - \frac{\xi_n}{\epsilon_n}\right). \end{aligned} \tag{5.74}$$

选用实的 u_n, v_n 及 $w_n(\boldsymbol{r})$ 比较方便, 况且也可以做到, 因为 $w_n(\boldsymbol{r})$ 正是实算符的本征函数. 选用驻波而不用行波, 这对讨论合金是极有用的. 于是自洽方程

(5.32) 化为

$$\begin{aligned}\Delta(\boldsymbol{r}) =& V\sum_n |w_n(\boldsymbol{r})|^2 \frac{\Delta}{2\sqrt{\Delta^2+\xi_n^2}} \\ &\times [1-2f(\sqrt{\xi_n^2+\Delta^2})].\end{aligned} \tag{5.75}$$

引进正常金属费米能级上 $\boldsymbol{r}$ 点处的态密度 $N(\boldsymbol{r})$:

$$N(\boldsymbol{r}) = \sum_n |w_n(\boldsymbol{r})|^2 \delta(\xi_n), \tag{5.76}$$

于是式 (5.75) 化为

$$\Delta(\boldsymbol{r}) = VN(\boldsymbol{r}) \int_{-\hbar\omega_{\mathrm{D}}}^{\hbar\omega_{\mathrm{D}}} \mathrm{d}\xi \frac{\Delta(1-2f)}{2\sqrt{\xi^2+\Delta^2}}. \tag{5.77}$$

因为已假定 Δ 是常数, 因此上式不可能严格地自洽. 但因 $\Delta(\boldsymbol{r})$ 和 $N(\boldsymbol{r})$ 成正比, 因而也受到杂质的修正. 但若杂质和母体在化学性质上很相似, 那么 $N(\boldsymbol{r})$ 和它的平均值相差不多, 则自洽条件简化为

$$1 = \overline{N}V \int_{-\hbar\omega_{\mathrm{D}}}^{\hbar\omega_{\mathrm{D}}} \mathrm{d}\xi \frac{1-2f}{2\sqrt{\xi^2+|\Delta|^2}}. \tag{5.78}$$

上式具有和纯金属完全相同的形式. 精确到一级近似为止, 合金的激发谱以及一切热力学性质和纯金属完全一样. 这一性质是安德森首先指出的 (1959), 实验上也已证明非磁性杂质对超导金属的转变温度没有显著的影响①.

5.3 金属和合金的迈斯纳效应

5.3.1 把磁场当作微扰

下面我们研究弱磁场 ($\boldsymbol{h}$ = curl $\boldsymbol{A}$) 在超导电子气中感应的电流 $\boldsymbol{j}$. 前一节已给出该计算所需的数学方法. 我们从自洽场方程的简化形式出发, 其单电子能量为

$$\mathscr{H}_e = \frac{\left(\boldsymbol{p}-\frac{e}{c}\boldsymbol{A}\right)^2}{2m} + U(\boldsymbol{r}) - E_{\mathrm{F}}. \tag{5.79}$$

我们不要求 $U(\boldsymbol{r})$ 在空间是不变的, 甚至也不要求它是周期性的, 因此可以同时讨论纯金属和合金. 精确到 $\boldsymbol{h}$ (或 $\boldsymbol{A}$) 的一级项, 我们令

$$\begin{aligned}u_n(\boldsymbol{r}) &= u_n^{(0)}(\boldsymbol{r}) + u_n^{(1)}(\boldsymbol{r}), \\ v_n(\boldsymbol{r}) &= v_n^{(0)}(\boldsymbol{r}) + v_n^{(1)}(\boldsymbol{r}),\end{aligned} \tag{5.80}$$

① 还有一些效应无法用粗糙的相互作用 $-V\delta(\boldsymbol{r}_1-\boldsymbol{r}_2)$加以说明, 但这些效应很小. 说明这种相互作用至少是一个良好的起点.

式中 $v_n^{(0)}$ 和 $u_n^{(0)}$ 是 $A=0$ 的情形下博戈留波夫方程 (5.18) 的本征函数, 或更具体地可写成式 (5.70). 再令

$$\varDelta(\boldsymbol{r})=\varDelta_0+\varDelta_1(\boldsymbol{r}).$$

一般而言 $\varDelta_1$ 不等于零, 即**加上磁场后自洽场 $\varDelta$ 将有所修正**. 博戈留波夫的这一陈述, 对于保持规范不变性是必不可少的.

用下述方法可以给出 $\varDelta_1$ 不为零的典型情形: 假定 $\boldsymbol{A}=\nabla\chi(\boldsymbol{r}), \chi$ 是一任意函数 (于是 $\boldsymbol{H}=\mathrm{curl}\ \boldsymbol{A}=0$), 可以验证方程 (5.18) 和自洽方程 (5.32) 具有下列解:

$$\begin{aligned}u_n&=\mathrm{e}^{(\mathrm{i}e/\hbar c)\chi(\boldsymbol{r})}u_n^0,\\ v_n&=\mathrm{e}^{(-\mathrm{i}e/\hbar c)\chi(\boldsymbol{r})}v_n^0,\\ \varDelta(\boldsymbol{r})&=\varDelta_0\mathrm{e}^{(2\mathrm{i}e/\hbar c)\chi(\boldsymbol{r})}.\end{aligned}\tag{5.81}$$

还可证明, 正如我们所预期的那样, $\boldsymbol{j}=0$. 把上式展开到 χ(或 $\boldsymbol{A}$) 的一次项可得

$$\begin{aligned}u_n^{(1)}&=\frac{\mathrm{i}e}{\hbar c}u_n^0\chi,\\ v_n^{(1)}&=-\frac{\mathrm{i}e}{\hbar c}v_n^0\chi,\\ \varDelta_1&=\frac{2\mathrm{i}e}{\hbar c}\varDelta_0\chi,\end{aligned}\tag{5.82}$$

因此对这种特殊情形 $\varDelta_1$ 不等于零. 更一般地说, 当 $\varDelta_1$ 是 $\boldsymbol{A}$ 的一次项时, $\varDelta_1$ 的最一般形式是

$$\varDelta_1(\boldsymbol{r})=\sum_\alpha\int P_\alpha(\boldsymbol{r},\boldsymbol{r}')A_\alpha(\boldsymbol{r}')\mathrm{d}\boldsymbol{r}',\tag{5.83}$$

积分遍及样品的整个体积, 而 $\alpha=x,y,z$. 如果所讨论的是各向同性的均匀金属, 则 $\boldsymbol{P}(\boldsymbol{r},\boldsymbol{r}')$ 必定只是 $R=|\boldsymbol{r}-\boldsymbol{r}'|$ 的函数, 而且必定是 $\boldsymbol{R}$ 方向的矢量. 再回到上述特殊情形, $\boldsymbol{P}(\boldsymbol{R})$ 可完全确定, 此时有:

$$\frac{2\mathrm{i}e}{\hbar c}\varDelta_0\chi(\boldsymbol{r})=\int\boldsymbol{P}(\boldsymbol{r}'-\boldsymbol{r})\cdot\nabla\chi(\boldsymbol{r}')\mathrm{d}\boldsymbol{r}'.\tag{5.84}$$

现在让我们集中注意某种特殊类型的 $\chi(\boldsymbol{r}')$ 函数: 在离$\boldsymbol{r}$ 较远处 ($|\boldsymbol{r}-\boldsymbol{r}'|\longrightarrow\infty$)$\chi(\boldsymbol{r}')$ 趋向于零. 于是可作分部积分而得 $-\displaystyle\int\chi(\boldsymbol{r}')\mathrm{div}\ \boldsymbol{P}(\boldsymbol{r}'-\boldsymbol{r})\mathrm{d}\boldsymbol{r}'$. 因此必须有

$$\mathrm{div}\ \boldsymbol{P}(\boldsymbol{r}'-\boldsymbol{r})=-(2\mathrm{i}e/\hbar c)\varDelta_0\delta(\boldsymbol{R}).$$

因 $\boldsymbol{P}$ 是径向矢量, 其唯一解是

$$\boldsymbol{P}(\boldsymbol{R})=-\frac{\mathrm{i}e\varDelta_0}{2\pi\hbar c}\frac{\boldsymbol{R}}{R^3}=\frac{\mathrm{i}e\varDelta_0}{2\pi\hbar c}\nabla\left(\frac{1}{R}\right).\tag{5.85}$$

如若对全体杂质位形求 Δ_1 的平均值(因为通过求平均系统成为均匀而且各向同性的), 则上述的 $\boldsymbol{P}(\boldsymbol{R})$ 亦适用于合金.

知道了 $\boldsymbol{P}(\boldsymbol{R})$ 就能证明下述定理：若选 $\boldsymbol{A}$ 使其满足规范 $\operatorname{div}\,\boldsymbol{A}=0$, 又若 $\boldsymbol{A}$ 在垂直于样品表面的方向没有分量 (伦敦规范), 则 Δ_1 等于零. 实际上

$$\begin{aligned}\Delta_1(\boldsymbol{r}) =&\frac{\mathrm{i}e\Delta_0}{2\pi\hbar c}\int\nabla\left(\frac{1}{R}\right)\cdot\boldsymbol{A}(\boldsymbol{r}')\mathrm{d}\boldsymbol{r}'\\ =&-\frac{\mathrm{i}e\Delta_0}{2\pi\hbar c}\left[\int\frac{1}{R}\operatorname{div}\,\boldsymbol{A}\mathrm{d}\boldsymbol{r}'-\int\frac{1}{R}\boldsymbol{A}\cdot\boldsymbol{n}\mathrm{d}\sigma\right]=0,\end{aligned}\tag{5.86}$$

$\boldsymbol{n}$ 是垂直于样品表面的单位矢量. 必须强调的是, 仅当下列条件满足时该定理才成立： (1) 金属是各向同性的； (2) 电子间具有点相互作用. 实际上, 如果相互作用具有有限的力程, 则对势 $\Delta(\boldsymbol{r},\boldsymbol{r}')$ 势必和两个宗量有关. 于是 Δ 的改变量为

$$\Delta_1(\boldsymbol{r},\boldsymbol{r}')=\int\mathrm{d}\boldsymbol{r}''K_\alpha(\boldsymbol{r},\boldsymbol{r}',\boldsymbol{r}'')A_\alpha(\boldsymbol{r}'').\tag{5.87}$$

由于不再存在对称的宗量, 因此也不能引进函数的梯度①.

现在我们具体计算伦敦规范中的修正 $u^{(1)}$ 和 $v^{(1)}$, 计算时取 $\Delta_1=0$, 这种规范的选择可使计算大大简化. 首先写出方程 (5.18) 和 (5.19), 保留到 $\boldsymbol{A}$ 的一级项：

$$\begin{aligned}&\left[\epsilon+\frac{\hbar^2}{2m}\nabla^2-U(\boldsymbol{r})\right]u_n^{(1)}(\boldsymbol{r})-\Delta v_n^{(1)}(\boldsymbol{r})\\ &\qquad=\frac{\mathrm{i}e\hbar}{2mc}(\boldsymbol{A}\cdot\nabla+\nabla\boldsymbol{A})u_n^{(0)}(\boldsymbol{r}),\\ &\left[\epsilon-\frac{\hbar^2}{2m}\nabla^2+U(\boldsymbol{r})\right]v_n^{(1)}(\boldsymbol{r})-\Delta^*u_n^{(1)}(\boldsymbol{r})\\ &\qquad=\frac{\mathrm{i}e\hbar}{2mc}(\boldsymbol{A}\cdot\nabla+\nabla\cdot\boldsymbol{A})v_n^{(0)}(\boldsymbol{r}).\end{aligned}\tag{5.88}$$

把 $u_n^{(1)}$ 及 $v_n^{(1)}$ 按正交归一组 $w_n(\boldsymbol{r})$ 展开 (顺便提醒一下, 我们所选的 w_n 是实函数),

$$\begin{aligned}u_n^{(1)}(\boldsymbol{r})&=\sum_m a_{nm}w_m(\boldsymbol{r}),\\ v_n^{(1)}(\boldsymbol{r})&=\sum_m b_{nm}w_m(\boldsymbol{r}).\end{aligned}\tag{5.89}$$

① 详细的数值计算表明, 这种散布型相互作用所产生的修正很小, 对抗磁性没有多大影响. 可参阅 Rickazayen, *Phys.Rev.* **115**, 795, 1959.

$u_n^{(0)}$ 和 $v_n^{(0)}$ 用式 (5.70) 的值代入, 用 w_m 乘以式 (5.88) 的每一式并对 $\boldsymbol{r}$ 积分则得

$$\begin{aligned}&a_{nm}(\epsilon_n-\xi_m)-\Delta b_{nm}=\mathrm{i}F_{nm}u_n,\\&-\Delta a_{nm}+b_{nm}(\epsilon_n+\xi_m)=\mathrm{i}F_{nm}v_n,\end{aligned}\tag{5.90}$$

式中

$$\begin{aligned}F_{nm}&=\frac{e\hbar}{2mc}\int w_m(\boldsymbol{A}\cdot\nabla+\nabla\cdot\boldsymbol{A})w_n\mathrm{d}\boldsymbol{r}\\&=-F_{mn}.\end{aligned}\tag{5.91}$$

式 (5.90) 的解为

$$\begin{aligned}a_{nm}&=\frac{\mathrm{i}F_{nm}}{\xi_n^2-\xi_m^2}[(\epsilon_n+\xi_m)u_n+\Delta v_n],\\b_{nm}&=\frac{\mathrm{i}F_{nm}}{\xi_n^2-\xi_m^2}[(\epsilon_n-\xi_m)v_n+\Delta u_n].\end{aligned}\tag{5.92}$$

一旦从这些公式算出 $u_n^{(1)}$ 和 $v_n^{(1)}$, 就能代回到自洽方程式 (5.32). 从而直接证实, 如所预期的那样, 在伦敦规范中 Δ_1 等于零.

5.3.2 抗磁响应和正常态电导率之间的关系

知道了精确到 $\boldsymbol{A}$ 的一次项的波函数, 就可计算电流

$$\boldsymbol{j}(\boldsymbol{r})=\mathrm{Re}\left\{\langle\Psi^+(\boldsymbol{r})\left(\boldsymbol{p}-\frac{e\boldsymbol{A}}{c}\right)\Psi(\boldsymbol{r})\rangle\right\}.$$

我们仅限于讨论 $T=0$ 的情形. 计算到 $\boldsymbol{A}$ 的零次项, $\boldsymbol{j}=0$. 计算到 $\boldsymbol{A}$ 的一次项, 将 Ψ 算符用 γ 算符来表示, 求出平均值并作展开 $u=u^0+u^1$ 等等, 则得

$$j(r)=-\frac{e\hbar\mathrm{i}}{2m}\sum_n[v_n^{*(0)}\nabla v_n^{(1)}+v_n^{*(1)}\nabla v_n^{(0)}-C.C.]\tag{5.93}$$

$$\begin{aligned}&=-\frac{e\hbar\mathrm{i}}{2m}\sum_{n,m}v_n[w_n\nabla w_nb_{nm}+w_m\nabla w_nb_{nm}^*-C.C.]\\&=-\frac{e\hbar\mathrm{i}}{2m}\sum_{n,m}v_n(b_{nm}-b_{nm}^*)(w_n\nabla w_m-w_m\nabla w_n).\end{aligned}\tag{5.94}$$

从式 (5.92) 可以确定如下的性质:

$$b_{nm}^*=-b_{nm},$$

$$v_nb_{nm}=\mathrm{i}F_{nm}R_{nm},$$

式中

$$R_{nm}=\frac{1}{2\epsilon_n(\xi_n^2-\xi_m^2)}[(\epsilon_n-\xi_n)(\epsilon_n-\xi_m)+\Delta^2].$$

R_{nm} 的对称形式是

$$\frac{1}{2}L(\xi_n,\xi_m)=\frac{R_{nm}+R_{mn}}{2}=\frac{\Delta^2+\xi_n\xi_m-\epsilon_n\epsilon_m}{\epsilon_n\epsilon_m(\epsilon_n+\epsilon_m)}.$$

电流和矢势的关系为

$$j_\mu(\boldsymbol{r})=\sum_\nu\int \mathrm{d}\boldsymbol{r}'A_\nu(\boldsymbol{r}')S_{\mu\nu}(\boldsymbol{r},\boldsymbol{r}'),\tag{5.95}$$

式中 $\mu,\nu=x,y,z$, 及

$$\begin{aligned}S_{\mu\nu}(\boldsymbol{r},\boldsymbol{r}')=&\left(\frac{e\hbar}{2m}\right)^2\frac{1}{c}\sum_{n,m}L(\xi_n,\xi_m)p_{\mu nm}(\boldsymbol{r})p_{\nu nm}(\boldsymbol{r}')\\&-\frac{ne^2}{mc}\delta(\boldsymbol{r}-\boldsymbol{r}')\delta_{\mu\nu},\end{aligned}\tag{5.96}$$

而且我们已定义

$$p_{\mu nm}(\boldsymbol{r})=\left[w_n(\boldsymbol{r})\frac{\partial}{\partial r_\mu}w_m(\boldsymbol{r})-w_m(\boldsymbol{r})\frac{\partial}{\partial r_\mu}w_n(\boldsymbol{r})\right].$$

对纯的无限大金属而言, w_n 是平面波, 因此立即可以算出 p_{nm}. 但实际上必须考虑杂质的存在及样品的表面效应, 因此不可能具体给出 w_n.

然而如果注意到正常态的电导 $\sigma_{\mu\nu}$ 也含有同样的矩阵元, 那么无须多费周折就能把 $S_{\mu\nu}$ 求出来. 这一发现也解释了皮帕德的唯象模型之所以成功的原因, 该模型所导出的超导体的 $(\boldsymbol{j},\boldsymbol{A})$ 关系式和正常金属的 $(\boldsymbol{j},\boldsymbol{E})$ 关系式异常相似.

更确切地说, 频率为 Ω 的电导 $\sigma_{\mu\nu}(\boldsymbol{r},\boldsymbol{r}',\Omega)$ 是这样定义的: 在样品内每一点 $\boldsymbol{r}'$ 加上电场 $E(\boldsymbol{r}')\mathrm{e}^{-\mathrm{i}\Omega t}+C.C.$, 则可测得在 $\boldsymbol{r}$ 点感应的电流为 $j(\boldsymbol{r})\mathrm{e}^{-\mathrm{i}\Omega t}+C.C.$. 电流是电场的线性函数:

$$j_\mu(\boldsymbol{r})=\int \mathrm{d}^3\boldsymbol{r}'\sigma_{\mu\nu}(\boldsymbol{r},\boldsymbol{r}',\Omega)E_\nu(\boldsymbol{r}').$$

实际上我们已知道 $\sigma_{\mu\nu}$ 的具体形式. 场和电流的关系由钱伯斯(Chambers) 方程给出:

$$\begin{aligned}j_\mu(\boldsymbol{r})=&\frac{e^2v_\mathrm{F}}{2\pi}N(0)\sum_\nu\int \mathrm{d}\boldsymbol{r}'E_\nu(\boldsymbol{r}')\frac{R_\mu R_\nu}{R^4}\\&\times\exp[(\mathrm{i}\Omega/v_\mathrm{F}-1/l)R]\\&R=|\boldsymbol{r}'-\boldsymbol{r}|,\end{aligned}\tag{5.97}$$

式中 $\boldsymbol{R}=\boldsymbol{r}'-\boldsymbol{r}$, l 表示迁移平均自由程. 积分只遍及样品的体积. 为了建立式 (5.97), 必须作三条假定:

(1) 电子在表面上的反射必须是漫散反射. 对于大多数情形, 该条件都能满足;

(2) 场 $\boldsymbol{E}$ 和电流 $\boldsymbol{j}$ 都是横向的 $(\mathrm{div}\boldsymbol{E}=0, \mathrm{div}\ \boldsymbol{j}=0)$, $\boldsymbol{E}$ 和 $\boldsymbol{j}$ 没有垂直于表面的分量. 这种限制并无妨碍, 因为在超导态中微扰 (矢势 $\boldsymbol{A}$) 也是横向的 (伦敦规范);

(3) 频率 Ω 小于 $k_{\mathrm{B}}T/\hbar$. 从式 (5.97) 可以得到 σ 为

$$\begin{aligned}\sigma_{\mu\nu}(\boldsymbol{r},\boldsymbol{r}') &= \frac{e^2 v_f}{2\pi}N(0)\frac{R_\mu R_\nu}{R^4} \quad \exp(\mathrm{i}\Omega R/v_f)\mathrm{e}^{-R/l} \\ &\qquad\qquad (若\boldsymbol{r},\boldsymbol{r}'在样品内), \\ &= 0 \qquad\qquad (若\boldsymbol{r},\boldsymbol{r}'在样品外).\end{aligned} \tag{5.98}$$

实际上, 我们只需要 $\sigma_{\mu\nu}$ 的实部, 它给出耗散功率

$$w=\sum_{\mu\nu}\int \mathrm{d}\boldsymbol{r}\mathrm{d}\boldsymbol{r}'[E_\mu^*(\boldsymbol{r})E_\nu(\boldsymbol{r}')+C.C.]\mathrm{Re}\{\sigma_{\mu\nu}(r,r',\Omega)\} \tag{5.99}$$

(Re 表示取实部).

现在我们从正常金属的单电子波函数 $w_n(\boldsymbol{r})$ 出发来计算 $\sigma_{\mu\nu}$, 并证明表述 Re $\sigma_{\mu\nu}$ 的公式和表述 $S_{\mu\nu}$ 的式 (5.96) 确实很相似. 正常金属中单电子的能量为

$$\mathscr{H}_{\mathrm{e}}=\frac{1}{2m}\left(\boldsymbol{p}-\frac{e}{c}\boldsymbol{A}\right)^2+U_0(\boldsymbol{r}), \tag{5.100}$$

$U_0(\boldsymbol{r})$ 为包括杂质势和表面势在内的晶格势能. 然而交变电场不包括在 U_0 中, 而是由矢势给出:

$$\boldsymbol{E}=-\frac{1}{c}\frac{\partial \boldsymbol{A}}{\partial t}=\frac{\mathrm{i}\Omega}{c}\boldsymbol{A}. \tag{5.101}$$

因为场 $\boldsymbol{E}$ 是弱微扰, 所以

$$\begin{aligned}\mathscr{H}_{\mathrm{e}}&=\mathscr{H}_0+\mathscr{H}_1, \\ \mathscr{H}_0&=\frac{p^2}{2m}+U_0, \\ \mathscr{H}_1&=\frac{e}{2mc}(\boldsymbol{p}\cdot\boldsymbol{A}+\boldsymbol{A}\cdot\boldsymbol{p}),\end{aligned} \tag{5.102}$$

$\mathscr{H}_0$ 的本征函数是 $w_n(\boldsymbol{r})$. 而周期性的微扰 $\mathscr{H}_1$ 势必引起从 $n\to m$ 的跃迁, 并且 $\xi_m-\xi_n=\pm\hbar\Omega$. 单位时间内的跃迁概率为

$$\begin{aligned}g_{nm}=&\frac{2\pi}{\hbar}f(\xi_n)[1-f(\xi_m)]|\langle n|\mathscr{H}_1|m\rangle|^2 \\ &\times[\delta(\xi_n-\xi_m+\hbar\Omega)+\delta(\xi_n-\xi_m-\hbar\Omega)],\end{aligned} \tag{5.103}$$

式中

$$\langle n|\mathscr{H}_1|m\rangle = \frac{\mathrm{e}i\hbar}{2mc}\int w_n(\nabla\cdot\boldsymbol{A}+\boldsymbol{A}\cdot\nabla)w_m\mathrm{d}\boldsymbol{r}$$
$$= \frac{\mathrm{e}i\hbar}{2mc}\sum_\nu\int A_\nu(\boldsymbol{r})p_{\nu nm}(\boldsymbol{r})\mathrm{d}\boldsymbol{r}. \tag{5.104}$$

而耗散功率则为

$$w = \sum_{n,m} g_{nm}(\xi_m - \xi_n). \tag{5.105}$$

将此式和式 (5.99) 相对照, 可得

$$\mathrm{Re}\{\sigma_{\mu\nu}(r,r',\Omega)\} = \frac{2\pi}{\hbar}\left(\frac{e\hbar}{m}\right)^2\sum_{n,m}\frac{f(\xi_n)-f(\xi_m)}{\hbar\Omega}$$
$$\times p_{\mu nm}(r)p_{\nu nm}(r')\delta(\xi_n-\xi_m-\hbar\Omega). \tag{5.106}$$

为了将此式和钱伯斯方程作比较, 必须考虑 $\hbar\Omega \ll k_{\mathrm{B}}T$ 的区域. 在该区域中

$$\frac{f(\xi_n)-f(\xi_m)}{\hbar\Omega} = \frac{f(\xi_n)-f(\xi_m)}{\xi_n-\xi_m} \cong \frac{\delta f}{\delta\xi}.$$

该式近似等于 $-\delta(\xi)$, 因此式 (5.106) 简化为

$$\mathrm{Re}\{\sigma_{\mu\nu}\} = \frac{2\pi}{\hbar}\left(\frac{e\hbar}{m}\right)^2 N(0)\sum_m\overline{p_{\mu nm}(r)p_{\nu nm}(r')}$$
$$\times\,\delta(\xi_n-\xi_m-\hbar\Omega), \tag{5.107}$$

式中符号 $\overline{(\quad)}$ 表示对正常金属费米面上的单电子态求平均值①.

5.3.3 抗磁电流的计算

方程 (5.107) 和 (5.96) 表明, 正常态的电导 $\sigma_{\mu\nu}$和超导态的抗磁响应 $S_{\mu\nu}$ 含有相同的矩阵元. 在式 (5.96) 中用 $N(0)\int\mathrm{d}\xi_n$ 代替 $\sum_n$, 我们得到基本关系式

$$S_{\mu\nu}(\boldsymbol{r},\boldsymbol{r}') = \frac{\hbar}{2\pi c}\int\mathrm{d}\xi\mathrm{d}\xi' L(\xi,\xi')\mathrm{Re}\left\{\sigma_{\mu\nu}\left(\boldsymbol{r},\boldsymbol{r}',\frac{\xi-\xi'}{\hbar}\right)\right\}$$
$$-\frac{ne^2}{mc}\delta(\boldsymbol{r})\delta_{\mu\nu}. \tag{5.108}$$

再把有关 $\sigma_{\mu\nu}$ 的钱伯斯方程代入上式而得

$$S_{\mu\nu}(\boldsymbol{r},\boldsymbol{r}') = \frac{3ne^2}{4\pi mc\xi_0}\frac{R_\mu R_\nu}{R^4}\mathrm{e}^{-R/l}\boldsymbol{J}(R) - \frac{ne^2}{mc}\delta(R)\delta_{\mu\nu}, \tag{5.109}$$

① 请注意, 平均值强烈依赖于 $\hbar\Omega$, 而当 $|\xi_n| \ll E_{\mathrm{F}}$ 时对于 ξ_n 仅有微弱的依赖关系.

式中已令 $\xi_0 = \hbar v_F/\pi\Delta(0), \boldsymbol{R} = \boldsymbol{r}' - \boldsymbol{r}$, 以及

$$\boldsymbol{J}(R) = \frac{1}{\pi^2\Delta(0)}\int_{-\infty}^{\infty} \mathrm{d}\xi\mathrm{d}\xi' L(\xi,\xi')\cos\left[\frac{(\xi-\xi')R}{\hbar v_F}\right]. \tag{5.110}$$

根据 $L(\xi,\xi')$ 的形式来判断, 可以预见积分的主要贡献来自于 $\xi-\xi' \sim \Delta$ 的区域. 由此推出 $I(R)$ 的力程约为 $\hbar v_F/\Delta(0) \sim \xi_0$(在 ξ_0 的定义中, 适当选择数值系数可以简化后面的计算). 为了具体计算 $I(R)$, 作变量变换 $\xi = \Delta\ \sinh\ \theta$, $\xi' = \Delta\ \sinh\ \theta'$, 然后令 $\alpha = (\theta-\theta')/2, \beta = (\theta+\theta')/2$, 从而得

$$\begin{aligned} J(R) &= \frac{1}{\pi^2}\int \mathrm{d}\alpha\mathrm{d}\beta\frac{\sinh^2\alpha}{\cosh\ \alpha\ \cosh\ \beta}\cos\left[\frac{2\Delta(0)R}{\hbar v_F}\sinh\ \alpha\ \cosh\ \beta\right] \\ &= \frac{1}{\pi^2}\int_{-\infty}^{\infty}\frac{\mathrm{d}\beta}{\cosh\ \beta}\int_{-\infty}^{\infty}\mathrm{d}u\left(1-\frac{1}{1+u^2}\right)\cos\left(\frac{2\Delta(0)R}{\cosh\ \beta}\right) \\ &\qquad (u = \sinh\ \alpha). \end{aligned} \tag{5.111}$$

因此可得

$$\begin{aligned} J(R) =& \frac{1}{\pi}\frac{\hbar v_F}{\Delta(0)}\delta(R) \\ &- \frac{1}{\pi}\int_{-\infty}^{\infty}\frac{\mathrm{d}\beta}{\cosh\ \beta}\exp(-2\Delta(0)R\ \cosh\ \beta/\hbar v_F). \end{aligned} \tag{5.112}$$

第一项代表位于原点的贡献. 完成式 (5.95) 中对 $\boldsymbol{r}'$ 的积分, 就会发现这一项和 $(-ne^2/mc)\delta(R)\delta_{\mu\nu}$ 恰好抵消. 因此最终可得

$$S_{\mu\nu}(\boldsymbol{r},\boldsymbol{r}') = -\frac{3ne^2}{4\pi mc\xi_0}\frac{R_\mu R_\nu}{R^4}\mathrm{e}^{-R/l}I(R), \tag{5.113}$$

式中

$$I(R) = \frac{2}{\pi}\int_{-\infty}^{\infty}\frac{\mathrm{d}\beta}{\cosh\ \beta}\exp[-(2/\pi)(R/\xi_0)\cosh\ \beta]. \tag{5.114}$$

式 (5.95), (5.113) 和 (5.114) 给出了超导体内弱的静磁场所感应的电流.

5.3.4 结论

(1) 当 $A \neq 0$ 时 (在伦敦规范中) 超导体内存在持续电流. 遗憾的是只有经过冗长的计算才能得到这一决定性的结果, 而且其物理意义含混不清. 不过在第 6 章中它的物理意义将逐渐明朗.

(2) 在纯金属中 ($l = \infty$), 核 $S_{\mu\nu}(\boldsymbol{r},\boldsymbol{r}')$ 的力程是由 $I(R)$ 决定的, 大致是 ξ_0 的数量级. 皮帕德公式假定 $I(R) = \exp(-R/\xi_0)$, 精确的结果式 (5.114) 虽非指数形式却也相差不远. 特别应注意当 $T = 0$ 时

$$I(0) = 1,$$

$$\int_0^\infty I(R)\mathrm{d}R = \xi_0.$$

这是对精确的结果和皮帕德公式都适用的共同性质.

(3) 对于体积无限大的纯金属, 如果相对于 ξ_0 而言 $\boldsymbol{A}(\boldsymbol{r}')$ 变化缓慢, 那就可以把它从式 (5.95) 的积分号内取出, 并完成积分而得伦敦关系式

$$\begin{aligned}\boldsymbol{j}(\boldsymbol{r}) &= -\frac{ne^2}{mc}\boldsymbol{A}(\boldsymbol{r}),\\ \mathrm{curl}\ \boldsymbol{j} &= -\frac{ne^2}{mc}\boldsymbol{H}.\end{aligned} \tag{5.115}$$

(4) 如有杂质存在, 而出现因子 $\mathrm{e}^{-R/l}$, 核 $S(\boldsymbol{r},\boldsymbol{r}')$ 势必减小. 式中 l 是正常态电子的迁移平均自由程. 早在微观理论发展之前皮帕德就预言了这一结果.

(5) 在不纯的金属中, 若相对于 $(\xi_0^{-1}+l^{-1})^{-1}$ 而言 $\boldsymbol{A}$ 变化缓慢, 依然可以把 $\boldsymbol{A}$ 从积分号内取出, 因此得到一个新的伦敦关系式, 通常写成如下形式:

$$\begin{aligned}-c\Lambda_0\boldsymbol{j}(\boldsymbol{r}) &= \boldsymbol{A}(\boldsymbol{r}),\\ -c\Lambda_0\ \mathrm{curl}\ \boldsymbol{j}(\boldsymbol{r}) &= \boldsymbol{H},\end{aligned} \tag{5.116}$$

式中

$$\Lambda_0^{-1} = \frac{ne^2}{m}\int_0^\infty \frac{\mathrm{d}R}{\xi_0} I(R)\mathrm{e}^{-R/l} < \frac{ne^2}{m} \quad (T=0). \tag{5.117}$$

特别是当 $l \ll \xi_0$ 时, $I(R)$ 可取作 1, 因而得到

$$\Lambda_0^{-1} = \frac{ne^2}{m}\left(\frac{l}{\xi_0}\right) \quad (l \ll \xi_0). \tag{5.118}$$

(6) 我们的计算只限于 $T=0$ 的情形. 至于 $T\neq 0$ 的情形, 也能用同样的方法进行计算. 式 (5.95) 依然适用, 但须把 $L(\xi,\xi')$ 的定义推广到 $T\neq 0$ 的情形, 这时积分须用数值计算来完成, 其结果是: 核 $S_{\mu\nu}(\boldsymbol{r},\boldsymbol{r}')$ 的空间形式几乎和温度无关. 甚至当 $T\to T_\mathrm{c}$ 时, 对于纯金属而言, 它的力程仍是 ξ_0. 然而它的归一化条件是有变化的, 随着 T 的升高超流将变弱, 最后当 $T=T_\mathrm{c}$ 时超流等于零. 通常这种归一化条件是用系数 Λ_T 定义如下:

$$\int S_{\mu\nu}(\boldsymbol{r},\boldsymbol{r}',T)\mathrm{d}\boldsymbol{r}' = \frac{1}{c\Lambda_T}, \tag{5.119}$$

式中 Λ_T 只和温度有关. 图 5.4 给出了 Λ_0/Λ_T 和温度的关系. 以后我们还要利用朗道 – 金兹堡(Landau–Ginsburg) 方程来讨论在 $T=T_\mathrm{c}$ 附近某些和 Λ_T 有关的参数.

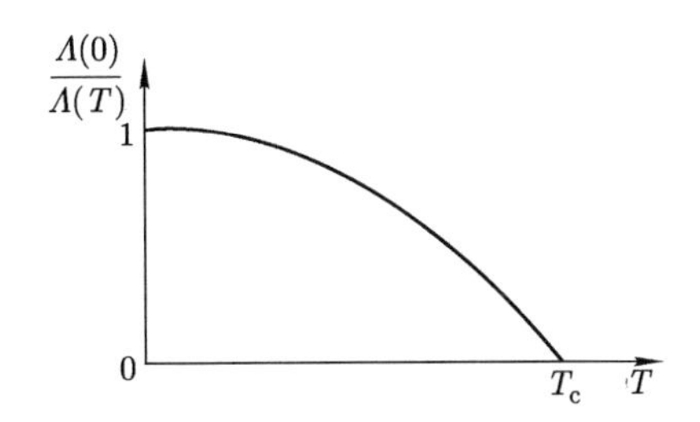

图 5.4　超导体抗磁响应的强度和温度的函数关系.

参 考 资 料

自洽场方法与安德森定理:

P. W. Anderson, *Proceedings of the 8th Conference on Low Temperature Physics* (Toronto: University of Toronto Press, 1961).

超导体中的磁通量子化与长程序:

C. N. Yang, *Rev.Mod.Phys.*, **34**, 694(1962).

迈斯纳效应:在BCS超导体中将迈斯纳效应与能隙联系起来的较简单的方法见

M. Tinkham, "Superconductivity" in:Low Temperature Physics, Les Houches Lecture Notes, 1961. (New York: Gordon and Breach, 1965.)

第 6 章

朗道 – 金兹堡唯象方程

6.1 引言

让我们先扼要重述一下超导体在静磁场 $\boldsymbol{H}$ 作用下的微观性质方面的知识. 我们用以决定磁场所感应的电流 $\boldsymbol{j}$ 的头一个方法是利用伦敦方程

$$\text{curl}\,\boldsymbol{j} = -\frac{c}{4\pi\lambda^2(T)}\boldsymbol{H}. \tag{6.1}$$

然而, 式 (6.1) 只有在以下条件满足时才适用:

(1) $\lambda(T)$ 必须比 $(1/\xi_0 + 1/l)^{-1}$ 大得多, 这里 $\xi_0 = 0.18\hbar v_\mathrm{F}/k_\mathrm{B}T_\mathrm{c}, l$ 是平均自由程;

(2) $\boldsymbol{H}$ 应很小, 可以作为微扰处理;

(3) 超导电子密度 $n_\mathrm{s}(\boldsymbol{r})$ 在空间里几乎是常数.

若用非定域的皮帕德方程代替式 (6.1), 我们就有可能最终把条件 (1) 放宽. 然而条件 (2) 和 (3) 仍保持不变. 因此, 我们这时就不能处理这样一类的问题, 如第 I 类超导体中超导区域 ($H = 0, n_\mathrm{s}$ 有限) 和正常区域 ($H = H_\mathrm{c}, n_\mathrm{s} = 0$) 的界面问题.

原则上说, 我们可以回到一般的方法上来:

(a) 写出激发的运动方程,

$$\begin{aligned}
\epsilon u(\boldsymbol{r}) &= \frac{1}{2m}\left[\left(\boldsymbol{p} - \frac{e}{c}\boldsymbol{A}\right)^2 - E_\mathrm{F}\right]u(\boldsymbol{r}) + \Delta(\boldsymbol{r})v(\boldsymbol{r}),\\
\epsilon v(\boldsymbol{r}) &= \frac{-1}{2m}\left[\left(\boldsymbol{p} + \frac{e}{c}\boldsymbol{A}\right)^2 - E_\mathrm{F}\right]v(\boldsymbol{r}) + \Delta^*(\boldsymbol{r})u(\boldsymbol{r}).
\end{aligned}$$

(b) 假设一个对势 $\Delta(\boldsymbol{r})$ 的空间变化形式.

(c) 计算 u 和 v, 由此可得出电流密度和其他物理性质.

(d) 用自洽方程

$$\Delta(\boldsymbol{r})=\sum_{n}u_{n}v_{n}^{*}[1-2f(\epsilon_{n})]$$

验证所选择的 $\Delta(\boldsymbol{r})$ 的形式是否正确, 然而, 这种程序极其冗长, 难以实现.

如果我们把注意力集中到转变温度 T_0 附近的区域, 问题就可大大简化. 当 $T\to T_{\rm c}$ 时:

(1) 穿透深度 $\lambda(T)$ 变得很大 (在伦敦极限中, $\lambda(T)$ 正比于 $n_{\rm s}^{-\frac{1}{2}}$. 而当 $T\to T_{\rm c}$ 时, $n_{\rm s}$ 趋向于零); (2) N 区和 S 区的界面厚度也变得很大. 依据实验, 在第 I 类材料中穿透深度大致按 $\xi_0\left[\dfrac{T_{\rm c}}{T_{\rm c}-T}\right]^{\frac{1}{2}}$ 规律变化 (对纯金属而言).

更一般地说, 如果温度足够靠近转变温度, 在大多数物理情况中, 电流 $\boldsymbol{j}(\boldsymbol{r})$ 和对势 $\Delta(\boldsymbol{r})$ 只有缓慢的空间变化. 在这样的条件下, 物理性质可用下面我们就要讲的更简单的方程来确定.

6.2 自由能的构成

现在我们来考虑均匀的超导金属或合金. 首先我们就对势 $\Delta(\boldsymbol{r})$ 和矢势 $\boldsymbol{A}(\boldsymbol{r})$ 在空间具有任意的、但缓慢变化的函数形式这一组态 (configuration) 构造出自由能. 然后, 使自由能极小, 得出 $\Delta(\boldsymbol{r})$ 与电流 $\boldsymbol{j}(\boldsymbol{r})$ 的具体方程.

(a) 先回到平常的情况, 即 (1) Δ 值在每一点都相同; (2) 没有磁场. 如果将 Δ 固定为某一任意值, 我们就能确定 u 和 v, 并且可用第 4 章的方法来计算自由能 F(每立方厘米), F 是 Δ 的函数. 特别是, 若 Δ 较小 (在 $T_{\rm c}$ 附近, 该条件总是满足的), 而且 Δ 是常数并且没有外磁场时, 我们发现

$$F=F_{\rm n}+A(T)|\Delta|^2+\frac{B(T)}{2}|\Delta|^4+\cdots. \tag{6.2}$$

展开式中只出现 Δ 的偶次项. $F_{\rm n}$ 是正常相的自由能. A 和 B 是两个系数, 在 BCS 近似中, 它们由下式给出:

$$\left.\begin{aligned}A(T)&=N(0)\frac{T-T_{\rm c}}{T_{\rm c}},\\ B(T)&=0.106\,6\frac{N(0)}{(k_{\rm B}T_{\rm c})^2}.\end{aligned}\right\}\quad T\to T_{\rm c} \tag{6.3}$$

更一般地说, 我们假定精确的自由能可用式 (6.2) 这种展开式来表示, 其中系数 A 和 B 具有下列性质: 当 $T<T_{\rm c}$ 时, A 是负的, 且在 $T=T_{\rm c}$ 时 A 变为零, 斜率 $\left(\dfrac{{\rm d}A}{{\rm d}T}\right)_{T_{\rm c}}$ 是有限的; B 是正的, 并且在 $T=T_{\rm c}$ 时是有限的, 实际上 B 的数值可用 $T_{\rm c}$ 时的值来代替.

若 $T<T_c$, F 的极小值对应于如下的非零的 Δ 值:

$$\begin{aligned}&\Delta=\Delta_0(T),\\&\Delta_0^2=-\frac{A}{B}=9.38k_B^2T_c(T_c-T).\end{aligned}\tag{6.4}$$

这就是在没有磁场的情况下平衡时将出现的 Δ 值: 相应的自由能为

$$F=F_s=F_n-\frac{A^2}{2B}.\tag{6.5}$$

由我们关于 A 和 B 所作的假设, 自由能之差 $F_n-F_s=\dfrac{H_c^2}{8\pi}$ 正比于 $(T_c-T)^2$. 这是一切二级相变的共同特征.

(b) 现在我们允许 Δ 逐点地缓慢变化, 然而仍旧令 $\boldsymbol{H}=\boldsymbol{A}=0$. 自由能表式(6.2) 将如何修正呢? 由于在无磁场时, 平衡状态与 $\Delta=$ 常数相对应, 所以最重要的项将是 $\left(\dfrac{\partial\Delta}{\partial x}\right)^2$ 或 $\left(\dfrac{\partial\Delta}{\partial x}\right)\left(\dfrac{\partial\Delta}{\partial y}\right)$ 等等. 为了简单起见, 从现在起, 我们仅讨论立方晶体. 于是,

$$\begin{aligned}F=&F_n+A|\Delta|^2+\frac{B}{2}|\Delta|^4\\&+C\left[\left|\frac{\partial\Delta}{\partial x}\right|^2+\left|\frac{\partial\Delta}{\partial y}\right|^2+\left|\frac{\partial\Delta}{\partial z}\right|^2\right].\end{aligned}\tag{6.6}$$

我们取 C 不等于零, 并且在 $T=T_c$ 时为正值. 事实上, 以后的微观计算表明, 对于纯金属, $C\sim N(0)\xi_0^2$. 也就是说, 式 (6.6) 最后一项所表示的 **"扭曲能量"** (torsion energy) 约为 $N(0)\Delta^2\xi_0^2\left[\dfrac{1}{\Delta}\dfrac{\partial\Delta}{\partial x}\right]^2$ 的数量级.

在转变温度附近, 自由能 F 和有序参数 Δ 之间的关系式 (6.6), 已被朗道假定为二级相变普遍理论的出发点 (例如在铁磁体中, 有序参数就是磁化强度①).

例题 试计算磁场为零时正常相 $(T>T_c)$ 中对势 Δ 的涨落.

解答 对势有确定的空间函数形式 $\Delta(\boldsymbol{r})$ 的组态的概率正比于 $\exp(-\mathscr{F}/k_BT)$, 式中 $\mathscr{F}$ 是由式 (6.6) 算出的样品的自由能. 若 $T>T_c$, 在式 (6.6) 中只需保留 Δ^2 幂次项就够了. 在 $\boldsymbol{A}=0$ 并且 Δ 是实数的规范中, 我们有

$$\begin{aligned}\mathscr{F}&=\int d\boldsymbol{r}[A|\Delta(\boldsymbol{r})|^2+C|\nabla\Delta(\boldsymbol{r})|^2]\\&=L^3\sum_k|\Delta_k|^2(A+Ck^2),\end{aligned}$$

① 对于磁性材料, 新近的实验和理论计算表明, 朗道对于 F 解析形式所作的假设, 事实上局限性太大, 实际状况要复杂得多. 然而在超导体中式 (6.6) 却极为合适. 在磁性材料中, 复杂性来源于短程有序效应, 而且这些效应很大. 但在超导体中这些效应却很小. (请看上面的习题.)

式中

$$\Delta_k = \frac{1}{L^3}\int \mathrm{d}\boldsymbol{r}\mathrm{e}^{\mathrm{i}kr}\Delta(\boldsymbol{r}),$$

L^3 是样品的体积 (后面我们将看到, 当 $\xi_0 k \ll 1$ 的时候, 这个公式适用于纯超导体). 因此得出以下的热力学平均值:

$$\langle \Delta_k \rangle = 0,$$

$$\langle |\Delta_k|^2 \rangle = \frac{\displaystyle\int |\Delta_k|^2 \mathrm{e}^{-\mathscr{F}/k_\mathrm{B}T}\mathrm{d}\Delta_k}{\displaystyle\int \mathrm{e}^{-\mathscr{F}/k_\mathrm{B}T}\mathrm{d}\Delta_k} = \frac{1}{2L^3}\left(\frac{k_\mathrm{B}T}{A+Ck^2}\right).$$

另一方面, $\langle |\Delta_k|^2 \rangle$ 和 Δ 的空间相关函数有关,

$$\begin{aligned}\langle |\Delta_k|^2 \rangle &= \frac{1}{L^6}\int \mathrm{d}\boldsymbol{r}\mathrm{d}\boldsymbol{r}'\langle \Delta(\boldsymbol{r})\Delta(\boldsymbol{r}')\rangle \mathrm{e}^{\mathrm{i}\boldsymbol{k}(\boldsymbol{r}-\boldsymbol{r}')} \\ &= \frac{1}{L^3}\int \mathrm{d}\boldsymbol{R}\langle \Delta(0)\Delta(\boldsymbol{R})\rangle \mathrm{e}^{\mathrm{i}\boldsymbol{k}\cdot\boldsymbol{R}}\end{aligned}$$

[$\langle \Delta(\boldsymbol{r})\Delta(\boldsymbol{r}')\rangle$ 仅依赖于 $(\boldsymbol{r}-\boldsymbol{r}')$]. 取上式的逆变换, 就得到相关函数

$$\langle \Delta(0)\Delta(\boldsymbol{R})\rangle = \frac{1}{(2\pi)^3}\int \mathrm{d}k\frac{k_\mathrm{B}T}{2(A+Ck^2)}\mathrm{e}^{\mathrm{i}kR} = \frac{k_\mathrm{B}T}{8\pi CR}\mathrm{e}^{-qR},$$

式中 $q^2 = \dfrac{A}{C}$, $q > 0$. 对于纯金属 ($C \sim N(0)\xi_0^2$)

$$\frac{\langle \Delta(0)\Delta(\boldsymbol{R})\rangle}{(k_\mathrm{B}T_\mathrm{c})^2} \sim \frac{k_\mathrm{B}T}{E_\mathrm{F}} \times \frac{1}{k_\mathrm{F}R}\mathrm{e}^{-qR}.$$

此值非常小, 因此在大部分超导体中短程序的效应的确可以忽略.

(c) 式 (6.6) 中还必须加上矢势 $\boldsymbol{A}$ 才完善, 矢势 $\boldsymbol{A}$ 引起的磁场为 $\boldsymbol{h} = \mathrm{curl}\,\boldsymbol{A}$. 自由能必须和 $\boldsymbol{A}$ 的规范选择无关 (如果我们令 $\boldsymbol{A}' = \boldsymbol{A} + \nabla\chi$, 由 $\boldsymbol{A}'$ 导出的磁场和由 $\boldsymbol{A}$ 导出的磁场应该一样. 若 $\boldsymbol{H}$ 不变化, 自由能 F 也必然不变化). 我们在第 5 章已经看到, 对势的确按规律

$$\Delta'(\boldsymbol{r}) = \Delta(\boldsymbol{r})\mathrm{e}^{\mathrm{i}2e\chi(\boldsymbol{r})/hc}$$

变化. 因此, 为了保证 F 具有规范不变性, 我们必须用

$$\begin{aligned}F =& F_\mathrm{n} + A|\Delta|^2 + \frac{B}{2}|\Delta|^4 \\ &+ C\left|\left(-\mathrm{i}\nabla - \frac{2e}{\hbar c}\boldsymbol{A}\right)\Delta\right|^2 + \frac{h^2}{8\pi}\end{aligned} \tag{6.7}$$

来代替式 (6.6). 最后一项 $\dfrac{h^2}{8\pi}$ 表示真空中的磁场能量. 在式 (6.7) 中, $|\Delta|^2$ 幂次的项和由波函数 $\psi(\boldsymbol{r})$ 来描述的电荷为 $2e$ 的粒子的能量密度方程之间形式上颇为相似. 更确切地说, 如果我们令

$$\begin{aligned}\psi(\boldsymbol{r}) &= \frac{(2mC)^{\frac{1}{2}}}{\hbar}\Delta(\boldsymbol{r}), \quad \alpha = \frac{\hbar^2}{2m}\frac{A}{C},\\ \beta &= \left(\frac{\hbar}{2m}\right)^2\frac{B}{C^2}, \quad \frac{\alpha^2}{2\beta} = \frac{H_{\mathrm{c}}^2}{8\pi},\end{aligned} \tag{6.8}$$

那么,

$$\begin{aligned}F =& F_{\mathrm{n}} + \alpha|\psi|^2 + \frac{\beta}{2}|\psi|^4\\ &+ \frac{1}{2m}\left|\left(-\mathrm{i}\hbar\nabla - \frac{2e}{c}\boldsymbol{A}\right)\psi\right|^2 + \frac{h^2}{8\pi}.\end{aligned} \tag{6.9}$$

这正是早在微观理论问世前的 1951 年, 朗道和金兹堡所提出的自由能公式. 在当时 $\psi(\boldsymbol{r})$ 的物理意义还很不清楚, 而且也不知道在 $\left(-\mathrm{i}\hbar\nabla - \dfrac{e^*}{c}\boldsymbol{A}\right)$ 中出现的电荷 e^* 的数值 (最初朗道和金兹堡取 $e^* = e$). 不依靠任何详细的超导态理论而写出式 (6.9) 来, 这确实表现出物理直觉的惊人的威力.

注意, 我们选择自由电子质量 m 作为式 (6.8) 和 (6.9) 的系数是完全任意的①. 其实, 我们选择太阳的质量也没有什么不可以. 相反, 在 $\dfrac{2e}{c}\boldsymbol{A}$ 项前出现的电荷 $2e$ 就不是因袭常规的问题, 而是表达了对势的一个基本性质, 即 $\Delta = V\langle\psi_\uparrow(\boldsymbol{r})\cdot\psi_\downarrow(\boldsymbol{r})\rangle$ 是两个湮灭算符乘积的平均值.

6.3 平衡方程

现在我们必须相对于 (1) 有序参数 $\Delta(\boldsymbol{r})$; 以及 (2) 磁场分布, 也就是 $\boldsymbol{A}$, 求自由能的极小值. 我们令 $\mathscr{F} = \displaystyle\int F\mathrm{d}\boldsymbol{r}$, 积分遍及整个样品体积. 如果我们将 $\psi(\boldsymbol{r})$ 改变 $\delta\psi(\boldsymbol{r})$, 而 $\boldsymbol{A}(\boldsymbol{r})$ 改变 $\delta\boldsymbol{A}(\boldsymbol{r})$, 就可以得到自由能的改变量. 分部积分后就成为

$$\begin{aligned}\delta\mathscr{F} =& \int \mathrm{d}\boldsymbol{r}\left\{\delta\psi^*\left[\alpha\psi + \beta\psi|\psi|^2 + \frac{1}{2m}\left(-\mathrm{i}\hbar\nabla - \frac{2e}{c}\boldsymbol{A}\right)^2\psi\right] + C.C.\right\}\\ &+ \int \mathrm{d}\boldsymbol{r}\delta\boldsymbol{A}\cdot\left\{\frac{1}{4\pi}\mathrm{curl}\ \boldsymbol{h} - \frac{e}{mc}\left[\psi^*\left(-\mathrm{i}\hbar\nabla - \frac{2e}{c}\boldsymbol{A}\right)\psi + C.C.\right]\right\}.\end{aligned} \tag{6.10}$$

在第二项中, 我们注意到, 由麦克斯韦方程可知 $\dfrac{1}{4\pi}\mathrm{curl}\,\boldsymbol{h}$ 正是电流密度 $\boldsymbol{j}/c$. 令

① 事实上, 有些作者用 $2m$ 代替 m. 而我们是依照朗道 – 金兹堡的原始论文进行归一化的.

$\delta\mathscr{F}=0$, 我们就得到下列条件:

$$\alpha\psi+\beta|\psi|^2\psi+\frac{1}{2m}\left(-\mathrm{i}\hbar\nabla-\frac{2e}{c}\boldsymbol{A}\right)^2\psi=0, \tag{6.11}$$

$$\boldsymbol{j}=\frac{e\hbar}{\mathrm{i}m}(\psi^*\nabla\psi-\psi\nabla\psi^*)-\frac{4e^2}{mc}\psi^*\psi\boldsymbol{A}. \tag{6.12}$$

方程 (6.11) 和 (6.12) 是朗道 – 金兹堡的基本方程. 第一个方程给出有序参数; 第二个方程给出电流, 也就是超导体的抗磁响应.

附注

(1) 式 (6.12) 给出的电流关系式, 和波函数为 $\psi(\boldsymbol{r})$、质量为 m、电荷为 $2e$ 的粒子所具有的电流表示式是完全一样的.

(2) 边界条件: 在推导式 (6.10) 的过程中, 我们忽略了表面积分

$$\int\delta\psi^*\left(-\mathrm{i}\hbar\nabla-\frac{2e}{c}\boldsymbol{A}\right)\psi\frac{\mathrm{i}\hbar}{2m}\cdot\mathrm{d}\boldsymbol{\sigma}+C.C..$$

如果我们保留这一项, 并要求它为零, 就得到边界条件

$$\left(-\mathrm{i}\hbar\nabla-\frac{2e}{c}\boldsymbol{A}\right)_n\psi=0, \tag{6.13}$$

式中角标 n 表示垂直于表面的分量. 朗道和金兹堡在他们的原始论文中采用了这个程序. 它隐含着这样的假设: 即使在表面附近式 (6.9) 型的自由能也仍然成立. 事实上, 从微观理论我们将看到, 对于超导 – 绝缘体界面式 (6.13) 是正确的; 但是对于超导体 – 正常金属连接, 此边界条件需要作重大修正.

将式 (6.13) 代入电流方程式 (6.12), 我们看到 $j_n=0$, 也就是没有电流流进或流出超导体. 如果反过来, 要求 $j_n=0$, 我们就不是得到式 (6.13), 而是

$$\left(-\mathrm{i}\hbar\nabla-\frac{2e}{c}\boldsymbol{A}\right)_n\psi=\mathrm{i}\lambda\psi,$$

式中 λ 是任意实常数. 实际上, 在处理超导体 – 正常金属连接问题时所遇到的边界条件就属这种类型.

6.4 两个特征长度

朗道 – 金兹堡方程 (6.11) 和 (6.12) 引入了两个特征长度, 现在我们来讨论这两个长度.

(a) 首先考虑既没有电流又没有磁场的情况. 选 ψ 是实数的规范. 于是, 以一维情形为例, 式 (6.11) 简化为

$$-\frac{\hbar^2}{2m}\frac{\mathrm{d}^2\psi}{\mathrm{d}x^2}+\alpha\psi+\beta\psi^3=0. \tag{6.14}$$

上式有两个明显的解: (1) $\psi = 0$, 描述了正常态; (2) $\psi = \psi_0$.

$$\psi_0^2 = -\frac{\alpha}{\beta} > 0 \tag{6.15}$$

描述通常的超导态. 当 $\alpha < 0$(也就是 $T < T_c$) 时, 存在第二种解, 并且具有较低的能量. 然而我们愿意考虑更一般的情况. 例如, 若利用外部约束的方法使某一点的 $\psi(x)$ 数值和 ψ_0 不同, 那么在这一点附近有序参数将发生怎样的变化呢?

为了规定长度的标度, 最好借助于下列约化变量重写式 (6.14):

$$\psi = \psi_0 f, \tag{6.16}$$

$$\frac{\hbar^2}{2m|\alpha|} = \xi^2(T), \tag{6.17}$$

式中 $\xi(T)$ 具有长度的量纲. 方程式 (6.14) 变为

$$-\xi^2(T)\frac{\mathrm{d}^2 f}{\mathrm{d}x^2} - f + f^3 = 0. \tag{6.18}$$

对于 f 的变化来说, 长度的自然单位是 $\xi(T)$, $\xi(T)$ 称作温度为 T 时的相干长度. 它的数量级有多大呢? 首先, 从式 (6.8) 可看出 $\dfrac{\hbar^2}{2m|\alpha|} = -\dfrac{C}{A}$. 对于纯材料, 我们已经讲过 $A \simeq \left(\dfrac{T - T_c}{T_c}\right) N(0)$ 及 $C \sim N(0)\xi_0^2$, 所以

$$\xi(T) = 0.74\xi_0 \left(\frac{T_c}{T_c - T}\right)^{\frac{1}{2}} \tag{6.19}$$

(式中我们已经添上了精确的数值系数).

结论 当 T 接近 T_c 时, $\psi(\boldsymbol{r})$ 的变化发生在 $\xi(T)$ 的长度内, 相对于 ξ_0 来说是缓慢的.

例题 用式 (6.18) 计算穿透深度可忽略的第 I 类超导体中 NS 界面的能量; 图 6.1 上画出了磁场分布和 $|\psi|$.

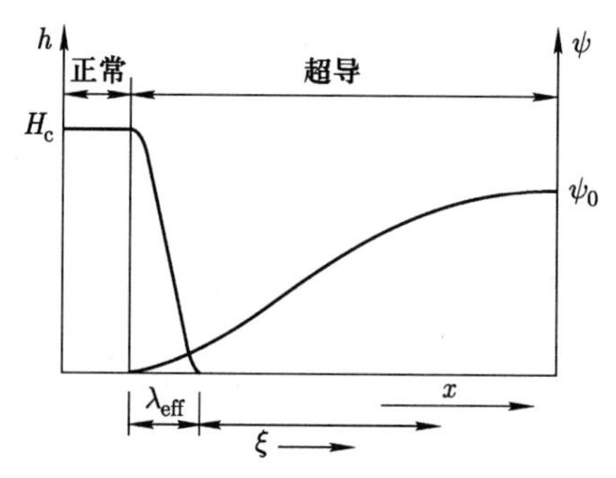

图 6.1 $\xi(T) \gg \lambda(T)$ 的情形, 在 $N - S$ 界面附近有序参数和磁场的空间变化图. 有效穿透深度 λ_{eff} 的大小约为 $\sqrt{\lambda\xi}$. (请看本页的习题.)

解答 根据假设,场不能穿透到ψ不等于零的区域,因此我们可用式(6.18)以及边界条件

$$f=0,\quad x=0,$$
$$f=1,\quad x\to\infty.$$

用$\dfrac{\mathrm{d}f}{\mathrm{d}x}$乘以(6.18)式,并且积分,我们就得到第一次积分

$$-\xi^2(T)\left(\frac{\mathrm{d}f}{\mathrm{d}x}\right)^2-f^2+\frac{1}{2}f^4=\text{常数}.$$

为了满足$x\to\infty$的边界条件,我们必须使常数等于$-1/2$. 于是给出

$$\xi^2(T)\left(\frac{\mathrm{d}f}{\mathrm{d}x}\right)^2=\frac{1}{2}(1-f^2)^2.$$

满足我们的边界条件的解是

$$f=\tanh\left[\frac{x}{\sqrt{2}\xi(T)}\right].$$

界面上每单位面积的能量是

$$F_p=\int_0^\infty \mathrm{d}x\left(\frac{\hbar^2}{2m}|\nabla\psi|^2+\alpha|\psi|^2+\frac{\beta}{2}|\psi|^4\right).$$

表面能$\dfrac{H_\mathrm{c}^2}{8\pi}\delta$是$F_p$和凝聚能之差,这里凝聚能是指从$x=0$开始整个介质全具有均匀超导性时所求得的凝聚能. 我们得到表面能为

$$\frac{H_\mathrm{c}^2}{8\pi}\delta=F_p-\int_0^\infty\frac{H_\mathrm{c}^2}{8\pi}\mathrm{d}x.$$

代入约化变量f和关系式(6.8),我们就得到

$$\delta=\int_0^\infty \mathrm{d}x\left[2\xi^2(T)\left(\frac{\mathrm{d}f}{\mathrm{d}x}\right)^2+(1-f^2)^2\right].$$

利用第一次积分的$\dfrac{\mathrm{d}f}{\mathrm{d}x}$,可将$\delta$变换成

$$\begin{aligned}
\delta&=2\int_0^\infty \mathrm{d}x(1-f^2)^2\\
&=2\int_0^1 \mathrm{d}f(1-f^2)^2\frac{\mathrm{d}x}{\mathrm{d}f}\\
&=2\sqrt{2}\xi(T)\int_0^1 \mathrm{d}f(1-f^2),
\end{aligned}$$

$$\delta=\frac{4}{3}\sqrt{2}\xi(T)=1.89\xi(T).$$

(b) 假如我们将电磁效应考虑进来——例如弱场下的穿透深度, 则第二特征长度就会起作用. 为了确定这个长度, 我们考虑一块占据 $z>0$ 半空间的超导体. $z<0$ 的区域或者是真空或者是被绝缘体所充满, 这时边界条件式 (6.13) 适用.

在弱磁场中, 准确到 $\boldsymbol{h}$ 的一次项, 在 $z>0$ 的区域中的 $|\psi|^2$, 可以用没有磁场时由式 (6.15) 所确定的平衡值 $|\psi_0|^2$ 来代替. 由于 ψ_0 与位置无关, 在式 (6.12) 两边取旋度后, 我们得到伦敦型的方程

$$\text{curl}\,\boldsymbol{j}=-\frac{4e^2}{mc}\psi_0^2\boldsymbol{h}. \tag{6.20}$$

加上麦克斯韦方程后, 我们发现像第 2 章那样, 只有在 $\boldsymbol{h}$ 平行于 xy 平面时才有非零解, 例如取 $\boldsymbol{h}$ 沿着 x 轴, 则

$$h_x=h_x(0)\mathrm{e}^{-\frac{z}{\lambda(T)}}, \tag{6.21}$$

$$\lambda(T)^{-2}=\frac{16\pi e^2}{mc^2}\psi_0^2 \tag{6.22a}$$

$$=\frac{32\pi e^2}{\hbar^2c^2}C\varDelta_0^2, \tag{6.22b}$$

式中 $\varDelta_0$ 是对势的平衡值. 式 (6.22b) 表明 C 与一些直接可测的量有关[①]. 注意到 $\lambda(T)$ 正比于 ψ_0^{-1}, 也就是正比于 $\left[\dfrac{T_\mathrm{c}}{(T_\mathrm{c}-T)}\right]^{\frac{1}{2}}$. 对于采用自由电子近似的纯金属, 在 BCS 近似下, 从微观理论计算得出

$$\lambda(T)=\frac{1}{\sqrt{2}}\lambda_\mathrm{L}(0)\left(\frac{T_\mathrm{c}}{(T_\mathrm{c}-T)}\right)^{\frac{1}{2}}, \text{当}T\to T_\mathrm{c}, \tag{6.23}$$

式中 $\lambda_\mathrm{L}(0)$ 是绝对零度时的伦敦穿透深度, 其数值可借助于每立方厘米的电子数 n 由公式 $\lambda_\mathrm{L}^{-2}(0)=4\pi ne^2/mc^2$ 算出. 假如我们猜想 (前面也已提过)$C\sim N(0)\xi_0^2$ 以及

$$\varDelta_0^2\sim k_\mathrm{B}^2T_\mathrm{c}(T_\mathrm{c}-T),$$

那么除开数值系数之外, 式 (6.23) 就可由式 (6.22) 来预言.

结论 由朗道 – 金兹堡的假设, 具体地说就是由有磁场存在时的自由能表式 (6.7), 我们导出了电流与矢势之间的局域关系式 (6.12). 根据第 5 章微观理论的分析我们知道: 在 $|\varDelta|$ 是常数且 $\boldsymbol{h}$ 很小的特殊条件下, 严格的电流与矢势的关系是非定域的, 即在纯金属中, 电流密度 $\boldsymbol{j}(\boldsymbol{r})$ 将依赖于处于 $|\boldsymbol{r}-\boldsymbol{r}'|\lesssim\xi_0$

① 注意, 对于非立方晶体, 必须考虑 C 的张量性质.

区域的所有的 $\boldsymbol{A}(\boldsymbol{r}')$ 值. 要想定域近似适用, 必须要求 $\boldsymbol{A}$ 或电流在 ξ_0 的尺度上缓变化, 所以 $\lambda(T) \gg \xi_0$,

$$\lambda_{\mathrm{L}}(0)\left(\frac{T_{\mathrm{c}}}{T_{\mathrm{c}}-T}\right)^{1/2} \gg \xi_0, \tag{6.24}$$

对于纯金属, 只要 T 充分接近 T_{c}, 这个条件就能满足 [然而, 对于某些非过渡金属, 最突出的是铝, $\lambda_{\mathrm{L}}(0)$ 比 ξ_0 小得太多, 故而只在非常狭的温区才能满足 (6.24)].

(c) 我们已经定义两个特征长度 $\xi(T)$ 和 $\lambda(T)$, 这两个长度就决定了超导体在转变点附近的性质. 当 $T \to T_{\mathrm{c}}$ 时, 两者都按 $(T_{\mathrm{c}}-T)^{-\frac{1}{2}}$ 的形式发散, 因此特别有意义的是构成它们的比值

$$\kappa = \frac{\lambda(T)}{\xi(T)}. \tag{6.25}$$

利用 $\xi(T)$ 和 $\lambda(T)$ 的定义式 (6.17) 和 (6.22a), 可得

$$\kappa = \frac{mc}{2e\hbar}\left(\frac{\beta}{2\pi}\right)^{\frac{1}{2}} = \frac{\hbar c}{4Ce}\left(\frac{B}{2\pi}\right)^{\frac{1}{2}}. \tag{6.26}$$

κ 称为物质的朗道 – 金兹堡参数. 当 $\kappa \lesssim 1(\lambda < \xi)$ 时, 此物质属于第一类超导体; 当 $\kappa \gtrsim 1(\lambda > \xi)$, 此物质属于第二类超导体. 以后我们将看到, 这两类特性的精确分界线是 $\kappa = \dfrac{1}{\sqrt{2}}$. 对于纯物质, 我们以后将证明

$$\kappa = 0.96\frac{\lambda_{\mathrm{L}}(0)}{\xi_0}. \tag{6.27}$$

值得注意的是, 在朗道 – 金兹堡方程适用的范围内, κ 可直接由实验上测定的热力学场 H_{c} 和穿透深度的数值来确定. 用式 (6.22a)、(6.15)、(6.9) 和 (6.8), 可将式 (6.26) 写成

$$\kappa = 2\sqrt{2}\frac{e}{\hbar c}H_{\mathrm{c}}(T)\lambda^2(T). \tag{6.28}$$

式 (6.28) 还可写成另一种在数值计算中经常采用的形式, 即

$$H_{\mathrm{c}}(T) = \frac{\phi_0}{2\pi\sqrt{2}\xi(T)\lambda(T)}, \tag{6.29}$$

式中 $\phi_0 = \dfrac{ch}{2e}$, 是磁通量子.

在这一章里我们还要研究另外一些可以确定 κ 的方法.

6.5　$|\psi|$ 是常数的情况

现在我们将朗道 – 金兹堡方程应用到一些具体例子上去. 首先考虑有序参数振幅 $|\psi|$ 在各点上都相同这一特别简单的情况. 我们已经遇到过这种情况(弱磁场在块样品中的穿透深度). 现在我们考虑的例子略为有些不同, 这里涉及的是薄样品 (膜、线等等), 故沿样品厚度上 ψ 不能有变化, 否则自由能中 $|\nabla\psi|^2$ 项的数值将会剧烈增大. 但是允许磁场 $\boldsymbol{h}$(或电流 $\boldsymbol{j}$) 很强, 而且尽管 $|\psi|$ 的数值为常数, 但不必一定仍等于无微扰时的数值 ψ_0.

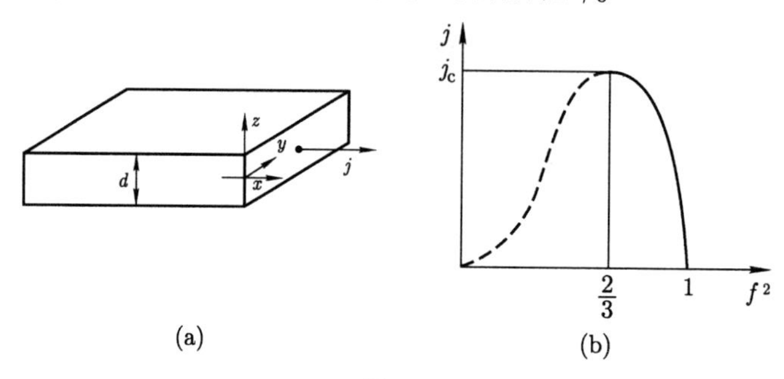

图 6.2

(a) 薄膜 (厚度为 d) 的临界电流测量图, 电流沿 x 方向; (b) 电流密度 (相对临界电流密度进行归一) 与有序参数 (相对零电流时的有序参数进行归一) 的函数关系曲线. 若 $j > j_c$, 式 (6.35) 没有解, f 突然下降为零.

6.5.1　薄膜中的临界电流

图 6.2a 表示我们所设想的情形. 厚度为 d 的膜, 沿 x 方向载有电流密度 j. 我们假定:

$$d \ll \xi(T) \quad \text{以保证}|\psi|\text{为常数}^{①},$$

$$d \ll \lambda(T) \quad \text{以保证}j\text{为常数}.$$

那么我们的方程将变得特别简单. 如果我们令 $\psi = |\psi|\mathrm{e}^{\mathrm{i}\phi(\boldsymbol{r})}$, 式中 $|\psi|$ 和 $\boldsymbol{r}$ 无关, 则电流变为

$$j = \frac{2e}{m}|\psi|^2\left(\hbar\frac{\partial\phi}{\partial x} - \frac{2e}{c}A_x\right) = 2e|\psi|^2 v, \tag{6.30}$$

$$v = \frac{1}{m}\left(\hbar\frac{\partial\phi}{\partial x} - \frac{2e}{c}A_x\right), \tag{6.31}$$

这里 v 是用波函数 ψ 描述的“粒子”的速度. 自由能式 (6.9) 简化为

$$F = F_n + |\psi|^2\left[\alpha + \frac{\beta}{2}|\psi|^2 + \frac{1}{2}mv^2\right] + \frac{h^2}{8\pi}, \tag{6.32}$$

① 容易证明, $|\psi|$ = 常数和边界条件式 (6.13) 是相容的.

并且自由能中有一动能形式的项. 将 F 对 ψ 求极小值得

$$\alpha+\beta|\psi|^2+\frac{1}{2}mv^2=0. \tag{6.33}$$

假如我们仍然令 $|\psi| = \psi_0 f\left(\psi_0^2=-\dfrac{\alpha}{\beta}\right)$, 并且从式 (6.30) 和 (6.33) 中消去 v, 即得

$$j=2e\psi_0^2\left(\frac{2|\alpha|}{m}\right)^{\frac{1}{2}}f^2(1-f^2)^{\frac{1}{2}}, \tag{6.34}$$

$$=2e\psi_0^2\left(\frac{\hbar}{m\xi(T)}\right)f^2(1-f^2)^{\frac{1}{2}}. \tag{6.35}$$

f 和 j 之间的关系如图 6.2b 中所示. 若 $j=0$, 则 $f=1$. 如 j 增加, f 就减小; 最后在 j 变得比 j_c 大时, 就不存在 $f\neq 0$ 的任何解, 这里 j_c 由下式给出:

$$j_c=\frac{4e\psi_0^2}{3\sqrt{3}}\cdot\frac{\hbar}{m\xi(T)}. \tag{6.36}$$

因此当 $j>j_c$ 时, 膜呈现正常态, 而且 f 突然从 0.8 变为 0. 电流 j_c 就是膜的临界电流. 式 (6.36) 给出的临界电流是 ψ_0^2 和 $\xi(T)$ 的函数, 即是朗道 – 金兹堡参数 α 和 β 的函数. 为了确定临界电流的数量级大小, 将 j_c 改为用速度 v_c 来表示是有益的. 当 $j=j_c$ 时, 则 $v_c\sim\hbar/m\xi(T)$. 对于纯金属

$$\xi(T)\sim\xi_0\left(\frac{T_c}{T_c-T}\right)^{1/2}\sim\frac{\hbar v_F}{k_BT_c}\left(\frac{T_c}{T_c-T}\right)^{1/2}\sim\frac{\hbar v_F}{\Delta_0(T)}, \tag{6.37}$$

因此

$$v_c\sim\frac{\Delta_0(T)}{mv_F}. \tag{6.38}$$

将式 (6.38) 跟块超导体中引起迈斯纳电流所相应的最大速度加以比较, 也是颇为有益的. 若外场为 H, 则接近表面的电流就是 $\sim cH/\lambda$, 这里 λ 是穿透深度. 假如温度充分接近 T_c, λ 由式 (6.22a) 正确地给出; 表面附近的速度成为

$$v\sim\frac{j}{2e\psi_0^2}\sim\frac{cH}{2\lambda\psi_0^2}. \tag{6.39}$$

在第一类超导体中, 最大场是 $H_c=\left(\dfrac{4\pi}{\beta}\right)^{\frac{1}{2}}|\alpha|$, 用 κ 的定义式 (6.25) 和 (6.26), 速度 v 就变成

$$v\sim\frac{\kappa\hbar}{m\lambda}\sim\frac{\hbar}{m\xi(T)}.$$

因此, 数量级的大小和式 (6.38) 相同. 在第二类超导体中, 呈现完全迈斯纳效应的最大场 $H_{c_1}\cong\dfrac{H_c}{\kappa}$, 故而 $v\sim\dfrac{\hbar}{m\lambda(T)}\ll\dfrac{\hbar}{m\xi(T)}$. 因为可能形成涡旋线, 所以超电流就显得不稳定.

临界速度正比于 $(T_c - T)^{\frac{1}{2}}$, 而临界电流按 $v_c\psi_0^2$ 变化, 因此临界电流正比 $(T_c - T)^{\frac{3}{2}}$.

实验上, j_c 的测量是一件极其精细的工作: (a) 必须用另外的一些超导箔屏蔽被测的薄膜来控制磁场的分布; (b) 实际上, 转变先出现在"**热点**"上, 然后膜的其余部分由于纯粹热的效应而转变为正常态. 如果用导热性能优良的导体做衬底; 并且在脉冲状态中操作, 就可使情况得到改善. (c) 由电流 – 电压曲线确定的转变不是突然发生的, 而是连续的.

总的说来, 利用薄锡膜 ($\xi_0 \sim 2\,300$ Å, $d \sim 3\,000$ Å, $T_c - T \sim 3\times10^{-2}$ K, $\lambda_L(T) \sim d, \xi(T) \gg d$) 进行的一些细致的实验 [纽豪斯(Newhouse) 和布雷默(Bremer)] 似乎和理论符合得很好. 在这样的温度区域中, j_c 的典型数值 $\sim 10^4$ A/cm^2. 原则上, $|\psi|$ 和 $|\varDelta|$ 随着电流的变化可以用隧道实验测量的能隙推算出来 (详细计算证明, 对于这里讨论的几何结构, 激发谱中的能隙近似等于 $|\varDelta|$).

在讨论临界电流实验时, 必须注意两点:

(1) 当 $\lambda(T) \sim d$ 时, 必须考虑在膜的厚度上电流密度的变化. 这种计算是可以实现的, 因为在朗道 – 金兹堡方程适用的领域里, 若 ψ 在空间是常数, 则电流遵守简单的伦敦方程.

(2) 若除了 $d < \xi(T)$ 之外, 还有 $d < \xi(T = 0)$, 则适合于块样品的朗道 – 金兹堡方程在这里就不再适用 (请看第 182 页的习题).

6.5.2 利特尔 (Little) 和帕克斯 (Parks) 的实验

现在考虑沉积在半径为 R 的圆柱形绝缘衬底上的超导膜, 如图 6.3 所示. 膜的厚度 $d \ll R$($d \sim 300$—$1\,000$ Å). 若沿圆柱轴方向施加均匀磁场 $\boldsymbol{H}$(典型值为几十 G), 则转变温度如何随 $\boldsymbol{H}$ 变化呢?

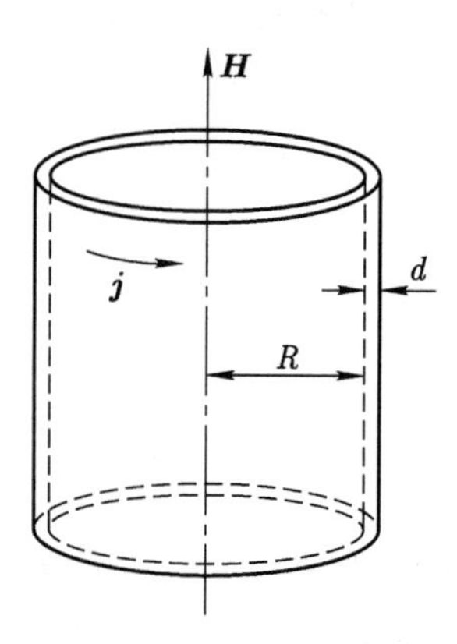

图 6.3 利特尔 – 帕克斯实验的示意图. 测量沉积在圆柱体 (半径 $R \gg d$) 上厚度为 d 的薄膜在外场 $\boldsymbol{H}$ 中的临界温度.

我们将根据朗道–金兹堡方程来计算这个问题,此计算方法是廷汉姆(Tinkham, 1962) 提出的. 我们仍然假设 $d \ll \xi(T)$ 和 $d \ll \lambda(T)$, 并且在膜中取 $|\psi|$ 为常数. 如通常一样, 我们令 $\psi = |\psi|\mathrm{e}^{\mathrm{i}\theta(\boldsymbol{r})}$, 自由能仍然由式 (6.32) 给出.

如果沿圆柱轴方向没有电流, $\boldsymbol{v}$ 是长度一定的切向矢量, 如何确定 $\boldsymbol{v}$ 呢? 在上述的例子中, 在膜边界处电流是确定的, 因而 $\boldsymbol{v}$ 可由电流密度来确定, 因为

$$\boldsymbol{v} = \frac{\boldsymbol{j}}{2e|\psi|^2}.$$

在这里外场 $\boldsymbol{H}$ 保持一定, 为了定出外磁场与 v 的关系, 让我们研究围绕圆柱的速度环流 $\oint \boldsymbol{v}\cdot \mathrm{d}\boldsymbol{l}$. 积分回线是半径为 R 的圆周, 而环流成为

$$\oint \boldsymbol{v}\cdot \mathrm{d}\boldsymbol{l} = 2\pi R v = \frac{\hbar}{m}[\theta] - \frac{2e}{mc}\oint \boldsymbol{A}\cdot \mathrm{d}\boldsymbol{l}, \tag{6.40}$$

$[\theta]$ 表示绕圆柱一周后相位的改变. 因为 $\psi(\boldsymbol{r})$ 正比于自洽场 $\Delta(\boldsymbol{r})$, 所以它必须是单值函数, 这点第 5 章已作阐明. 因此 $[\theta] = 2\pi n$, 这里 n 是一任意整数. 式 (6.40) 中的第二项正比于

$$\oint \boldsymbol{A}\cdot \mathrm{d}\boldsymbol{l} = \iint \boldsymbol{H}\cdot \mathrm{d}\boldsymbol{\sigma} = \phi = \pi R^2 H. \tag{6.41}$$

上式表示圆柱体内部所包含的磁通. 最后,

$$v = \frac{\hbar}{mR}\left(n - \frac{\phi}{\phi_0}\right), \tag{6.42}$$

式中 $\phi_0 = \dfrac{hc}{2e}$ 是磁通量子.

若 $\boldsymbol{H}$ 确定, $\boldsymbol{\phi}$ 也就确定了, 而按照式 (6.42)v 却可取无限多个离散值. 然而由式 (6.32) 我们看到, 若在式 (6.42) 中选择整数 n 使 $|\boldsymbol{v}|$ 为极小,

$$v = \min\left\{\frac{\hbar}{mR}\left|n - \frac{\phi}{\phi_0}\right|\right\}, \tag{6.43}$$

则自由能也取极小值. 由此可见 v 是 H 的周期函数, 周期为 $\dfrac{\phi_0}{\pi R^2}$. 若 $R = 7\times 10^3$ Å, 则 $\dfrac{\phi_0}{\pi R^2} \cong 14$ G. 由于 v 已经确定, 所以我们可以对 $|\psi|$ 求自由能的极值, 得到

$$|\psi|^2 = \left(-\alpha - \frac{mv^2}{2}\right)\beta^{-1}. \tag{6.44}$$

当 $-\alpha > \dfrac{1}{2}mv^2$ 时, 上式有解. 因此, 相变点 T_H 对应于 $-\alpha(T_H) = \dfrac{1}{2}mv^2$, 同时

T_H 也是 H 的周期函数. 由于 $\alpha(T) \sim (T - T_c)$, 最后我们看到 T_H 的理论曲线由一系列抛物线的弧段所构成. 在相变点,

$$v = \frac{\hbar}{2mR},$$
$$-\alpha(T_H) = \frac{\hbar^2}{2m\xi^2(T_H)} = \frac{1}{2}m\left(\frac{\hbar}{2mR}\right)^2, \tag{6.45}$$
$$\xi(T_H) = 2R.$$

对于纯物质的膜 ($d > \xi_0$), 我们已经得到过关系式 $\xi(T) = 0.74\xi_0\left[\frac{T_c}{(T_c - T)}\right]^{\frac{1}{2}}$, 由此可推出

$$(T_c - T_H)_{\max} = 0.55T_c\left(\frac{\xi_0}{2R}\right)^2. \tag{6.46}$$

附注

(1) 式 (6.45) 的结果表明, 事实上只要

$$d \ll 2R, \quad d \ll 2R\kappa,$$

则条件 $d \ll \xi(T)$ 和 $d \ll \lambda(T)$ 就能满足.

(2) 通常采用 $d < \xi_0$ 的膜. 在这种情形式 (6.46) 修改成

$$(T_c - T_H) \sim T_c\left[\frac{\xi_0 d}{(2R)^2}\right].$$

后面我们将看到这个公式的证明 (请看第 182 页的习题).

上面所谈的这些效应, 已被利特尔和帕克斯 (1961) 在锡膜上观察到. 为了使改变量 $(T_c - T_H)$ 具有可测的值, 显然 R 必须很小. 我们已经说过, R 的典型大小是 0.7 μm(衬底材料是很细的塑料纤维), 而 $d \sim 350$ Å. 沿圆柱轴测量电阻时, 要使测量电流尽可能小.

(3) 当磁场为零时, 电阻和温度的关系 $R(H = 0, T)$ 具有图 6.4a 所示的形状. 转变区域的范围是 0.05 K.

(4) 在转变区域中选取某一温度 T^*, 测量电阻 $R(H, T^*)$ 与磁场的关系, 结果得到图 6.4b 所示的曲线. 它显示了周期为 14 G 的振荡 ($R = 0.7$ μm). 因此这个实验提供了一个直接测定磁通量子 ϕ_0 的方法. 相反, $R(H)$ 的振荡幅度还不能很好解释, 在转变区域中发生的耗散机构也不能阐述清楚 (特别是, 当存在磁场 $\boldsymbol{H}$ 时, 曲线 $R(T)$ 不仅沿温度轴有位移, 而且还要变形).

图 6.4b 中的振荡曲线上, 还迭有与 H^2 成正比的连续上升, 这和样品的抗磁性有关. 在上面的计算中, 我们假设 $\boldsymbol{H}$ 平行于圆柱体的轴, 并且 $d \ll \lambda(T)$.

当这些条件被满足时, 在膜的厚度上 $\boldsymbol{h}$ 不应该变化, 而样品经受超导转变时, 力线也就几乎没有移动——抗磁性可忽略. 若 $\boldsymbol{H}$ 不是完全对准圆柱轴的方向, 情形就不是这样. 这时在超导状态力线将发生很严重的变形, 能量增加了一个正比于 H^2 的项, 这一项正是造成连续上升的原因 (实验上已证实: H^2 项的贡献对于圆柱的取向是非常敏感的).

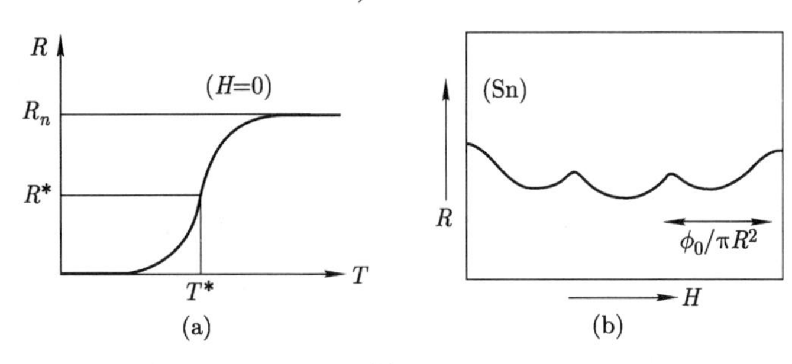

图 6.4

(a) 膜 (见图 6.3) 的电阻与温度的函数关系曲线, 其磁场为零; 温度位于转变区域 (T^*); (b) “量子扇形皱褶”. 当温度 T^* 确定后 (很接近 T_c), 电阻 $R(H)$ 就是磁场的振荡函数, 一个周期相当于圆柱体中变化一个磁通量子, $\Delta H = \dfrac{\phi_0}{\pi R^2}$.

[引自 Little and Parks, *Phys.Rev.* , **133A**(1964)97] 抛物线形的“背景”可能由于磁场取向跟圆柱体的轴稍为有些偏离.

6.5.3 平行场中的平面膜

我们考虑厚度为 $d(<\xi(T))$ 的膜, 外场 $\boldsymbol{H}$ 平行于膜面, 并且在两个面上数值相同. 在这种情况下, 膜并不载有宏观电流, 这和上面所谈的实验不同. 为了理解这一点, 我们考虑麦克斯韦方程 curl $\boldsymbol{h} = \dfrac{4\pi}{c}\boldsymbol{j}$, 并且取 $\boldsymbol{h}$ 沿 y 轴方向; $\boldsymbol{j}$ 沿 x 轴方向; 膜由 $z = \pm\dfrac{d}{2}$ 的两个平面所确定. 于是

$$\frac{\partial h(z)}{\partial z} = -\frac{4\pi}{c} j,$$

$$0 = h\left(\frac{d}{2}\right) - h\left(-\frac{d}{2}\right) = -\frac{4\pi}{c}\int_{-\frac{d}{2}}^{\frac{d}{2}} j\mathrm{d}z. \tag{6.47}$$

膜内有电流, 作平均后互相抵消. 我们希望详细考察的是它们的分布. 先从伦敦方程出发, 如以前所述, 它是 $|\psi|$ 在空间为常数情况下的朗道 – 金兹堡方程的推论. 可将它写为

$$\frac{\partial j}{\partial z} = -\frac{4e^2}{mc}|\psi|^2 h. \tag{6.48}$$

因此

$$\frac{\partial^2 h}{\partial z^2} = \frac{f^2 h}{\lambda^2(T)} \tag{6.49}$$

$\left(我们依旧令 f=\dfrac{|\psi|}{\psi_0}\right)$. 应用边界条件 $h(\pm d/2)=H$, 即得

$$h = H\frac{\cosh\left(\dfrac{zf}{\lambda(T)}\right)}{\cosh\left(\dfrac{\epsilon f}{2}\right)}, \tag{6.50}$$

式中 $\epsilon=\dfrac{d}{\lambda(T)}$. 由 h 可用式 (6.47) 或 (6.48) 算出 j. 与通常一样, 引进一个漂移速度

$$v=\frac{j}{2e|\psi|^2}=\frac{2eH\lambda(T)}{mcf}\cdot\frac{\sinh\left(\dfrac{zf}{\lambda(T)}\right)}{\cosh\left(\dfrac{\epsilon f}{2}\right)}. \tag{6.51}$$

知道了 v 就可由式 (6.32) 计算自由能. 为此我们必须确定在膜的厚度上动能的平均值

$$\begin{aligned}\overline{v^2}&=\frac{1}{d}\int_{-\frac{d}{2}}^{\frac{d}{2}}v^2\mathrm{d}z\\&=\frac{1}{2}\left[\frac{2eH\lambda(T)}{mcf\cosh\left(\dfrac{\epsilon f}{2}\right)}\right]^2\left(\frac{\sinh\epsilon f}{\epsilon f}-1\right).\end{aligned} \tag{6.52}$$

由式 (6.32) 相对 f 的极值条件, 我们得到

$$f^2=1+\frac{m\overline{v^2}}{2\alpha}. \tag{6.53}$$

再用我们的基本方程式 (6.8)、(6.15) 及式 (6.22), 就可将此结果写成

$$\left(\frac{H}{H_\mathrm{c}}\right)^2=4f^2(1-f^2)\frac{\cosh^2\dfrac{\epsilon f}{2}}{\dfrac{\sinh\epsilon f}{\epsilon f}-1}, \tag{6.54}$$

式 (6.54) 表明 f 随 H 增加而减小. 若 $\epsilon f\ll 1$, 则有

$$\left(\frac{H}{H_\mathrm{c}}\right)^2=\frac{24}{\epsilon^2}(1-f^2),\quad d<\frac{\lambda(T)}{f}. \tag{6.55}$$

另一方面, 若 $\epsilon\gg 1$, 以后我们将看到, 在这个重要的区域中 f 接近于 1, 因而式 (6.54) 简化为

$$\left(\frac{H}{H_\mathrm{c}}\right)^2=2\epsilon(1-f^2),\quad d>\lambda(T). \tag{6.56}$$

膜的临界场, 亦即允许的最大的 H 数值究竟是多大呢? 如果向正常态的转变是一级相变, 我们就必须计算和比较超导相 (其中 f 由式 (6.54) 给出) 与正常相的吉布斯势 G(在 H 与 T 保持固定情况下).

我们先由式 (6.32) 和 (6.52) 计算超导态的自由能 F_{s}(每立方厘米), 再应用平衡条件式 (6.53) 及方程式 (6.8) 与 (6.15), 可将自由能写成

$$F_{\mathrm{s}} = F_{\mathrm{n}} - \frac{H_{\mathrm{c}}^2}{8\pi} f^4 + \frac{\overline{h^2}}{8\pi}, \tag{6.57}$$

式中

$$\overline{h^2} = \frac{1}{d}\int_{-\frac{d}{2}}^{\frac{d}{2}} h^2 \mathrm{d}z = H^2 \frac{\epsilon f + \sinh\epsilon f}{\epsilon f(1+\cosh\epsilon f)}. \tag{6.58}$$

我们还需要知道磁感应强度 B(它是 h 的平均值),

$$B = H\frac{2}{\epsilon f}\tanh\frac{\epsilon f}{2}. \tag{6.59a}$$

读者可验证 $\dfrac{\mathrm{d}F}{\mathrm{d}B} = \dfrac{H}{4\pi}$, 因此, H 应是热力学场, 这一点可以由第 2 章分析所预言. 最后, 我们构成吉布斯势

$$\begin{aligned} G_{\mathrm{s}} = & F_{\mathrm{s}} - \frac{BH}{4\pi} = F_{\mathrm{n}} + \frac{H^2}{8\pi}\left[\frac{\sinh\epsilon f + \epsilon f}{\epsilon f(1+\cosh\epsilon f)}\right. \\ & \left. - \frac{4}{\epsilon f}\tanh\left(\frac{\epsilon f}{2}\right)\right] - \frac{H_{\mathrm{c}}^2}{8\pi} f^4. \end{aligned} \tag{6.59b}$$

另一方面, $G_{\mathrm{n}} = F_{\mathrm{n}} - \dfrac{H^2}{8\pi}$, 因而令 $G_{\mathrm{n}} = G_{\mathrm{s}}$ 或

$$\left(\frac{H_l}{H_{\mathrm{c}}}\right)^2\left[1 + \frac{\epsilon f_l + \sinh\epsilon f_l}{\epsilon f_l(1+\cosh\epsilon f_l)} - \frac{4}{\epsilon f_l}\tanh\left(\frac{\epsilon f_l}{2}\right)\right] = f_l^4, \tag{6.60}$$

就可得到临界场 H. 方程式 (6.54) 和 (6.60) 确定了 H_l 和相应的有序参数 $\psi_l = \psi_0 f_l$. 可以消去 H_l 从而得到

$$1 + \frac{1}{6}\frac{f_l^2}{1-f_l^2} = \frac{1}{3}\frac{\epsilon f_l(\cosh\epsilon f_l - 1)}{\sinh(\epsilon f_l) - \epsilon f_l}. \tag{6.61}$$

在图 6.5a 中, 我们画出了在 $(0 \to 1)$ 的区间内, 式 (6.61) 等号两边与 f_l 的函数曲线. 当 $f \to 0$, 左边函数为 $1 + \dfrac{1}{6}f_l^2$, 而右边函数为 $1 + \left(\dfrac{\epsilon f_l}{30}\right)^2$. 如果 $\epsilon > \sqrt{5}$, 右边函数比左边函数增长得快. 由于左边函数在 $f = 1$ 处发散, 所以在 $f_l = 0$ 及 $f_l = 1$ 之间必定有一个交点. 相反, 如 $\epsilon < \sqrt{5}$, 就没有交点 [看图 (6.5b)].

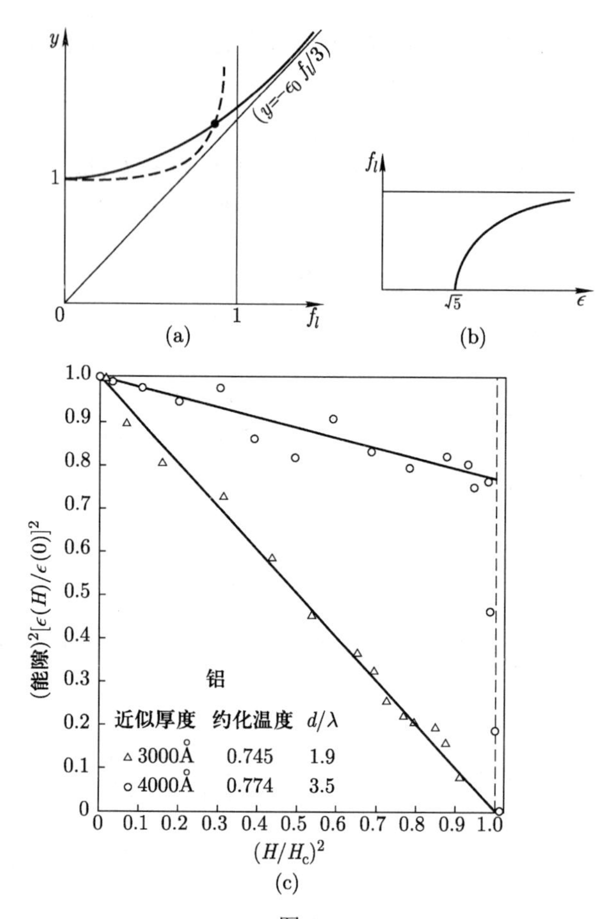

图 6.5

(a) 式 (6.61) 的左边及右边对归一化的有序参数 f_l 的函数曲线. 左边用虚线表示; 右边用实线表示. 如果 $d>\sqrt{5}\lambda(T)$, 则两条曲线有一个交点; (b) 一级相变时有序参数与 $\epsilon=\dfrac{d}{\lambda(T)}$ 的函数关系. 注意, 若 $\epsilon<\sqrt{5}$, 则为二级相变, 这时临界值 f_l 为零; (c) 隧道实验测量得到的两个不同厚度的铝样品的能隙与磁场的变化关系. 注意, 对于 $\epsilon>\sqrt{5}$ 的膜是一级相变; 对于更薄的膜, 我们几乎看不到有突然的变化.

[引自 D. Douglass. Jr. , *IBM J. Res. Develop.*, **6**(1962)47.]

因此, 若 $d>\sqrt{5}\lambda(T)$, 我们就有临界场为 H_l 的一级相变, H_l 可从式 (6.61) 和 (6.60) 得到. 若 $d<\sqrt{5}\lambda(T)$, 只要有解存在, G_s 总是保持比 G_n 小, 按式 (6.54)ψ 随着 H 增加而减小, 最后

$$H=H_l'=\frac{\sqrt{24}}{\epsilon}H_c. \tag{6.62}$$

在 H_l' 处发生的转变是二级相变. 这两类取决于比值 $d/\lambda(T)$ 大小的不同性质是金兹堡 (1952) 预言的. 它们已经被道格拉斯(Douglass, 1961.) 用一系列隧

道实验定性地证实 (所用的金属是铝, $\xi_0 = 16\,000$ Å). 道格拉斯指出:

(1) 激发谱的能隙 ϵ_0 是磁场的递减函数;

(2) 当 $T \cong 0.75T_c$ 时, 在厚度 $d > 3\,500$ Å 的膜中, 一旦达到临界场, 能隙就突然从有限值下降到零;

(3) 在相同温度下, 对于厚度 $d < 3\,500$ Å 的膜, 当磁场增大到临界值时, ϵ_0 却是平滑地下降到零.

这些结果都表示在图 6.5c 中. 一级相变和二级相变之间的区别是很明显的. 遗憾的是目前还不能超出这种定性的陈述, 其理由如下:

在所有的膜中, $\lambda(T)$ 和 d 两者都比 ξ_0 小得多. 电流 j_s 在 ξ_0 尺度上有急剧变化 (注意, 当从膜的一侧到另一侧时, j_s 要变号). 在这种情况下, 即使 κ 可以随厚度而变化[①], 朗道 – 金兹堡方程也不适用. 应注意, 在强磁场下, 能隙 ϵ_0 不同于薄膜内部的 $|\Delta|$. 特别是在 (H,T) 平面上有一个有限区域, 在那里 $\epsilon_0 = 0$ 而 $\Delta \neq 0$(无能隙超导). 这就使隧道实验结果的分析变得稍许复杂化些.

例题 考虑一个圆柱形的超导膜 (半径为 R, 厚度为 $2d, d \ll R$), 在圆柱上加上一个微小的轴向外场 h_0, 试确定空心区域的磁场,

(a) 严格地保持磁通量 Φ_f 不变;

(b) 磁通量 Φ_f 可以调整, 并能达到它的最佳值.

解答 按照定义, 磁通 Φ_f 正比于绕圆柱一周有序参数相位的改变 $[\phi]$,

$$\Phi_f = \frac{c\hbar}{2e}[\phi].$$

实际上, 在 (b) 条件下, $[\phi]$ 的调整只能通过涡旋线或宏观磁通束的穿透来实现.

(a) 膜上的电流密度由式 (6.12) 给出:

$$\boldsymbol{j} = 2\frac{e}{m}|\psi|^2\left(\hbar\nabla\phi - \frac{2e}{c}\boldsymbol{A}\right).$$

若 h_0 很小, 则 $|\psi|$ 等于零场的数值 ψ_0.

将电流密度沿着圆柱的内表面的圆环进行积分, 我们可得

$$\oint \boldsymbol{j}\cdot \mathrm{d}\boldsymbol{l} = \frac{c}{4\pi\lambda^2}(\Phi_f - \Phi_i),$$

式中 λ 是式 (6.22) 定义的穿透深度, 而 Φ_i 是圆柱空心区域所包含的磁通. 膜内部的场分布仍然由下式给出:

$$\frac{\mathrm{d}^2 h}{\mathrm{d}x^2} = \frac{h}{\lambda^2}.$$

① j_s 的空间变化依赖于两个参数 d 和 $\lambda(T)$. 一般说来, 对于现在研究的几何形状, "有效的 κ" 将依赖于 $\lambda(T)$, 因此失去了它固有的意义. 况且, 在 $\lambda(T) \gg d$ 的极限情况下, 这个有效 κ 的数值, 也不同于在同一膜上通过临界电流测量所得到的数值.

因而

$$h=\frac{(h_0-h_i)}{2}\frac{\sinh\left(\dfrac{x}{\lambda}\right)}{\sinh\left(\dfrac{d}{\lambda}\right)}+\frac{(h_0+h_i)}{2}\frac{\cosh\left(\dfrac{x}{\lambda}\right)}{\cosh\left(\dfrac{d}{\lambda}\right)},$$

式中 h_0 是外场, h_i 是空心区域里的场 (待定). 将这个场分布所算出的 $\oint \boldsymbol{j}\cdot \mathrm{d}\boldsymbol{l}$ 和前面含有磁通的方程加以比较, 我们就得到

$$\begin{aligned}h_i&=\frac{\dfrac{\varPhi_f}{\pi\lambda R}+\dfrac{2h_0}{\sinh(2d/\lambda)}}{2\coth\left(\dfrac{2d}{\lambda}\right)+\dfrac{R}{\lambda}}\\&\simeq\frac{\varPhi_f}{\pi R^2}+\frac{2h_0\lambda}{R\sinh\left(\dfrac{2d}{\lambda}\right)}.\qquad \left(R\gg\frac{\lambda^2}{d}\right).\end{aligned}$$

如果磁通保持不变, 例如 $\varPhi_f=0$, 则有

$$h_i\cong\frac{2h_0\lambda}{R\sinh\left(\dfrac{2d}{\lambda}\right)}.$$

一般说来, h_i 比外场 h_0 要小得多, 当然, 非常薄的膜 $\left(d\leqslant\dfrac{\lambda^2}{R}\right)$ 是例外.

(b) 现在让我们假定允许磁通量变化. 若外磁场 h_0 保持一定, 我们必须相对磁通量求吉布斯势 $\mathcal{G}$ 的极小值. $\mathcal{G}$ 可写成

$$\mathcal{G}=\frac{1}{8\lambda^2}\int\left(\frac{\mathrm{d}\boldsymbol{h}}{\mathrm{d}x}\right)^2\mathrm{d}\boldsymbol{r}+\frac{1}{8\pi}\int(\boldsymbol{h}-\boldsymbol{h}_0)^2\mathrm{d}\boldsymbol{r}+\text{常数}.$$

利用上面导出的磁场的具体表式, 我们发现极小值对应于 $h_i=h_0$.

因此, 在热力学平衡时, 空心区域的场就等于外场. 然而在交流实验中, 往往在观察时间内不能使磁通量调整到它的平衡值, 于是得到的结果总是空心区域的场比外场来得小.

6.6 $|\psi|$ 在空间变化的情况

6.6.1 块样品内的成核

现在我们来考虑在强磁场中的金属. 若磁场足够强, 以致破坏了超导性, 这时在样品中磁场呈均匀分布. 假如我们继续不断降低磁场, 当磁场达到某一数值 $H=H_{\mathrm{c}_2}$ 时, 超导区域开始自发地成核. 我们知道 H_{c_2} 和热力学场 H_{c} 并不一致, 可能比它大, 也可能比它小, 这和具体情况有关.

在发生成核的区域里, 超导性刚刚开始出现, 因此 $|\psi|$ 很小. 可将朗道–金兹堡方程线性化, 从而得出

$$\frac{1}{2m}\left(-\mathrm{i}\hbar\nabla-\frac{2e}{c}\boldsymbol{A}\right)^2\psi=-\alpha\psi. \tag{6.63a}$$

与此同时, 我们可以令式 (6.63) 中的 curl $\boldsymbol{A}=\boldsymbol{H}$, 这里 $\boldsymbol{H}$ 仅代表外磁场. 因为超电流是 $|\psi|^2$ 的数量级, 在线性近似中它对场的修正可以忽略, 所以 $\boldsymbol{H}$ 仅表示外场是正确的. 方程 (6.63) 形式上等同于均匀磁场中质量为 m、电荷为 $2e$ 的粒子的薛定谔方程.

首先考虑无限大介质的情况. 粒子沿着场方向有恒定速度 v_z, 且在 xy 平面作圆周运动, 其频率为

$$\omega_{\mathrm{c}}=\frac{2eH}{mc}. \tag{6.63b}$$

对应于方程 (6.63a) 的束缚态的能量是

$$\frac{1}{2}mv_z^2+\left(n+\frac{1}{2}\right)\hbar\omega_{\mathrm{c}},$$

其中 n 是正整数. 特别, 最低能级相应于 $v_z=0, n=0$, 从而导出

$$-\alpha=\frac{e\hbar H}{mc}. \tag{6.63c}$$

这样得到的场 H 就是 H_{c_2}(对于其他一些 n 或 v_z 不等于零的能级, 若 α 相同, 将给出较低的 H). 用关系式 $\dfrac{\alpha^2}{2\beta}=\dfrac{H_{\mathrm{c}}^2}{8\pi}$ 及朗道–金兹堡参数的定义式 (6.26), 最后可得

$$H_{\mathrm{c}_2}=\kappa\sqrt{2}H_{\mathrm{c}}=\frac{\phi_0}{2\pi\xi(T)^2}. \tag{6.64}$$

6.6.2 关于这个公式的讨论

(1) 当 $\kappa>\dfrac{1}{\sqrt{2}}(H_{\mathrm{c}}<H_{\mathrm{c}_2})$ 时, 若外场 $H<H_{\mathrm{c}_2}$, 样品体内将出现凝聚相 ($\psi\neq0$). 这个相不可能对应于完全的磁通排斥, 因为当外场 $H>H_{\mathrm{c}}$ 时, 完全的迈斯纳效应在能量上是不利的. 我们可以把磁场取在 $H_{\mathrm{c}}<H<H_{\mathrm{c}_2}$ 区域里, 在这里磁场低于 H_{c_2}. 实际上我们得的相就是第 3 章所讨论的舒布尼可夫相. 正与那里所预言的一样, 我们看到上临界场是 $\dfrac{\phi_0}{\xi(T)^2}$ 的数量大小. 它相应于涡旋线作密集堆积, 其中每一根涡旋线所带的磁通单元为 ϕ_0, 并且核半径为 $\xi(T)$.

(2) 当 $\kappa<\dfrac{1}{\sqrt{2}}(H_{\mathrm{c}_2}<H_{\mathrm{c}})$ 时, 如果减小磁场, 我们在降场过程中首先达到

的是 H_c, 这时发生完全的迈斯纳效应——这时我们就是在与第一类超导体打交道了.

$$\begin{aligned} &\kappa < \frac{1}{\sqrt{2}} \quad 第一类超导体, \\ &\kappa > \frac{1}{\sqrt{2}} \quad 第二类超导体. \end{aligned} \tag{6.65}$$

6.6.3 样品表面上的成核

式 (6.64) 的推导仅适用于无限介质, 因为它忽略了边界效应. 事实上, 对于理想物质, 成核往往首先发生在表面上 (D. Saint-James *and* P. G. de Gennes, 1963). 现在我们更详细地分析一下, 在一个简单例子中样品表面的效应. 假设表面是平面 (曲率半径比 $\xi(T)$ 大得多), 而且此界面或是分隔超导体和绝缘体; 或是分隔超导体和真空. 因此, 边界条件式 (6.13) 适用. 我们考虑两种情形:

(1) 磁场 (沿 z 方向) 垂直于表面 (xy 平面). 于是对应于式 (6.63) 的最低能级的 ψ 函数, 也就是 $\varPi_z = -\mathrm{i}\hbar\dfrac{\partial}{\partial z} - \dfrac{2e}{c}A_z$ 算符的本征值为零的本征函数. 因此式 (6.13) 自动满足, 表面不影响成核场.

(2) 磁场平行于样品的表面, $\boldsymbol{H}$ 沿 z 轴方向, 表面为 yz 平面, 超导体占据 $x > 0$ 的区域. 我们选择 $A_z = A_x = 0$、$A_y = Hx$ 的规范, 并寻找下列形式的解:

$$\psi = \mathrm{e}^{\mathrm{i}ky} f(x). \tag{6.66}$$

式 (6.63a) 成为

$$-\frac{\hbar^2}{2m}\frac{\mathrm{d}^2 f}{\mathrm{d}x^2} + \frac{1}{2m}\left(\hbar k - \frac{2eH}{c}x\right)^2 f = -\alpha f, \tag{6.67}$$

而边界条件为

$$\left(\frac{\mathrm{d}f}{\mathrm{d}x}\right)_{x=0} = 0. \tag{6.68}$$

方程 (6.67) 类似于频率为 ω[ω 由 (6.63b) 给出] 的谐振子的薛定谔方程, 其平衡位置在 x_0 处,

$$x_0 = \frac{\hbar kc}{2eH}. \tag{6.69}$$

然而式 (6.68) 带来了一些麻烦. 假如 $x_0 \gg \xi(T)$, 则波函数局限于点 x_0 周围, 在表面上接近等于零, 因此式 (6.68) 会自动满足. 在此情况下, 我们有

$$f \cong \exp\left[-\frac{1}{2}\left(\frac{x - x_0}{\xi(T)}\right)^2\right]. \tag{6.70}$$

本征值仍由式 (6.63c) 给出. 另一方面, 如果 x_0 是零, 函数 (6.70) 仍然满足边界条件式 (6.68), 依旧得到 (6.63c) 的本征值. 现在我们证明在上述两种极端情形

之间, 也就是 $x_0 \sim \xi(T)$ 时, 最低本征值还要比式 (6.63c) 来得小. 为了明白这一点, 我们不用仅适用于 $x>0$ 区域的式 (6.67), 而代之以在 $-\infty < x < \infty$ 区域内都适用的方程

$$-\frac{\hbar^2}{2m}\cdot\frac{\mathrm{d}^2 f}{\mathrm{d}x^2}+V(x)f=-\alpha f. \tag{6.71}$$

当 $x>0$ 时, 势 $V(x)$ 和式 (6.67) 的势一致; 而在 $x<0$ 一边, 我们将它作对称延拓 (图 6.6a),

$$V(x)=\begin{cases}\dfrac{2e^2H^2}{mc^2}(x-x_0)^2, & x>0,\\ V(-x), & x<0.\end{cases} \tag{6.72}$$

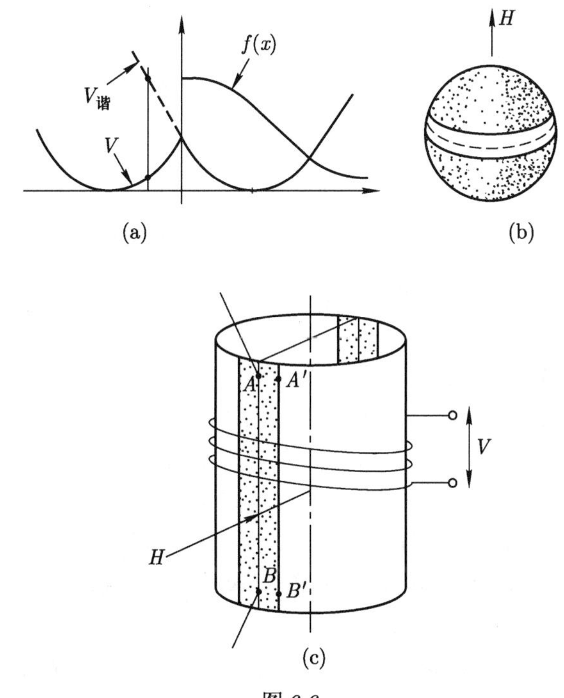

图 6.6

(a) 简谐势 $V_{谐}=$ 常数 $\times(x-x_0)^2$ 以及对称势 V, 由于 $V<V_{谐}$, 所以 V 的第一能级低于 $V_{谐}$ 的第一能级. 图上还画出了本征函数 $f(x)$ 的形状; (b) 球的表面超导电性. 当 H 刚比 H_{c_3} 低一点时, 赤道周围一带就出现了超导鞘. 随着 H 的减小, 此带加宽; 当 $H=H_{c_2}$ 时, 达到两极; (c) 确定中空圆柱体的 H_{c_2} 及 H_{c_3} 的原理

[引自J. P. Burger, G. Deutscher, E. Guyon and A. Martinet, *Solid State Commun.*, 2, (1964)101]. 在垂直于圆柱轴方向加一磁场 H, 当 $H>H_{c_2}$ 时, 圆柱体上会出现两个正常的条形带 (阴影区域). 它们的出现用一个绕在圆柱上的线圈来探测: 一旦这两个带出现, 线圈的自感将会突然增加. 带的宽度用电阻探针 AB 来测量: 电流从 A 流到 A', 然后在超导区域中从 A' 流到 B', 最后从 B' 流到 B, 电阻正比于 AA' 的长度.

与方程 (6.71)的最低本征值相应的本征函数没有节点, 是 x 的偶函数, 因而自动满足式 (6.68). 当 $x<0$ 时, 从图上可以看出势 $V(x)$ 总是比 $\dfrac{2e^2H^2}{mc^2}(x-x_0)^2$ 小, 所以 $V(x)$ 的最低本征值要比式 (6.63c) 小. 因此, *表面的存在有利于成核.*

详细计算表明: x_0 的最佳值是 $0.59\xi(T)$, 相应的本征值为

$$-\alpha = 0.59\frac{e\hbar H}{mc}. \tag{6.73}$$

本征函数是相当复杂的韦伯函数. 但是, 基特尔 (C. Kittel) 第一个注意到, 如果将变分原理应用于薛定谔方程 (6.67), 就能够较容易精确地获得本征值式 (6.73) 的一个极好的近似. 取宽度可调整的高斯函数

$$f(x) = \mathrm{e}^{-rx^2}$$

作为试探函数, 并且对 r 和 x_0 求 $|\alpha|$ 的极小值, 则得

$$|\alpha| = \sqrt{1-\frac{2}{\pi}}\frac{e\hbar H}{mc} = 0.60\frac{e\hbar H}{mc}.$$

我们将成核场[由式 (6.73) 给出] 称为 H_{c_3}. 利用式 (6.64), 它可写成

$$H_{c_3} = 2.4\kappa H_{c_2} = 1.7H_{c_2}. \tag{6.74}$$

关于式 (6.74) 的讨论

(1) 第二类材料　上面的计算表明, 在 H_{c_2} 以上的 $H_{c_2}<H<H_{c_3}$ 区域内, 超导性并没有完全破坏. 尽管整块材料是正常的, 但在它表面的某些区域内仍存在一层超导鞘. 对于放置在轴向场内的长圆柱体, 鞘就是整个圆柱体的侧表面. 如若是球, 情况就不一样了. 当 H 比 H_{c_3} 稍微低一点时, 超导鞘仅限于赤道近旁的窄带上 (图 6.6). 随着 H 减小, 带变宽, 最后当 $H=H_{c_2}$ 时延伸到两极.

有几种方法可用于检测表面鞘: 电阻测量法 (在弱电流时, 鞘起短路的作用); 低频电感测量法——典型的式样如图 6.6c 所示. 当圆柱表面存在鞘时, 磁通线不能穿过它, 因而线圈的自感降低. 当 H 达到 H_{c_3} 时, 鞘消失, 从而自感完全恢复 (图 6.7a) 类似的实验也可在微波段进行, 只是稍微复杂一点罢了.

在膜上 (厚度比 $\xi(T)$ 大得多) 能应用各种比较灵敏的技术: (a) 隧道实验表明态密度明显地偏离正常态的值; (b) 超导鞘的作用好似一个小的抗磁区域, 故可用扭矩方法来探测.

所有的实验都表明: 对于清洁的样品表面 (曲率半径 $\gg \xi(T)$), 当 $H_{c_2}<H<H_{c_3}(\theta)$ 时, 确实存在一个超导鞘, 其中 θ 是场和表面之间的夹角. 若 $\theta=0$,

实验值 $H_{c_3}(0)$ 接近于式 (6.74) 的理论值; 若 $\theta \neq 0$, $H_{c_3}(\theta)$ 的变化如图 6.7b 所示; 若 $\theta = \dfrac{\pi}{2}, H_{c_2}(\theta) \to H_{c_2}$.

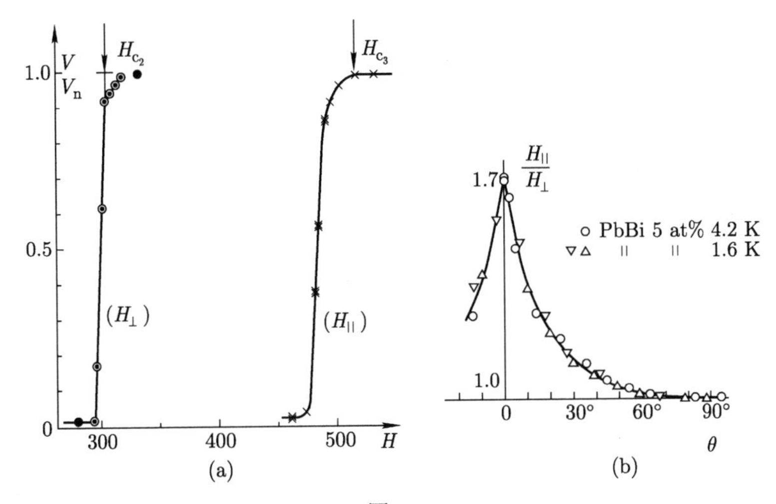

图 6.7

(a) 对中空锡铟合金圆柱体作电感测量 (用图 6.6c 的线圈) 所得到的结果. 若场 H 垂直于圆柱轴 ($H_\perp$), 当 $H = H_{c_2}$ 时, 与线圈自感成正比的电压 V 开始增加. 若场 H 平行于圆柱轴 ($H_{\|}$), 当 $H = H_{c_3}$ 时, 电压 V 才开始增加

[引自 Burger et al.].

(b) 铅铋合金的临界场跟角度的关系 (图中给出了不同温度的结果).

[引自 P. Burger, G. Deutscher, E. Guyon and A. Martinet, *Phys. Rev.*, **137A**, (1965)853.]

(2) $0.42 < \kappa < 1/\sqrt{2}$ 的第一类超导体　这里 $H_{c_2} < H_c$, 但是 $H_{c_3} > H_c$. 因此, 在 $H_c < H < H_{c_3}$ 区域内 (**H** 平行或接近平行于样品的表面) 依然存在超导鞘. 已经在好几个实验中 (例如铅和稀铅合金) 观察到第 I 类超导体中的超导鞘.

(3) $\kappa < 0.42$ 的第一类超导体　这时 $H_{c_3} < H_c$, 在热力学平衡态下不可能观察到鞘. 然而, 依然可以按下列方法来测量 H_{c_3}: 对于非常纯的样品, 可以将磁场降到 H_c 之下, 而样品仍处于 (亚稳的) 正常态. 例如对于铝, 磁场能降低到 $< \dfrac{H_c}{10}$ 而不发生转变. 但是亚稳的正常相决不会一直延伸到外场为零. 因为, 当我们达到 H_{c_3} 时, 在样品表面可能形成弱超导区域, 而不需要耗费能量. 当 $H \leqslant H_{c_3}$ 时, 正常相变得极不稳定. 实际上, 对于上述两种第一类超导体, 它们相应的成核过程曾经由费伯(Faber) 作过仔细的研究. 他用实验证实成核确实发生在样品表面 (不过, 当时他还没有理解到这是个基本性质); 同时他还测量了成核场 (就是现在我们鉴定为 H_{c_3} 的场). 原则上, 由他的结果利用式 (6.74) 就能得出相应的 κ 值. 假如我们就这样盲目地去做, 那么会得到

$$\begin{aligned}\kappa = \ & 0.015 \quad & \text{Al} \\ & 0.07 & \text{In} \\ & 0.10 & \text{Sn}\end{aligned}$$

对于纯金属来说, 这种方法很可能不太正确, 因为只有温度很接近 T_c 时, 朗道 – 金兹堡方程才适用, 而过冷场通常是在较低温度之下测量的. 为了完整起见, 我们还摘出了由 κ 的定义式 (6.27) 推得的 "理论值", 式中 $\lambda_L(0)$ 和 ξ_0 是通过对正常态费米表面的测量 (加上 T_0 的实验值) 确定的. 它们的数值是

$$\begin{aligned}\kappa = \ & 0.010 \quad & \text{Al} \\ & 0.05 & \text{In} \\ & 0.15 & \text{Sn}\end{aligned}$$

6.7　强磁场 ($H \sim H_{c_2}$) 中涡旋相的结构

现在考虑用第二类超导材料 $\left(\kappa > \dfrac{1}{\sqrt{2}}\right)$ 作的圆柱形样品, 并将其放在平行于圆柱轴的外场 $\boldsymbol{H}$ 中. 让 $\boldsymbol{H}$ 减小, 当 H 降到等于 H_{c_2} 时, 在样品体内开始出现超导态的成核. 这时有序参数 $|\psi|$ 是一个小量, 在成核处 ψ 的形状可从线性化朗道 – 金兹堡方程 (6.63) 得出. 如果继续减小 H, 成核区域就开始扩大, $|\psi|$ 也变大. 为了确定有序化的状况, 就必须解完整的非线性朗道 – 金兹堡方程. 这是一个相当艰难的数值计算问题.

如果 H 只是略为比 H_{c_2} 小一点, 问题就显得颇为简单 (Abrikosov, 1956). 由于连续性, 完整的朗道 – 金兹堡方程的解必然与线性方程的某个解 ψ_L 很接近, 这并不意味着问题立刻就解决了. 我们仅知道 ψ_L 满足下面的方程,

$$\frac{1}{2m}\left(-\mathrm{i}\hbar\nabla - \frac{2e}{c}\boldsymbol{A}_0\right)^2\psi_L = -\alpha\psi_L, \tag{6.75a}$$

其中

$$\operatorname{curl}\boldsymbol{A}_0 = (0, 0, H_{c_2}). \tag{6.75b}$$

然而式 (6.75a) 的本征值是高度简并的, 也就是说存在很多独立的解, 它们描述样品内的这一部分或那一部分发生的成核. 例如, 在规范 $A_x = A_z = 0, A_y = H_{c_2}x$ 中, 我们已经知道解的形式是

$$\begin{aligned}\psi_k &= \mathrm{e}^{\mathrm{i}ky}\cdot\mathrm{e}^{-\frac{1}{2}\frac{(x-x_0)^2}{\xi^2(T)}}, \\ x_0 &= \frac{\hbar ck}{2eH_{c_2}},\end{aligned} \tag{6.76}$$

式中 k 是一个任意参数. 在这种情况下, 成核区域是一个垂直于 x 轴、宽度为 $\xi(T)$ 的带. 其横坐标的平均值 x_0 取决于所选择的 k 值. 我们知道 ψ_L 必须是 ψ_k 的线性组合. 事实上, 根据第 3 章我们所作的简化讨论, 我们期望 $|\psi|$ 在 x 和 y 方向有周期性结构. 若 $\dfrac{2\pi}{q}$ 是在 y 方向的空间变化周期, 具有这种周期性的 ψ_L 函数将是下列组合:

$$\begin{aligned} \psi_L &= \sum_n C_n \mathrm{e}^{\mathrm{i}nqy} \cdot \mathrm{e}^{-\frac{(x_n - x_0)^2}{2\xi^2(T)}}, \\ x_n &= \frac{n\hbar cq}{2eH_{c_2}}. \end{aligned} \tag{6.77}$$

为了使 ψ_L 在 x 方向也成为周期函数, 必须对 C 加上周期性条件, 阿布里科索夫选取的条件是 $C_{n+\nu} = C_n$, 这里 ν 是一固定的整数. 于是

$$\psi_L\left(x + \frac{\nu\hbar cq}{2eH_{c_2}}, y\right) = \mathrm{e}^{\mathrm{i}\nu qy}\psi_L(x, y).$$

不过, 有可能建立某些一般定理, 它们与式 (6.77) 所假设的 ψ_L 的具体结构无关:

(1) ψ_L 的归一化: 因为原始方程 (6.11) 和 (6.12) 是 ψ 的非线性方程, 所以关于 ψ_L 采用什么归一化并非无关紧要. 让我们假设自由能式 (6.9) 在试探函数 ψ_L 变为 $(1+\epsilon)\psi_L$ 时, 是稳定的. 这里 ϵ 很小且和 r 无关. 若精确到 ϵ 的一次幂, 自由能的变化是

$$\begin{aligned} \delta\mathscr{F} =& 2\epsilon \int \mathrm{d}\boldsymbol{r} \left[\alpha|\psi_L|^2 + \beta|\psi_L|^4 \right. \\ &\left. + \frac{1}{2m}\left|\left(-\mathrm{i}\hbar\nabla - \frac{2e}{c}\boldsymbol{A}\right)\psi_L\right|^2\right]. \end{aligned} \tag{6.78}$$

为了简化符号, 我们将把宏观体积 V 上的积分 $\displaystyle\int |\psi_L|^2 \mathrm{d}\boldsymbol{r}$ 写成 $V\overline{|\psi_L|^2}$. 根据式 (6.78), 条件 $\delta\mathscr{F} = 0$ 可写成

$$\overline{\alpha|\psi_L|^2} + \overline{\beta|\psi_L|^4} + \frac{1}{2m}\overline{\left|\left(-\mathrm{i}\hbar\nabla - \frac{2e}{c}\boldsymbol{A}\right)\psi_L\right|^2} = 0. \tag{6.79}$$

利用 ψ_L 所满足的式 (6.75a), 可将上面这个方程加以简化. 令 $\boldsymbol{A} = \boldsymbol{A}_0 + \boldsymbol{A}_1$, 这里 $\boldsymbol{A}_0$(由 (6.75b) 定义) 是磁场为 H_{c_2} 时的矢势, $\boldsymbol{A}_1$ 代表修正量, 其来源有: (a) 外场稍低于 H_{c_2}; (b) 超电流的存在对磁场也有贡献. 展开式 (6.79) 到 $\boldsymbol{A}_1$ 的一次幂项, 利用式 (6.75a) 我们得到

$$\overline{\beta|\psi_L|^4} - \frac{1}{c}\overline{\boldsymbol{A}_1 \cdot \boldsymbol{j}_L} = 0, \tag{6.80}$$

式中

$$\boldsymbol{j}_L = \frac{e}{m}\left[\psi_L^*\left(-\mathrm{i}\hbar\nabla - \frac{2e}{c}\boldsymbol{A}_0\right)\psi_L + C.C.\right], \tag{6.81}$$

$\boldsymbol{j}_L$ 表示与没有微扰的解相联系的电流. 如果我们对式 (6.80)中的第二项进行分部积分, 并令 curl $\boldsymbol{A}_1 = \boldsymbol{h}_1$ 以及 curl $\boldsymbol{h}_\mathrm{s} = \dfrac{4\pi}{c}\boldsymbol{j}_L$, 就得到

$$\overline{\beta|\psi_L|^4} - \frac{1}{4\pi}\overline{\boldsymbol{h}_1\cdot\boldsymbol{h}_\mathrm{s}} = 0. \tag{6.82}$$

(2) 场和有序参数之间的关系: 为了使条件式 (6.82) 更加明确, 我们必须算出场 $\boldsymbol{h}_1$ 和 $\boldsymbol{h}_\mathrm{s}$(根据第 3 章的结果, 可以预计 $\boldsymbol{h}_1$ 和 $\boldsymbol{h}_\mathrm{s}$ 处处平行于 z 轴.), 我们可以写出

$$h_1(\boldsymbol{r}) = H - H_{\mathrm{c}_2} + h_\mathrm{s}(\boldsymbol{r}). \tag{6.83}$$

$(H - H_{\mathrm{c}_2})$ 这一项表示上述原因 (a) 的贡献, h_s 表示超电流的影响①.

当 ψ_L 是方程 (6.75a) 相应于最低本征值 $-\alpha = \dfrac{1}{2}\hbar\omega_c$ 的解时, $\boldsymbol{j}_L$ 的电流线和 $|\psi_L| =$ 常数的线重合. 有了这个性质, 计算 $\boldsymbol{h}_\mathrm{s}$ 就很容易了.

证明

令

$$\varPi = (2m\hbar\omega_\mathrm{c})^{-1/2}\left(-\mathrm{i}\hbar\nabla - \frac{2e}{c}\boldsymbol{A}_0\right),$$

及 $\varPi^\pm = \varPi_x \pm \mathrm{i}\varPi_y$. 对易式 $[\varPi^+, \varPi^-] = 1$, 可将式 (6.75a) 写成

$$\varPi^+\varPi^-\psi_L = 0,$$

其束缚态解相当于

$$\varPi^-\psi_L = 0. \tag{6.84}$$

我们仍然令

$$\begin{aligned}\psi_L &= |\psi_L|\mathrm{e}^{\mathrm{i}\theta}\\ \boldsymbol{j}_L &= \frac{2e}{m}|\psi_L|^2\left(\hbar\nabla\theta - \frac{2e}{c}\boldsymbol{A}_0\right).\end{aligned} \tag{6.85}$$

分别令 $\varPi^-\psi_L$ 的实部和虚部为零, 并利用式 (6.85), 即得

$$\begin{aligned}j_{Lx} &= -\frac{e\hbar}{m}\frac{\partial}{\partial y}|\psi_L|^2,\\ j_{Ly} &= \frac{e\hbar}{m}\frac{\partial}{\partial x}|\psi_L|^2.\end{aligned} \tag{6.86}$$

① $\boldsymbol{j}_L = \dfrac{c}{4\pi}$curl $\boldsymbol{h}_\mathrm{s}$ 并不严格地等于超电流, 因为在式 (6.81) 中用的是 $\boldsymbol{A}_0$, 而不是 $\boldsymbol{A}_1$. 然而我们将看到 $H_{c_2} - H$ 和 $|\psi|^2$ 的幂次相同, 因而很小. 所以 $\overline{(A_0 - A)|\psi_L|^2}$ 是 $|\psi_L|^4$ 的幂次项, 这里可以忽略.

由此得证: 电流线就是 ψ_L 的等值线.

将式 (6.86) 和定义 $\mathrm{curl}\, \boldsymbol{h}_s = \dfrac{4\pi}{c}\boldsymbol{j}_L$ 相比较, 我们得到超电流所产生的场

$$\boldsymbol{h}_s = -4\pi \frac{e\hbar}{mc}|\psi_L|^2 \boldsymbol{e}_z. \tag{6.87}$$

积分常数是这样确定的, 当 $\overline{|\psi_L|^2} = 0$ 时, h_s 消失. 将式 (6.82)、(6.83) 和 (6.87) 重新组合, 我们得到

$$\overline{\beta|\psi_L|^4} + \overline{\frac{e\hbar}{mc}|\psi_L|^2 \left(H - H_{c_2} - \frac{4\pi e\hbar}{mc}|\psi_L|^2\right)} = 0. \tag{6.88a}$$

仍旧令 $|\psi_L| = \psi_0 f$, 利用 κ 的定义式 (6.26) 和 H_{c_2} 的表式 (6.64) 得到

$$\overline{f^4}\left(1 - \frac{1}{2\kappa^2}\right) - \overline{f^2}\left(1 - \frac{H}{H_{c_2}}\right) = 0. \tag{6.88b}$$

关系式 (6.88b) 很重要, 因为它和所假设的 ψ_L 的详细形式无关, 也就是和由涡旋线所组成的点阵的具体性质无关. 如果现在我们选择某个给定的点阵, 也就是说, 确定了 q 和系数 C_n 的周期性, 就可以明确地算出相应于这种点阵的比值

$$\overline{f^4}/(\overline{f^2})^2 = \beta_A. \tag{6.89}$$

如果 β_A 已知, 由式 (6.88b) 和 (6.89) 就可解出 $\overline{f^4}$ 和 $\overline{f^2}$. 计算磁感应强度和自由能只需要有它们就够了.

(1) 磁感应 $\boldsymbol{B}$: 它是磁场 $\boldsymbol{H} + \boldsymbol{h}_s$ 的平均值, 从式 (6.87) 可得到

$$\begin{aligned} B &= H + \overline{h_s} = H - \frac{4\pi e\hbar}{mc}\overline{|\psi_L|^2} \\ &= H - \frac{H_c}{\sqrt{2}\kappa}\overline{f^2}. \end{aligned} \tag{6.90}$$

(2) 单位体积的自由能 F: 用式 (6.11) 将式 (6.9) 进行简化, 就可算出

$$\begin{aligned} F &= -\frac{\beta}{2}|\psi_L|^4 + \frac{\overline{h^2}}{8\pi} \\ &= -\frac{H_c^2}{8\pi}\overline{f^4} + \frac{\overline{h^2}}{8\pi} \end{aligned} \tag{6.91}$$

将此式代回到式 (6.87), 就可将 $\overline{h^2}$ 表示成 H, $\overline{f^2}$ 和 $\overline{f^4}$ 的函数. 然后用式 (6.88b)、(6.89) 和 (6.90) 来消去 H, $\overline{f^2}$ 和 $\overline{f^4}$, 即得到仅和 B 有关的自由能表示式

$$F = \frac{B^2}{8\pi} - \frac{(H_{c_2} - B)^2}{1 + (2\kappa^2 - 1)\beta_A} \cdot \frac{1}{8\pi}. \tag{6.92}$$

结论

(1) 若固定 B, 则 F 就是 β_A 的递增函数 $\left(因为\kappa > \dfrac{1}{\sqrt{2}}\right)$. 最有利的"点阵"对应于最小的 β_A[注意, 根据式 (6.89)$\beta_A \geqslant 1$].

点阵的选择, 在代数上相当于选择等式 (6.77) 中的 C_n 所满足的周期性条件. 实际上已研究过两种点阵: 正方涡旋线点阵, 令所有的 C_n 相等得到的就是正方涡旋线点阵; 三角涡旋线点阵, 令

$$C_{n+2} = C_n,$$
$$C_1 = \mathrm{i}C_0,$$

得到的就是三角点阵. 将 β_A 对于 q 作完求极小值手续后, 我们发现正方点阵的 $\beta_A = 1.18$; 三角点阵的 $\beta_A = 1.16$. 所以后者稍为稳定一些. 三角点阵的 $|\psi|^2$ 等值线的图形如第 50 页图 3.5 所示.

(2) 一旦 β_A 已知, 就能用自由能表式 (6.92) 来完成普通的热力学计算. 首先可以证明

$$4\pi\frac{\mathrm{d}F}{\mathrm{d}B} = H,$$

这是我们预期的结果. 其次可以计算磁化强度 $M = \dfrac{B-H}{4\pi}$. 预计 M 应具有 $|\psi|^2$ 的幂次, 具体地由下式给出

$$\begin{aligned} M &= \frac{B-H}{4\pi} \\ &= \frac{H - H_{\mathrm{c}_2}}{4\pi\beta_A(2\kappa^2-1)}, \quad \frac{H_{\mathrm{c}_2} - H}{H_{\mathrm{c}_2}} \ll 1. \end{aligned} \tag{6.93}$$

当 $H = H_{\mathrm{c}_2}$ 时, 磁化强度变成零—— $H = H_{\mathrm{c}_2}$ 时的转变是二级相变 (但是, 如果 κ 比 $\dfrac{1}{\sqrt{2}}$ 稍微大一些, 斜率 $\left|\dfrac{\mathrm{d}M}{\mathrm{d}H}\right|$ 就变得很大). 金塞尔 (Kinsel)、林顿 (Lynton) 和塞林 (Serin) 曾用接近有可逆磁化曲线的第二类超导体——铟铋合金 (含 2.5% 铋的铟铋合金) 试样, 详细检验过式 (6.93). 图 6.8 是从他们对该合金所作的磁测量结果推算出来的相图. 由 T_0 附近 H_{c_2} 的实验值可得

$$\kappa = \frac{1}{\sqrt{2}}\frac{H_{\mathrm{c}_2}}{H_{\mathrm{c}}} = 1.80.$$

取 $\beta_A = 1.16$, 根据式 (6.93) 从磁化曲线求得

$$\kappa = 1.81.$$

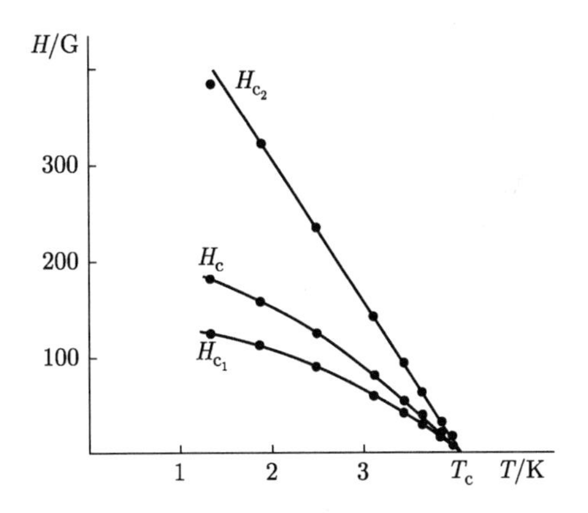

图 6.8 第二类超导体 (铟铋合金) 的相图

[引自 T. Kinsel, E. A. Lynton and B. Serin, *Phys. Letters*, **3**, (1960) 30]

两者符合得很好, 后面将要说到的 κ 的理论计算还会进一步肯定这一结果①.

例题 证明在第一类超导体中, 当 $\kappa = \dfrac{1}{\sqrt{2}}$ 时界面能变为零.

解答 我们依照萨尔马(G. Sarma) 方法, 取磁场 $\boldsymbol{h}$ 沿着 z 方向, 首先将朗道 – 金兹堡方程简化为二维形式

$$\frac{1}{2m}(\Pi_x^2 + \Pi_y^2)\psi + \alpha\psi + \beta|\psi|^2\psi = 0,$$

式中 $\Pi = \boldsymbol{p} - \dfrac{2e}{c}\boldsymbol{A}$. 令 $\Pi^{\pm} = \Pi_x \pm \mathrm{i}\Pi_y$, 则有

$$\Pi_x^2 + \Pi_y^2 = \Pi^-\Pi^+ + \frac{2e\hbar}{c}\boldsymbol{h}.$$

现在我们求满足

$$\Pi^+\psi = 0$$

的解 ψ. 对于这些特殊的“萨尔马解”, 任何一点的场都是同一地点的有序参数 ψ 的已知函数. ψ 由下式给出:

$$\frac{e\hbar}{mc}h + \alpha + \beta|\psi|^2 = 0.$$

① 这种符合颇令人惊讶, 因为实验得到的磁化曲线并非完全可逆. 这表明 $\left(\dfrac{\mathrm{d}M}{\mathrm{d}H}\right)_{H_{c_2}}$ 有某种程度的不确定性.

我们还必须进一步保证与萨尔马解相联系的场和电流是自洽的:

$$\begin{aligned}\operatorname{curl} \boldsymbol{h} = \frac{4\pi}{c}\boldsymbol{j} &= \frac{4e}{mc}[\psi^* \varPi \psi + \psi \varPi \psi^*],\\ \frac{\partial \boldsymbol{h}}{\partial y} - \mathrm{i}\frac{\partial \boldsymbol{h}}{\partial x} &= \frac{4\pi e}{mc}(\psi^* \varPi^+ \psi + \psi \varPi^+ \psi^*)\\ &= \frac{4\pi e}{mc}\psi \varPi^+ \psi^*.\end{aligned}$$

这关系式必须和上面得到的 $h(\psi)$ 关系式一致. 对上面得到的 $h(\psi)$ 关系式进行微商运算, 可得

$$\begin{aligned}&\frac{e\hbar}{mc}\left(\frac{\partial h}{\partial y} - \mathrm{i}\frac{\partial h}{\partial x}\right) + \beta\psi^*\left(\frac{\partial \psi}{\partial y} - \mathrm{i}\frac{\partial \psi}{\partial x}\right)\\ &\qquad + \beta\psi\left(\frac{\partial \psi^*}{\partial y} - \mathrm{i}\frac{\partial \psi^*}{\partial x}\right) = 0.\end{aligned}$$

这个结果还可用下述的方法加以变换: 条件 $\varPi^+\psi = 0$ 可以写成

$$\frac{\partial \psi}{\partial y} - \mathrm{i}\frac{\partial \psi}{\partial x} = \frac{2e}{\hbar c}(A_x + \mathrm{i}A_y)\psi,$$

由此可得

$$\frac{\partial \boldsymbol{h}}{\partial y} - \mathrm{i}\frac{\partial \boldsymbol{h}}{\partial x} = \frac{\beta mc}{e\hbar^2}\psi \varPi^+ \psi^*.$$

只要

$$\frac{4\pi e}{mc} = \frac{\beta mc}{e\hbar^2} \quad 或 \quad \kappa = \frac{1}{\sqrt{2}},$$

上式就和电流方程一致.

现在更具体地考察在 yz 平面上的界面. 当 $x \to -\infty$(正常边) 时, $h = H_{\mathrm{c}}$, $\psi = 0$; 当 $x \to +\infty$(超导边) 时, $h = 0, |\psi|^2 = -\dfrac{\alpha}{\beta}$. 这两个条件和萨尔马的 $h(\psi)$ 关系式一致——因此, 萨尔马解确实适用于目前的问题. 热力学势 (在 yz 平面上每单位面积的)$\mathcal{G}$ 由下式给出:

$$\mathcal{G} = \int \mathrm{d}x \left[\alpha|\psi|^2 + \frac{1}{2}\beta|\psi|^4 + \frac{1}{2m}|\varPi\psi|^2 + \frac{h^2}{8\pi} - \frac{hH_{\mathrm{c}}}{4\pi}\right].$$

最后这一项是与 $-\dfrac{BH}{4\pi}$ 项相当的微观项, 这里热力学场 H 等于 H_{c}, 由于 ψ 满足朗道 – 金兹堡方程, 可以对 $\mathcal{G}$ 进行分部积分, 从而得出

$$\mathcal{G} = \int \mathrm{d}x \left[-\frac{1}{2}\beta|\psi|^4 + \frac{h^2 - 2H_{\mathrm{c}}h}{8\pi}\right].$$

为了得到界面能 $\mathcal{G}_{界面}$, 我们从 $\mathcal{G}$ 中减去 $\displaystyle\int \frac{H_{\mathrm{c}}^2}{8\pi}\mathrm{d}x$(这一项对应于正常相或超导

相的热力学势), 由此得到

$$\mathcal{G}_{界面} = \int \mathrm{d}x \left[-\frac{1}{2}\beta|\psi|^4 + \frac{(h - H_c)^2}{8\pi} \right],$$

$h(\psi)$ 关系式又可改写成

$$h = H_c - \frac{mc}{e\hbar}\beta|\psi|^2,$$

又

$$\frac{(h - H_c)^2}{8\pi} = \frac{1}{8\pi}\beta^2 \left(\frac{mc}{e\hbar}\right)^2 |\psi|^4 = \frac{1}{2}\beta|\psi|^4$$

$\left(\text{当}\ \kappa = \dfrac{1}{\sqrt{2}}\ \text{时}\right)$, 因此当 $\kappa = \dfrac{1}{\sqrt{2}}$ 时 $\mathcal{G}_{界面} = 0$.

借助于萨尔马解同样可算出 $\kappa = \dfrac{1}{\sqrt{2}}$ 时孤立涡旋线的能量, 所得的结论是: 第一穿透场 H_{c_1} 等于 H_c. 若 κ 取 $\dfrac{1}{\sqrt{2}}$ 这个特殊值, 则 H_{c_1}、H_{c_2} 与 H_c 重合.

参 考 资 料

有关朗道 – 金兹堡方程的各种应用的详尽讨论, 可参阅圣 – 詹姆斯、萨尔马、托马斯的著作.

第 7 章

朗道 – 金兹堡方程的微观分析

7.1 线性自洽方程

在前一章中, 我们从自由能 F 的假定形式出发建立了朗道 – 金兹堡方程, 其中引进了一个未知系数 [例如式 (6.7) 中的系数 C], 该系数给出和有序参数的空间变化相关的能量. 戈尔柯夫 (Gorkov, 1959) 已证明, 可以从微观理论推出朗道 – 金兹堡方程, 特别是可以算出系数 C. 下面我们对这种计算作一简要说明.

7.1.1 把 Δ 作为微扰处理

我们的出发点是自洽方程

$$\Delta(\boldsymbol{r}) = V \sum_n v_n^*(\boldsymbol{r}) u_n(\boldsymbol{r})[1 - 2f(\epsilon_n)], \tag{7.1}$$

式中 u_n 和 v_n 是博戈留波夫方程的对应于正本征值的解,

$$\begin{aligned} \epsilon_n u_n &= \left[\frac{1}{2m}\left(\boldsymbol{p} - \frac{e}{c}\boldsymbol{A}\right)^2 + U - E_{\mathrm{F}}\right] u_n + \Delta v_n, \\ \epsilon_n v_n &= -\left[\frac{1}{2m}\left(\boldsymbol{p} + \frac{e}{c}\boldsymbol{A}\right)^2 + U - E_{\mathrm{F}}\right] v_n + \Delta^* u_n. \end{aligned} \tag{7.2}$$

杂质的效应等照常包括在 U 之中. 把式 (7.1) 的右边展开成 Δ 的幂级数, 并令

$$\begin{aligned} u_n &= u_n^0 + u_n^1 + \cdots, \\ v_n &= v_n^0 + v_n^1 + \cdots. \end{aligned} \tag{7.3}$$

从式 (7.2) 可以看出:u_n^0 及 v_n^0 和正常金属中单电子的本征函数 ϕ_n 成正比, ϕ_n 是下式的解:

$$\xi_n \phi_n = \left[\frac{1}{2m}\left(\boldsymbol{p} - \frac{e}{c}\boldsymbol{A}\right)^2 + U - E_{\mathrm{F}}\right]\phi_n. \tag{7.4}$$

精确到零级项则有

$$\begin{aligned} u_n^0 = \phi_n,\ v_n^0 = 0,\ (\xi_n > 0), \\ u_n^0 = 0,\ v_n^0 = \phi_n^*\ (\xi_n < 0) \end{aligned} \tag{7.5}$$

及 $\epsilon_n^0 = |\xi_n|$. 因为 $u_n^0 v_n^0 = 0$, 所以式 (7.1) 右边没有最低次的项. 为了确定一级修正 u_n^1 和 v_n^1, 可令

$$\begin{aligned} u_n^1 &= \sum_m e_{nm}\phi_m, \\ v_n^1 &= \sum_m d_{nm}\phi_m^*. \end{aligned} \tag{7.6}$$

把这些表式代入式 (7.2), 并用 ϕ_m^* 乘以第一个方程式, 用 ϕ_m 乘以第二个方程式, 然后分别积分则得

$$\begin{aligned} (|\xi_n| - \xi_m)e_{nm} &= \int \Delta(\boldsymbol{r})\phi_m^*(\boldsymbol{r})v_n^0(\boldsymbol{r})\mathrm{d}\boldsymbol{r}, \\ (|\xi_n| + \xi_m)d_{nm} &= \int \Delta^*(\boldsymbol{r})\phi_m(\boldsymbol{r})u_n^0(\boldsymbol{r})\mathrm{d}\boldsymbol{r}. \end{aligned} \tag{7.7}$$

通常为了保证 $\begin{pmatrix} u \\ v \end{pmatrix}$ 的归一化, 不妨把 e_{nn} 这样的对角项取作零.

于是可把式 (7.6) 和 (7.7) 定义的 u_n^1 和 v_n^1 代入自洽方程式 (7.1), 精确到一级项可得

$$\Delta(\boldsymbol{s}) = \int K(\boldsymbol{s},\boldsymbol{r})\Delta(\boldsymbol{r})\mathrm{d}\boldsymbol{r}, \tag{7.8}$$

式中

$$\begin{aligned} K(\boldsymbol{s},\boldsymbol{r}) =& V\sum_{n,m}[1-2f(|\xi_n|)] \\ & \times \left[\frac{u_n^{0*}(\boldsymbol{r})u_n^0(\boldsymbol{s})}{|\xi_n|+\xi_m} + \frac{v_n^{0*}(\boldsymbol{s})v_n^0(\boldsymbol{r})}{|\xi_n|-\xi_m}\right]\phi_m(\boldsymbol{s})\phi_m^*(\boldsymbol{r}). \end{aligned}$$

仅当 $\xi_n > 0$ 时 u_n^0 才不等于零, 而仅当 $\xi_n < 0$ 时 v_n^0 才不等于零. 还要注意 $1-2f(\xi_n) = \tanh(\beta\xi_n/2)$ 是 ξ_n 的奇函数. 这些性质使我们能把 uu 和 vv 项归并成一项. 最后可把表式化成对角标 n 和 m 对称的形式 (因为表式要对 n 和 m 求和), 从而得到

$$\begin{aligned} K(\boldsymbol{s},\boldsymbol{r}) =& \frac{V}{2}\sum_{nm}\frac{\tanh\left(\dfrac{\beta\xi_n}{2}\right)+\tanh\left(\dfrac{\beta\xi_m}{2}\right)}{\xi_n+\xi_m} \\ & \times \phi_n^*(\boldsymbol{r})\phi_m^*(\boldsymbol{r})\phi_n(\boldsymbol{s})\phi_m(\boldsymbol{s}). \end{aligned} \tag{7.9}$$

有时再将该结果作如下变换是很有用的: 首先写出

$$\tanh\frac{\beta\xi_n}{2} = 2k_{\mathrm{B}}T\sum_\omega \frac{1}{\xi - \mathrm{i}\hbar\omega}, \tag{7.10}$$

式中 $\hbar\omega = 2\pi k_{\mathrm{B}}T\left(\nu+\dfrac{1}{2}\right)$, 而 $\sum$ 则表示对所有正或负的整数 ν 求和. 在复 ξ 平面中比较式 (7.10) 两边的极点和留数可以验证该式 (请注意, 因为 ω 和 $-\omega$ 都有贡献, 所以在式 (7.10) 的分母中, 选用 $\pm\mathrm{i}$ 中的任一个都行).

于是有

$$\begin{aligned}\frac{\tanh\left(\dfrac{\beta\xi}{2}\right)+\tanh\left(\dfrac{\beta\xi'}{2}\right)}{\xi+\xi'} &= 2k_{\mathrm{B}}T\sum_{\omega}\frac{1}{\xi+\xi'}\left(\frac{1}{\xi-\mathrm{i}\hbar\omega}+\frac{1}{\xi'+\mathrm{i}\hbar\omega}\right)\\ &= 2k_{\mathrm{B}}T\sum_{\omega}\frac{1}{(\xi-\mathrm{i}\hbar\omega)(\xi'+\mathrm{i}\hbar\omega)},\end{aligned}$$

以及

$$K(\boldsymbol{s},\boldsymbol{r}) = Vk_{\mathrm{B}}T\sum_{\omega}\sum_{nm}\frac{\phi_n^*(\boldsymbol{r})\phi_m^*(\boldsymbol{r})\phi_n(\boldsymbol{s})\phi_m(\boldsymbol{s})}{(\xi_n-\mathrm{i}\hbar\omega)(\xi_m+\mathrm{i}\hbar\omega)}. \tag{7.11}$$

方程 (7.8) 加上核的显示式 (7.11) 就构成了自洽条件 (7.7) 的线性形式. 和式 (7.1) 相比, 该式的极大优点是消去了 u 和 v, 因此式 (7.8) 中只剩下 $\varDelta(\boldsymbol{r})$ 是未知的. 然而必须牢记: 这种线性形式只适用于 $\varDelta$ 很小的情形, 亦即只适用于紧靠二级相变点的邻近区域.

7.1.2 磁效应的分离

现在我们假定矢势的空间变化很小. 因此存在 $\boldsymbol{A}$ 时正常金属的本征函数 ϕ_n, 和不存在 $\boldsymbol{A}$ 时的本征函数 w_n 仅差一个相位因子.

$$\phi_{\mathrm{n}}^*(\boldsymbol{r})\phi_{\mathrm{n}}(\boldsymbol{s}) \to w_{\mathrm{n}}(\boldsymbol{r})w_{\mathrm{n}}(\boldsymbol{s})\mathrm{e}^{\mathrm{i}e\boldsymbol{A}\cdot(\boldsymbol{s}-\boldsymbol{r})/\hbar c}, \tag{7.12}$$

式中 w_n 取为实数. 容易证明: 如果有意将 $\boldsymbol{A}$ 的空间变化略去, 那么式 (7.12) 和式 (7.4) 以及 w_n 的定义都是相符的. 这种近似的适用范围是什么呢?

(1) 以后会看到, 在 “纯金属” 中核 $K(\boldsymbol{s},\boldsymbol{r})$ 的力程是 $\xi_0 = 0.18\hbar v_{\mathrm{F}}/k_{\mathrm{B}}T_{\mathrm{c}}$ 的数量级, 因此在这个尺度上矢势的空间变化必须较小. 这就要求磁场 $\boldsymbol{h}$ 变化缓慢. 该条件意味着穿透深度必须大于 ξ_0:

$$\lambda_L(T) \gg \xi_0. \tag{7.13}$$

(2) $\boldsymbol{h}(=\mathrm{curl}\,\boldsymbol{A})$ 变化缓慢并不能保证 $\boldsymbol{A}$ 的变化也缓慢. 在 $|\boldsymbol{s}-\boldsymbol{r}|\sim\xi_0$ 的距离上, $\boldsymbol{A}$ 的改变量 $\sim\xi_0 h$, 因此相位的不确定度是

$$\frac{e}{\hbar c}\xi_0 h\xi_0 \sim \frac{\hbar\omega_{\mathrm{c}}E_{\mathrm{F}}}{(k_{\mathrm{B}}T_{\mathrm{c}})^2}.$$

该值必须小于 1, 于是我们得到

$$\frac{(k_{\mathrm{B}}T_{\mathrm{c}})^2}{E_{\mathrm{F}}} \gg \hbar\omega_{\mathrm{c}}, \tag{7.14}$$

式中 $\omega_{\mathrm{c}}=eh/mc$ 是在磁场 $\boldsymbol{h}$ 中正常金属的电子回旋频率. 对于I类超导体的块样品而言, h 最大只能等于热力学场 $H_{\mathrm{c}}(T)$. 由式 (6.25) 及 (6.19) 对纯金属可得

$$H_{\mathrm{c}}\sim\frac{\phi_0}{\kappa\xi_0^2}\frac{T_{\mathrm{c}}-T}{T_{\mathrm{c}}}\quad(T\to T_{\mathrm{c}}),$$

式中 κ 是朗道 – 金兹堡参数, $\phi_0=hc/2e$ 是磁通量子. 于是条件 (7.14) 就变成了 $(T_{\mathrm{c}}-T)/T_{\mathrm{c}}<\kappa$. 该条件比条件 (7.13) 要宽, 式 (7.13) 可写成 $\kappa>[(T_{\mathrm{c}}-T)/T_{\mathrm{c}}]^{\frac{1}{2}}$. 对于II类超导体, h 最大可达 H_{c_2} 的数量级:

$$H_{\mathrm{c}_2}\sim(\phi_0/\xi_0^2)[(T_{\mathrm{c}}-T)/T_{\mathrm{c}}].$$

因此式 (7.14) 可化为 $(T_{\mathrm{c}}-T)/T_{\mathrm{c}}\ll 1$.

(3) 为了保证式 (7.12) 成立, 在磁场 h 中电子轨道的半径 $R=mcv_{\mathrm{F}}/eh$ 显然必须大于核 $K(\boldsymbol{s},\boldsymbol{r})$ 的力程. 这个要求保证了和朗道抗磁性有关的一切效应全都可以忽略不计. 条件 $R\gg\xi_0$ 也可写成

$$\hbar\omega_{\mathrm{c}}\ll k_{\mathrm{B}}T_{\mathrm{c}}.\tag{7.15}$$

该条件比条件 (7.14) 更宽. 我们的结论是, 对于纯金属只要 T 足够靠近 T_0, 则代换式 (7.12) 总是正确的. 正如我们将要看到的, 这种代换可以直接导出朗道 – 金兹堡方程. 对于“脏”合金, 后面我们将证明情况甚至更为有利, 并将证明在所有温度范围, 线性积分方程 (7.8) 都能用朗道 – 金兹堡形式的二级微分方程来代替. 最后我们得到

$$\Delta(\boldsymbol{s})=\int\mathrm{d}\boldsymbol{r}K_0(\boldsymbol{s},\boldsymbol{r})\exp\Big[-\frac{2\mathrm{i}e}{\hbar c}\boldsymbol{A}\cdot(\boldsymbol{s}-\boldsymbol{r})\Big]\Delta(\boldsymbol{r}),\tag{7.16}$$

$$K_0(\boldsymbol{s},\boldsymbol{r})=Vk_{\mathrm{B}}T\sum_{\omega}\sum_{n,m}\frac{w_n(\boldsymbol{r})w_m(\boldsymbol{r})w_n(\boldsymbol{s})w_m(\boldsymbol{s})}{(\xi_n-\mathrm{i}\hbar\omega)(\xi_m+\mathrm{i}\hbar\omega)}.\tag{7.17}$$

7.1.3 无限均匀介质

通常我们考虑的是无限均匀介质中的核 K_0, 因此如果是纯金属, 显然 $K_0(\boldsymbol{s},\boldsymbol{r})$ 只依赖于 $(\boldsymbol{s}-\boldsymbol{r})$. 反之对于合金就不存在这种平移不变性. 但这时只要再作一个近似, 平移不变性就能恢复. 在式 (7.16) 中如对所有杂质位形求平均, 则式 (7.16) 的右边出现平均值 $\overline{K_0(\boldsymbol{s},\boldsymbol{r})\Delta(\boldsymbol{r})}$, 对此可作如下的近似:

$$\overline{K_0(\boldsymbol{s},\boldsymbol{r})\Delta(\boldsymbol{r})}\to\overline{K_0(\boldsymbol{s},\boldsymbol{r})}\;\overline{\Delta(\boldsymbol{r})}.\tag{7.18}$$

式 (7.18) 不是严格成立的, 因为它忽略了每一杂质紧邻处对势的某种畸变. 然而, 详细的计算表明 (C. Caroli, 1962), 只要杂质势可作弱微扰处理, 这种近似就是合理的. 因此我们只限于讨论各种组分在化学性质上相差不大的那些合金. 这时式 (7.18) 适用, 因而 $\overline{\Delta(\boldsymbol{r})}$ 的积分方程完全可用只和 $(\boldsymbol{s}-\boldsymbol{r})$ 有关的平均核 $\overline{K_0(\boldsymbol{s},\boldsymbol{r})}$ 来写出.

7.1.4 K_0 和相关函数的关系

式 (7.17) 中出现了四个函数 w_n 的乘积, 乍看起来令人望而生畏. 然而可以证明这种乘积却跟一些相当简单的物理概念有密切联系. 为简便起见, 就以无限大均匀介质为例, 我们来研究它的傅里叶变换式:

$$\begin{aligned}K_0(\boldsymbol{q}) &= L^{-3}\int \mathrm{d}\boldsymbol{r}\mathrm{d}\boldsymbol{s}K_0(\boldsymbol{s}-\boldsymbol{r})\mathrm{e}^{\mathrm{i}\boldsymbol{q}\cdot(\boldsymbol{s}-\boldsymbol{r})}\\ &= VL^{-3}k_{\mathrm{B}}T\sum_{\omega,n,m}\frac{\langle n|\mathrm{e}^{\mathrm{i}qx}|m\rangle\langle m|\mathrm{e}^{-\mathrm{i}qx}|n\rangle}{(\xi_n-\mathrm{i}\hbar\omega)(\xi_m+\mathrm{i}\hbar\omega)},\end{aligned}\tag{7.19}$$

式中 L^3 是样品的体积. 我们已取 $\boldsymbol{q}$ 沿着 x 方向, 并令

$$\langle n|\mathrm{e}^{\mathrm{i}qx}|m\rangle = \int w_n(\boldsymbol{r})\mathrm{e}^{\mathrm{i}\boldsymbol{q}\cdot\boldsymbol{r}}w_m(\boldsymbol{r})\mathrm{d}\boldsymbol{r}.$$

首先讨论实函数

$$g(q,\varOmega) = \sum_m \overline{\langle n|\mathrm{e}^{\mathrm{i}qx}|m\rangle\langle m|\mathrm{e}^{-\mathrm{i}qx}|n\rangle}\delta(\xi_m-\xi_n-\hbar\varOmega).\tag{7.20}$$

有时称此谓单电子算符 $\mathrm{e}^{\mathrm{i}qx}$ 的谱密度. 式上的横线号表示对全部有确定能量 ξ_n(例如 $\xi_n=0$ 的态, 相应于费米能级) 的状态求平均值. 实际上 $g(q,\varOmega)$ 对于 $\varOmega$ 有强烈的依赖关系, 但对 ξ_n 只有很弱的依赖关系, 因此不妨在费米能级上来求平均. 如果已知 g, 则 $K_0(q)$ 直接由下式给出:

$$K_0(q) = N(0)Vk_{\mathrm{B}}T\sum_\omega\int\frac{\mathrm{d}\xi\mathrm{d}\xi' g\left(q,\dfrac{\xi-\xi'}{\hbar}\right)}{(\xi-\mathrm{i}\hbar\omega)(\xi'+\mathrm{i}\hbar\omega)},\tag{7.21}$$

$g(q,\varOmega)$ 有一简单的物理意义. 引入海森伯 (Heisenberg) 算符

$$\mathrm{e}^{\mathrm{i}qx(t)} = \exp(\mathrm{i}\mathscr{H}_{\mathrm{e}}t/\hbar)\mathrm{e}^{\mathrm{i}qx}\exp(-\mathrm{i}\mathscr{H}_{\mathrm{e}}t/\hbar).\tag{7.22}$$

该式反映了哈密顿量 $\mathscr{H}_{\mathrm{e}} = (\boldsymbol{p}^2/2m)+U(\boldsymbol{r})$ 所描写的纯正常金属中单电子算符 $\mathrm{e}^{\mathrm{i}qx}$ 随时间的演变. 利用算符 $\mathrm{e}^{\mathrm{i}qx(t)}$ 可把谱密度写成很简单的形式,

$$g(q,\varOmega) = \frac{1}{2\pi\hbar}\int \mathrm{d}t\mathrm{e}^{\mathrm{i}\varOmega t}\overline{\langle n|\mathrm{e}^{-\mathrm{i}qx(0)}\mathrm{e}^{\mathrm{i}qx(t)}|n\rangle}.\tag{7.23}$$

只要明确写出 $\mathrm{e}^{\mathrm{i}qx(t)}$ 在状态 $|n\rangle$ 和 $|m\rangle$ 之间的矩阵元, 就不难验证式 (7.23).

为了确定 g, 只需对正常金属费米能级上的一个电子确定 $\mathrm{e}^{\mathrm{i}qx}$ 的相关函数

$$\langle\mathrm{e}^{-\mathrm{i}qx(0)}\mathrm{e}^{\mathrm{i}qx(t)}\rangle_{E_{\mathrm{F}}} = \overline{\langle n|\mathrm{e}^{-\mathrm{i}qx(0)}\mathrm{e}^{\mathrm{i}qx(t)}|n\rangle}.\tag{7.24}$$

(1) 首先, 对于纯金属可假定 $t=0$ 时电子坐标为 x_0, 它沿 x 轴的速度为 $v_F\cos\theta$(θ 是 $\boldsymbol{q}$ 和电子速度矢量之间的夹角).

$$\begin{aligned}&\mathrm{e}^{-\mathrm{i}qx(0)}=\mathrm{e}^{-\mathrm{i}qx_0},\\&\mathrm{e}^{\mathrm{i}qx(t)}=\exp[\mathrm{i}q(x_0+v_Ft\cos\theta)].\end{aligned}$$

因此

$$\langle\mathrm{e}^{-\mathrm{i}qx(0)}\mathrm{e}^{\mathrm{i}qx(t)}\rangle_{E_F}=\frac{1}{2}\int_0^{\pi}\sin\theta\mathrm{d}\theta\exp(\mathrm{i}qv_Ft\cos\theta),\tag{7.25}$$

而

$$\begin{aligned}g(q,\varOmega)&=\frac{1}{2\hbar}\int_0^{\pi}\sin\theta\mathrm{d}\theta\delta(\varOmega-qv_F\cos\theta)\\&=\begin{cases}(2qv_F\hbar)^{-1} & |\varOmega|<qv_F\\0 & |\varOmega|>qv_F\end{cases}.\end{aligned}\tag{7.26}$$

(2) 对于不纯的金属, 平均自由程 l 比所讨论的波长 q^{-1} 小, 故 $\mathrm{e}^{\mathrm{i}qx(t)}$ 为无规荡步的扩散过程所控制. 若扩散系数是 $D=v_Fl/3$, 则我们有

$$\begin{aligned}&\langle\mathrm{e}^{-\mathrm{i}qx(0)}\mathrm{e}^{\mathrm{i}qx(t)}\rangle_{E_F}=\mathrm{e}^{-Dq^2|t|}\quad ql\ll1,\\&g(q,\varOmega)=\frac{1}{\pi\hbar}\frac{Dq^2}{\varOmega^2+D^2q^4}.\end{aligned}\tag{7.27}$$

7.1.5 核 K_0 的具体计算

利用 $g(q,\varOmega)$ 的表式 (7.26) 和 (7.27), 我们就能从式 (7.21) 具体算出核 $K_0(q)$. 所取的积分变量是 ξ 和 $\hbar\varOmega=\xi'-\xi$, 用留数定理完成对 ξ 的第一次积分. 对纯金属, 我们得到

$$\begin{aligned}K_0(q)&=\frac{N(0)Vk_BT\pi}{qv_F\hbar}\sum_\omega\int_{-qv_F}^{qv_F}\frac{\mathrm{d}\varOmega}{2\omega-\mathrm{i}\varOmega}\\&=\frac{2\pi N(0)Vk_BT}{\hbar qv_F}\sum_\omega\arctan\left(\frac{qv_F}{2|\omega|}\right),\end{aligned}\tag{7.28a}$$

而对非纯金属则有

$$\begin{aligned}K_0(q)&=N(0)Vk_BT\frac{2\mathrm{i}}{\hbar}\sum_\omega\int\mathrm{d}\varOmega\frac{Dq^2}{(Dq^2+\mathrm{i}\varOmega)(2\mathrm{i}\omega+\varOmega)}\\&=\frac{N(0)Vk_BT}{\hbar}\sum_\omega\frac{1}{Dq^2+2|\omega|}(ql\ll1).\end{aligned}\tag{7.28b}$$

上述结果的讨论

(1) 必须慎重地处理相互作用 V 的截断频率. 直到现在为止, 我们一直不曾提及这样的事实: 即 BCS 近似中的互作用 V 只能使能量 $|\xi| < \hbar\omega_D$ 的状态相互耦合. 因此造成了式 (7.28) 的求和发散. 然而这很容易补救, 只需将它写成

$$K_0(q) = K_0(0) + [K_0(q) - K_0(0)]. \tag{7.29}$$

上式中只有 $K_0(0)$ 项是发散的, 它的值可以从式 (7.9) 直接算出:

$$\begin{aligned} K_0(0) &= V\sum_n \frac{\tanh(\beta\xi/2)|w_n(\boldsymbol{r})|^2}{2\xi_n} \\ &= N(0)V\int_{-\hbar\omega_D}^{\hbar\omega_D}\frac{\mathrm{d}\xi}{2\xi}\tanh\left(\frac{\beta\xi}{2}\right) \\ &= N(0)V\ln\frac{1.14\hbar\omega_D}{k_\mathrm{B}T}. \end{aligned} \tag{7.30}$$

在此已利用函数 $w_n(\boldsymbol{s})$ 的正交性完成了对 $\boldsymbol{s}$ 的积分 ①.

(2) 核 K_0 的空间变化形式: 对式 (7.28) 作反傅里叶变换, 可得

$$K_0(\boldsymbol{s},\boldsymbol{r}) = K_0(\boldsymbol{R})$$

$$= \begin{cases} \dfrac{N(0)Vk_\mathrm{B}T}{2\hbar v_\mathrm{F}}\displaystyle\sum_\omega \frac{1}{R^2}\exp[-2|\omega|R/v_\mathrm{F}] \quad (R \ll l), & (7.31\mathrm{a}) \\ \dfrac{N(0)Vk_\mathrm{B}T}{2\hbar D}\displaystyle\sum_\omega \frac{1}{R}\exp\{-(2|\omega|/D)^{1/2}R\} \quad (R \gg l), & (7.31\mathrm{b}) \end{cases}$$

式中 $\boldsymbol{R} = \boldsymbol{s} - \boldsymbol{r}$. 当 $R \neq 0$ 时, 求和是收敛的. 研究一下距离很大时 $K_0(R)$ 的渐近形式是特别有趣的. 这时唯一重要的项是 $\hbar\omega = \pm\pi k_\mathrm{B}T(\simeq \pm\pi k_\mathrm{B}T_\mathrm{c})$. 于是对于 $T = T_\mathrm{c}$ 的情形得到

$$\begin{aligned} \frac{K_0(R)}{N(0)V} &= \frac{k_\mathrm{B}T_\mathrm{c}}{2\hbar v_\mathrm{F}}\frac{1}{R^2}\exp\left[-\frac{2\pi k_\mathrm{B}T_\mathrm{c}R}{\hbar v_\mathrm{F}}\right] \\ &= \frac{k_\mathrm{B}T_\mathrm{c}}{2\hbar v_\mathrm{F}}\frac{1}{R^2}\exp(-1.13R/\xi_0) \quad (R \ll l), \end{aligned} \tag{7.32a}$$

$$\begin{aligned} \frac{K_0(R)}{N(0)V} &= \frac{k_\mathrm{B}T_\mathrm{c}}{\hbar D}\frac{1}{R}\exp\left[-\left(\frac{6\pi k_\mathrm{B}T_\mathrm{c}}{v_\mathrm{F}l}\right)^{1/2}R\right] \\ &= \frac{k_\mathrm{B}T_\mathrm{c}}{\hbar DR}\exp(-1.8R/\sqrt{\xi_0 l}) \quad (R \gg l). \end{aligned} \tag{7.32b}$$

结论　对纯金属和 $T \sim T_\mathrm{c}$ 的情形, 如前所述, $K_0(R)$ 的力程是 $\xi_0 = 0.18\hbar v_\mathrm{F}/kT_\mathrm{c}$ 的数量级. 反之当 l 很小时式 (7.32b) 给出的力程是 $\sqrt{\xi_0 l}$. $R \gg l$ 这个条件限制

① 对于无外场或电流的无限大均匀介质这样一种简单情形, 我们已经得到过式 (7.30) 的结果, 那时我们预言 $\Delta(r)$ 在空间是不变的, 于是线性自洽方程可简化为 $\Delta = K_0(0)\Delta$, 仅当 $K_0(0) = 1$ 时, 该式才有非零解. 该条件给出了出现非零有序参数的温度, 亦即给出了转变温度.

了式 (7.32b) 的适用范围, 该条件意味着 $(\xi_0 l)^{1/2} \gg l$ 或

$$\xi_0 \gg l \quad (\text{脏金属}). \tag{7.33}$$

[当条件 (7.33) 满足时, 我们沿用安德森采用的术语称合金是“脏”的.] 若母体是非过渡金属, 则一般说来 ξ_0 较高 (例如: 就铝而言, $\xi_0 = 16\times10^3$ Å) 因此少量的杂质 (10^{-3}) 就足以使金属变脏.

把 K_0 和第 5 章所讨论的 $S_{\mu\nu}$ 作一比较是颇有趣味的. $S_{\mu\nu}$ 给出了存在矢势 $\boldsymbol{A}$ 时超导体的电流响应. 我们已看到, 在脏合金中 $S_{\mu\nu}$ 的力程是 l, 但 K_0 的力程却是 $\sqrt{\xi_0 l}$, 造成这种差异的原因何在呢?

解答 核 $S_{\mu\nu}$ 和 K_0 两者都可表为无外场时正常金属单电子相关函数的平均值:

$$S_{\mu\nu} = \frac{1}{4}\int \mathrm{d}\xi \int \mathrm{d}\xi' \int \frac{\mathrm{d}t}{2\pi} L(\xi,\xi')\mathrm{e}^{\mathrm{i}(\xi-\xi')t/\hbar}\langle j_\mu(\boldsymbol{r}_1,0) j_\nu(\boldsymbol{r}_2,t)\rangle_{E_\mathrm{F}}, \tag{7.34}$$

$$\begin{aligned} K_0 =& \frac{1}{2}N(0)V\int \mathrm{d}\xi\mathrm{d}\xi'\left[\frac{\tanh(\beta\xi/2)+\tanh(\beta\xi'/2)}{\xi+\xi'}\right]\cdot \\ &\times \int \frac{\mathrm{d}t}{2\pi}\mathrm{e}^{\mathrm{i}(\xi-\xi')t/\hbar}\langle\delta(\boldsymbol{r}(0)-\boldsymbol{r}_1)\delta(\boldsymbol{r}(t)-\boldsymbol{r}_2)\rangle_{E_\mathrm{F}}, \end{aligned} \tag{7.35}$$

式中 $\langle j_\mu j_\nu\rangle$ 是横向电流相关函数, $\langle\delta\delta\rangle$ 是密度相关函数.

只要具体算出诸如 $j_\mu j_\nu$ 这样的乘积中出现的矩阵元, 就很容易验证式 (7.34)和 (7.35). 对 $T \sim T_\mathrm{c}$ 的情形, 在式 (7.34) 和 (7.35) 中对 ξ 和 ξ' 的积分把 t 的有效间隔限制为 $t \sim h/k_\mathrm{B}T_\mathrm{c}$, 如果没有碰撞, 在时间 t 内电子走过的距离是 $v_\mathrm{F}t \sim \xi_0$. 因此 $S_{\mu\nu}$ 和 K_0 两者的力程都是 ξ_0. 如果合金是脏的, 电子走过距离 l 之后速度相关函数降为零, $S_{\mu\nu}$ 的力程就是 l. 然而密度相关函数并不因碰撞而破坏, 它服从扩散方程, 在时间 t 内走过的平均距离是 Dt, 这里 D 是扩散系数 $D = \frac{1}{3}v_\mathrm{F}l$, 因此核 K_0 的力程应是 $\sqrt{Dt} \sim \sqrt{\xi_0 l}$.

7.2 朗道 – 金兹堡方程

7.2.1 在自洽方程中增添非线性项

当 Δ 无限小时, 也即在转变点附近 (倘若所讨论的转变是二级相变, 也就是当温度升高时 Δ 连续地趋向于零) 对势的线性自洽方程 (7.8) 就可以应用. 令 T^* 是式 (7.8) 有非零解 $\Delta(\boldsymbol{r})$ 时的最高温度, 则 T^* 就是实验条件下的有序化温度: 例如, 在块状 Ⅱ 类材料中, 如果加外场 H, 则 T^* 就是使 $H_{\mathrm{c}_2}(T^*) = H$ 的温度. 在本节的后面, 我们将广泛应用这一性质. 目前, 我们的目的略有不同, 我们要把这种分析推广到 (略) 低于 T^* 的温度范围. 因此在式 (7.1) 的右边只

考虑 Δ 的一级近似就不够了. 为了推广这一计算, u 和 v 必须计算到 Δ 的较高次项, 结果如下:

$$\begin{aligned}\Delta(\boldsymbol{s}) = &\int K_0(\boldsymbol{s},\boldsymbol{r})\mathrm{e}^{-[2\mathrm{i}e\boldsymbol{A}\cdot(\boldsymbol{s}-\boldsymbol{r})]/hc}\Delta(\boldsymbol{r})\mathrm{d}\boldsymbol{r}\\ &+\int R(\boldsymbol{s},\boldsymbol{r},\boldsymbol{l},\boldsymbol{m})\Delta^*(\boldsymbol{r})\Delta(\boldsymbol{l})\Delta(\boldsymbol{m})\mathrm{d}\boldsymbol{r}\mathrm{d}\boldsymbol{l}\mathrm{d}\boldsymbol{m}.\end{aligned}\tag{7.36}$$

注意, 式中没有 Δ^2 项. 核 $R(\boldsymbol{s},\boldsymbol{r},\boldsymbol{l},\boldsymbol{m})$ 是可以算出的, 但要记得, 它的唯一重要性质就是在纯金属中它的力程是 ξ_0 的数量级. 对 $\mathrm{d}\boldsymbol{r}\mathrm{d}\boldsymbol{l}\mathrm{d}\boldsymbol{m}$ 积分时, 只有 $\boldsymbol{r},\boldsymbol{l},\boldsymbol{m}$ 三点同时都很靠近 $\boldsymbol{s}$ 的区域才有贡献. 对于合金, 积分区域更加小. 这些要点使我们无须完整地计算核 R.

7.2.2 缓慢变化的假设

现在假定像 $\Delta(\boldsymbol{r})\mathrm{e}^{[2\mathrm{i}e\boldsymbol{A}\cdot(\boldsymbol{r}-\boldsymbol{s})]/\hbar c}$ 之类的量, 相对于 K_0 或 R 的力程而言变化缓慢. 这种限制规定了朗道 – 金兹堡区域的范围. 于是我们可以把 $\Delta(\boldsymbol{r})$ 在 $\boldsymbol{s}$ 点作泰勒级数展开:

$$\begin{aligned}\Delta(\boldsymbol{r})\mathrm{e}^{-2\mathrm{i}\phi(\boldsymbol{r})} =&\Delta(\boldsymbol{s})\mathrm{e}^{-2\mathrm{i}\phi(\boldsymbol{s})} + (\boldsymbol{r}-\boldsymbol{s})\cdot\nabla(\Delta\mathrm{e}^{-2\mathrm{i}\phi})\\ &+\frac{1}{2}\sum_{\alpha\beta}(\boldsymbol{r}-\boldsymbol{s})_\alpha(\boldsymbol{r}-\boldsymbol{s})_\beta\frac{\partial^2}{\partial r_\alpha\partial r_\beta}(\Delta\mathrm{e}^{-2\mathrm{i}\phi}),\end{aligned}$$

式中我们引进了相位参数

$$\phi_{\mathrm{s}}(\boldsymbol{r}) = e[\boldsymbol{A}(\boldsymbol{s})\cdot\boldsymbol{r}]/\hbar c.$$

微商后我们得到

$$\begin{aligned}\Delta(\boldsymbol{r})\mathrm{e}^{-2\mathrm{i}\phi(\boldsymbol{r})} &= \mathrm{e}^{-2\mathrm{i}\phi(\boldsymbol{s})}\Big\{\Delta(\boldsymbol{s})+\sum_\alpha(\boldsymbol{r}-\boldsymbol{s})_\alpha\delta_\alpha\Delta\\ &\quad+\frac{1}{2}\sum_{\alpha\beta}(\boldsymbol{r}-\boldsymbol{s})_\alpha(\boldsymbol{r}-\boldsymbol{s})_\beta\delta_\alpha\delta_\beta\Delta\Big\},\\ \delta_\alpha &= \frac{\partial}{\partial s_\alpha}-\frac{2\mathrm{i}e\boldsymbol{A}_\alpha(\boldsymbol{s})}{\hbar c}.\end{aligned}\tag{7.37}$$

我们把展开式 (7.37) 代入式 (7.36) 的线性部分, 对于式 (7.36) 中数量级为 Δ^3 的修正项, 可以完全略去 Δ 的空间变化而令 $\Delta(\boldsymbol{r}) = \Delta(\boldsymbol{l}) = \Delta(\boldsymbol{m}) = \Delta(\boldsymbol{s})$, 就足够精确了. 最后, 对于无限大的均匀金属, 由于对称性, 像 $\int K_0(\boldsymbol{r},\boldsymbol{s})(\boldsymbol{r}-\boldsymbol{s})\mathrm{d}\boldsymbol{r}$ 这样的项总等于零. 因此得到

$$\begin{aligned}\Delta(\boldsymbol{s}) &= Q\Delta(\boldsymbol{s})+\frac{1}{2}\sum_{\alpha,\beta}L_{\alpha\beta}\delta_\alpha\delta_\beta\Delta(\boldsymbol{s})+R|\Delta(\boldsymbol{s})|^2\Delta(\boldsymbol{s}),\\ Q &= \int K_0(\boldsymbol{s},\boldsymbol{r})\mathrm{d}\boldsymbol{r},\end{aligned}\tag{7.38}$$

$$L_{\alpha\beta} = \int K_0(\boldsymbol{s}, \boldsymbol{r})(\boldsymbol{s}_\alpha - \boldsymbol{r}_\alpha)(\boldsymbol{s}_\beta - \boldsymbol{r}_\beta)\mathrm{d}\boldsymbol{r},$$
$$R = \int R(\boldsymbol{s}, \boldsymbol{r}, \boldsymbol{l}, \boldsymbol{m})\mathrm{d}\boldsymbol{r}\mathrm{d}\boldsymbol{l}\mathrm{d}\boldsymbol{m}. \tag{7.39}$$

对于立方晶体 ($L_{\alpha\beta} = L\delta_{\alpha\beta}$), 式 (7.38) 和朗道 – 金兹堡预言的式 (6.11) 形式完全相同. 这里引进的系数 Q, L, R 和式 (6.7) 中的系数 A, B, C 的关系如下:

$$\frac{-Q+1}{A} = \frac{R}{B} = \frac{1}{2}\frac{L}{C}. \tag{7.40}$$

7.2.3 系数的讨论

对 $\boldsymbol{A} = 0$ 及 $\varDelta=$ 常数的情形, 我们已经确定了 A 和 B——式 (6.3). 用同样的方法也可求得 Q 和 R 的值. 我们知道: 当 $\boldsymbol{A} = 0$ 及 $\varDelta=$ 常数时, 完整的自洽方程 (7.1) 简化为

$$\varDelta = N(0)V\int_0^{\hbar\omega_D} \varDelta\frac{\tanh(\beta\epsilon/2)}{\epsilon}\mathrm{d}\xi,$$
$$\epsilon = (\xi^2 + \varDelta^2)^{1/2}. \tag{7.41}$$

安德森定理 (第 5 章) 指出, 式 (7.41) 既适用于合金也适用于纯金属. 把该式右边展开成 $\varDelta$ 的幂级数并完成积分得

$$Q = N(0)V\left[\ln\frac{1.14\hbar\omega_D}{k_{\mathrm{B}}T_{\mathrm{c}}}\right] \sim 1 + N(0)V\frac{T_{\mathrm{c}} - T}{T_{\mathrm{c}}},$$
$$R = -0.106\,6\frac{N(0)V}{(k_{\mathrm{B}}T_{\mathrm{c}})^2}. \tag{7.42}$$

最令人感兴趣的是描写 $\varDelta$ 的空间变化效应的系数 L. 利用核 K_0 的显示式 (7.31) 可得: 对于纯金属

$$L = \frac{\pi}{6}N(0)Vv_{\mathrm{F}}^2k_{\mathrm{B}}T_{\mathrm{c}}\sum_\omega\frac{1}{|\omega|^3}$$
$$= 0.033N(0)V\left(\frac{\hbar v_{\mathrm{F}}}{k_{\mathrm{B}}T_{\mathrm{c}}}\right)^2; \tag{7.43a}$$

对于脏金属 ($l \ll \xi_0$)

$$L = \pi N(0)VD\frac{k_{\mathrm{B}}T_{\mathrm{c}}}{\hbar}\sum_\omega\frac{1}{|\omega|^2}$$
$$= \frac{\pi}{12}N(0)V\frac{\hbar v_{\mathrm{F}}l}{k_{\mathrm{B}}T_{\mathrm{c}}} \tag{7.43b}$$

$\Big($求和式 $\sum\limits_{\omega}\dfrac{1}{|\omega|^3}$ 必须用数值计算来求出, 而 $\sum\limits_{\omega}\dfrac{1}{|\omega|^2}$ 则可这样来确定: 将式 (7.10) 对 ξ 求微商, 然后令 $\xi=0\Big)$. 这些结果可用几种方法表示:

(1) 自由能表式 (6.7) 的系数 C 变成

$$C=\frac{L}{2}\frac{A}{1-Q}=\frac{1}{2}\frac{L}{V}. \tag{7.44}$$

(2) 对比式 (6.17) 与 (6.8), 可求得无外场时朗道 – 金兹堡方程的特征长度 $\xi(T)$:

$$\xi(T)=\left[\frac{L}{2(Q-1)}\right]^{1/2}. \tag{7.45}$$

正如式 (6.19) 所预言的那样, $\xi(T)$ 按 $[T_{\mathrm{c}}/(T_{\mathrm{c}}-T)]^{1/2}$ 而发散.

(3) 朗道 – 金兹堡参数 κ 由式 (6.26) 给出:

$$\kappa=\frac{1}{4}\left(\frac{B}{2\pi}\right)^{1/2}\frac{\hbar c}{eC}. \tag{7.46}$$

对于纯金属, 该式导出前述的结果 $\kappa=0.96\lambda_{\mathrm{L}}(0)/\xi_0$, 而对于脏金属则得

$$\kappa=0.75\frac{\lambda_{\mathrm{L}}(0)}{l}, \tag{7.47}$$

式中 $\lambda_{\mathrm{L}}(0)=(mc^2/4\pi ne^2)^{1/2}$ 是绝对零度下纯金属的伦敦穿透深度.

该结果也可以用另一种方法来表示, 使它不再含有 l 和 λ_{L} 而直接包含正常态的可测量. 因为平均自由程 l 和电阻率 ρ 的关系是 ①

$$\rho^{-1}=2e^2N(0)D=\frac{2}{3}N(0)e^2v_{\mathrm{F}}l. \tag{7.48}$$

伦敦穿透深度又由下式给出 ②:

$$\lambda_{\mathrm{L}}(0)=\left(\frac{3c^2}{8\pi N(0)v_{\mathrm{F}}^2e^2}\right)^{1/2}. \tag{7.49}$$

最后, $N(0)$ 可表为低温下电子比热 C_{e}(每 cm^3) 的函数:

$$C_{\mathrm{e}}=\nu T;\quad \nu=\frac{2\pi^3}{3}N(0)k_{\mathrm{B}}^2.$$

由此得到

$$\frac{\lambda_{\mathrm{L}}(0)}{l}=\frac{1}{2\pi\sqrt{\pi}}\frac{C_{\mathrm{e}}}{k_{\mathrm{B}}}\rho\nu^{1/2}. \tag{7.50}$$

---

① 式 (7.48) 的证明: 在正常态中, 电流表式为 $\boldsymbol{j}=-eD\nabla n+\boldsymbol{E}/\rho$, 式中 n 是每 cm^3 体积内的电子数, 平衡时 $n=n_0-2N(0)eV$. V 是满足 $\boldsymbol{E}=\nabla V$ 的标势. 令 $\boldsymbol{j}=0$, 即得式 (7.48).

② 式 (7.49) 的证明: 存在静矢势 $\boldsymbol{A}$ 时, 整个费米面的动量移动是 $\delta p=eA/c$, 相应的电流是 $\boldsymbol{j}=e\sum[(\partial f/\partial p)\cdot\delta p]v_p$, 式中 f 是分布函数. 由此得出 $\boldsymbol{j}=-A(2e^2/3c)N(0)v_{\mathrm{F}}^2$, 因此可得式 (7.49).

若 ρ 不用 cgs 单位而用 $\Omega\cdot\text{cm}$ 表示, 则得到

$$\kappa = 7.5\times 10^3 \rho\nu^{1/2} \quad (\xi_0 \gg l). \tag{7.51}$$

关于脏合金的说明 (纯金属与脏金属的特征长度的对照为表 7.1 所示)

(1) 从式 (7.47) 已知 κ 只和 l 有关, 即只和合金正常态的输运性质有关.

(2) 若纯金属是第一类超导体 ($\kappa_{纯} \ll 1$), 则当 l 小于临界值 $l_c = 1.06\lambda_L(0)$ 时, 合金就成为第二类超导体了 $\left(\kappa > \dfrac{1}{\sqrt{2}}\right)$.对于掺有各种杂质的铟, 塞拉菲姆 (Seraphim) 已经验证了这一规律. 根据所用杂质的不同, 临界浓度有很大的差异 (例如对铋是 0.8%, 而对铊则是 7%). 然而 l_c 的值却几乎和杂质的性质无关 (对于铋、铅、锡、镉、铊、汞 $l_c = 440\pm 100$ Å. 铟的伦敦穿透深度 $\lambda_L(0)$ 估计是 400 Å).

(3) 金塞尔 (Kinsel)、林顿 (Lynton) 和塞林 (Serin) 还研究了铟铋合金 (2.5% 的铋), 他们用磁测量得到 $\kappa = 1.79$, 而从式 (7.51) 推出的理论值则为 1.7.

表 7.1 特 征 长 度

	纯金属	脏金属
核$S_{\mu\nu}$的力程 (联系电流和矢势的核)	$\xi_0 = 0.18\dfrac{\hbar v_F}{k_B T_c}$	l
核K_0的力程 ($\Delta(\boldsymbol{r})$的自洽方程的核)	$\sim \xi_0$	$\sim \sqrt{\xi_0 l}$
朗道–金兹堡区域中 $\|\Delta\|$的空间变化尺度	$\xi(T) = 0.74\xi_0\left(\dfrac{T_c}{T_c - T}\right)^{1/2}$	$\xi(T) = 0.85\left(\dfrac{\xi_0 l T_c}{T_c - T}\right)^{1/2}$
朗道–金兹堡区域中 的穿透深度	$\lambda(T) = \dfrac{1}{\sqrt{2}}\lambda_L(0) \times\left(\dfrac{T_c}{T_c - T}\right)^{1/2}$	$\lambda(T) = 0.64\lambda_L(0) \times\left(\dfrac{\xi_0}{l}\dfrac{T_c}{T_c - T}\right)^{1/2}$

最后的说明

我们的讨论只涉及了朗道 – 金兹堡第一方程 (6.11)，亦即 $\Delta(\boldsymbol{r})$(或 $\psi(\boldsymbol{r})$) 的自洽方程. 为了完成微观分析, 还必须计算每一点的电流 $\boldsymbol{j}(\boldsymbol{r})$, 并证明它确实由式 (6.12) 型的公式给出. 完成这种计算的方法和前述计算很相似: 只需把 $\boldsymbol{j}(\boldsymbol{r})$ 表为博戈留波夫的 u 和 v 的函数, 然后计算 $\boldsymbol{j}$, 精确到 Δ 的二级项为止. 因为和前述计算很相似, 况且并没有得出什么新的结果, 故不再赘述. 自由能表式 (6.7) 的三个系数 A, B, C 既经确定, 我们也可直接处理自由能. 所有

这些方法都是等价的. 鉴于后面还要讨论的另外一些应用, 我们选择了讨论 Δ 的自洽方程这一途径.

例题 试建立薄膜 ($d \ll \xi_0$) 的朗道 – 金兹堡方程, 薄膜界面上存在漫反射.

解答 一般说来此题无解. 朗道 – 金兹堡方程并非对所有情形都适用. 譬如说 κ 的有效值会同磁场和膜面间的夹角有关, 甚至更加严重的是 κ 还可能和比率 $d/\lambda(T)$ 有关，而 $d/\lambda(T)$ 又是强烈地依赖于温度的.

然而, 在某种情形下我们能建立确定的 (二维) 朗道 – 金兹堡方程. 我们需要两个条件:

(1) 在膜的厚度内 Δ 的振幅必须是常数. 当 $d < \xi_0$ 时该条件成立, 并意味着

$$\left(\frac{\partial}{\partial z} - \frac{2\mathrm{i}e}{\hbar c}A_z\right)\Delta \to 0$$

(z 是垂直于膜的方向).

(2) 在膜的厚度内 $\boldsymbol{A}$ 的变化可忽略不计. 这就既要求外场垂直于膜面, 还要求膜厚小于某个有效穿透深度 (我们以后再回过来讨论这一条件).

另一方面我们允许 Δ 与 $\boldsymbol{A}$ 在膜面 (xy 平面) 方向有缓慢的变化, 于是自由能具有如下形式:

$$\begin{aligned} F = & A|\Delta|^2 + \frac{B}{2}|\Delta|^4 + C\left\{\left|\left(\frac{\partial}{\partial x} - \frac{2\mathrm{i}e}{\hbar c}A_x\right)\Delta\right|^2\right. \\ & \left. + \left|\left(\frac{\partial}{\partial y} - \frac{2\mathrm{i}e}{\hbar c}A_y\right)\Delta\right|^2\right\}. \end{aligned}$$

为了确定 C, 我们从线性自洽方程 (7.16) 出发, 并讨论核的傅里叶变换式 $K_0(\boldsymbol{q})$,其中 $\boldsymbol{q}$ 是平行于 xy 平面的矢量. 当 d 很小时 ($d \ll \xi_0$), 在时间间隔 $\hbar/k_{\mathrm{B}}T_{\mathrm{c}}$ 之内大多数电子会和膜壁发生多次碰撞. 因此酷似脏超导体的情形, 函数 $g(\boldsymbol{q}, \Omega)$ 也是受扩散方程支配的 ①. 计算方法和导出式 (7.43) 和 (7.44) 的过程非常相似. 结果是

$$C = \frac{\pi}{8}N(0)\frac{\hbar D}{k_{\mathrm{B}}T_{\mathrm{c}}}.$$

扩散系数 D 不再等于 $\frac{1}{3}v_{\mathrm{F}}l$, 而是 $v_{\mathrm{F}}d$ 的数量级. 利用式 (7.48) 就能把系数 D 和实验测定的膜的正常电导 $\bar{\sigma}$ 联系起来:

$$\bar{\sigma} = 2e^2N(0)D,$$

$$C = \frac{\pi}{16}\frac{\hbar\bar{\sigma}}{2k_{\mathrm{B}}T_{\mathrm{c}}}.$$

① 少数电子的速度方向正好平行于膜面, 因此它们不和界面发生碰撞. 我们可以精确地考虑这些电子. 为简单起见, 在此我们假定还存在体杂质, 因而存在体平均自由程 $l \gtrsim \xi_0$(但$l > d$). 在这种条件下上述那些“特殊电子”的贡献则是无关紧要的.

$\bar{\sigma}$ 的详细计算可在某些书上查到 [例如奥尔森 (Olsen) 所著《金属中的电子迁移》一书, 第 80 页—— New York:Interscience, 1962], 当然, 实际上若能从同一膜的正常态测量中得出 $\bar{\sigma}$ 的数值那就更好了.

讨论

(1) $\bar{\sigma}$ 的数量级是 ne^2d/mv_{F}, 因此 $C \sim N(0)\xi_0 d$ 而 $\kappa \sim \lambda_{\mathrm{L}}(0)/d$.

(2) 一旦确定了 C, 就能写出 x 方向的电流方程

$$j_x = \frac{2eC}{\mathrm{i}\hbar}\left(\Delta^*\frac{\partial \Delta}{\partial x} - \Delta\frac{\partial \Delta^*}{\partial x}\right) - \frac{8e^2C}{\hbar c}A_x.$$

然而重要的是必须看到, 即使 d 很小, 膜厚范围内的电流分布 $j_x(z)$ 也是不均匀的 (图 7.1) . 上述公式给出的电流 j_x 其实只是 j_x 对厚度的平均值.

(3) 虽然 $\boldsymbol{j}$ 和 z 有关, 但在很好的近似下 $\boldsymbol{A}$ 却和 z 无关. 利用关系式 $\partial^2 A_x/\partial z^2 = \dfrac{4\pi}{c}j_x$ 很容易证明: 当 A_x 是 z 的偶函数时, A_x 在厚度上的相对变化约为 $d^3/\xi_0\lambda^2 \ll 1$.

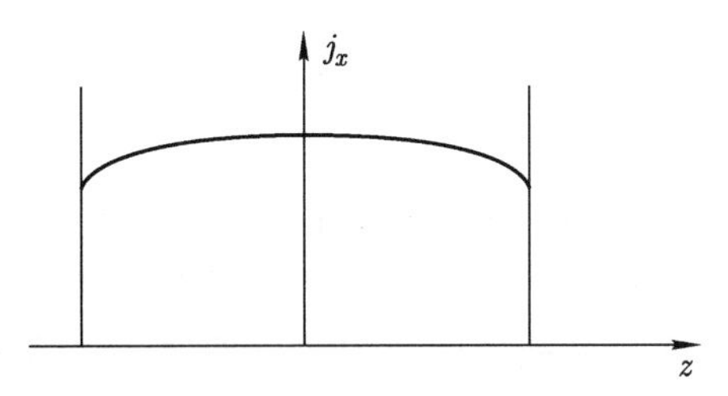

图 7.1 界面上存在漫反射的薄膜 ($d < \xi_0$) 内的电流分布.

7.3 朗道 – 金兹堡区域中的表面问题

7.3.1 界面上的边界条件

在前节中, 对无限大的均匀介质, 我们从微观理论出发重新导出了朗道 – 金兹堡方程. 现在让我们来考虑占据 $x > 0$ 的半边空间的超导样品, $x < 0$ 的区域是绝缘体或者正常金属. 在所有的各种情形中, 我们都假定没有电流流过边界 ①.

在表面附近 ξ_0 的宽度内 ②, $K_0(\boldsymbol{r},\boldsymbol{r}')$ 和 $S_{\mu\nu}(\boldsymbol{r},\boldsymbol{r}')$ 都要有所修正, 用微观尺度来衡量, 必须算出这些修正, 然后才能确定在此受微扰的薄层中电流 $\boldsymbol{j}$ 和对势 Δ 的空间分布. 对于 Δ, 这一计算的结果如图 7.2a 所示. 另一方面, 用朗道 – 金兹堡的尺度来衡量 [长度 $\xi(T), \lambda(T) \gg \xi_0$], 表面效应可以简单地用 $x = 0$ 处的边界条件来描述 (图 7.2b). 这种边界条件应有什么样的形式呢? 让我们首先考虑 $\boldsymbol{A} = 0$, 及 $\Delta=$ 实数的情形. 严格的边界条件应有如下形式.

---

① 当正常电流与超电流共存时, 必须用比朗道 – 金兹堡方程更普遍的动力学方程来计算所含的耗散效应.

② 在此我们引用的数量级只适用于纯金属, 当然在脏合金中“过度宽度”应减为 $\sqrt{\xi_0 l}$.

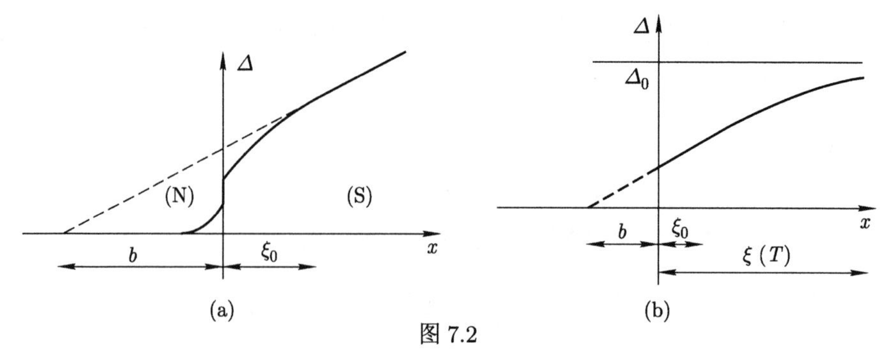

图 7.2

(a) 超导– 正常金属界面附近有序参数的微观变化; (b) 在 $\xi(T) \gg b$ 的温度范围内, 同一情形的"宏观" 描述.

$$\left(\frac{\mathrm{d}\varDelta}{\mathrm{d}x}\right)_{x=0} = \frac{1}{b}\varDelta_{x=0} + \frac{1}{c}\frac{\varDelta^3_{x=0}}{(k_\mathrm{B}T_\mathrm{c})^2} + \cdots \tag{7.52}$$

式 (7.52) 的证明:

(1) 从自洽方程的一般形式可知, 展开式中只出现 $\varDelta$ 的奇次幂, 而且长度 b, c 等都是实数.

(2) 式 (7.52) 中不出现高阶导数, 因为利用朗道 – 金兹堡方程, 高阶导数总可以用一阶及零阶导数来表示.

(3) 我们预料, 当 $\varDelta \sim k_\mathrm{B}T_\mathrm{c}$ 时, 非线性效应变得重要起来, 因此 $1/b, 1/c$ 等量将有相同的数量级 ($\gtrsim 1/\xi_0$). 式 (7.52) 中的 $\varDelta^3$ 项与 $\varDelta$ 项之比 $\sim (\varDelta/k_\mathrm{B}T_\mathrm{c})^2 \ll 1$, 故可忽略不计. 在朗道 – 金兹堡区域中边界条件是线性的, 因而在表面附近求解线性自洽方程式 (7.8)(对 $T = T_\mathrm{c}, A = 0$ 的情形) 可求出系数 b. 存在磁场时, 则用下式代替式 (7.52):

$$\left(\frac{\mathrm{d}\varDelta}{\mathrm{d}x} - \frac{2\mathrm{i}e}{\hbar c}A_x\varDelta\right)_{x=0} = \frac{(\varDelta)_{x=0}}{b}. \tag{7.53}$$

式 (7.53) 的形式保证了第 5 章中一般公式所要求的规范不变性. 式 (7.53) 中的 $\varDelta$ 也可用和它成正比的 ψ 来代替. 利用式 (7.53) 容易证明: 当 b 是实数时, 通过界面的电流式 (6.12) 等于零. 这正是我们所希望的.

7.3.2 超导体和绝缘体 (或真空) 的接触

现在我们来证明, 当界面分隔的是超导体和绝缘体时 $1/b$ 是很小的. 对于 $\boldsymbol{A} = 0$ 及 $T = T_\mathrm{c}$ 的情形, 待解的方程是

$$\varDelta(\boldsymbol{s}) = \int K_0(\boldsymbol{s}, \boldsymbol{r})\varDelta(\boldsymbol{r})\mathrm{d}\boldsymbol{r}. \tag{7.54}$$

$K_0(\boldsymbol{s}, \boldsymbol{r})$ 是由式 (7.17) 定义的, 因此具体地说, $\varDelta(\boldsymbol{s})$ 包含了 $w_n(\boldsymbol{s})$ 和 $w_m(\boldsymbol{s})$ 两函数的乘积, 这个乘积在绝缘区中按指数衰减. 因此在 $s_x < 0$ 的区域内, $\varDelta(\boldsymbol{s})$ 很快地趋近于零.

另一方面, 当 $s_x > \xi_0$ 时, $\Delta(\boldsymbol{s})$ 具有线性形式①:

$$\Delta(\boldsymbol{s}) = \Delta_0\left(1+\frac{s_x}{b}\right) \quad (s_x > \xi_0). \tag{7.55}$$

式 (7.55) 的证明:

当 $s_x, r_x > \xi_0$ 时, 核 $K_0(\boldsymbol{s},\boldsymbol{r})$ 变得和块金属的核 $K_p(\boldsymbol{s}-\boldsymbol{r})$ 相同. 当 $T=T_\mathrm{c}$ 时, 因为 $\int K_p \mathrm{d}\boldsymbol{r} = 1$, 以及由于对称性 $\int K_p(\boldsymbol{s}-\boldsymbol{r})[\Delta(\boldsymbol{r})-\Delta(\boldsymbol{s})]\mathrm{d}\boldsymbol{r}$ 等于零, 因此任何 (7.55) 型的线性函数都是 $\Delta(\boldsymbol{s}) = \int K_p(\boldsymbol{s}-\boldsymbol{r})\Delta(\boldsymbol{r})\mathrm{d}\boldsymbol{r}$ 的解.

为了确定我们感兴趣的长度 b, 可把式 (7.54) 改写成

$$\begin{aligned}\Delta(\boldsymbol{s}) - \int K_p(\boldsymbol{r}-\boldsymbol{s})\Delta(\boldsymbol{r})\mathrm{d}\boldsymbol{r} &= \int [K_0(\boldsymbol{s},\boldsymbol{r}) - K_p(\boldsymbol{r}-\boldsymbol{s})]\Delta(\boldsymbol{r})\mathrm{d}\boldsymbol{r} \\ &= -H(\boldsymbol{s}).\end{aligned} \tag{7.56}$$

当 $s_x > \xi_0$ 时, 函数 $H(\boldsymbol{s})$ 等于零 (因为 $K_0 \to K_p$), 而当 $s_x < -\xi_0$ 时, $H(\boldsymbol{s})$ 也等于零, 因为 $r_x < 0$ 时 $\Delta(\boldsymbol{r})$ 等于零, 而 K_p 的力程是 ξ_0. 式 (7.56) 的好处在于局域微扰出现在右边. 我们暂且假定 $H(\boldsymbol{s})$ 是已知的, 并通过拉普拉斯变换来解出 Δ:

$$\begin{aligned}\Delta(p) &= \int \Delta(s_x)\exp(-ps_x)\mathrm{d}\boldsymbol{s}, \\ H(p) &= \int H(s_x)\exp(-ps_x)\mathrm{d}\boldsymbol{s}, \\ K_p(p) &= \int K_p(\boldsymbol{r})\exp(-pr_x)\mathrm{d}\boldsymbol{r} \\ &= 1 + \frac{p^2}{2}L\cdots,\end{aligned} \tag{7.57}$$

式中 $L = \int K_p(\boldsymbol{r})r_x^2\mathrm{d}\boldsymbol{r}$ 由式 (7.39) 具体给出. 式 (7.56) 的变换式是

$$\Delta(p)[1-K_p(p)] = -H(p). \tag{7.58}$$

取极限 $p \to 0$, 则由式 (7.57) 可得

$$-\frac{L}{2}p^2\Delta(p) \to -H(0) = -\int H(s_x)\mathrm{d}\boldsymbol{s}.$$

① 从物理的角度来看, 线性关系式 (7.55) 似乎不合情理, 因为由此会得出在离界面距离较大的地方 Δ 非常大. 实际上, 当 T 稍低于 T_c 时精确的 $\Delta(x)$ 有负的曲率, 并在超导体内较深处 $[x > \xi(T)]$ 趋向 BCS 值. 但是在此我们感兴趣的只是 $x \sim \xi_0 \ll \xi(T)$ 的范围, 因此 $\Delta(x)$ 的弯曲可忽略不计.

当 $p \to 0$ 时, 式 (7.55) 的主要项是线性部分

$$\Delta(p) \to \frac{\Delta_0}{b}\int_0^{\infty} s_x \exp(-ps_x)\mathrm{d}\boldsymbol{s} = \frac{\Delta_0 \Sigma}{bp^2}, \tag{7.59}$$

式中 Σ 是界面的表面积. 联立式 (7.58) 和 (7.59) 可得

$$\begin{aligned}\frac{1}{b} &= \frac{2}{L\Sigma\Delta_0}\int H(s_x)\mathrm{d}\boldsymbol{s} \\ &= \frac{2}{L\Sigma\Delta_0}\int [K_p(\boldsymbol{s}-\boldsymbol{r}) - K_0(\boldsymbol{s},\boldsymbol{r})]\Delta(\boldsymbol{r})\mathrm{d}\boldsymbol{r}\mathrm{d}\boldsymbol{s}.\end{aligned} \tag{7.60}$$

为了简化式 (7.60), 我们假定相互作用 V 是常数. 于是利用函数 $w_n(\boldsymbol{s})$ 的正交性可以完成积分 $\int K_0(\boldsymbol{r},\boldsymbol{s})\mathrm{d}\boldsymbol{s}$ 而得

$$K_0(\boldsymbol{r},\boldsymbol{s})\mathrm{d}\boldsymbol{s} = N(\boldsymbol{r})V\ln\frac{1.14\hbar\omega_D}{k_{\mathrm{B}}T_{\mathrm{c}}} = \frac{N(\boldsymbol{r})}{N(0)}, \tag{7.61}$$

式中 $N(\boldsymbol{r}) = \Sigma_n |w_n(\boldsymbol{r})|^2 \delta(\xi_n)$ 是费米面上态密度的局域值，而 $N(0)$ 则是相应的大块金属态密度的通常数值. 最后得到

$$\frac{1}{b} = \frac{2}{L}\int_{-\infty}^{\infty}\mathrm{d}x\frac{\Delta(x)}{\Delta_0}\left[1 - \frac{N(x)}{N(0)}\right], \tag{7.62}$$

式中 $\Delta(x)/\Delta_0$ 在绝缘区中趋向于零, 而在金属区中数量级为 1. 在几个原子间距的距离内 $N(x)/N(0)$ 从 0 变为 1, 因而只在数量级为原子间距 a 的宽度中被积函数才不等于零, 故而有效距离是

$$b \sim \frac{L}{a} \tag{7.63}$$

一般说来这是很大的, 对纯金属 $L \sim \xi_0^2$, 而 $\xi_0 = 10^{-4}\,\mathrm{cm}$, 由此可得 $b \sim 1\,\mathrm{cm}$. 因此对于分隔超导体和绝缘体的界面我们可令 $1/b = 0$, 这样就得到了边界条件式 (6.13). 更确切地说, 式 (6.13) 成立的判据是 $b \gg \xi(T)$, 该条件等价于 $a/\xi_0 \ll [(T_{\mathrm{c}} - T)/T_{\mathrm{c}}]^{\frac{1}{2}}$①.

7.3.3 超导体和正常金属的接触

现在简单地讨论一下超导体和正常金属接界的情形. 如果在 N 和 S 区之间有很好的电接触, 则库珀对能够扩散到正常区去. 数学上这表示 $\Delta(s)$ 在 N 区内 ($x < 0$) 延伸的距离 ξ_N 相当深 (若 N 是纯金属, $\xi_N \sim \hbar v_{FN}/k_{\mathrm{B}}T$).

---

① 请注意这种行为和液 He^4 的差别, 液 He^4 也是超流, 它在 T_{c} 附近满足或至少近似满足朗道–金兹堡方程. 在液 He^4 中 ξ_0 是 a 的数量级而 $b \sim a \gg \xi(T)$, 于是修正后的边界条件就完全不同了, 接近于 $\psi_{x=0} = 0$.

式 (7.60) 仍然适用, 然而必须确定 $\Delta(x)/\Delta_0$ 的精确形式, 因此必须完全解出积分方程式 (7.54). 定性地说, 其结果可表为:

$$\Delta \sim \Delta_0 \frac{N_N}{N} T_j \exp(x/\xi_N) \quad (x<0), \tag{7.64}$$

式中 N_N/N 是式 (7.61) 中出现的态密度因子, 而 T_j 则是费米面上的电子穿过边界的透射系数. 把式 (7.64) 代入式 (7.62) 得

$$b \sim \frac{N}{N_N} \frac{1}{T_j} \frac{L}{\xi_N}. \tag{7.65}$$

若 $(N_N/N)T_j \sim 1$, 我们得 $b \sim \xi_N$, 因此和 $\xi(T)$ 相比 b 是很短的. 所以这时的边界条件和绝缘体情形有很大的差别.

例题　在超导体 S 的表面上覆盖一层正常金属 N, 试问超导体的穿透深度有何改变?(P. G. de Gennes and J. Matricon,1965).

解答　考虑朗道 – 金兹堡区域 (参阅图 7.3). 假定 (通常往往是这种情形) 金属 N 对磁场不起屏蔽作用, 因此 NS 界面上的场就是外场. 对于有序参数说来, N 层的存在使超导体表面处 $(x=0)$ 的边界条件服从式 (7.53) 的形式.

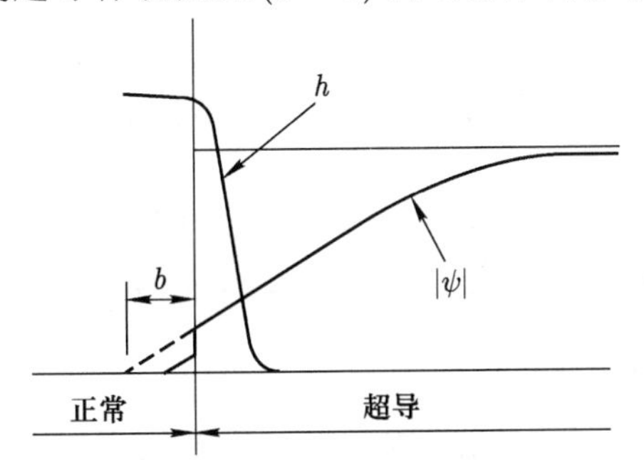

图 7.3　正常金属 – 超导体界面上的磁场分布

(1) 在零场中:$\psi(x)$ 由

$$f(x) = \frac{\psi(x)}{\psi_0} = \tanh \frac{x-x_0}{\sqrt{2}\xi(T)}$$

给出, 式中 x_0 是一个需用条件式 (7.53) 确定的参数, 即

$$\left(\frac{1}{\psi}\frac{\mathrm{d}\psi}{\mathrm{d}x}\right)_{x=0} = \frac{1}{b}.$$

如果 N 和 S 之间有良好的电接触, 正常金属的态密度和超导体的态密度的大小不相上下, 再加和 $\xi_0 \simeq \hbar v_{\mathrm{F}}/k_{\mathrm{B}}T_{\mathrm{c}}$ 相比 N 区是较厚的, 则 b 是 ξ_0 的数量级. 因此使 $b \ll \xi(T)$, 而且在表面上有序参数大大减小, $f(0) \sim b/[\sqrt{2}\xi(T)] \ll 1$.

(2) 如果在沿 z 轴方向加上弱磁场 $h_z(x) = \partial A_y(x)/\partial x$, 则其分布为

$$\frac{\partial^2 A_y}{\partial x^2}=\frac{16\pi e^2}{mc^2}|\psi_0|^2 f^2 A_y=\frac{f^2}{\lambda^2(T)}A_y.$$

在弱场中我们可采用上面给出的 f 的无微扰形式. 凑巧得很, 借助于超几何函数 A_y 可严格解出 (类似的问题可参阅朗道 – 栗弗席兹, 量子力学, London: Pergamon Press, 1959, p. 69), 在此我们只引用极限情形 $b/\xi(T)\to 0[x_0\to 0, f(0)\to 0]$ 的结果. 于是有

$$\frac{\lambda}{\lambda(T)}=\frac{1}{\kappa\sqrt{2}}\frac{\Gamma\left(-\dfrac{S}{2}+\dfrac{1}{\kappa\sqrt{2}}\right)\Gamma\left(\dfrac{1}{2}+\dfrac{S}{2}+\dfrac{1}{\kappa\sqrt{2}}\right)}{\Gamma\left(\dfrac{1}{2}-\dfrac{S}{2}+\dfrac{1}{\kappa\sqrt{2}}\right)\Gamma\left(1+\dfrac{S}{2}+\dfrac{1}{\kappa\sqrt{2}}\right)}.$$

对于小的 $\kappa, \lambda/\lambda(T)\to 1.75\kappa^{-1/2}$. 通过下面的论证能够猜测到这么一个结果: 若穿透深度很小, 就可用近似式 $f=x/[\sqrt{2}\xi(T)]$ 来代替 $f(x_0=0)$ 的精确表示式. 在磁场能透入的区域, 该近似是正确的, 于是 A_y 的方程简化为

$$\frac{\partial^2 A_y}{\partial x^2}=\frac{x^2}{2\lambda^2\xi^2}A_y,$$

因而穿透深度是 $(\lambda\xi)^{1/2}$ 的数量级.

相反的极限 $\kappa\to\infty$ 导致了 $[\lambda/\lambda(T)]\to 1$. 这也是预料中的事, 因为当 $\xi(T)\ll\lambda(T)$ 时, 由于 N 层的存在表面附近 $\psi(x)$ 的畸变只存在于 $\lambda(T)$ 的一小部分范围内.

(3) 在强磁场中, 若 $\kappa\sim\dfrac{1}{\sqrt{2}}$ 且 $b\ll\xi(T)$, 则穿透深度大大增加. 用完整的非线性朗道 – 金兹堡方程可以证明这一点, 但是实验上尚未得到证实.

7.3.4　$S-N-S'$ 结

现在考虑如图 7.4 所示的 $S-N-S'$ 三层系统, 亦即两块超导体 S 和 S' 被厚度为 $d(\sim 20-50$ Å$)$ 的绝缘膜隔开, 或是被 $d\sim 10^3$ Å 的正常金属膜隔开的情形. 当 d 不太大时, 库珀对能够通过隧道效应从 S 区穿透到 S' 区, 以及从 S' 区到 S 区. 我们将在下述假定下分析这种效应:

(1) 在 S 和 S' 中, 朗道 – 金兹堡方程适用的条件都能满足;

(2) 相对于 $\lambda(T)$ 和 $\xi(T)$ 而言厚度 d 较小.

膜 N 的效应不过是规定了边界条件, 它使 N 区的一个表面上的 Δ 及 $\mathrm{d}\Delta/\mathrm{d}x$ 的值和另一个表面上的这些值相联系. 如前所述, 边界条件可以化为线性的. 首先考虑矢势 $\boldsymbol{A}=0$ 的情形, 则

$$\begin{aligned}\Delta_+&=L_{11}\Delta_-+L_{12}\left(\frac{\partial\Delta}{\partial x}\right)_-,\\ \left(\frac{\partial\Delta}{\partial x}\right)_+&=L_{21}\Delta_-+L_{22}\left(\frac{\partial\Delta}{\partial x}\right)_-,\end{aligned}\qquad(\boldsymbol{A}=0)\tag{7.66}$$

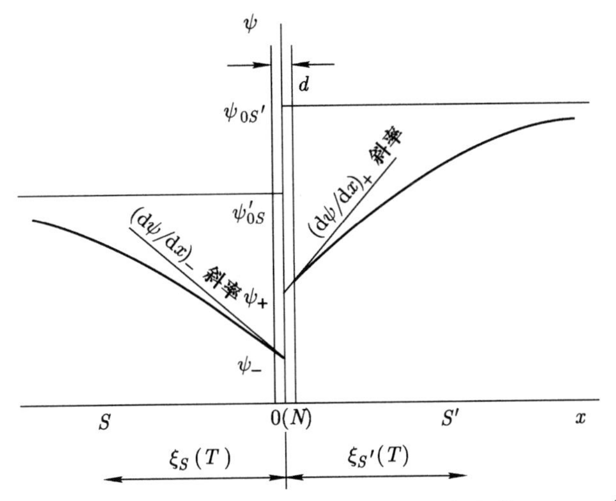

图 7.4 $S-N-S'$ 结, 其中正常层可以是绝缘体 ($d\sim 50$ Å) 也可以是金属 ($d\sim 10^3$ Å)

这里 x 轴与膜面垂直, $\varDelta_+$ 表示由 S 区内朗道 – 金兹堡方程的解外推到 $(0,y,z)$ 点的 $\varDelta(x,y,z)$ 的值, 如图 7.4 所示, 其余则类推. 系数 L_{ij} 可通过在 N 区内及 N 区附近完全求解线性自洽方程 (7.8)(对 $\boldsymbol{A}=0$ 及 $T=T_{\rm c}$ 的情形) 的方法来求出. 若 $\boldsymbol{A}=0$, 则线性自洽方程的核 $K_0(\boldsymbol{s},\boldsymbol{r})$ 是实数, 故而 L_{ij} 也是实数. 有时用 ψ 进行计算比用 $\varDelta$ 更好些. 于是式 (7.66) 可改写为

$$\left.\begin{aligned}\psi_+ &= M_{11}\psi_- + M_{12}\left(\frac{\partial\psi}{\partial x}\right)_-,\\ \left(\frac{\partial\psi}{\partial x}\right)_+ &= M_{21}\psi_- + M_{22}\left(\frac{\partial\psi}{\partial x}\right)_-\end{aligned}\right\}\quad(\boldsymbol{A}=0) \tag{7.66$'$}$$

[若金属 S 与 S' 不同, 则在 S 及 S' 中由式 (6.8) 所定义的比值 $\psi/\varDelta$ 也不同, 故而系数 M_{ij} 也不等于 L_{ij}]. M_{ij} 是实数, 它们不是完全独立的, 而是通过流经界面的电流守恒关系式互相关联的. 通过单位面积界面的超电流 I_x 是

$$\begin{aligned}I_x &= -\frac{\mathrm{i}e\hbar}{m}\left(\psi^*\frac{\partial\psi}{\partial x}-C.C.\right)_+\\ &= -\frac{\mathrm{i}e\hbar}{m}\left(\psi^*\frac{\partial\psi}{\partial x}-C.C.\right)_-\end{aligned}\quad(\boldsymbol{A}=0). \tag{7.67}$$

对比式 (7.67) 及 (7.66′) 容易看出,

$$M_{11}M_{22}-M_{12}M_{21}=1, \tag{7.68}$$

而电流 I_x 可写成

$$I_x = -\frac{\mathrm{i}e\hbar}{m}\left\{\psi_-^*\left(\frac{1}{M_{12}}\psi_+ - \frac{M_{11}}{M_{12}}\psi_-\right) - C.C.\right\}$$
$$= -\frac{\mathrm{i}e\hbar}{mM_{12}}(\psi_-^*\psi_+ - C.C.). \tag{7.69}$$

因此必定有超流从结中流过 (B. D. Josephson, 1962). 结区不能太厚, 否则系数 M_{12} 变得太大. 安德森和罗厄尔 (1963) 首先清楚地观察到了这种超电流.

上述结果很容易推广到 $\boldsymbol{A} \neq 0$ 的情形. 在朗道 – 金兹堡的尺度上, 我们总是假定矢势 $\boldsymbol{A}$ 在边面上是连续的 ①, 因此令 $A_x = A_x(0, y, z)$, 式 (7.66′) 则应用下式代替:

$$\begin{aligned}\psi_+ &= M_{11}\psi_- + M_{12}\left(\frac{\partial}{\partial x} - \frac{2\mathrm{i}e}{\hbar c}A_x\right)\psi_-,\\ \left(\frac{\partial}{\partial x} - \frac{2\mathrm{i}e}{\hbar c}A_x\right)\psi_+ &= M_{21}\psi_- + M_{22}\left(\frac{\partial}{\partial x} - \frac{2\mathrm{i}e}{\hbar c}A_x\right)\psi_-,\end{aligned} \tag{7.70}$$

而电流公式 (7.69) 依然不变 ②.

实际上, 当 N 区对库珀对只是略微有点透明时, 也就是说, 当 I_x 比 S 与 S' 区材料的块样品的临界电流小得多时, 电流公式 (7.69) 的应用是特别简单的. 在此假定下, 电流的存在只使绝对值 $|\psi_+|$ 与 $|\psi_-|$ 受到微小的修正, 因而完全可用无电流情形的值 $\psi_{S'}$ 与 ψ_S 来代替:

$$\begin{aligned}\psi_+ &\to \psi_{S'}\exp(\mathrm{i}\phi_{S'}),\\ \psi_- &\to \psi_S\exp(\mathrm{i}\phi_S).\end{aligned} \qquad (\psi_S, \psi_{S'}\text{是实数})$$

反之, 相位 ϕ_S 及 $\phi_{S'}$ 对电流和磁场是特别敏感的, 无法事先估计它们的数值. 把上述值代入式 (7.69), 则电流可表为

$$I_x = \frac{2e\hbar}{mM_{12}}\psi_S\psi_{S'}\sin(\phi_S - \phi_{S'}). \tag{7.71}$$

它的最大值为

$$I_{\mathrm{m}} = \frac{2e\hbar}{mM_{12}}\psi_S\psi_{S'}. \tag{7.72}$$

为了确定 ψ_S 和 $\psi_{S'}$, 只需对 $\boldsymbol{A} = 0$ 及 ψ 为实数的简单情形, 在 S 和 S' 区内求

① 若两边选用不同的规范, 则 $\boldsymbol{A}$ 可能不连续.

② 特别简单的是结是对称的情形, 这时 $M_{11} = M_{22}$, 而且考虑到式 (7.68), 可以看到 M_{ij} 只依赖于两个独立参数.

解朗道 – 金兹堡方程. 对于一维情形, 我们已经见到过这些解的形式为

$$\psi(x)=\begin{cases}\psi_{0S'}\tanh\left(\dfrac{x+x_{S'}}{\sqrt{2}\xi_{S'}(T)}\right) & x>0,\\ \psi_{0S}\tanh\left(\dfrac{-x+x_{S'}}{\sqrt{2}\xi_{S}(T)}\right) & x<0,\end{cases} \tag{7.73}$$

式中 ψ_{0S} 和 $\xi_S(T)$ 分别是块状 S 金属的有序参数和温度为 T 时的相干长度. 长度 x_S 和 $x_{S'}$ 通过下式与 ψ_S 和 $\psi_{S'}$ 相联系:

$$\begin{aligned}\psi_S&=\psi_{0S}\tanh\left(\frac{x_S}{\sqrt{2}\xi_S(T)}\right),\\ \psi_{S'}&=\psi_{0S'}\tanh\left(\frac{x_{S'}}{\sqrt{2}\xi_{S'}(T)}\right).\end{aligned} \tag{7.74}$$

要求式 (7.73) 满足条件 (7.66′), 就可具体确定它们的值为

$$\begin{aligned}\psi_{S'}&=M_{11}\psi_S-M_{12}\frac{\psi_{0S}}{\sqrt{2}\xi_S(T)}\left(1-\frac{\psi_S^2}{\psi_{0S}^2}\right),\\ \frac{\psi_{0S'}}{\sqrt{2}\xi_{S'}(T)}\left(1-\frac{\psi_{S'}^2}{\psi_{0S'}^2}\right)&=M_{21}\psi_S-M_{22}\frac{\psi_{0S}}{\sqrt{2}\xi_S}\left(1-\frac{\psi_S^2}{\psi_{0S}^2}\right).\end{aligned} \tag{7.75}$$

方程组 (7.75) 可用数值法求解, 从而得出 ψ_S 和 $\psi_{S'}$. 只有下述几种极限情形结果较为简单:

(1) 若 N 是绝缘体, N 的存在只使 $\psi(x)$ 受到微小的修正 ($\psi\sim\psi_{0S}$), 因此 M_{12} 和 M_{21} 都很小, 而 M_{11} 差不多等于 1(请见后面的微观计算).

(2) 若 N 是金属 [其厚度应足够大, 从而使 I_x 很小, 但其厚度相对于 $\lambda(T)$ 及 $\xi(T)$ 来说仍很小] 通过与前面讨论过的 NS 边界问题的类比可以预言

$$\frac{\psi_S}{\psi_{0S}}\sim\frac{\psi_{S'}}{\psi_{0S'}}\sim\frac{b}{\xi(T)}\ll 1.$$

对于这种情形式 (7.75)可以线性化.

7.3.5 结论

(1) 若 N 是绝缘层, 最大超流为

$$I_{\rm m}=\frac{2e\hbar}{mM_{12}}\psi_{0S}\psi_{0S'}.$$

当 $T\to T_{\rm c}$ 时, M_{12} 是有限的. 根据式 (6.15), ψ_{0S} 按 $(T_{\rm c}-T)^{1/2}$ 而变, 因此最大超流应按 $(T_{\rm c}-T)$ 规律而变化.

(2) 若 N 是金属, $I_{\rm m}\sim(e\hbar/mM)[b/\xi(T)]^2\psi_{0S}\psi_{0S'}$, 它应按 $(T_{\rm c}-T)^2$ 而变化 (后面一个结论尚未得到实验证实).

(1) 对于绝缘结计算 M_{ij} 的微观方法

现在我们从 $\boldsymbol{A}=0$ 及 $T=T_{\rm c}$ 的线性自洽方程 (7.8) 出发来研究 $d<\xi_0$ 的对称情形.

根据式 (7.35), 核 $K_0(\boldsymbol{r},\boldsymbol{r}')$ 主要与函数 $\langle\delta[\boldsymbol{r}-\boldsymbol{r}(0)]\delta[\boldsymbol{r}'-\boldsymbol{r}(t)]\rangle_{E_{\rm F}}$ 有关, 后者表示在正常态中时间为零时在 $\boldsymbol{r}$ 点注入一个电子 (具有费米能量), 然后在 t 时刻在 $\boldsymbol{r}'$ 点找到它的概率. 这就使我们可以用 $K_{纯}(\boldsymbol{r}-\boldsymbol{r}')$ 直接写出 $K_0(\boldsymbol{r},\boldsymbol{r}')$. 对于无限大的金属 S, 它的 $K_{纯}(\boldsymbol{r}-\boldsymbol{r}')$ 我们已经研究过了. 式 (7.8) 变为

$$\begin{aligned}\Delta(\boldsymbol{r})=&\int_{\rm I}K_{纯}(\boldsymbol{r}-\boldsymbol{r}')\Delta(\boldsymbol{r}')\mathrm{d}\boldsymbol{r}'\\&+\int_{\rm II}K_{纯}(\boldsymbol{r}-\boldsymbol{r}')[T_j\Delta(\boldsymbol{r}')+R_j\Delta(\overline{\boldsymbol{r}'})\mathrm{d}\boldsymbol{r}'],\end{aligned}\tag{7.76}$$

式中第一个积分 (I) 对应于从 $\boldsymbol{r}$ 到 $\boldsymbol{r}'$ 的直接传播, 积分区域受到 $\boldsymbol{r}$ 与 $\boldsymbol{r}'$ 都在结的同一边这个条件的限制. 积分 Ⅱ 给出了由于结的存在而引起的透射与反射效应. 系数 $T_j=1-R_j$, 是正常金属中能量为 $E_{\rm F}$ 的电子对结区的透射系数. 而 $\overline{\boldsymbol{r}'}=(-x',y',z')$ 点则是 $\boldsymbol{r}'$ 点相对于结的镜像点. 为简单起见, 假定反射是镜面的, 且假定反射系数与入射角无关.

根据 $T=T_{\rm c}$ 时 $\displaystyle\int K_{纯}(\boldsymbol{r}-\boldsymbol{s})\mathrm{d}\boldsymbol{r}=1$ 这一性质, 式 (7.76) 有一偶函数解 $\Delta(x)=\Delta(-x)=$ 常数. 为了确定 M_{12}, 还须构成第二个独立解, 譬如说奇函数解 $\Delta(x)=-\Delta(-x)$.

若我们令 $\Delta^+(x)=\Delta(s)S(x)$, 这里

$$S(x)=\begin{cases}1 & x>0\\0 & x<0\end{cases},$$

则式 (7.76) 可以写成

$$\begin{aligned}\Delta^+(x)=&S(x)\int\Delta^+(x')[K_0(\boldsymbol{r},\boldsymbol{r}')\\&+(1-2T_j)K_0(\boldsymbol{r},\boldsymbol{r}')]\mathrm{d}\boldsymbol{r}',\end{aligned}$$

或者更进一步写成

$$\begin{aligned}&\Delta^+(\boldsymbol{r})-\int K_0(\boldsymbol{r},\boldsymbol{r}')\Delta^+(\boldsymbol{r}')\mathrm{d}\boldsymbol{r}'\\=&\int\mathrm{d}\boldsymbol{r}\Delta^+(\boldsymbol{r}')[-S(-x)K_0(\boldsymbol{r},\boldsymbol{r}')\\&+S(x)(1-2T_j)K_0(\boldsymbol{r},\boldsymbol{r}')]\\=&-H(x).\end{aligned}\tag{7.77}$$

函数 $H(x)$ 代表位于 $|x|<\xi_0$ 区域中的源. 上式和式 (7.56) 很相似, 故可用同样的方式求解,

$$\begin{aligned}\left(\frac{L}{2}\right)\left(\frac{\mathrm{d}\Delta}{\mathrm{d}x}\right)_{x\gg\xi_0} &= H(x)\mathrm{d}x \\ &= 2T_j\int_{\infty}^{0}\mathrm{d}x\int_{\infty}^{0}\mathrm{d}x'\int\mathrm{d}y'\mathrm{d}z'\Delta^+(x')K_0(\boldsymbol{r},\boldsymbol{r}'). \end{aligned}\tag{7.78}$$

因为是绝缘结, 在积分区 $(x'\sim\xi_0)$ 内 $\Delta^+(x')$ 并无很大的变化, $\Delta^+(x)\to\Delta^+$. 回忆一下 $K_{纯}$ 的定义

$$\int_{-\infty}^{0}\mathrm{d}x\int_{0}^{\infty}\mathrm{d}x'\int\mathrm{d}y'\mathrm{d}z'K_{纯}(\boldsymbol{r}-\boldsymbol{r}')=\xi_0 \tag{7.79}$$

上述积分就不难算出, 我们最后得到

$$\frac{L}{2}\left(\frac{\mathrm{d}\Delta}{\mathrm{d}x}\right)_+=T_j\xi_0\Delta_+,$$

将此和式 (7.66) 相比得

$$L_{12}=M_{12}=\frac{L}{T_j\xi_0}. \tag{7.80}$$

因为 $L\sim\xi_0^2$, 系数 M_{12} 的数量级为 ξ_0/T_j. 实际上, 当 d 大于几埃时, 穿透绝缘垫垒的透射系数就非常小了. 这意味着流过结的最大超流很小

$$I_{\mathrm{m}}\sim\frac{e\hbar}{m\xi_0}|\psi_0|^2T_j. \tag{7.81}$$

(2) 结区附近磁场与电流的分布

典型情形如图 7.5 所示. 在结面内加上磁场 $\boldsymbol{H}$. 屏蔽掉外场, S 与 S' 中会出现表面电流. 电流以什么方式通过结区呢? 因为通过结区的最大电流密度 I_{m} 较小, 故在 S 和 S' 之间电流必定扩展到较深的部位. 对于绝缘结, 典型的情形下电流将透入到 $\delta\sim1\,\mathrm{mm}$ 的深度. 磁场较强时, 情况变得更引人注目, 将会有一些涡旋线积聚在结区 (图 7.6).

在这类情形中, 结的性质由费雷尔和普兰 (Prange) 提出的一个简单方程所支配. 为了导出这个方程, 我们考虑这样的一个结, 它占据了整个 xy 平面, 磁场沿 z 轴方向, 因而可用沿 y 轴方向的矢势来描述.

$$h(x,y)=\frac{\partial}{\partial x}A_y(x,y).$$

我们假定朗道 – 金兹堡方程的解有如下形式:

$$\psi(x,y)=\begin{cases}\psi(x)\exp[\mathrm{i}\phi_{S'}(y)] & x>0\\ \psi(x)\exp[\mathrm{i}\phi_S(y)] & x<0.\end{cases} \tag{7.82}$$

正如我们将要看到的那样, ϕ_S(或 $\phi_{S'}$) 发生变化的距离比 $\xi(T)$ 大得多. 因此 $\psi(x)$ 基本上就是式 (7.73) 的解.

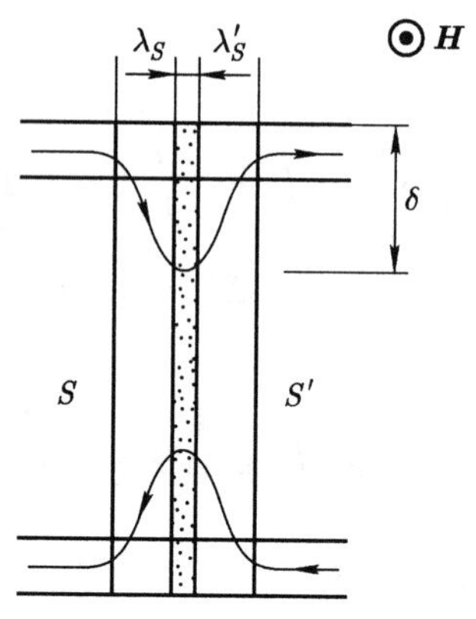

图 7.5　在很弱的外场下, $S-N-S'$ 结附近的电流线, 因为结的电流容量很弱, 场穿透的距离 δ 较大.

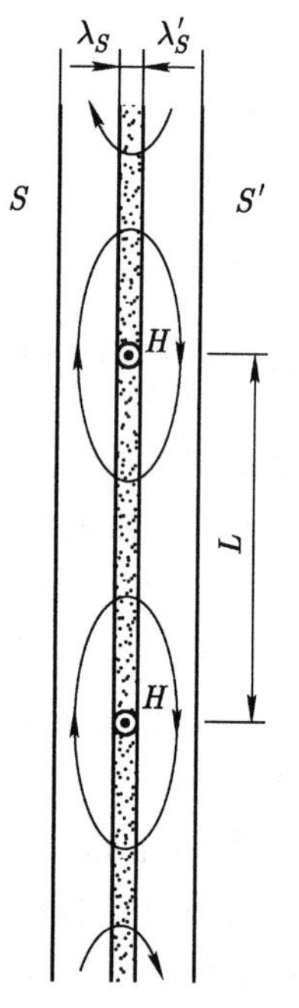

图 7.6　在较强的磁场中, 结区的电流分布. 沿结区积聚了一些涡旋线.

让我们首先考虑远离结区的 $x>0$ 的区域 $(x\gg\lambda_{S'})$. 在该区域中迈斯纳效应是完全的, 无电流流动, 因而从方程式 (6.12) 可得

$$\frac{2e}{\hbar c}A_y=\frac{\partial\phi_{S'}(y)}{\partial y}\quad(x\gg\lambda_{S'}),\tag{7.83a}$$

类似可得

$$\frac{2e}{\hbar c}A_y = \frac{\partial \phi_S(y)}{\partial y} \quad (x \ll -\lambda_S). \tag{7.83b}$$

所以在远离结的任何一边 $A_y(x,y)$ 都有完全确定的极限值, 可令这些值为 $A_S(y)A_{S'}(y)$. 为简便起见, 在结区自身处 $(x=0)$ 可取 $A_y(x=0,y)=0$. 结区的磁场 $H(x=0,y)=h_0(y)$ 可简单地从下述考虑中推出.

如果我们令 λ_S 和 $\lambda_{S'}$ 分别为结区附近 S 和 S' 中的穿透深度①, 则根据定义

$$\begin{aligned} A_{S'} &= \int_0^{\infty} h\mathrm{d}x = \lambda_{S'}h_0, \\ A_S &= \int_0^{-\infty} h\mathrm{d}x = \lambda_S h_0. \end{aligned} \tag{7.84}$$

和式 (7.83) 对比之下可得

$$h_0 = \frac{\hbar c}{2e}\frac{1}{\lambda_{S'}}\frac{\partial \phi_{S'}}{\partial y} = \frac{\hbar c}{2e}\frac{1}{\lambda_S}\frac{\partial \phi_S}{\partial y}. \tag{7.85}$$

因为 $\mathrm{curl}\,\boldsymbol{h} = \frac{4\pi}{c}\boldsymbol{j}$, 所以结区场和电流的关系式为

$$\frac{\partial h_0}{\partial y} = \frac{4\pi}{c}I_x = \frac{4\pi}{c}I_{\mathrm{m}}\sin(\phi_S - \phi_{S'}), \tag{7.86}$$

式中我们已用了式 (7.71). 联立式 (7.85) 和 (7.86), 即得到费雷尔 – 普兰方程

$$\frac{\partial^2 \phi}{\partial y^2} = \frac{1}{\delta^2}\sin\phi, \tag{7.87}$$

式中

$$\begin{aligned} \phi &= \phi_S - \phi_{S'}, \\ \delta^2 &= \frac{\hbar c^2}{8\pi e I_{\mathrm{m}}(\lambda_S + \lambda_{S'})}. \end{aligned} \tag{7.88}$$

下面我们来估计一下绝缘结的特征长度 δ 的大小. I_{m} 的数量级由式 (7.81) 给出, 因而

$$\delta^2 \sim \frac{mc^2}{16\pi e^2|\psi_0|^2}\frac{\xi_0}{\lambda(T)}\frac{1}{T_j} \sim \frac{\lambda(T)\xi_0}{T_j} \tag{7.89}$$

对于厚度 $d \sim 20\,\text{Å}$ 的绝缘势层, 透射系数的典型大小为 10^{-8}, 故若 $\lambda(T) \sim \xi_0 \sim 10^3\,\text{Å}$, 则 $\delta \sim 1\,\mathrm{mm}$.

---

① 当 N 区是金属时, 靠近结区 $\psi(x)$ 变小. 计算穿透深度时务必考虑这一点, 正如在前述的 NS 边界问题中所看到的那样.

请注意, 式 (7.87) 形式上和摆的运动方程相同, 故可对它作全面的讨论. 两种极限情形是特别有意思的:

(1) 磁场很弱: 因此式 (7.87) 可线性化, 其解为

$$\phi = \phi_0 \mathrm{e}^{-y/\delta}, \quad h_0 = H_0 \mathrm{e}^{-y/\delta}, \tag{7.90}$$

式中 $y=0$ 相应于结和样品表面的交线, 而 H_0 是刚好在样品外面一点的磁场. 因此弱场中结的穿透深度是 δ. 当 $\phi \ll 1$ 或 $H \ll \phi_0/(\lambda_S+\lambda_{S'})\delta$ 时, 这种情形适用, 也就是说穿透结区的磁通必须比磁通量子 ϕ_0 要小得多.

(2) 完全穿透的区域: 若 $H \gg \phi_0/(\lambda_S+\lambda_{S'})\delta$, 则沿着结区磁场几乎是均匀分布的, 因而 $h_0(y) \to H$. ϕ 可用式 (7.85) 定出:

$$\phi \approx \frac{2\pi y}{L} + 常数, \quad L = \frac{\phi_0}{(\lambda_S+\lambda_{S'})H}. \tag{7.91}$$

因此电流的结构是周期性的, 其周期为 L,

$$I_x = I_\mathrm{m} \sin\phi \cong I_\mathrm{m} \sin\left(\frac{2\pi(y-y_0)}{L}\right). \tag{7.92}$$

把式 (7.91) 代入式 (7.87) 右边, 容易证明当 $L \ll \delta$ 时, $\partial^2\phi/\partial y^2$ 和 $\partial h_0/\partial y$ 基本上可以略去.

电流结构如图 (7.6) 所示. 每个周期带有一个磁通量子, 仿佛有一系列涡旋线聚积在结面中. 因为穿透深度很大 ($\delta \gg \xi$), 这种情形颇类似于 $\lambda \gg \xi$ 的 Ⅱ 类超导体. 对于 $L \ll \delta$ 的极限情形, 通过热力学势的完全计算可以证明磁场 h_0 差不多就等于外场.

当结具有有限的长度时 ($0<y<D$), 计算从 S 流到 S' 的总电流也是我们感兴趣的. 我们得到沿 z 轴方向每厘米长度的总电流为

$$\begin{aligned} I_{总} &= \int^D I_\mathrm{m} \sin\phi \mathrm{d}y \cong \frac{I_\mathrm{m}L}{2\pi}\int \mathrm{d}\phi \sin\phi \\ &= \frac{I_\mathrm{m}L}{2\pi}\left[\cos\phi(0) - \cos\left(\phi(0)+\frac{2\pi D}{L}\right)\right] \quad (L \ll \delta). \end{aligned}$$

当 $\phi_0 = \pi/2 - \pi D/L$ 时, 得到 $I_{总}$ 的最大值

$$I_{总\max} = \frac{I_\mathrm{m}L}{2\pi}\left|\sin\frac{\pi D}{L}\right| \quad (L \ll \delta). \tag{7.93}$$

因子 D/L 是结中磁通量子的数目, 当 D/L 为整数时总电流等于零, 而当 D/L 为半整数时, 总电流取极大值. 最近菲斯克 (Fiske) 和罗厄尔已对式 (7.93) 作了相当详细的验证.

例题 试讨论两个 SNS 结并联的系统的最大超流与磁场的关系 (“量子干涉计”). 图 7.7 给出了此装置的草图和一些符号, 连接二结的圆环所包围的磁通为 ϕ. 为简单起见不妨假定:(a) 结 A 和 B 很小, 故每个结中俘获的磁通可忽略不计 ($2d\lambda H \ll \phi_0$); (b) 两块超导体 (1) 和 (2) 都比穿透深度厚得多.

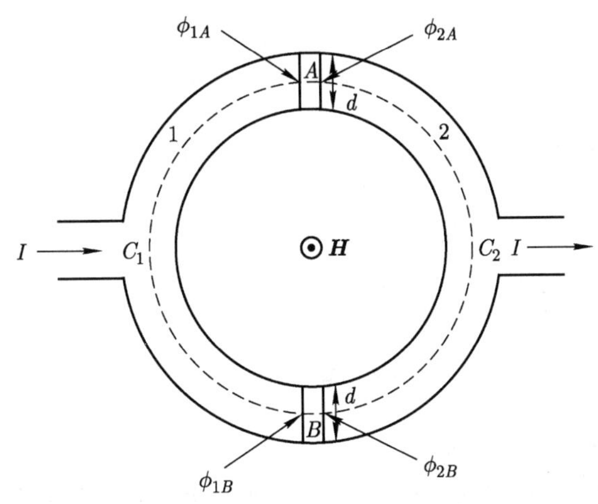

图 7.7 “量子干涉计”的原理. A 和 B 是两个约瑟夫森结. 测出的最大超流 I 是回路中磁场 H 的函数.

解答 从 (1) 流向 (2) 的总超流是

$$I = I_{\mathrm{m}} d[\sin(\phi_{2A} - \phi_{1A}) + \sin(\phi_{2B} - \phi_{1B})].$$

各处的相位 ϕ_{1A} 等等, 通过含磁通 ϕ 的关系式相互关联. 现在我们来推导这个公式. 举例来说, 在超导体 I 中任一点, 超流 j_S 正比于 $\hbar\nabla\phi - 2e\boldsymbol{A}/c$(式中 ϕ 是对势的局域相位). 考虑超导体内离表面足够远的一条路径 C_1, 在此路径上 $j_S \equiv 0$, 因此在路径 C_1 上 $\hbar\nabla\varphi = 2e\boldsymbol{A}/c$. 对此式积分则得

$$\phi_{1B} - \phi_{1A} = \frac{2e}{\hbar c}\int_{C_1} \boldsymbol{A}\cdot\mathrm{d}\boldsymbol{l}.$$

类似可得

$$\phi_{2A} - \phi_{2B} = \frac{2e}{\hbar c}\int_{C_2} \boldsymbol{A}\cdot\mathrm{d}\boldsymbol{l}.$$

将上面二式相加则得

$$\phi_{1B} - \phi_{2B} + \phi_{2A} - \phi_{1A} = \frac{2e}{\hbar c}\oint \boldsymbol{A}\cdot\mathrm{d}\boldsymbol{l} = 2\pi\frac{\phi}{\phi_0},$$

式中 ϕ 是回路中的总磁通.

除这个关系式以外, 相位 ϕ_{1A} 等等是任意的. 当我们选

$$\phi_{2A} - \phi_{1A} = -(\phi_{2B} - \phi_{1B}) = \pi\frac{\phi}{\phi_0}$$

时, 电流 I 最大,

$$I = 2I_{\mathrm{m}}d\left|\sin\left(\pi\frac{\phi}{\phi_0}\right)\right|.$$

最大超流是 ϕ 或 H 的周期函数. 为了观察磁场的周期性, 回路的面积 S 必须很小. 贾克莱维克 (Jaklevic)、拉姆 (Lambe)、西尔佛 (Silver) 和默西里 (Mercereau) 已经完成了这一实验. A 和 B 可以是两个约瑟夫森结, 或更简单些, 也可以是两个超导线之间的机械接触.

参 考 资 料

朗道–金兹堡方程的微观推导

L. P. Gorkov, *Zh. Eksperim. i Teor. Fiz.*, **36**, 1918; **37**, 833(1959), 译文见 *Soviet Phys. JETP*, **9**, 1364; **10**, 593(1960).

脏合金中 κ 的实验数据及与戈尔柯夫公式的比较

B. B. Goodman, *I. B. M. Journal*, **6**, 62(1962).

T. Kinsel, E. A. Lynton, B. Serin, *Phys. Lett.*, **3**, 30(1962).

边界条件和结

B. D. Josephson, *Rev. Mod. Phys.*, **36**, 216(1964).

P. G. de Gennes, *Rev. Mod. Phys.*, **36**, 225(1964).

第 8 章

强磁场和磁性杂质的效应

我们将讨论两个显然很不相同的物理状况:

(1) 强磁场中的脏超导体和小超导样品;

(2) 含磁性杂质的超导体.

其实, 有一些重要特征是 (1) 与 (2) 都具有的.

(a) 在两种情形中, 作用在库珀对一对成员上的微扰有着相反的符号. 在情形 (1) 里, 单电子的哈密顿量中含有 $\frac{1}{2m}(\boldsymbol{p}\cdot\boldsymbol{A}+\boldsymbol{A}\cdot\boldsymbol{p})$ 项, 此项在 $\boldsymbol{p}$ 变成 $-\boldsymbol{p}$ 时改变符号. 在情形 (2) 里, 我们往往用

$$\varGamma(\boldsymbol{r}_e-\boldsymbol{r}_i)\boldsymbol{S}_e\cdot\boldsymbol{S}_i$$

形式的相互作用来描述自旋为 $\boldsymbol{S}_i$ 的磁性杂质(i) 对于传导电子 (坐标为 $\boldsymbol{r}_e$, 自旋为 $\boldsymbol{S}_e$) 的影响 ($\varGamma$ 称为交换耦合常数, 但实际上它的来源很复杂). $\varGamma$ 具有任意的符号, 典型的大小是 $0.1\ \mathrm{eV} = 10^3\ \mathrm{K}$①. 因为库珀对的两个电子自旋相反, 故 $\varGamma$ 耦合项对两个电子的作用符号相反.

(b) 在实验上, 这种 "反对称的" 微扰使得转变温度显著下降. 图 8.1 及图 8.2 的例子表明了这一点. 注意, "反对称" 是十分关键的. 记得非磁杂质 (只会引起 "对称的" 微扰) 对于转变点的影响是很小的 (安德森定理).

(c) 情形 (1) 和情形 (2) 还共同具备着另一个重要性质. 电子经受着杂质或样品表面的无规则散射. 因此, 作用在一个特定库珀对上的 "反对称" 微扰是受时间调制的. 正如我们后面将看到的, 这一特征将引起一些奇异的性质, 特别是无能隙超导性 (A. Abrikosov *and* L. P. Gorkov, 1960).

---

① 注意, $\varGamma$ 与磁性杂质所产生的偶极场无关. 偶极子的耦合能的数量级为 $\mu_{\mathrm{B}}^2/a^3 \sim 1\ \mathrm{K}$($\mu_{\mathrm{B}}$= 玻尔磁子, a= 原子距离), 它比 $\varGamma$ 小得多 (C.Herring 1958).

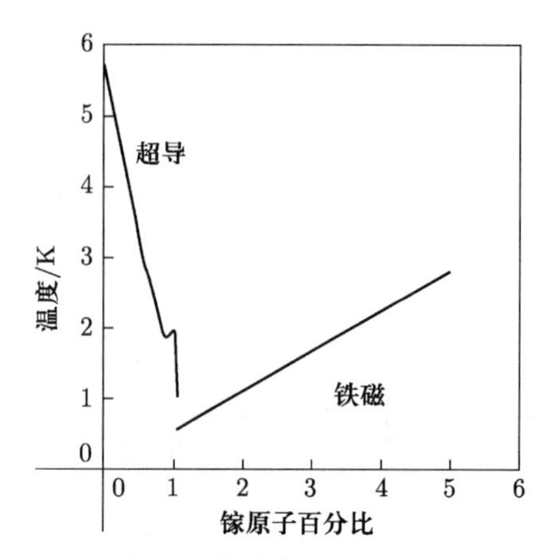

图 8.1 镧镓 (LaGa) 合金的超导与铁磁转变温度 [引自 B. T. Matthias, I. B. M., J., **6**, 250(1962)]. 注意, 当 (磁性的) 镓原子加到镧中时超导转变点显著下降.

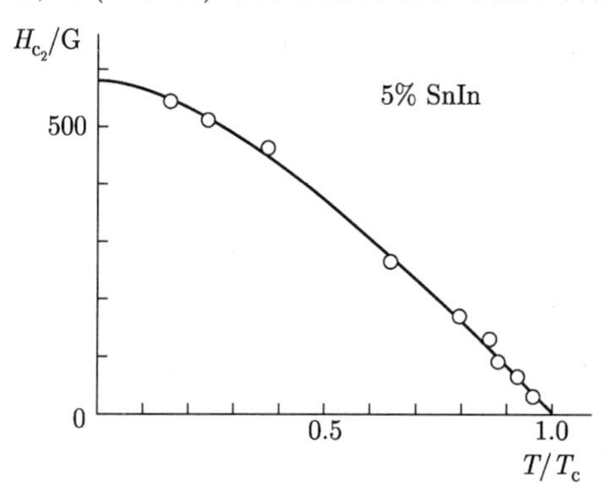

图 8.2 "脏" 第 II 类超导体的上临界场随温度的变化曲线. 实验点由 E. Guyon 和 A. Martin 等测出. 理论曲线是由式 (8.40) 得出.

8.1 转变温度与时间反演性质之间的关系

我们的任务是将微扰的不对称性的定性叙述翻译成更加数学化的语言. 例如研究一下在给定磁场中 [情形 (1)] 或特定的磁性杂质深度下 [情形 (2)] 相变点的计算. 从实验上看, 这两种情形的相变都是二级相变. 靠近较变点, $\Delta(\boldsymbol{r})$ 很小, 可以利用类似式 (7.8) 那样的线性自洽方程.

首先让我们专门考虑情形 (1). 这里无需自旋标记, 因而直接可以采用式 (7.8). 我们把式 (7.8) 的核 $K(\boldsymbol{r}_1, \boldsymbol{r}_2)$ 改写成和式 (7.11) 等价的形式

$$K(\boldsymbol{r}_1\boldsymbol{r}_2) = k_{\mathrm{B}}T\sum_{\omega} vN(0)V\int\frac{\mathrm{d}\xi\mathrm{d}\xi'}{(\xi - \mathrm{i}\omega\hbar)(\xi' + \mathrm{i}\omega\hbar)} \times f\left(\boldsymbol{r}_1\boldsymbol{r}_2, \frac{\xi - \xi'}{\hbar}\right), \tag{8.1}$$

$$
\begin{aligned}
f(\boldsymbol{r}_1\boldsymbol{r}_2\varOmega) = \sum_m \langle \phi_n^*(\boldsymbol{r}_1)\phi_m^*(\boldsymbol{r}_1)\phi_m(\boldsymbol{r}_2)\phi_n(\boldsymbol{r}_2) \\
\times \delta(\xi_m - \xi_n - \hbar\Omega)\rangle,
\end{aligned} \tag{8.2}
$$

v 的样品的体积, $N(0)$ 是正常态中单位体积的态密度, 故 $vN(0)$ 是样品在正常态时总态密度. 我们已作了代换 $\sum\limits_n \to \int vN(0)\mathrm{d}\xi_n$. 照例, 求和 $\sum\limits_\omega$ 是对所有数值 $\pi(k_\mathrm{B}T/\hbar)(2\nu+1)$ 进行的. 式 (8.2) 内的平均是对具有固定能量 ξ_n(实际上, 取费米能量 $\xi_n=0$) 的所有 n 态进行的. 我们希望用单电子态 n 和 m 之间的矩阵元表示两个 ϕ 的乘积及两个 ϕ^* 的乘积. 显然, $*$ 号并不在所要求的位置上. 为解决这个问题, 我们引进一个特殊的算符 K, 按照定义 K 使一函数变成它的复共轭函数:

$$
K\phi_m = \phi_m^*. \quad (\text{情形 } 1) \tag{8.3}
$$

我们把 K 称为时间反演算符. 借助于 K, 我们可写出

$$
\begin{aligned}
\phi_n^*(\boldsymbol{r}_1)\phi_m^*(\boldsymbol{r}_1) &= (n|\delta(\boldsymbol{r}-\boldsymbol{r}_1)K|m), \\
\phi_n(\boldsymbol{r}_2)\phi_m(\boldsymbol{r}_2) &= (m|K^+\delta(\boldsymbol{r}-\boldsymbol{r}_2)|n), \\
f(\boldsymbol{r}_1\boldsymbol{r}_2\varOmega) &= \sum_m \langle [n|\delta(\boldsymbol{r}-\boldsymbol{r}_1)K|m][m|K^+\delta(\boldsymbol{r}-\boldsymbol{r}_2)|n] \\
&\quad \times \delta(\xi_n - \xi_m - \hbar\varOmega)\rangle.
\end{aligned} \tag{8.4}
$$

至此, 像通常一样, 我们发觉利用 f 的傅里叶变换较为方便:

$$
\begin{aligned}
f(\boldsymbol{r}_1\boldsymbol{r}_2t) &= \int \mathrm{d}\varOmega \mathrm{e}^{-\mathrm{i}\varOmega t} f(\boldsymbol{r}_1\boldsymbol{r}_2\varOmega) \\
&= \langle \delta[\boldsymbol{r}(t)-\boldsymbol{r}_1]K(t)K^+(0)\delta[\boldsymbol{r}(0)-\boldsymbol{r}_2]\rangle,
\end{aligned} \tag{8.5}
$$

式中 $K(t)$ 与 $\boldsymbol{r}(t)$ 是描述一个电子的 K 与 $\boldsymbol{r}$ 随时间演变的海森伯算符, 此电子受到由下面的哈密顿量所表示的一些力的作用:

$$
\begin{aligned}
\mathscr{H}_\mathrm{e} &= \frac{1}{2m}\left(\boldsymbol{p}-\frac{e}{c}\boldsymbol{A}\right)^2 + U(\boldsymbol{r}) - E_\mathrm{F} \quad (\text{情形 } 1), \\
K(t) &= \exp\left(\mathrm{i}\frac{\mathscr{H}_e}{\hbar}t\right)K\exp\left(+\mathrm{i}\frac{\mathscr{H}_e}{\hbar}t\right)
\end{aligned} \tag{8.6}
$$

(注意, 在最后的指数式中, 符号与平常的不一样, 这是由于 $K\mathrm{i}=-\mathrm{i}K$ 的缘故). K 的变化率由

$$
\begin{aligned}
\frac{\mathrm{d}K}{\mathrm{d}t} &= \frac{\mathrm{i}}{\hbar}[\mathscr{H}_e, K] \\
&= \frac{-\mathrm{i}e}{m\hbar c}(\boldsymbol{p}\cdot\boldsymbol{A}+\boldsymbol{A}\cdot\boldsymbol{p})K \quad (\text{情形 } 1)
\end{aligned} \tag{8.7}
$$

给出. K 的运动仅仅由 $\mathscr{H}_e$ 中磁微扰的“反对称”部分所引起 (与其说“反对称”, 还不如说是时间反演下改变符号的部分).

最后, 我们的结论是: 决定转变温度的积分方程的核 $K(\boldsymbol{r}_1\boldsymbol{r}_2)$, 可以借助于式 (8.5) 定义的相关函数 $f(\boldsymbol{r}_1\boldsymbol{r}_2t)$ 来求得. 此相关函数很有用, 因为它与正常态的输运性质有密切的关系, 这与前面讨论过的许多情形类似. 由“反对称”微扰引起的种种复杂的问题都可用时间反演算符来描述.

这些结论可直接推广到含磁性杂质的情形, 也就是说推广到必须计及自旋指标的情形. 现在我们扼要地说一下这种推广. 完整的哈密顿量是

$$\begin{aligned}\mathscr{H} = \sum_\sigma \int \mathrm{d}\boldsymbol{r} \Bigg\{ & \psi^+(\boldsymbol{r},\sigma)\left[\frac{\left(\boldsymbol{p}-\dfrac{e}{c}\boldsymbol{A}\right)^2}{2m} - E_\mathrm{F}\right]\psi(\boldsymbol{r},\sigma) \\ & + \sum_{\sigma\nu}\psi^+(\boldsymbol{r},\sigma)U_{\sigma\nu}(\boldsymbol{r})\psi(\boldsymbol{r},\nu) \\ & - V\sum_{\sigma\nu}\psi^+(\boldsymbol{r},\sigma)\psi^+(\boldsymbol{r},\nu)\psi(\boldsymbol{r},\nu)\psi(\boldsymbol{r},\sigma)\Bigg\},\end{aligned} \tag{8.8}$$

式中 $\psi^+(\boldsymbol{r},\sigma)$ 表示在 $\boldsymbol{r}$ 点产生一个自旋为 σ 的电子的算符, $U_{\sigma\nu}$ 是作用在这些电子上的势能, 对于磁合金来说, 它与自旋有关 (为了使表述简化, 我们假定 U 是一个使同一点的 ψ^+ 与 ψ 耦合在一起的局域算符). 对于势能所做的主要假定是势能 U 是静态的. 我们不考虑杂质自旋运动的可能性 (后面我们将会看到这仅对于相当稀释的合金才正确. 在浓度较高的系统中, 杂质之间也有耦合, 每个杂质自旋在其邻近杂质的交换场中进动). 对势仍然定义为

$$\Delta(\boldsymbol{r}) = V\langle\psi(\boldsymbol{r}\uparrow)\psi(\boldsymbol{r}\downarrow)\rangle = -V\langle\psi(\boldsymbol{r}\downarrow)\psi(\boldsymbol{r}\uparrow)\rangle,$$

也可把它改写成更紧凑的形式,

$$\Delta = \frac{V}{2}\sum_{\sigma\mu}\rho_{\sigma\mu}\langle\psi(\boldsymbol{r},\sigma)\psi(\boldsymbol{r},\mu)\rangle, \tag{8.9}$$

式中

$$\rho = \begin{pmatrix} 0 & 1 \\ -1 & 0 \end{pmatrix}.$$

像第 5 章一样, 我们写出 ψ 与 ψ^+ 的运动方程, 同时考虑到 Δ 不为零, 将它线性化. ψ 的线性运动方程是

$$\begin{aligned}\mathrm{i}\hbar\frac{\partial\psi(\boldsymbol{r},\sigma)}{\partial t} &= [\mathscr{H},\psi(\boldsymbol{r},\sigma)] \\ &= \left(\frac{p^2}{2m} - E_\mathrm{F}\right)\psi(\boldsymbol{r},\sigma) + \sum_\mu V_{\sigma\mu}\psi(\boldsymbol{r},\mu) \\ &\quad + \sum_\mu \rho_{\sigma\mu}\Delta(\boldsymbol{r})\psi^+(\boldsymbol{r},\mu)\end{aligned} \tag{8.10}$$

(和往常一样, 表示式中已减去了化学势 E_F). 作变换

$$\psi(\boldsymbol{r},\sigma)=\sum_n[u_n(\boldsymbol{r},\sigma)\gamma_n+v_n^*(\boldsymbol{r},\sigma)\gamma_n^+],$$

且利用条件 $[\mathscr{H},\gamma_n]=-E_n\gamma_n$, 可求出元激发. $\begin{pmatrix}u\\v\end{pmatrix}$ 是系统的本征函数,

$$\begin{aligned}\epsilon u(\boldsymbol{r},\sigma)=&\left(\frac{\left(\boldsymbol{p}-\frac{e}{c}\boldsymbol{A}\right)^2}{2m}-E_{\rm F}\right)u(\boldsymbol{r},\sigma)\\&+\sum_\mu[V_{\sigma\mu}(\boldsymbol{r})u(\boldsymbol{r},\mu)+\varDelta(\boldsymbol{r})\rho_{\sigma\mu}v(\boldsymbol{r},\mu)],\\-\epsilon v(\boldsymbol{r},\sigma)=&\left(\frac{\left(\boldsymbol{p}+\frac{e}{c}\boldsymbol{A}\right)^2}{2m}-E_{\rm F}\right)v(\boldsymbol{r},\sigma)\\&+\sum_\mu[V_{\sigma\mu}^*(\boldsymbol{r})v(\boldsymbol{r},\mu)+\varDelta^*(\boldsymbol{r})\rho_{\sigma\mu}u(\boldsymbol{r},\mu)].\end{aligned}$$

我们感兴趣的是 $\varDelta\to 0$ 的极限. 精确到 $\varDelta$ 的零次项, $\begin{pmatrix}u\\v\end{pmatrix}$ 与正常态中电子的本征函数 ϕ_n 有关. ϕ_n 的定义为

$$\begin{aligned}\xi\phi(\boldsymbol{r},\sigma)=&\left[\frac{1}{2m}\left(\boldsymbol{p}-\frac{e}{c}\boldsymbol{A}\right)^2-E_{\rm F}\right]\phi(\boldsymbol{r},\sigma)\\&+\sum_\mu U_{\sigma\mu}(\boldsymbol{r})\phi(\boldsymbol{r},\mu)\\=&\mathscr{H}_e\phi(\boldsymbol{r},\sigma),\end{aligned}$$

$$u_n^0=\begin{cases}\phi_n & \xi_n>0\\0 & \xi_n<0,\end{cases}$$

$$v_n^0=\begin{cases}0 & \xi_n>0\\\phi_n^* & \xi_n<0 \quad \epsilon_n^0=|\xi_n|.\end{cases}$$

精确到 $\varDelta$ 的一次项, 我们可写出

$$u_n=u_n^0+\sum_{m\neq n}a_{nm}\phi_m,$$

$$v_n=v_n^0+\sum_{m\neq n}b_{nm}\phi_m^*.$$

利用通常的微扰方法, 即可求得系数 a_{nm} 和 b_{nm}:

$$a_{nm} = \begin{cases} 0 & (\xi_n > 0) \\ \dfrac{-1}{\xi_n + \xi_m} \sum\limits_{\sigma\mu} \displaystyle\int \mathrm{d}\boldsymbol{r}_2 \phi_m^*(\boldsymbol{r}_2, \sigma)\rho_{\sigma\mu}\phi_n^*(\boldsymbol{r}_2, \mu)\Delta(\boldsymbol{r}_2) & (\xi_n < 0), \end{cases}$$

$$b_{nm} = \begin{cases} \dfrac{-1}{\xi_n + \xi_m} \sum\limits_{\sigma\mu} \displaystyle\int \mathrm{d}\boldsymbol{r}_2 \phi_n(\boldsymbol{r}_2, \sigma)\rho_{\mu\sigma}\phi_n(\boldsymbol{r}_2, \mu)\Delta(\boldsymbol{r}_2) & (\xi_n > 0) \\ 0 & (\xi_n < 0) \end{cases}$$

现在把 u 与 v 的这些修正值再代入 Δ 的自洽方程. 计及自旋指标后, 自洽方程的形式为

$$\Delta(\boldsymbol{r}_1) = \frac{V}{2} \sum_{\sigma\mu} \sum_n \rho_{\sigma\mu} v_n^*(\boldsymbol{r}, \sigma) u_n(\boldsymbol{r}, \mu)[1 - 2f(\xi_n)].$$

精确到 Δ 的一次项, 结果又得到

$$\Delta(\boldsymbol{r}_1) = \int K(\boldsymbol{r}_1, \boldsymbol{r}_2)\Delta(\boldsymbol{r}_2)\mathrm{d}\boldsymbol{r}_2, \tag{8.11}$$

且积分核仍然可以通过式 (8.1) 及式 (8.5) 用相关函数表示之. 唯一的变化是式 (8.3) 中的时间反演算符的定义现在应包含自旋指标. 具体地说应有

$$K\phi(\boldsymbol{r}\uparrow) = \phi^*(\boldsymbol{r}\downarrow),$$

$$K\phi(\boldsymbol{r}\downarrow) = -\phi^*(\boldsymbol{r}\uparrow). \tag{8.3$'$}$$

利用泡利自旋矩阵, 我们往往将此写成

$$K = \mathrm{i}\sigma_y C,$$

式中 $C\phi = \phi^*$, 而 $\mathrm{i}\sigma_y$ 与我们早先定义的 $\rho = \begin{pmatrix} 0 & 1 \\ -1 & 0 \end{pmatrix}$ 是一致的. 于是, 在所有我们感兴趣的情况里, 都把问题归结成了研究正常态中一个电子的 K 算符的运动.

初看起来, K 是一个十分生疏的量. 但是经过一段实践, 我们就能够领会它的确切物理意义. 以轨道磁场的情形为例, 这时 K 的运动方程是式 (8.7). 在式 (8.1) 中, $|\xi - \xi'|$ 的数量级是 $k_{\mathrm{B}}T$, 故而在 $f(\boldsymbol{r}_1\boldsymbol{r}_2t)$ 中所关心的时间尺度是 $t \sim \hbar/k_{\mathrm{B}}T$. 在这段时间内, 电子通过的空间距离比费米波长大得多. 因此, 我们可用经典方法处理 K 算符的运动, 并且可以把式 (8.7) 写成

$$\begin{aligned} \frac{\mathrm{d}K(t)}{\mathrm{d}t} &= -\mathrm{i}\frac{\mathrm{d}\phi}{\mathrm{d}t}K, \\ K(t) &= \mathrm{e}^{-\mathrm{i}\phi(t)}K(0), \\ \phi(t) &= \frac{2e}{\hbar cm} \oint_0^t \boldsymbol{A} \cdot \boldsymbol{p}\mathrm{d}t. \end{aligned} \tag{8.12}$$

在最后一个方程中, 积分沿正常金属中经典单电子轨道进行. 用 $m\boldsymbol{v}$ 代替 $\boldsymbol{p}$($\boldsymbol{p}$ 与 $m\boldsymbol{v}$ 之差为$\frac{e}{c}\boldsymbol{A}$, 与费米动量相比这是个很小的量). 我们可把相位 ϕ 改写成

$$\phi = \frac{2e}{\hbar c}\int \boldsymbol{A}\cdot\boldsymbol{v}\mathrm{d}t = \frac{2e}{\hbar c}\int \boldsymbol{A}\cdot\mathrm{d}\boldsymbol{l}. \tag{8.13}$$

在这种情况下, 相关函数 $f(\boldsymbol{r}_1\boldsymbol{r}_2t)$ 的意义可以这样来理解: 考虑所有在时间间隔 t 中连接 $\boldsymbol{r}_1$ 与 $\boldsymbol{r}_2$ 的单电子轨道. 对于纯金属来说这种轨道是唯一的——基本上是直线 (相对于 $v_{\mathrm{F}}t$ 这一尺度而言, 回旋半径是非常大的). 对于更“脏”的系统, 允许有许多波折的轨道. 我们算出每一轨道的 $\mathrm{e}^{\mathrm{i}\phi}$. 最后, 对各种不同的许可轨道进行求和. 每一轨道有一个权重, 由在一系列散射过程中它出现的概率而定. 如前所述, f 的计算最终归结为对输运性质的研究.

在情形 2(磁性杂质) 中, K 的运动方程可推导如下: 单电子哈密顿量 $\mathscr{H}_{\mathrm{e}}$ 是

$$\mathscr{H}_{\mathrm{e}} = A + \boldsymbol{B}\cdot\boldsymbol{S}_{\mathrm{e}}, \tag{8.14}$$

式中 A 包含了动能和一切与自旋无关的力, 而 $\boldsymbol{B}$ 来源于与所有杂质的相互作用 $\varGamma$. 利用 K 的定义式 (8.3′) 及共轭量 K^+ 相应的方程, 我们可证明

$$K^+\mathscr{H}_{\mathrm{e}}K = A^* - \boldsymbol{B}\cdot\boldsymbol{S}_{\mathrm{e}}. \tag{8.15}$$

即 $K^+\mathscr{H}_{\mathrm{e}}K$ 可通过把 $\mathscr{H}_{\mathrm{e}}$ 中的 A 替换成 A^*(这相当于在磁耦合项中把 $\boldsymbol{p}$ 换成 $-\boldsymbol{p}$) 以及把 $\boldsymbol{S}_{\mathrm{e}}$ 换成 $-\boldsymbol{S}_{\mathrm{e}}$(这可通过改变传导电子的时间的方向来实现, 从而证实用“时间反演算符”这个名称是十分确切的) 而获得. 我们还注意到

$$K^+K = KK^+ = 1,$$

并且写出

$$\begin{aligned}[\mathscr{H}_{\mathrm{e}}, K] &= \mathscr{H}_{\mathrm{e}}K - K\mathscr{H}_{\mathrm{e}} \\ &= K(K^+\mathscr{H}_{\mathrm{e}}K - \mathscr{H}_{\mathrm{e}}).\end{aligned} \tag{8.16}$$

以纯粹的第二种情形为例 (无轨道磁场 $A = A^*$). 那么, 根据式 (8.15),

$$\frac{\mathrm{d}K}{\mathrm{d}t} = \frac{\mathrm{i}}{\hbar}[\mathscr{H}_{\mathrm{e}}, K] = -\frac{2\mathrm{i}}{\hbar}K\boldsymbol{B}\cdot\boldsymbol{S}_{\mathrm{e}}, \tag{8.17}$$

这里我们也可以说 K 获得一个和时间有关的相位 (由于 $\varGamma$ 耦合). 不过, 我们不能用经典方法来处理这个相位, 因为势能 $\boldsymbol{B}$ 在一个原子的距离上、或在费米波长上变化很剧烈. 后面我们将看到在这种情况下应该如何分析 K 的运动. 在详细进行这种研究之前, 我们现在定性讨论一下与单电子轨道形状有关的 K 的一般性质 (针对 (1) 及 (2) 两种情况).

8.2 各态历经性质与非各态历经性质的比较——无能隙超导电性

我们暂且局限于研究对势 $\Delta(\boldsymbol{r})$ 的振幅 $|\Delta|$ 在空间为常数的一些系统. 这使线性方程式 (8.8) 或 (8.11) 的讨论大为简化, 因而可直接得出某些最重要的特性. 况且, 这也并非纯理论的系统, 下列状况就属此列:

(1) 小超导胶体;

(2) 磁场与膜面平行的超导薄膜;

(3) 外场为零时含磁性杂质的超导合金.

在胶体中, 若颗粒的所有尺寸与 $\xi(T)$ 相比都很小, 则 $|\Delta|$ 不可能有很大变化. 在薄膜中我们不得不更小心些, 因为只有一个尺寸是小的. 特别是, 如果磁场与膜垂直, 它往往以涡旋的形式穿入样品, 类似于第Ⅱ类超导体 (M. Tinkham, 1962), 因此 $|\Delta|$ 在空间变化很剧烈. 为了避免出现这种情况, 我们仅研究磁场与膜面平行的情形. 对于胶体和膜来说, 还有另一个要求, 它与我们研究的是二级相变这一事实有关. 在I类材料中, 只要样品的厚度小于一两个穿透深度, 实验所观察到的转变就确实是二级相变.

最后, 对于磁合金 (在零场中), 取 $|\Delta|$ 等于常数为出发点也是合理的 (这样做仅仅忽略了在每个杂质附近 $\Delta(\boldsymbol{r})$ 的很微弱的局部变化).

现在我们来具体地写出转变温度的方程. 对于单通样品, 我们可选用矢势 $\boldsymbol{A}$ 的特殊规范, 使得 $\Delta(\boldsymbol{r})$ 是实数, 因而 $\Delta(\boldsymbol{r})$ 在空间为常数 (由于 $|\Delta|$ 是常数). 这样我们就可对 $\boldsymbol{r}_2$ 和 $\boldsymbol{r}_1$ 积分自洽场方程 (8.11), 得到

$$\Delta v=\int \mathrm{d}\boldsymbol{r}_1\mathrm{d}\boldsymbol{r}_2 K(\boldsymbol{r}_1,\boldsymbol{r}_2)\Delta.$$

再利用式 (8.1) 及 (8.5), 并且消去两边的 Δv, 我们就得到条件

$$\begin{aligned}1=&N(0)V\int \mathrm{d}\xi\mathrm{d}\xi'\sum_{\omega}\frac{k_{\mathrm{B}}T}{(\xi-\mathrm{i}\omega\hbar)(\xi'+\mathrm{i}\omega\hbar)}\\&\times\frac{1}{\hbar}g\left[\frac{(\xi-\xi')}{\hbar}\right],\end{aligned}\tag{8.18}$$

$$g(\Omega)=\int\frac{\mathrm{d}t}{2\pi}\langle K^{+}(0)K(t)\rangle \mathrm{e}^{-\mathrm{i}\Omega t},$$

$g(\Omega)$ 是算符 K 的能谱. 假若愿意的话, 我们也可不用求和 $\sum_{\omega}$, 而利用费米函数 $f(\xi)$ 把式 (8.18) 写成

$$1=N(0)V\int \mathrm{d}\xi\mathrm{d}\xi'\frac{1-f(\xi)-f(\xi')}{\xi+\xi'}g\left[\frac{(\xi-\xi')}{\hbar}\right]\tag{8.18$'$}$$

[在式 (8.18′) 中一些特征表现得更为明显, 但是用式 (8.18) 计算起来较为方便].

对该方程的讨论: 首先我们看到, 对于所有在时间反演下单电子哈密顿量 $\mathscr{H}_e$ 保持不变 ($[K,\mathscr{H}_e]=0$) 的情形来说, $K(t)=K(0)$:

$$\langle K^+(0)K(t)\rangle \equiv 1,$$

$$g(\Omega)=\delta(\Omega).$$

K 的能谱是位于零频率上的一条单线. 于是式 (8.18′) 化为

$$1=N(0)V\int \mathrm{d}\xi\frac{1-2f(\xi)}{2\xi}.$$

这正是常规超导体中转变温度的 BCS 条件.

当 $[K,\mathscr{H}_e]\neq 0$ 时, 我们必须对 $g(t)$ 作更详细的研究. 前已指出, 我们所关心的是 $\Omega\sim k_BT/\hbar$ 和 $t\sim\hbar/k_BT$, 即时间标度很长的情况. 因此我们首先考虑一下 $\langle K^+(0)K(t)\rangle$ 在 t 很大时的极限性质. 极限性质可有多种类型, 其中有二类特别值得注意:

$$\text{(I)}\ \lim_{t\to\infty}\langle K^+(0)K(t)\rangle=\eta\neq 0; \tag{8.19}$$

$$\text{(II)}\ \lim_{t\to\infty}\langle K^+(0)K(t)\rangle=\exp(-t/\tau_K), \tag{8.20}$$

式中 η 和 τ_K 是微扰强度 (磁场或磁性杂质浓度) 的函数.

若我们的系统属类型 I, 则我们说它是非各态历经的.

若我们的系统属类型 II, 则我们说它是各态历经的和马尔柯夫 (Markoff) 型的.

8.2.1 非各态历经的系统

我们可以令

$$\langle K^+(0)K(t)\rangle=\eta+R(t), \tag{8.21}$$

式中 $R(t)$ 是随时间迅速下降的函数 [例如在类型 I 的小样品中, $R(t)$ 的时间常数是 d/v_F 的数量级, 式中 d 是样品尺寸, 并且这里 $d\ll\xi_0$, 或 $d/v_F\ll\hbar/k_BT$]. 于是在一级近似中, 在我们所关心的时间期限上可以将 $R(t)$ 完全略去, 从而式 (8.18′) 仍然取 BCS 形式:

$$1=N(0)V\eta\int_{-\hbar\omega_D}^{\hbar\omega_D}\mathrm{d}\xi\frac{1-2f(\xi)}{2\xi}, \tag{8.22}$$

推得转变温度为

$$k_BT_c=1.14\hbar\omega_D\exp(-1/N(0)V\eta). \tag{8.23}$$

其性质与常规超导体在零场内的性质很相近, 不过现在耦合常数 $N(0)V\eta$ 通过 η 还与微扰强度有关. 下面习题讨论了属于类型 I 的一个物理系统.

例题　研究薄膜 (厚度为 d) 在很长时间内 $\langle K^+(0)K(t)\rangle$ 的性质. 膜具有漫反射的边界, 但无体缺陷, 且放置于平行磁场 H 中 (P. G. de Gennes and M. Tinkham, 1964).

解答　考虑一个电子, 在时间为 0 时从 $\boldsymbol{r}_0$ 点出发 (图 8.3), 然后在时间为 $t_1t_2\cdots t_n$ 时交替的在膜两边受到碰撞, 最后在 t 时到达 $\boldsymbol{r}_t$ 点. 式 (8.13) 所定义的相位是一系列增量之和:

$$\phi = \Delta\phi_{01} + \Delta\phi_{12} + \cdots + \Delta\phi_{n-1,n} + \Delta\phi_{n,t}.$$

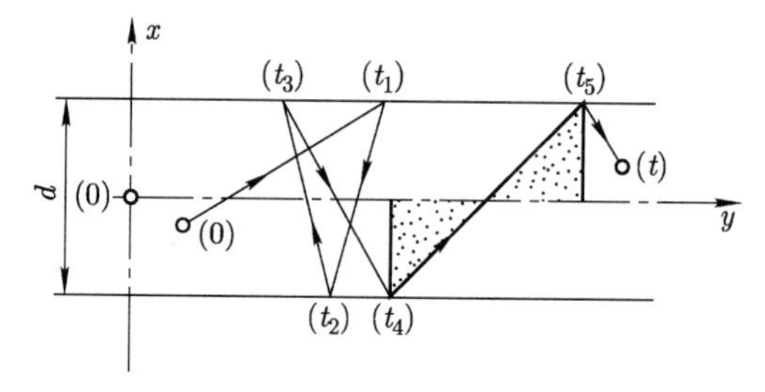

图 8.3　薄膜中的某一电子与漫散射的边界发生连续多次碰撞的情景.

在 Δ 为实数的规范中, 矢势有一个非零的分量 $A_y = Hx$. 因此所有这一系列增量 (除了 $\Delta\phi_{01}$ 与 $\Delta\phi_{nt}$ 之外) 实际上全都等于零, 如图 8.3 所示,

$$\Delta\phi_{p,p+1} = \frac{2eH}{\hbar c}\int_{x=-\frac{d}{2}}^{x=\frac{d}{2}} x\mathrm{d}y = 0.$$

两次连续的碰撞之间的轨迹基本上是直线; y 是 x 的线性函数. 故而上述积分在代入对偶的端限以后等于零, 由此得 $\phi = \Delta\phi_{01} + \Delta\phi_{nt}$. 又因为当 $t \gg d/v_{\mathrm{F}}$ 时, 碰撞数 n 很大, 从 0 到 t_1 以及从 t_n 到 t 这两个时间间隔是互不相关的. 于是我们可以写出

$$\eta = \langle\exp(\mathrm{i}\Delta\phi_{01})\rangle\langle\exp(\mathrm{i}\Delta\phi_{n,t})\rangle$$

$$\eta^{1/2} = \langle\exp(\mathrm{i}\Delta\phi_{01})\rangle.$$

η 不等于零: 尽管碰撞次数很多, 从我们所理解的意义上说, 系统是非各态历经的. 为了算出 η, 我们考虑一个从任意点 $\boldsymbol{r}$ 出发的电子, 其速度大小为 v_{F}, 方向任意. 此速度在 xy 平面上的投影与 x 轴的夹角为 ψ.

$$\begin{aligned}\eta^{1/2} &= \frac{1}{\pi d}\int_{-\frac{\pi}{2}}^{\frac{\pi}{2}}\mathrm{d}\psi\int_{-\frac{d}{2}}^{\frac{d}{2}}\mathrm{d}x\exp\left[\mathrm{i}\pi\frac{H}{\phi_0}\left(\frac{d^2}{4}-x^2\right)\tan\psi\right]\\ &= \frac{2}{d}\int_0^{\frac{d}{2}}\mathrm{d}x\exp\left[\frac{\pi H}{\phi_0}\left(\frac{x^2-d^2}{4}\right)\right],\end{aligned}$$

式中 $\phi_0 = \dfrac{ch}{2e}$ 是磁通量子.

$$\eta = \begin{cases} 1 - \dfrac{\pi}{3} \cdot \dfrac{H}{\phi_0} \cdot d^2 & H \ll \dfrac{\phi_0}{d^2} \\ \left(\dfrac{2\phi_0}{\pi H d^2} \right)^2 & H \gg \dfrac{\phi_0}{d^2}. \end{cases}$$

8.2.2 各态历经的马尔柯夫(Markoff) 系统

假如在所考虑的期间 t 内遵循指数衰减规律 (8.20), 则我们可写成

$$g(\Omega) = \frac{1}{\pi} \cdot \frac{\tau_K}{1 + \Omega^2 \tau_K^2}, \tag{8.24}$$

并且完成式 (8.18) 中的积分 $\int \mathrm{d}\xi \mathrm{d}\xi'$, 就得到条件

$$1 = N(0)V \sum_{\omega} 2\pi \frac{k_{\mathrm{B}}T}{\hbar} \cdot \frac{1}{2|\omega| + \dfrac{1}{\tau_K}}. \tag{8.25}$$

此式求和发散, 这是因为我们没有考虑相互作用的频率截断 ω_{D}. 前面式 (7.28) 之后曾讨论过类似的复杂性. 考虑截断后, 式 (8.25) 变成

$$1 = N(0)V \left[\ln \left(\frac{1.14\hbar\omega_{\mathrm{D}}}{k_{\mathrm{B}}T} \right) + \frac{2\pi k_{\mathrm{B}}T}{\hbar} \sum_{\omega} \left(\frac{1}{2|\omega| + \dfrac{1}{\tau_K}} - \frac{1}{2|\omega|} \right) \right]. \tag{8.25$'$}$$

于是求和收敛, 并且可用已制成数表的函数 $\psi(z)$ 来表示:

$$\psi(z) = \frac{\Gamma'(z)}{\Gamma(z)} = -0.577 - \frac{1}{z} + \sum_{\nu=1}^{\nu=\infty} \left(\frac{1}{\nu} - \frac{1}{\nu + z} \right),$$

$$\frac{2\pi k_{\mathrm{B}}T}{h} \sum_{\omega} \left(\frac{1}{2|\omega| + \dfrac{1}{\tau_K}} - \frac{1}{2|\omega|} \right) = \psi\left(\frac{1}{2}\right) - \psi\left(\frac{1}{2} + \frac{\hbar}{4\pi\tau_K k_{\mathrm{B}}T} \right).$$

最后, 得到 $\dfrac{1}{\tau_K}$ 与 T 之间的隐函数关系

$$\ln \frac{T_{\mathrm{c}}}{T} = -\psi\left(\frac{1}{2}\right) + \psi\left(\frac{1}{2} + \frac{\hbar}{4\pi\tau_K k_{\mathrm{B}}T} \right). \tag{8.26}$$

由于这种形式的关系式在超导理论中经常出现, 所以我们给它一个专门名称. 我们说:

$$\frac{\hbar}{\tau_K} = k_{\rm B} T_{\rm c} U_n \left(\frac{T}{T_{\rm c}} \right), \tag{8.26$'$}$$

"普适函数"$U_n(x)$ 如图 8.4 所示. 若 $x \to 0, U_n(x) \to 1.76$, 而 $\frac{\hbar}{\tau_K} \to 1.76 k_{\rm B} T_{\rm c} = \Delta_0$(即未受微扰的超导体在 $T=0$ 时的 BCS 能隙参数). 若 $x \to 1$,

$$U_n(x) \to \frac{\pi}{8}(1-x), \tag{8.27}$$

$$\frac{\hbar}{\tau_K} \cong \frac{\pi}{8} k_{\rm B}(T_{\rm c} - T) \quad (T \to T_{\rm c}).$$

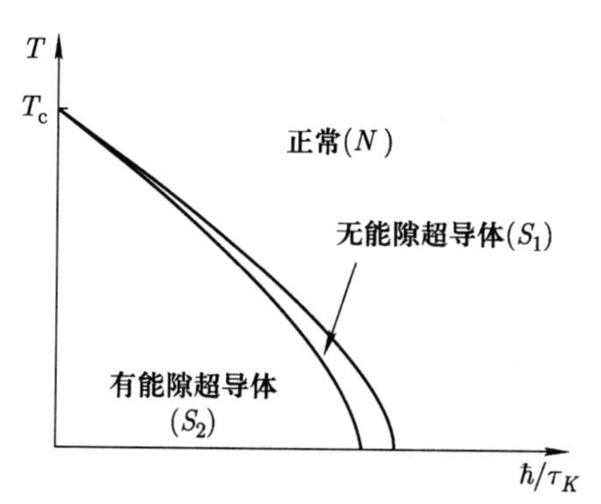

图 8.4 库珀对上受有"不对称"微扰、且满足各态历经条件的超导体的相图, $\frac{\hbar}{\tau_K}$ 为微扰强度的度量.

各态历经系统的例子:

(1) 在磁场 H 中:

(a) 小胶粒;

(b) 在平行场中既有边界散射又有体散射的薄膜(对于厚度控制得很均匀的膜, 如前所述, 表面散射不足以生成各态历经的性质);

(c) 厚度不规则的薄膜.

(2) 掺磁性杂质的合金.

在下列习题中, 叙述了马尔柯夫系统中 τ_K 的具体计算方法. 以情形 (1) 为例, 一旦 τ_K 与磁场的函数关系已知, 我们就可把此结果代入式 (8.26), 得出临界场与温度关系的曲线.

例题 计算任意形状的小"脏"样品在磁场中的 τ_K(K. Maki, 1963).

解答 我们研究一块尺寸比平均自由程 l 大很多的样品. 不过, d 有一上限. 这与我们假定 $|\Delta|=$ 常数有关, 认清这点是很重要的. 事实上, 我们知道,

d 较大时有序参数在空间不是常数: 超导相在磁场 H_{c_2} 或 H_{c_3} 上成核, 核的大小是

$$\xi(T) \sim \sqrt{\xi_0 l \frac{T_c}{T_c - T}},$$

式中 $\xi_0 = 0.18(\hbar v_F / k_B T_0)$. 故要保证 $|\Delta|$ 是常数, 我们必须有

$$d < \sqrt{\xi_0 l \frac{T_c}{T_c - T}},$$

而不等式

$$l < d < \sqrt{\xi_0 l \frac{T_c}{T_c - T}}$$

仅在相当窄的 d 值范围上满足. 因为它是各态历经情形的简单例子, 因此我们就讨论这个区域. 从单电子轨道的观点来看, $\sqrt{\xi_0 l} > d$ 这一条件意味着扩散距离 $\sqrt{Dt}$(式中 $D = \frac{1}{3} v_F l, t \sim \hbar / k_B T_c$) 比 d 要大, 因此在时间 t 内电子历经样品的所有区域. 于是式 (8.13) 所定义的相位 $\phi(t)$ 是许多互不相关的增量之和, 具有高斯分布. 这就表明

$$\langle e^{i\phi(t)} \rangle = e^{-\frac{1}{2}\langle \phi^2(t) \rangle}.$$

我们用 $\omega = 2e\boldsymbol{v} \cdot \boldsymbol{A}/\hbar c$ 来写

$$\phi(t) = \int_0^t dt' \omega(t').$$

当时间 t 比碰撞时间 $\tau = l/v_F$ 大得多时, 我们得到

$$\langle \phi^2 \rangle \to 2t \int_0^\infty \langle \omega(0)\omega(t') \rangle dt' \quad (t \gg \tau).$$

对一些从 $\boldsymbol{r}$ 点出发的轨道来说, 我们可以写成

$$\begin{aligned} \langle \omega(0)\omega(t') \rangle &= \left(\frac{2e}{\hbar c}\right)^2 \sum_{\alpha\beta} A_\alpha(\boldsymbol{r}) A_\beta(\boldsymbol{r}') \langle v_\alpha(0) v_\beta(t') \rangle \\ &= \left(\frac{2e}{\hbar c}\right)^2 \boldsymbol{A}^2(\boldsymbol{r}) \frac{v_F^2}{3} e^{-t'/\tau} \quad \alpha, \beta = x, y, z. \end{aligned}$$

由于在数量级为 τ 的期间上, 沿轨道 $\boldsymbol{r}$ 的变化近似为 $\sim l$, 而在 $\boldsymbol{A}$ 的变化的尺度 ($\sim d$) 上来看可以略去, 因此

$$\langle \exp[i\phi(t)] \rangle = \exp(-t/\tau_K) \quad t \gg \tau,$$

$$\frac{1}{\tau_K} = \frac{1}{3}\tau \left(\frac{2ev_F}{\hbar c}\right)^2 \langle \boldsymbol{A}^2(\boldsymbol{r}) \rangle.$$

$\boldsymbol{A}^2$ 的平均是按整个样品体积计算的.

关于 $\boldsymbol{A}$ 的规范选择, 要受到 $\Delta=$ 常数这一条件的制约, 弄清楚这一点是十分重要的.

对一些几何形状较简单的情况, 经考察就可找出 $\boldsymbol{A}$ 的规范:

(1) 均匀磁场 (沿 oz) 中的薄膜 (厚度为 d 沿 ox 方向), 无总电流通过.

$$A_x = A_z = 0,$$

$$A_y = Hx$$

(式中 x 是以膜的中心平面为起点来量度的),

$$\langle A^2 \rangle = \frac{H^2 d^2}{12}.$$

(2) 放置于均匀磁场中半径为 R 的球形颗粒.

$$\boldsymbol{A} = \frac{1}{2}\boldsymbol{r} \times \boldsymbol{H},$$

$$\langle A^2 \rangle = \frac{H^2 R^2}{10}.$$

例题　试计算磁性合金的 τ_K(A. Abrikov and L. P. Gorkov, 1961).

解答　下面我们采用 "初等的"(Lowbrow) 推导方法. 由方程

$$\begin{aligned} g(\Omega) &= \overline{\sum_m |\langle n|K|m\rangle|^2 \delta\left(\frac{\xi_m - \xi_n}{\hbar} - \Omega\right)} \\ &= \frac{1}{\pi} \cdot \frac{\tau_K}{1 + \Omega^2 \tau_K^2} \end{aligned}$$

出发. 上面的平均是对给定能级 ξ_n(事实上是费米能级) 的所有单电子态进行的. 选取一个满足 $\Omega \gg 1/\tau_K$ 的 Ω 值 (虽然 $\Omega \gg E_{\mathrm{F}}/\hbar$), 于是 $g(\Omega) \sim \dfrac{1}{\pi \Omega^2 \tau_K}$, 我们可写成

$$\begin{aligned} \frac{1}{\tau_K} &= \pi\hbar \overline{\sum_m |\langle n|K|m\rangle|^2} \Omega^2 \delta(\xi_n - \xi_m - \hbar\Omega) \\ &= \frac{\pi}{\hbar} \overline{\sum_m |\langle n|K|m\rangle|^2} (\xi_n - \xi_m)^2 \delta(\xi_n - \xi_m - \hbar\Omega) \\ &= \frac{\pi}{\hbar} \sum_m \overline{|\langle n|[\mathscr{H}_e, K]|m\rangle|^2} \delta(\xi_n - \xi_m - \hbar\Omega). \end{aligned}$$

对易式 $[\mathscr{H}_e, K]$ 已在式 (8.17) 中推出

$$[\mathscr{H}_e, K] = -2K\boldsymbol{B} \cdot \boldsymbol{S}_e,$$

式中$\boldsymbol{B}=\sum_i \Gamma(\boldsymbol{r}-\boldsymbol{r}_i)\boldsymbol{S}_i$.

精确到杂质势的二次项, 我们就可以用平面波 $\phi_n \to L^{-3/2}\mathrm{e}^{\mathrm{i}\boldsymbol{k}\cdot\boldsymbol{r}}$ 代替严格的单电子态 $|n\rangle, |m\rangle$,

$$\frac{1}{\tau_K}=\frac{\pi}{2\hbar}\sum_{\sigma,\mu}\sum_{k'}\langle\sigma\boldsymbol{k}|2\boldsymbol{B}\cdot\boldsymbol{S}_\rho|\mu\boldsymbol{k}'\rangle\delta(\xi_k-\xi_k'-\hbar\Omega).$$

按照下面规则来完成对自旋指标 (σ,μ) 的求和:

$$\frac{1}{2}\sum_{\sigma\mu}\langle\sigma|S_e^x|\mu\rangle\langle\mu|S_e^x|\sigma\rangle=\frac{1}{2}\sum_{\sigma}\langle\sigma|(S_e^x)^2|\sigma\rangle=\frac{1}{4},$$

$$\frac{1}{2}\sum_{\sigma\mu}\langle\sigma|S_e^x|\mu\rangle\langle\mu|S_e^y|\sigma\rangle=0,\quad 等等.$$

矩阵元的轨道部分可借助于互作用 Γ 由下式给出:

$$\langle k|\boldsymbol{B}|k'\rangle=\frac{1}{L^3}\sum_i\exp[\mathrm{i}(\boldsymbol{k}-\boldsymbol{k}')\cdot\boldsymbol{r}_i]S_i\Gamma(\boldsymbol{k}-\boldsymbol{k}'),$$

式中

$$\Gamma(q)=\int\mathrm{e}^{\mathrm{i}qr}\Gamma(\boldsymbol{r})\mathrm{d}\boldsymbol{r}.$$

进行平方, 且仅保留 S_iS_i 的项, 略去 S_iS_j 的项 (杂质自旋之间无相关性), 我们就得到

$$\frac{1}{\tau_K}=\frac{\pi}{\hbar}\cdot\frac{n}{L^3}\cdot\frac{S_i(S_i+1)}{3}\sum_{k'}|\Gamma(\boldsymbol{k}-\boldsymbol{k}')|^2\delta(\xi_k-\xi_{k'}-\hbar\Omega),$$

式中 n 是每立方厘米的杂质数目.

最后我们用取 $\hbar\Omega\to 0$, 可以将上式简化, 因为 $\sum_{k'}$ 几乎和 $\hbar\Omega$ 无关 (当 $\hbar\Omega\ll E_\mathrm{F}$时), 而且 $\xi_k\to 0$, 也就是说, 我们恰好是计算费米面上的 $1/\tau_K$①. 于是

$$\frac{1}{\tau_K}=\frac{\pi}{\hbar}\cdot n\cdot\frac{S_i(S_i+1)}{3}N(0)\int\frac{\mathrm{d}\Omega_{k'}}{4\pi}|\Gamma(\boldsymbol{k}-\boldsymbol{k}')|^2,$$

式中 $\int\mathrm{d}\Omega_{k'}$ 是对 $\boldsymbol{k}'$ 立体角进行的积分. 这些长度是 $k=k'=k_\mathrm{F}$. 若 x 是杂质原子所占的比例, 而 a^3 是原子体积 $(n=x/a^3)$, 则

$$N(0)=\frac{1}{a^3E_\mathrm{F}},\quad \Gamma(q)\sim\Gamma\cdot a^3.$$

① 即使最初表述中取 $\Omega\gg 1/\tau_K$, 我们仍可在最后的公式内取 $\Omega\to 0$ 的极限. 用非微扰态 $|k\rangle$ 代替真实态 $|n\rangle$ 时就采用了这种简化.

因此

$$\frac{\hbar}{\tau_K} \sim x \frac{\Gamma^2}{E_{\mathrm{F}}}.$$

关于这个公式的说明:

(1) 在 x 小时, $1/\tau_K$ 也较小, 因此可以利用式 (8.27) 导出转变点 T_{c} 定性地说, 结果是

$$k_{\mathbf{B}}(T_{\mathrm{c}} - T) \sim x \frac{\Gamma^2}{E_{\mathrm{F}}},$$

T 随磁性杂质的渗入迅速下降. 典型情形 $\Gamma \sim 0.2\mathrm{eV}, E_{\mathrm{F}} \sim 2\mathrm{eV}, \Gamma^2/E_{\mathrm{F}} \sim 2 \times 10^3\,\mathrm{K}$. 若 $x = 10^{-3}$, T 降低 2 K. 实验上确已观察到这种迅速下降的现象. 事实上, 现在它已成为确定母体中的杂质究竟是不是磁性杂质的最好的方法之一.

(2) 整个计算只有在 $x\left(\dfrac{\Gamma^2}{E_{\mathrm{F}}}\right) \ll k_{\mathrm{B}}T_{\mathrm{c}}$ 时才适用. 这是由下述效应所引起的: 在存在 Γ 耦合时, 杂质之间将出现间接相互作用, 其形式为

$$H_{ij} = \boldsymbol{S}_i \cdot \boldsymbol{S}_j \frac{\Gamma^2}{E_{\mathrm{F}}} f(k_{\mathrm{F}} R_{ij}),$$

式中 $E_{\mathrm{F}} = h^2 k_{\mathrm{F}}^2/2m$ 是传导电子的费米能级, $f(k_{\mathrm{F}}R_{ij})$ 为一无量纲函数, 在距离很大时其形式为 $(k_{\mathrm{F}}R)^{-3}\cos 2k_{\mathrm{F}}R$(M. A. Ruderman and C. Kittel, 1954). 由于 H_{ij} 的缘故, 在低温时杂质发生磁有序化 (铁磁的或反铁磁的). 磁转变点大致由 $k_{\mathrm{B}}T_{\mathrm{c}} = x(\Gamma^2/E_{\mathrm{F}})$ 给出. 我们要求 $T_{\mathrm{c}} \ll T$, 式中 T_{c} 是合金的超导转变温度. 在这些条件下:

(a) 每个杂质仅与其他杂质发生弱耦合, 而它的自旋取向差不多与时间无关 (静杂质);

(b) 两个杂质间的自旋关联是 T_{c}/T 的数量级, 因而可以忽略不计 (独立的杂质).

(3) 注意, 假如在 $\mathscr{H}_e$ 中加入自旋 – 轨道耦合项, 由于在时间反演下它保持不变, 所以它对 $1/\tau_K$ 没有贡献, 这就表明了 τ_K 与电子自旋弛豫时间 T_i 之间的一个重要差别 (自旋 – 轨道耦合对 T_i 有贡献).

(4) 整个计算仅准确到 Γ^2 的数量级. 在更高次的近似中, 由于所谓的"近藤(Kondo) 效应", 情况就变得复杂了.

8.2.3 无能隙超导电性

在温度比式 (8.26) 所确定的转变点稍低点, Δ 虽不为零, 但仍然很小. 我们可以把它当作微扰处理, 来计算准粒子的激发能 ϵ_n. 像通常一样, 知道了准确到 Δ 一级项的波函数 u、v, 就能算出准确到 Δ 的二级项的本征值 ϵ. 采用前面推导式 (8.11) 时所得的 u 与 v, 我们得到

$$\epsilon_n = |\xi_n| + |\Delta^2| \sum_m P \frac{|\langle n|K|m\rangle|^2}{\xi_n + \xi_m} \tag{8.28}$$

(P 表示在 $\xi_n = -\xi_m$ 时主部).

若单电子的哈密顿量在时间反演下不变, 则 $[\mathscr{H}_e, K] = 0, \langle n|K|m\rangle$ 为零, 除非 $\xi_m = \xi_n$. 这样微扰计算就难以进行, 因为假如 ξ_n 较小, 能量分母 $2\xi_n$ 就很小, 因而修正项发散. 这与存在 BCS 能隙有关. 所有非各态历经系统中都会出现同样的特征.

对于各态历经系统来说, $\langle n|K|m\rangle$ 在 $\xi_m = \xi_n$ 时没有奇异性, 并且在 $|\xi_m - \xi_n| \sim \hbar/\tau_K$ 的有限能带里它的分量不等于零. 因此, 即使 ξ_n(或 ξ_m) 趋向零, 式 (8.28) 的能量分母仍保持有限, 微扰计算可以适用. 现在展开参数是 $\Delta/(\hbar/\tau_K) = \Delta\tau_K/\hbar$, 而不是 Δ/ξ_n. 假如我们用式 (8.24) 作为 K 的能谱, 我们可具体算出 ϵ_n; 完成积分就得到

$$\begin{aligned}\epsilon &= |\xi| + |\Delta|^2 P\int \mathrm{d}\xi' g\left(\frac{\xi-\xi'}{\hbar}\right)\frac{1}{\xi+\xi'}\\ &= |\xi| + \frac{2|\Delta|^2|\xi|}{(2\xi)^2+(\hbar/\tau_K)^2}\quad \left(\frac{\Delta\tau_K}{\hbar}\ll 1\right).\end{aligned}\tag{8.29}$$

这种形式的色散律如图 8.4 所示, 若 $\xi \gg \hbar/\tau_K, \epsilon \cong \xi + \Delta^2/2\xi \cong (\Delta^2+\xi^2)^{1/2}$, 这正是常规超导体的 BCS 结果. 另一方面, 若 $\xi \to 0, \epsilon \to \xi\left[1+2\left(\frac{\Delta\tau_K}{\hbar}\right)^2\right]$ 线性地趋向于零, 在激发谱中没有能隙. 式 (8.29) 还可以用态密度 $N_S(\epsilon)$ 来表示. 算到 Δ^2 项, 我们有

$$\begin{aligned}N_S(\epsilon) &= N(0)\frac{\partial\xi}{\partial\epsilon}\\ &\cong N(0)\left[1+2\left(\frac{\Delta\tau_K}{\hbar}\right)^2\frac{(2\epsilon)^2-\left(\dfrac{\hbar}{\tau_K}\right)^2}{\left[(2\epsilon)^2+\left(\dfrac{\hbar}{\tau_K}\right)^2\right]^2}\right].\end{aligned}\tag{8.30}$$

当 $\epsilon < \hbar/\tau_K$ 时, $N_S(\epsilon)$ 比正常态数值 $N(0)$ 要小, 但仍旧是有限的 (图 8.5).

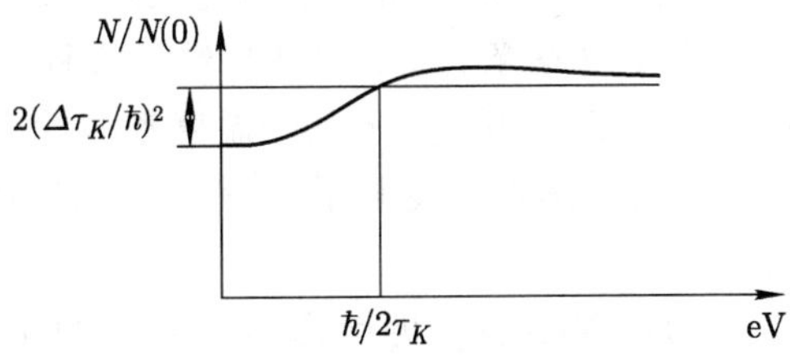

图 8.5 无能隙超导电性: 费米型激发的态密度与激发能的函数关系 (此曲线适用于对势 Δ 与 $\hbar/\tau_K$ 相比较小的情况). 注意, 能量标度为 $\hbar/\tau_K$(而不是 Δ).

这种材料没有能隙, 但仍然是一个超导体. 例如, 我们可以计算由外磁场所感应的屏蔽电流, 我们发现屏蔽电流并不为零——同通常一样, 它们是 Δ^2 的数量级.

这种异乎寻常的“无能隙超导电性”仅仅在 Δ 很小的区域 ($\Delta\tau_K/\hbar < 1$) 才会出现, 这时我们的微扰计算收敛. 在 Δ 较大时, 又会出现能隙. 这可用一个图形来表示, 图中 x 轴为微扰强度 (用 $\hbar/\tau_K$ 度量), y 轴为温度 (图 8.4). 在此平面中我们看到有三个区域:

N= 正常区;

S_1= 无能隙超导体区域;

S_2= 有能隙超导体区域.

N 与 S_1 的分界由式 (8.26′) 的普适函数决定. S_1 与 S_2 的分界必须用更复杂的技术来计算 (用我们的术语说: 就是要对整个 Δ 的幂级数进行求和).

关于在磁合金中存在 S_1 区域这一断言有一些来自隧道实验的证据, 实验是用 InFe(淬过火的) 固溶体作的 (F.Reif and M. Woolf, 1962). 遗憾的是, 在最令人感兴趣的区域 $[x(\Gamma^2/E_{\rm F}) \sim k_{\rm B}T_{\rm c}]$ 里, 杂质自旋在它们相互的交换场中高速进动, 使得所有磁合金数据的解释变得十分复杂. 胶粒和平行场中的薄膜也应该显示出 S_1 区域, 但是目前的技术水平还不能准确控制其尺寸 (实验工作者所说的 500 Å 厚的膜, 大部分情况都有大约 100 Å 以上幅度凹凸不平的不规则层). τ_K 与厚度有关. 为了清楚地表现出 S_1 区域, τ_K 必须确定到百分之几. 这点从图 8.4 来看是很清楚的. 这一要求超出了目前的技术水平.

在下一节中, 我们将谈及一些更适合作为无能隙超导电性的例子, 在那些例子里我们允许 $|\Delta|$ 在空间变化.

8.3 强磁场中的脏超导体

从现在起我们专门考虑“脏的”非磁性合金. 更精确地说, 我们假定平均自由程 l 比 $\xi_0 = 0.18(\hbar v_{\rm F}/k_{\rm B}T_{\rm c})$ 小得多, 同时也比样品的所有尺寸 d 小得多. 我们还假定在样品四周仅包覆着绝缘体 (样品表面上没有镀正常金属). 除了这些限制之外, 样品形状完全任意. 我们并没有假定 $|\Delta|$ 在整个样品内为常数.

我们现在将证明, 有了这些条件后, 线性自洽场方程 (7.8) 可用一个二阶微分方程来代替, 此方程是推广到适合于整个温度领域的金兹堡 – 朗道方程. 从根本上说, 由于正常态的输运性质受扩散方程——二阶微分方程所支配, 因而可以有这样的简化.

我们知道, 式 (7.8) 的核 $K(\boldsymbol{r}_1, \boldsymbol{r}_2)$ 可用式 (8.5) 定义的相关函数 $f(\boldsymbol{r}_1\boldsymbol{r}_2t)$ 来表示. 在“脏”极限中, 不难找到 f 所满足的微分方程. 我们研究两个连续的时刻 $t(>0)$ 和 $t+\epsilon$(ϵ 是小量), 并且记载这样的过程: 在 t 时位于 $\boldsymbol{r}'$ 点的一个粒子

在 $t+\epsilon$ 时扩散到了 $\boldsymbol{r}_1$ 位置. $\boldsymbol{r}_1$ 与 $\boldsymbol{r}'$ 之间的平均距离很小 ($\sqrt{\epsilon}$ 的数量级), 故而相应地 K 的相位增量 $\Delta\phi$ 就是

$$\Delta\phi = \frac{2e}{c}\boldsymbol{A}(\boldsymbol{r}_1)\cdot(\boldsymbol{r}_1-\boldsymbol{r}').$$

于是

$$f(\boldsymbol{r}_1\boldsymbol{r}_2,t+\epsilon) = \int \mathrm{d}^3\boldsymbol{r}' f(\boldsymbol{r}'\boldsymbol{r}_2,t)\mathscr{D}(\boldsymbol{r}_1\boldsymbol{r}'|\epsilon)\mathrm{e}^{\mathrm{i}\Delta\phi}, \tag{8.31}$$

式中 $\mathscr{D}(\boldsymbol{r}_1\boldsymbol{r}'|\epsilon)$ 是一个函数, 它描述位于 $\boldsymbol{r}_1$ 的点源经过 ϵ 时间后扩散的情况, 是扩散方程

$$\frac{\partial}{\partial\epsilon}\mathscr{D} = D\nabla'^2\mathscr{D}, \quad \nabla' = \left(\frac{\partial}{\partial x'},\frac{\partial}{\partial y'},\frac{\partial}{\partial z'}\right)$$

附加上初始条件 $\lim\limits_{\epsilon\to0}\mathscr{D}=\delta(\boldsymbol{r}_1-\boldsymbol{r}')$ 以及样品边界上相应的边界条件 $(\nabla'\mathscr{D})_{法向}=0$ 后的解. 例如对于无限介质, 我们有

$$\mathscr{D}(\boldsymbol{r}_1\boldsymbol{r}'|\epsilon) = \frac{1}{(4\pi D\epsilon)^{3/2}}\exp\left[-\frac{(\boldsymbol{r}_1-\boldsymbol{r}')^2}{4D\epsilon}\right].$$

将式 (8.31) 中的 $f(\boldsymbol{r}'\boldsymbol{r}_2t)$ 在 $\boldsymbol{r}'=\boldsymbol{r}_1$ 附近展开成泰勒级数, 保留所有 ϵ 的一次项, 并使等式两边系数相等, 我们即求得所需的微分方程

$$\frac{\delta f}{\delta t} = D\left(\nabla_1-\frac{2\mathrm{i}e\boldsymbol{A}}{c}\right)^2 f \quad (t>0). \tag{8.32}$$

在样品边界附近作类似的计算导出条件

$$\left(\nabla-\frac{2\mathrm{i}e\boldsymbol{A}}{c}\right)_n f = 0, \tag{8.33}$$

式中 n 代表与表面垂直的方向. 最后, 若 $t\to0$, f 函数就化成经适当归一的 δ 函数

$$f(\boldsymbol{r}_1\boldsymbol{r}_2,0) = v^{-1}\delta(\boldsymbol{r}_2-\boldsymbol{r}_1), \quad v=\text{样品体积}. \tag{8.34}$$

现在让我们假定式 (8.32) 里的线性算符的本征函数 $g_p(\boldsymbol{r})$ 已经找到, $g_p(\boldsymbol{r})$ 由

$$-D\left(\nabla-\frac{2\mathrm{i}e\boldsymbol{A}}{c}\right)^2 g_p(\boldsymbol{r}) = \frac{\epsilon_p}{\hbar}g_p(\boldsymbol{r}) \tag{8.35}$$

和边界条件式 (8.33) 所确定. 于是我们可用 g_p 来展开式 (8.34) 中的 δ 函数, 从而得到在任何 $t>0$ 的时刻的 $f(\boldsymbol{r}_1\boldsymbol{r}_2t)$:

$$f(\boldsymbol{r}_1\boldsymbol{r}_2t) = v^{-1}\sum_p g_p^*(\boldsymbol{r}_2)g_p(\boldsymbol{r}_1)\exp(-\epsilon_p t/\hbar). \tag{8.36}$$

将式 (8.36) 代入式 (8.1), 且完成对 t 的积分, 得

$$K(\boldsymbol{r}_1\boldsymbol{r}_2) = k_{\mathrm{B}}T\sum_{\omega}2\pi N(0)V \times\sum_{p}g_p^*(\boldsymbol{r}_2)g_p(\boldsymbol{r}_1)\frac{1}{2\hbar|\omega|+\epsilon_p}. \tag{8.37}$$

最后, 如利用式 (8.37), 作为我们出发点的方程 (8.8) 就化为

$$\varDelta(\boldsymbol{r}_1) = N(0)V2\pi k_{\mathrm{B}}T\sum_{\omega}\sum_{p}\frac{1}{2\hbar|\omega|+\epsilon_p}g_p(\boldsymbol{r}_1) \times \mathrm{d}^3\boldsymbol{r}_2\varDelta(\boldsymbol{r}_2)g_p^*(\boldsymbol{r}_2). \tag{8.38}$$

$\varDelta$ 的线性积分方程的本征值就是 g. 假如我们选

$$\varDelta(\boldsymbol{r}) = g_q(\boldsymbol{r}),$$

由 g 的正交条件在求和 $\sum\limits_p$ 中只保留 $p=q$ 这一项, 又只要

$$1 = N(0)V2\pi k_{\mathrm{B}}T\sum_{\omega}\frac{1}{2\hbar|\omega|+\epsilon_q} \tag{8.39}$$

成立, 则式 (8.38) 就能满足. 式 (8.39) 是一个熟知的公式, 并由此导出

$$\epsilon_q = k_{\mathrm{B}}T_{\mathrm{c}}U_n\left(\frac{T}{T_{\mathrm{c}}}\right),$$

式中的普适函数 $U_n(x)$ 前面已讨论过. 若磁场一定, 样品形状一定, ϵ_q 也就被确定了 [多少费些工夫就可从式 (8.35) 解出]. 我们所要求的是式 (3.38) 有非零解 $\varDelta(\boldsymbol{r})$ 的最高温度 T.

$U_n(x)$ 是 x 的递降函数, 故我们必须选取**最低的本征值** ϵ_0. 于是, 计算任意一种形状的"脏"样品的成核场的步骤如下: 找出式 (8.35) 附加上与式 (8.33) 相应的边界条件后的最低的本征值 ϵ_0. 因此, 这个本征值是磁场的已知函数 $\epsilon_0(H)$. 为得到成核场与温度的函数关系, 我们写出表示式

$$\frac{\epsilon_0(H)}{k_{\mathrm{B}}T_{\mathrm{c}}} = U_n\left(\frac{T}{T_{\mathrm{c}}}\right). \tag{8.40}$$

例题 推导适用于所有温度的脏超导体临界场 H_{c_2} 的公式 (K. Maki, P. G. de Gennes *and* N. Werthamer, 1964)

解答 式 (8.35) 是一个质量为 $\hbar/2D$、电荷为 $2e$ 的粒子的薛定谔方程. 这个粒子的回旋频率为

$$\omega_{\mathrm{c}} = \frac{4eD}{c\hbar}H = 4\pi\frac{DH}{\phi_0},$$

式中 ϕ_0 是磁通量子. 最低的本征值是

$$\epsilon_0 = \frac{1}{2}\hbar\omega_c.$$

令 $H = H_{c_2}$, 及 $\epsilon_0 = U_n(T/T_c)$, 我们得到一个隐函数方程

$$\ln\left(\frac{T_c}{T}\right) = \psi\left(\frac{1}{2}\right) - \psi\left(\frac{1}{2} + \frac{\hbar D H_{c_2}}{2\phi_0 k_B T}\right).$$

关于该方程的讨论: 首先、若 T 接近 T_c, H_{c_2} 接近 0, 我们可以利用过去讲过的 $U_n(T)$ 的展开式而得

$$H_{c_2} = \frac{4}{\pi^2}\phi_0\frac{k_B(T_c - T)}{\hbar D} \quad (T \to T_c).$$

容易证明, 当我们取 K 为脏超导极限的戈尔柯夫公式 (7.47), 即

$$\kappa = 0.75\frac{\lambda_L(0)}{l}$$

时, 上式与朗道 – 金兹堡公式 $H_{c_2} = \kappa\sqrt{2}H_c$ 完全相同.
另一方面, 若 $T = 0$, 我们有

$$\frac{2\pi\hbar D H_{c_2}}{\phi_0} = k_B T_c U_n(0) = 1.76 k_B T_c = \Delta_{00},$$

同时体临界场由 $H_c^2/8\pi = \frac{1}{2}N(0)\Delta_{00}^2$ 给出, 或者

$$H_c = \sqrt{\frac{3}{2}}\frac{1}{\pi^2}\cdot\frac{\phi_0}{\xi_0\lambda_L(0)}.$$

由此推得

$$\frac{H_{c_2}}{\sqrt{2}H_c} = \frac{\sqrt{3}}{2}\frac{\lambda_L(0)}{l} = 0.87\frac{\lambda_L(0)}{l}.$$

因此从 $T = T_c$ 到 $T = 0$ 比值 $H_{c_2}/\sqrt{2}H_c$ 只增大了 20%. 对于平面边界的类似计算表明, 在超导体中比值 H_{c_3}/H_{c_2} 在所有温度都应等于 1.69. 当外加磁场与表面成一有限角度 θ 时, $H_{c_3}(\theta)/H_{c_2}(0)$ 对角度的依赖关系也与温度无关. 这两个特征看来已完全为实验所证实(实际上, 看到朗道 – 金兹堡线性方程在低温应用得如此成功确实有些出人意料).

关于局域态密度的定理

正像本章第 2 节一样, 若我们愿意的话, 我们可以在比成核点略低一点的温度 T 下探讨我们所研究的系统. 特别是可以计算激发能 ϵ 的态密度 $N_S(\boldsymbol{r}\epsilon)$.

现在它是观察点位矢 $\boldsymbol{r}$ 的函数, 因为 $\Delta(\boldsymbol{r})$ 在空间不是常数. 该函数可由隧道实验测出. 若计算到 $|\Delta|^2$ 数量级, 则 N_S 的结果相当简单 (P.G.de Gennes, 1964).

(1) $N_S(\boldsymbol{r}\epsilon)$ 仅与观察点 $\boldsymbol{r}$ 处的 $\Delta(\boldsymbol{r})$ 值有关. 这个定域关系初看起来相当令人惊异. 事实上从最初的公式里就可以看出, $N_S(\boldsymbol{r}\epsilon)$ 与 $\boldsymbol{r}$ 点附近半径 $\sim \xi(T)$ 的区域内的 $\Delta(\boldsymbol{r}')$ 值都有关系. 但是我们知道温度正好比成核温度低一点时, 函数 $\Delta(\boldsymbol{r})$ 有很简单的形式. 它与式 (8.35) 的一个本征函数 $g_0(\boldsymbol{r})$ 成正比. 根据这个说明, 可以直接完成 $N_S(\boldsymbol{r}\epsilon)$ 中所要求的积分, 并且最后的结果只含 $\Delta(\boldsymbol{r})$.

(2) $N_S(\boldsymbol{r}\epsilon)$ 由式 (8.30) 决定, Δ 现在是定域值 $\Delta(\boldsymbol{r})$, 并且 $\hbar/\tau_K = \epsilon_0$ 与温度的关系由式 (8.40) 给出. 于是, 在计算保持有效的区域内 $[\Delta\tau_K/\hbar \lessapprox 1$, 或$(H_{成核} - H)/H \ll 1]$, 我们研究的所有脏系统都是无能隙超导体. 这些预言最近在 H_{c_3} 和 H_{c_2} 两个区域都由不同合金的隧道实验所证明 (E. Guyon and A. Martinet, 1964). 这些实验特别还表明, 态密度偏离 $N(0)$ 的能量标度 (由 $\hbar/\tau_K = \epsilon_0$ 给出) 是限定的, 即使有序参数 $\Delta(\boldsymbol{r})$ 已经变得很小 (就是说当 H 很接近成核场时) 也是如此. 实际上这些测量给出了 τ_K 的一个精确量值.

参 考 资 料

磁性杂质效应与无能隙超导电性:

理论:

A. Abrikosov and L. P. Gorkov, *Zh.Eksperim. i Teor. Fiz.*, **39**, 1781(1960), 译文见 *Soviet Phys.* —— *JETP*, **10**, 593(1960).

实验:

M. A. Woolf and F. Reif, *Phys. Rev.*, **137A**, 557(1965).

磁场效应:

理论:

K. Maki, *Phys.*, **1**, 21, 127(1964).

P. G. de Gennes and M. Tinkham, *Phys.*, **1**, 107(1964).

P. G. de Gennes, *Phys. Condensed Matter*, **3**, 69(1964).

实验:

E. Guyon, A. Martinet, J. Matricon, and P. Pincus, *Phys*. Rev., **138A**, 746 (1965).

A 中文版附录

非常规超导材料和配对机制研究简述

闻海虎, 邢定钰
南京大学固体微结构国家重点实验室, 南京大学物理学院

超导研究之所以持续不断地引起物理学家的关注, 是因为她总是伴随一些新材料的发现, 出现了很多崭新的研究内容. 如此一波一波地把超导研究引向深层次. 人们逐渐认识到, 在一些新型的超导体中, 如铜氧化物超导体和铁基超导体中, 其电子配对方式超出原来解释超导图像的基本理论 (BCS 理论) 的范畴, 电子配对也许不再是通过电子 – 声子耦合, 而正常态也偏离建立该理论的基本框架, 即基于朗道 – 费米液体理论和能带论. 在解释这些新现象的时候, 人们或多或少要考虑电子关联效应的作用. 为了配合本书介绍的基础超导理论的内容, 我们在这里简单介绍一下目前超导材料和物理研究的前沿状况.

A.1 探索新型非常规超导体的努力

到 1986 年之前, 人们在超导材料的探索方面做出了大量的工作, 发现了许许多多的新超导体. 这些材料包括从单元金属到多元合金, 到氧化物、有机等多种材料形式, 一共有数百种材料被发现具有超导性质. 有兴趣的读者可以阅读超导材料方面的参考书[1], 本书的第 1 章也有简单介绍. 在 1930 年以前主要以研究单元素超导体为主. 20 世纪 30 年代到 50 年代, 发现了很多的合金超导体, 以及很多的氮化物和碳化物, 这些超导体中的氮和碳提供了很强的键合作用, 同时具有较为合适的声子谱提供电 – 声子耦合. 从 50 年代到 70 年代, 人们合成出很多 A15 型的超导体 (具有 β–W 结构), 如 Nb_3Sn, $Nb_3(Al_{0.75}Ge_{0.25})$, V_3Si 等等, 其中 Nb_3Ge 的温度可以高达 23.2 K. 这些新超导体的发现直接带动了超导大规模应用的发展. 如人们利用 NbTi 合金超导线做成超导磁体, 在液氦温度产生 10T 左右的磁场, 生产出市场需求的核磁成像磁体和核聚变研究之用的超导托卡马克超导磁体. 利用 Nb_3Sn 超导材料人们可以制备出来新一代的超导磁体, 在液氦温度可以产生 18 T 的磁场, 满足高场核磁成像和科学

实验方面的需要. 在 70 年代和 80 年代, 人们对一大类层状化合物超导体 (S, Se, Te 的化合物) 发生了浓厚的兴趣. 这些超导体具有很强的二维特征, 往往超导和电荷密度波序(CDW)共存, 相互竞争. 最为典型的材料包括 $2H-NbSe_2$, $2H-TaSe_2$, $2H-TaS_2$ 等. 目前这个系统中的很多问题仍然没有弄清楚, 如电荷密度波序的形成机制, 与超导的竞争关系等, 非常值得研究. 与之相类似的还有自旋密度波超导体, 如 $CeRu_2$, $LnNi_2B_2C$ 等, 这里 Ln 代表 La 系的稀土元素, 如 Lu, Er, Ho, Sm 等. 70 年代中后期, 人们注意到一大类超导体, 它们在正常态时候的电子有效质量为自由电子的100倍以上, 因此该类材料被称为重费米子超导体. 这些材料包括 $CeCu_2Si_2$, UPt_3 等 4f 电子元素的化合物和重元素金属化合物. 由于重费米子系统中库珀对的有效质量也很重, 根据玻色凝聚的一般知识推测其超导温度可能并不高. 然而该类系统中包含新的物理, 甚至有可能其配对是由于磁性交换所致, 其波函数具有 d– 波和 p– 波对称性.

关于重费米子系统, 近年来在相图和电子基态特性研究方面出现重要进展, 比如会出现量子临界相变 (Quantum Critical Phase transition, 简称 QCP). 这是目前凝聚态物理研究中的一个重要方向. 同样是在 70 年代中期, 有机导体被发现. 在这些材料中经常观察到因为低维特性而导致的各种相变, 造成结构失稳, 在电输运测量中观察到很多奇异现象. 1980 年, 法国科学家 Denis Jerome 发现了第一个有机超导体 $(TMTSF)_2X$ 族化合物.1987 年,Urayama 等人发现 $(BEDT-TTF)_2Cu(SCN)_2$ 中具有 11.1 K 的超导电性. 最近发现有机超导体具有很多与高温氧化物超导体类似的性质, 如自旋涨落在该类材料中扮演很重要的角色. 有关有机超导体的研究将存在很多机会, 无论是在材料方面还是超导科学角度均可能取得重大突破. 1986 年的铜氧化物超导体发现和 2008 年在铁基超导体发现 26 K 的超导电性掀开了高温超导材料和非常规超导机理研究的新篇章.

A.2 氧化物高温超导材料和机理研究

在超导被发现后的 75 年时间里, 即直到 1986 年, 超导转变温度仅仅被提高到 23.2 K 左右, 基本上都是在单元素金属和多元合金中实现超导的. 在氧化物材料中也发现了一些超导体, 如缺氧的 $SrTiO_3$(T_c=0.2 K~0.4 K), $Ba_{0.57}K_{0.43}BiO_3$(T_c=30 K), $Li_{1+x}Ti_{2-x}O_4$(T_c=12 K). 这些材料的超流密度都较低, 超导物理也许仍然是声子作为配对媒介的. 1986 年 10 月, 设在瑞士的 IBM 公司分部的科学家缪勒 (K. A. Müller) 和德国科学家柏诺兹 (J. G. Bednorz) 在研究氧化物导电陶瓷材料 LaBaCuO 时发现在 30 K 以上有超导迹象 [2]. 他们因为这个重要发现而获得 1988 年的诺贝尔物理学奖. 随后, 在世界上展开的对高温超导体的追逐中, 科学家们已经制备出多系列近百种超导体. 中国

科学家 (赵忠贤、陈立泉等)[3] 和美籍华人科学家 (朱经武, 吴茂昆等)[4] 同期独立地发现了液氮温度 (77.3 K) 以上工作的钇钡铜氧超导体. 氧化物超导体的转变温度已经高达 130 K 以上 (高压下可达 160 K), 在某些方面的应用已经崭露头角. 图 A.1 给出了有关超导体的转变温度与被发现的时间. 基于不同的化学组成和结构, 铜氧化合物超导体被化分成所谓镧系超导体(典型分子式为 $La_{2-x}Sr_xCuO_4$, 或 $La_{2-x}Ba_xCuO_4$), 钇钡铜氧超导体 (或钇系超导体, 典型分子式为 $YBa_2Cu_3O_7$ 或 $YBa_2Cu_4O_8$), 铋系超导体 ($Bi_2Sr_2CuO_6$ 或 Bi−2201; $Bi_2Sr_2CaCu_2O_8$ 或 Bi−2212; $Bi_2Sr_2Ca_2Cu_3O_{10}$ 或 Bi−2223), 铊系超导体 ($Tl_2Ba_2CuO_6$ 或 Tl−2201; $Tl_2Ba_2CaCu_2O_8$ 或 Tl−2212; $Tl_2Ba_2Ca_2Cu_3O_{10}$ 或 Tl−2223), 汞系超导体 ($Hg_2Ba_2CuO_6$ 或 Hg−2201; $Hg_2Ba_2CaCu_2O_8$ 或 Hg−2212; $Hg_2Ba_2Ca_2Cu_3O_{10}$ 或 Hg−2223). 在其他参考书中, 大家会看见有关这些材料具体的结构和特性 [5], 这里就不再赘述. 下面我们就高温超导体机理问题的研究现状作简单的描述.

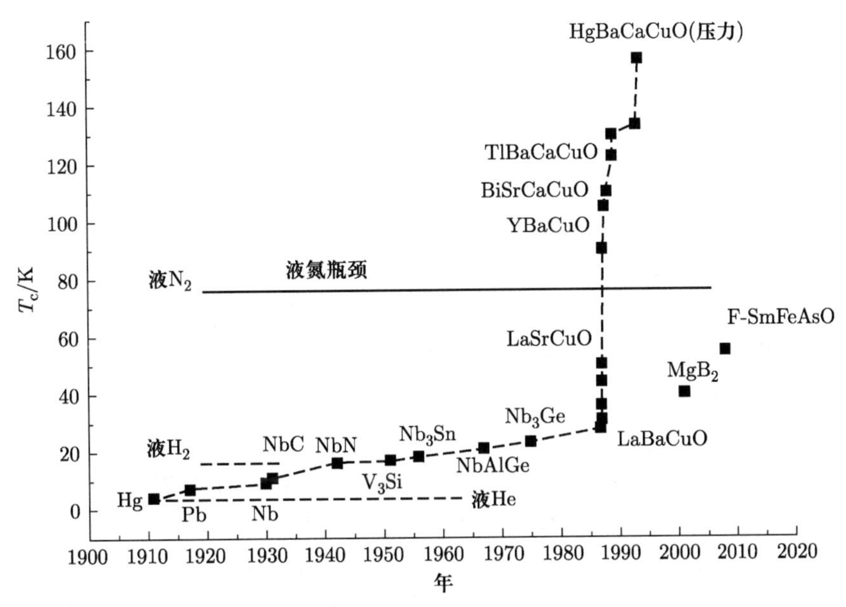

图 A.1 超导体的转变温度随被发现的时间的关系.

氧化物超导体的超导机制是凝聚态物理学家面临的最重要课题之一, 这是由于此类材料中电子之间的相互作用很强, 其正常态电子运动行为似乎不能用基于费米液体图像的能带论的知识来理解. 超导态尽管仍然是由于库珀对的凝聚而出现的, 但众多实验表明, 它成对的主要诱因仍然不清楚, 可能不是通过电子 – 声子耦合所致. 简单从电子结构上看, 铜氧化合物中都存在一个 CuO_2 面, 它对超导负责, 并由 Cu^{2+} 和 O^{2-} 离子所构成. 由于 Cu^{2+} 的最外层

3d 电子轨道有 9 个电子, 因此有空的未占据态. 能带计算表明, 这种材料的母体应该是一个能带半满填充的导体, 然而实验发现此类材料的母体是具有长程反铁磁特性的所谓 Mott 绝缘体. 利用 Hubbard 模型能够近似描述铜氧化物材料在母体中的绝缘性和掺杂后超导体正常态的绝缘和导电行为. 逐渐将空穴或电子引入系统后, 导电性逐渐出现, 在一定的掺杂范围内出现超导电性 (见图 A.2 说明). 由于高温超导电性是来自于对 Mott 绝缘体进行掺杂, 因此该系统同时会出现众多其他竞争相, 如所谓电子条纹相、电荷密度波、自旋密度波、反铁磁序等等. 高温超导体与常规超导体有一个显著的差别是前者在正常态, 随着温度的变化, 费米面会不断演变, 尤其是费米面上面的态密度会逐渐被压制, 出现所谓的赝能隙 [6]. 有理论模型认为这种费米面附近电子态密度的压制是由于电子的预配对而造成的, 预先配好的库珀对在温度降低到一定的值后发生凝聚出现超导 [7,8,9]. 这种预配对的图像尽管很直观形象, 还缺乏直接的实验证据. 目前关于高温超导机理, 普遍的观点认为是电子系统在

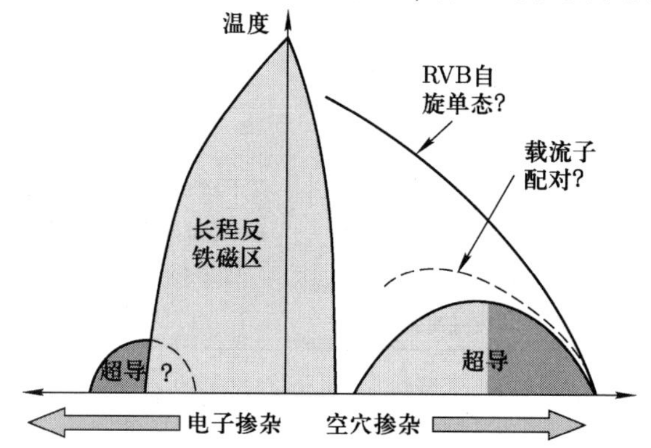

图 A.2 铜氧化物高温超导体电子态相图. 未掺杂的母体为 Mott 绝缘体, 随着往系统中掺入空穴或电子, 系统逐渐变成导电, 在低温下出现超导. 在空穴掺杂一边, 超导出现在 $0.05 < p < 0.28$ 区域的一个倒扣的抛物线下面. 其超导转变温度可以用经验公式: $T_c/T_c^{max} = 1 - 82.6(p - 0.16)^2$ 加以描述, 这里 T_c^{max} 是在最佳掺杂点 $p = 0.16$ 时的临界温度, 如 LaSrCuO−214 系统为 38 K 左右, 而 YBaCuO−123 系统为 92 K 左右, Bi−2212 系统为 86 K 左右. 空穴掺杂区域的超导配对对称性已经被很好地确认为 d−波形式. 当温度低于一定值 T^* 后, 在正常态的电子能量谱上看见费米面处存在一个赝能隙, 其出现的具体温度随标定的物性不同而移动, 但是其对称性与超导对称性相似. 高磁场输运实验认为此赝能隙的出现可能对应 RVB 自旋单态的出现. 在另外一个较低的温度 T_v 观察到很强的能斯特信号, 此处可能对应运动载流子的预配对. 在左边的电子型掺杂一边, 反铁磁区域维持的掺杂范围较宽, 超导在 0.10 电子 /Cu 离子左右才开始出现. 在电子型掺杂一边, 其超导对称性形式和正常态是否存在赝能隙尚无定论.

磁涨落背景的作用下而出现电子配对,然后发生超导凝聚,最具有代表性的理论模型就是 Anderson 的共振价键模型 (Resonating-Valence-Bond, 或简称 RVB 模型)[10] 和反铁磁自旋涨落作为配对媒介的模型[11]. RVB 模型认为在自旋为 1/2 的系统中, 在一定的温度下会出现邻近自旋方向相反排列的量子涨落液态, 这些邻近的反方向排列的自旋对处于量子涨落中, 因此比纯粹的自旋液态多了一种约束, 而描述这种相反排列自旋对的波函数与超导态的自旋单态的波函数类似[10]. 当系统中有电荷移动时, 这种 RVB 基态的自旋单态配对电子的相位就会逐渐关联. 当温度降到超导转变温度以下时, 体系中的巡游电子会建立起相位相干. Anderson 对于这个模型有一个较全面的诠释, 有兴趣的可以参考文献 [12]. 这个大胆的图像需要实验的验证. 目前已经有一些实验证据说明赝能隙区域具有自旋单态配对[13]. 正常态测量到很强的能斯特信号[8] 和与超导有关的熵变[9] 都支持这种超导预配对的物理图像. 实验验证最直接的困难是测量在 RVB 基态时的量子涨落导致的新一类元激发: 自旋子 (spinon: 不带电荷但是带 1/2 自旋) 和空穴子 (holon: 一个电子电荷, 但是无自旋). 实验物理学家正努力探测这两类新的元激发.

另外一大类基于交换配对媒介而发生配对的图像是所谓反铁磁交换[11], 即在动量 k 和 $-k$ 的两个电子, 通过交换一个或一组玻色子, 如反铁磁涨落, 而跳跃到 $k', -k'$ 两个动量态. 这种交换配对的模式仍然是借助了 BCS 电 – 声子耦合配对的图像. 由于交换的是反铁磁涨落, 其基本作用是来源于电子 – 电子相互作用, 所以配对相互作用势 $V_{kk'}$ 是正值. 根据 Eliashberg 理论的理解, 费米面上 k 点的超导配对能隙可以写为:

$$\Delta(k) = -\sum V_{k,k'}\frac{\Delta(k')}{2E(k')}\tanh\left(\frac{1}{2}\beta E(k')\right) \tag{1}$$

这个配对图像描述在图 A.3 中. 可以看见, 初态动量为 k 和 $-k$, 自旋方向相反的两个电子, 通过交换反铁磁自旋涨落而跃迁到终态 $k', -k'$. 这个物理图像很容易给出超导配对的序参量可以写为 d_{x2-y2} 的形式, 即 $\Delta_s \propto \cos k_x - \cos k_y$. 支持磁配对机制的实验证据包括超导能隙与赝能隙相类似, 都具有 d–波形的对称性[14]; 在非弹性中子散射实验中得到的衍射强度在扣除声子背景之后, 在 41 meV 能量能看见 (π, π) 共振峰[15], 而此现象显著发生在超导态. 该共振峰一般被认为是电子系统与磁系统的一种集体模的耦合, 可以被解释成为超导预配对的证据. 与此形成对比的是, 角分辨光电子能谱上所看见的电子能量色散关系曲线上的强烈扭折 (kink) 说明电子系统与声子模的耦合也是非常强的[16], 因此有人提出电 – 声子耦合导致配对的假说. 电 – 声子耦合是否在高温超导的起源方面起作用尚无定论, 并不排除电子通过铜氧化合物中的 Jahn–Teller 效应而出现强极化导致配对. 由此可见铜氧化物超导体的机理尚远没有解决. 随着实验和理论工作不断地深入, 人们终究将判明其超导机制, 并可能导致更高温度超导的出现. 这种电子强关联效应在其他过渡金属化合物系统中也广泛存在, 目前已经逐渐形成一个全新的前沿领域: 关联电子态领域. 有关铜氧化物超导体的物理问题, 有兴趣的读者可以参阅文献 [17, 18].

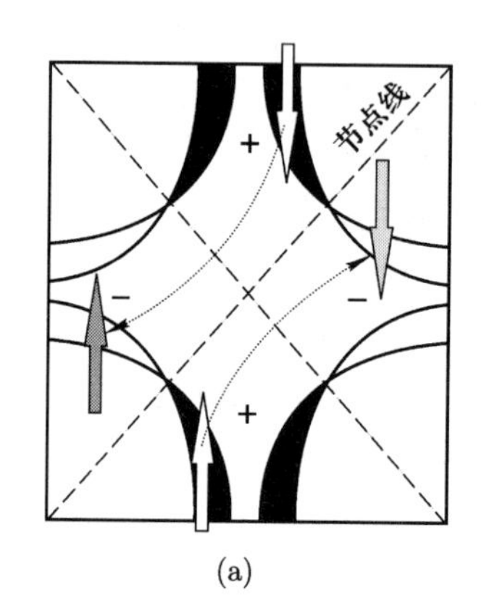

(a)

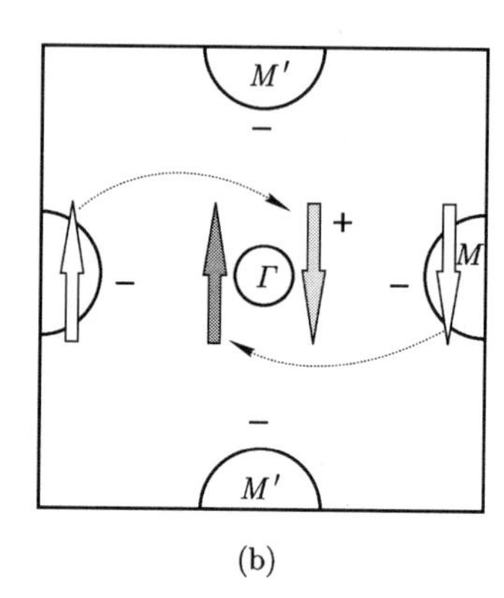

(b)

图 A.3　巡游电子通过交换反铁磁涨落配对的物理图像.

(a) 铜氧化物超导体的布里渊区. 黑色实线和涂黑的区域分别画出的是局域密度近似图像下的费米面和 d− 波能隙的大小; 空心箭头表示配对跃迁前的两个电子, 自旋和动量相反, 实心箭头表示配对跃迁后的两个电子, 弯曲的虚线示意电子跃迁的过程. 对角的虚直线代表的是能隙节点线位置.

(b) 铁基超导体的对应情况. 由于多带效应导致多个费米面的出现. 在 Γ 点的费米面以空穴载流子为主, 在 M 或 M' 点的费米面是以电子载流子为主. 自旋和动量相反的电子通过在电子和空穴口袋间跃迁, 产生配对相互作用. 最后无论是空穴费米面还是电子费米面上面的电子都凝聚到超导态.

A.3　高温超导体磁通动力学和混合态物理研究

超导体在进入超导态后由于载流子之间相位相干, 对外界磁场具有一个排斥作用. 当外磁场超过一定值 (下临界磁场 H_{c_1}) 后, 由于表面处的超导屏蔽电流很大, 借助于热激活或量子过程, 磁力线可以进入超导体中而成核. 超导态的波函数具有单值性的要求, 因此超导体环绕的任何面积内的磁通量必须是量子化的. 根据超导和正常态之间的界面能的正负性 (比较磁场穿透深度内的磁能和相干长度深度内的凝聚能的大小), 超导体可分为第 I 类超导体 (正界面能) 和第 II 类超导体 (负界面能). 由于第 II 类超导体的界面能为负, 因此超导体内部的磁通量会是一个磁通量子 $\Phi_0 = h/2e = 2.07\times10^{-15}\ \mathrm{V\cdot s}$. 这样一根由超导电流环绕, 磁通量为一个磁通量子的特殊结构的线, 被称为磁通线或量子涡旋线. 这种由超导区和磁通线所构成的态叫做混合态. 大部分超导体都是第 II 类超导体, 具有混合态. 在混合态, 如果磁通线能够被有效地钉扎住, 则可以承载很大的超导电流. 金兹堡和朗道从描述二级相变的朗道理论出发, 建立了超导体的金兹堡 – 朗道理论, 很好地描述了超导体中配对波函数和磁场的变化行为, 给出了涡旋线结构及表征超导混合态的一些重要参量, 如超导配对相干长度 ξ, 磁场对超导体的穿透深度 λ(为了与 London 表面穿透深度相区别, 称为 G–L 穿透深度), 超导体的 G–L 参量 $\kappa(\approx\lambda/\xi)$ 等. 当外磁场继续增加到一定值 (H_{c_2}) 后, 超导体就变成了完全正常态, 因此 $H_{c_2}(T)$ 被称为超导体的上临界磁场. 由于磁通线之间具有相互排斥的作用, 距离越近, 排斥力越大, 因此在热涨落较弱和样品中缺陷较少时, 磁通线会形成一定的周期排布, 很像原子晶体中的周期格子. 后来阿布里科索夫利用 G–L 理论仔细计算了 S– 波超导体的磁通格子, 发现在上临界磁场 $H_{c_2}(T)$ 附近磁通格子应该是一种三角点阵. 这些由磁通线所组成的状态称为磁通物质 (Vortex Matter). 如果材料是没有缺陷的, 则这样一个有序的磁通格子态不能承载宏观超导电流(假设此时表面势垒不起作用), 因为磁通线在电流作用下会运动. 庆幸的是材料中一般都是有缺陷的, 这些缺陷在超导体中就构成了磁通线的势阱. 磁通线会被这些势阱钉扎住, 从而超导体即便在混合态也可以承载大的超导电流. 这就是为什么第 Ⅱ 类超导体可以被制备成产生强大磁场的超导磁体. 由于磁通物质态的性质直接关系到一些基本的超导物理和超导体的强电应用, 因此研究磁通动、静力学和混合态相图就变得非常重要. 有关超导体 G–L 理论的理解和磁通线的基础物理, 请查阅文献 [19] 相关部分.

自从 1986 年底高温超导体被发现以来, 磁通动力学作为超导物理研究的一个重要分支得到了迅速的发展. 一些新的物理模型被提出来, 很多新的现象被观察到, 这些都大大丰富了超导物理的内容, 同时也为高温超导体在强电方面的应用垫铺了一个很好的理论基础. 纵观磁通动力学在过去二十余年里的发展, 可以用“热闹非凡”几个字来形容. 理论和实验交替领先, 热点不断. 尽管目前这门学科仍然在向纵深发展, 但是它的大致轮廓已经形成. 超导体中的磁通动、静力学在较早的教科书中仅仅作为配合解释 G–L 理论的一章, 但是经过过去十余年的研究, 它已经变成了一个庞大的学科分支, 是超导物理中不可或缺的重要部分.

先把高温超导体与常规超导体相比较, 看看有哪些本征特点决定了他们在磁通动力学方面的异同. 第一, 高温超导体相干长度 ξ 为 10 Å 左右, 比常规超导体要小一到两个量级, 而单元钉扎中心对磁通线的钉扎能与 $\xi^n(n=1\sim3)$ 成正比, 因此, 高温超导体的单元钉扎能比常规超导体要低很多. 第二, 很多高温超导体具有极强的各向异性, 这样一个体系可以用准二维的超导平面和面间的 Josephson 耦合来描述, 而磁通线也可以用超导平面上的涡旋饼 (Vortex Pancake) 加上其间的 Josephson 链 (Josephson Vortex String) 的图像来描述. 这样一个图像对极度各向异性的体系, 如 Bi, Tl, 或 Hg 的 2212 和 2223 体系或

$YBa_2Cu_3O_7/PrBa_2Cu_3O_7$ 多层膜非常适合. 但值得一提的是, 人们对于各向异性度不是很高的 Bi, Tl, 或 Hg 的 1212 和 1223 体系, 以及 $YBa_2Cu_3O_7$ 体系仍然用具有各向异性的三维连续模型来描述. 正由于这些各向异性, 高温超导体的混合态相图表现出了非常复杂而有趣的精细结构, 这其中包括很多以前人们没有发现的相变线. 第三, 高温超导体的工作温度可以很高, 这就意味着可以有很强的热涨落, 而强的热涨落会降低集体钉扎势 U_c, 同时大大增强热激活磁通蠕动过程. 第四, 高温超导体具有较大的比值 ρ_n/ξ , 这里 ρ_n 代表正常态的电阻率, 大的 ρ_n 对应小的阻尼常数 η(Bardeen-Stephen 常数), 小的 ξ 使得最概然磁通跳跃 (或隧穿) 的体积大大减小, 这些都有利于量子隧穿过程从而导致很大的量子隧穿率和量子涨落的幅度. 以上四个基本特点中的任何两个或三个结合在一起就会构成高温超导体的新特点, 导致高温超导体磁通动力学和混合态相图异常丰富 (图 A.4). 高温超导体中的缺陷形式是小尺度缺陷, 因此磁通钉扎是以集体钉扎模式进行的. 这样的系统在小电流极限下, 其磁通运动的激活能会发散, 因此理论上预言可能存在所谓无序的磁通固态 (涡旋玻璃态), 耗散为零. 涡旋玻璃态的融化过程可以用二级相变标度率加以描述. 在二维性非常强时, 融化发生在零温, 已经被实验所证实. 同时, 高质量的高温超导体单晶为研究超导体磁通动力学提供了非常好的研究平台. 如在纯洁的超导体中观测到磁通格子的一级融化. 利用中子辐照造成缺陷后, 样品中出现无序, 磁通系统也会从有序晶格变成无序的玻璃, 其融化转变也会从一级变成二级. 有关铜氧化物高温超导体磁通动力学方面的综述文章可见文献 [20,21] 及所引文献.

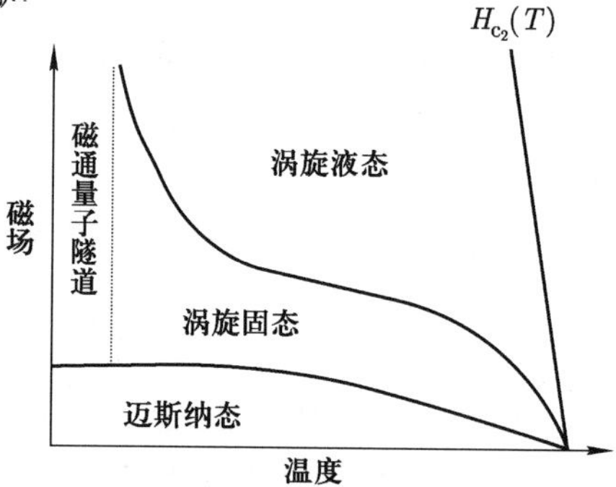

图 A.4　高温超导体混合态相图图示. 在很高的温度磁通系统会出现液态向固态的转变. 低磁场下是迈斯纳态. 低温区域会出现磁通线 (饼) 的量子隧道效应.

A.4　铁基超导体材料和物理研究

铁基超导体研究的突破发生在 2008 年 2 月末, 当时日本东京工业学院的科学家 Hosono 教授的小组发现在母体材料 LaFeAsO 中掺杂 F 元素可以实现

26 K 的超导电性 [22]. 母体材料的研究历史可以追溯到 1974 年美国杜邦公司的 Jeitschko 等人在寻找新的功能材料中的工作 [23], 随后一个德国的研究组合成了系列的具有同样 ZrCuSiAs 结构的新材料 [24]. 这些新材料被取名为四元磷氧化物 LnOMPn(Ln=La, Ce, Pr, Nd, Sm, Eu 和 Gd; M=Mn, Fe, Co 和 Ni; Pn=P 和 As). 这个体系的空间群为 P4/nmm, 具有四方的层状结构, 在 c 方向上以 $-(LnO)_2-(MP)_2-(LnO)_2-$ 形式交替堆砌, 因而一个单胞中有两个分子 LnOMP. 对于母体材料而言, 层和层之间电荷是平衡的, 比如 $(LnO)^{+1}$ 和 $(MP)^{-1}$ 的电荷是平衡的. 由于四元磷氧化物 LnOMPn 中的一些材料在低温下是超导体, 因此这个体系构建了铜氧化物以外的另一个层状超导体家族. 在 Hosono 小组发现 $LaFeAsO_{1-x}F_x(x = 0.05 \sim 0.12)$ 具有 26 K 的转变温度后, 新的一轮寻找高温超导材料的浪潮再次到来. 在短短的一年中, 科学家们已经发现了 7 种典型结构, 分别被称为 11(FeSe), 111(LiFeAs, NaFeAs), 122((Ba, Sr, Ca)Fe_2As_2), 1111(REFeAsO, RE= 稀土元素), 32522($Sr_3Sc_2O_5Fe_2As_2$), 42622($Sr_4V_2O_6Fe_2As_2$), 和 43822($Ca_4Mg_3O_8Fe_2As_2$). 在这次全球超导研究者对铁基超导体的竞争当中, 中国科学家迅速跟进, 做出了一大批重要的工作, 发现和合成了一些重要的超导体系, 在国际学术界引起极大的反响. 在图 A.5 中我们给出了目前铁基超导体的几个主要的结构, 相应的超导转变温度等. 目前最高的超导转变温度发生在 $REFeAsO_{1-x}F_x$ 中 (RE= 稀土元素)[25], 约为 55 K. 铁基超导体是目前凝聚态物理研究的核心问题之一. 在铁基超导体中对超导起到关键作用的是 FeAs 所构成的平面. 简单的能带计算表明铁 3d 轨道的 6 个电子参与导电, 形成多能带和多费米面的情况. 由于早期在 LaFeAsO 中开展的中子衍射实验 [26] 定出来, 母体的反铁磁波矢刚好连接空穴和电子口袋, 因此, Mazin[27] 和 Kuroki[28] 等人想到电子是通过交换反铁磁涨落, 在空穴和电子口袋间跃迁而产生配对. 基于前面所述的同样理由, 在跃迁前后的动量点的能隙符号必须相反, 因此他们提出来了所谓 S± 配对方式, 即在空穴和电子费米面上面的能隙都是接近各向同性的, 但是符号相反. 较早期的角分辨光电子能谱实验 [29] 发现能隙在电子和空穴费米面上面确实比较各向同性. 这样一个格局下, 原来在铜氧化物超导体中的相位敏感实验很难在实空间实现, 因为每个费米面上的费米速度几乎是各向同性的. 只有通过准粒子量子相干实验 [30] 和中子散射实验 [31] 间接得到. 目前有初步实验结果支持这个物理图像.

对于铁基超导体的机理, 还有另外的物理图像, 即基于局域自旋交换的配对方式. 此类图像建立的背景是假设铁基超导体与铜氧化物超导体一样, 具有一定的关联特性. 因此, 电子可以通过自旋交换而配对, 从唯像的角度可以写出能隙函数为 $\Delta_s \propto \cos k_x + \cos k_y$ 或 $\Delta_s \propto \cos k_x \cos k_y$[32]. 在这种假设下, 配对能隙可以不是 S±, 而可以是 S++. 另外, 也有提议认为铁基超导体中的配对是由于剧烈的轨道涨落而出现的, 能隙也是 S++ 形式 [33]. 其主要理由是 S± 配对情况下, 超导对杂质散射应该很敏感, 但是很多实验发现, 杂质并不像 S± 理论预言的那样对超导构成强烈的破坏 [34,35,36]. 铁基超导体的配对机理研究也正在深入中, 彻底的理解还需要时日. 对铁基超导材料和物理进展感兴趣的读者可以参考最近的一些综述文献 [37 – 43].

非常规超导机理的研究正方兴未艾. 很多新奇的物理现象呈现在我们面前. 作为一个简单的综述, 完全不能概括超导研究前沿的方方面面, 再加上我们知识水平有限, 有很多理解不到位的地方, 敬请同行批评指正. 希望邵惠民老师翻译的这本书能够为我们诠释超导的一些基本知识和理解.

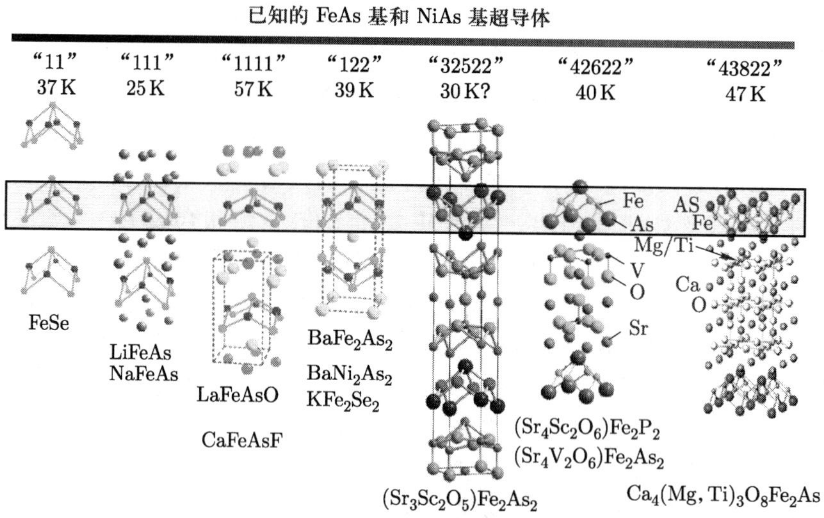

图 A.5　目前铁基超导体所发现的几个主要结构体系和相应的超导转变温度 (书后彩图).

参 考 文 献

[1] Poole C P. Handbook of Superconductivity. Academic Press, A Harcourt Science and Technology Company, 2000.

[2] Bednorz J G, Muller K A. Z. Phys., 1986, 64: 189.

[3] 赵忠贤, 陈立泉, 杨乾声, 黄玉珍, 陈庚华, 唐汝明, 刘贵荣, 崔长庚, 陈烈, 王连忠, 郭树权, 李山林, 毕建清. 科学通报, 1987, 32: 412.

[4] Wu M K, Ashburn J R, Torng C J, Hor P H, Meng R L, Gao L, Huang Z J, Wang Y Q, Chu C W. Phys. Rev. Lett., 1987, 58: 908.

[5] 周午纵, 梁维耀主编. 高温超导基础研究. 上海: 上海科学技术出版社, 1996: 第二章, 高温超导氧化物的结构化学.

[6] Timusk T, Statt B. Rep. Prog. Phys., 1999, 62: 61.

[7] Emery V J, Kivelson S A. Nature, 1995, 374: 434.

[8] Xu Z A, Ong N P, Wang Y, Kakeshita T, Uchida S. Nature, 2000, 406: 486.

[9] Wen H H, et al. Phys. Rev. Lett., 2009, 103: 067002.

[10] Lee P A, Naoto Nagaosa, Xiao−Gang Wen. For a recent review on RVB picture. cond−mat/0410445; Anderson P W, Lee P A, Randeria M, Rice T M, Trivedi N, Zhang F C. J. Phys. Condens. Matter, 2004, 16, R755; Anderson P W, et al. Phys. Rev. Lett., 1987, 58: 2790; Anderson P W. Science, 1987, 235: 1196.

[11] Scalapino D. 2010. arXiv: 1002. 2413.

[12] Anderson P W. Personal history of my engagement with cuprate superconductivity, 1986−2010. arXiv: 1011. 2736.

[13] Shibauchi T, et al. Phys. Rev. Lett., 1995, 75: 316.

[14] Tsuei C C, Kirtley J R. Rev. Mod. Phys., 2000, 72: 969. 有关 d− 波超导物理书籍请参阅向涛. d 波超导体. 北京: 科学出版社, 2007.

[15] Fong H F, et al. Phys. Rev. Lett., 1995, 75: 316. Dai P C, Mook H A, et al. Science, 1999, 284: 1344.

[16] Lanzara A, et al. Nature, 2001, 412: 510.

[17] 韩汝珊. 高温超导物理. 北京: 北京大学出版社, 2002.

[18] 韩汝珊 主编, 闻海虎, 向涛 副主编. 铜氧化物高温超导电性: 实验与理论研究. 北京: 科学出版社, 2007.

[19] 张裕恒. 超导物理. 第三版. 合肥: 中国科技大学出版社, 2008.

[20] Blatter G, Feigel'man V M, Geshkenbein V B, Larkin A I, Vinokur V M. Rev. Mod. Phys., 1994, 66: 1125.

[21] 闻海虎. 物理, 2006, 35: 16−26; 35: 111−124.

[22] Kamihara Y, Watanabe T, Hirano M, et al. J. Am. Chem. Soc., 2008, 130: 3296.

[23] Johnson V, Jeitschko W J. Solid. State. Chem., 1974, 11: 161.

[24] Zimmer B I, Jeitschko W, Albering J H, et al. J. Alloys and Comp., 1995, 229: 238.

[25] Ren Z A, Lu V, Yang J, Yi W, Shen X L, Li Z C, Che G C, Dong X L, Sun L L, Zhou F, Zhao Z X. Chin. Phys. Lett., 2008, 25: 2215.

[26] De La Cruz C, et al. Nature, 2008, 453: 899.

[27] Mazin I I, et al. Phys. Rev. Lett., 2008, 101: 057003. Mazin I I. Nature, 2010, 464: 183.

[28] Kuroki K, et al. Phys. Rev. Lett., 2008, 101: 087004.

[29] Ding H, et al. EPL., 2008, 83: 47001.

[30] Hanaguri T, Niitaka S, Kuroki K, Takagi H. Science, 2010, 328: 474.

[31] Christianson A D, et al. Nature, 2008, 456: 930.

[32] Hu J P, Ding H. Scientific Reports, 2012, 2: 381.

[33] Onari S, Kontani H. Phys. Rev. Lett., 2009, 103: 177001.

[34] Cheng P, Shen B, Hu J P, Wen H H. Phys. Rev. B, 2010, 81: 174529.

[35] Li Y, Tong J, Tao Q, Feng C, Cao G, Xu Z, Chen W, Zhang F. New J. Phys., 2010, 12: 083008.

[36] Li J, Guo Y F, Zhang S B, Yuan J, Tsujimoto Y, Wang X, Sathish C I, Sun Y, Yu S, Yi W, Yamaura K, Takayama–Muromachiu E, Shirako Y, Akaogi M, Kontani H. arXiv: 1206. 0811.

[37] Wen H H. Adv. Mat., 2008, 20: 3764.

[38] Chu C W Paul. Nature Physics, 2009, 5: 787.

[39] Ren Z A, Zhao Z X. Adv. Mat., 2009, 21: 4584.

[40] Paglione J, Greene R L. Nat. Phys., 2010, 6: 645.

[41] Wen H H, Li S L, Annu. Rev. Cond. Mat. Phys., 2011, 2: 121.

[42] Stewart G R. Rev. Mod. Phys., 2011, 83: 1589.

[43] Hirschfeld P J, Korshunov M M, Mazin I I. Rep. Prog. Phys., 2011, 74: 124508.

人名索引

人名索引

内容索引

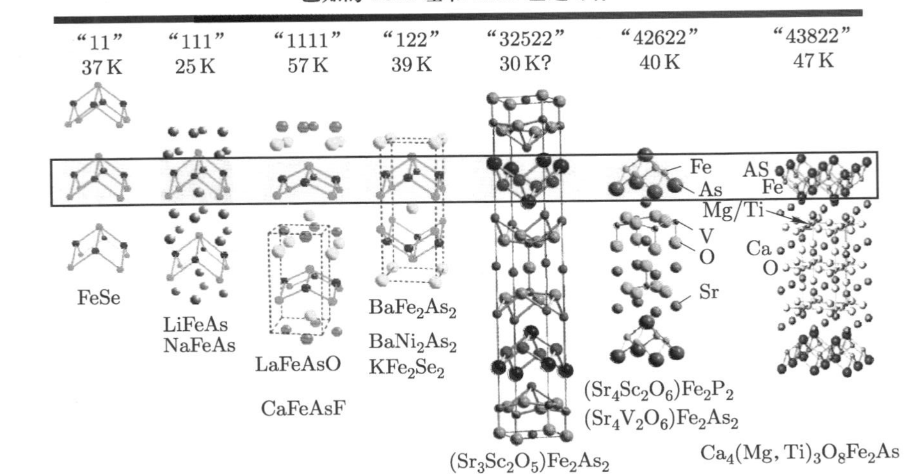

图 A.5 目前铁基超导体所发现的几个主要结构体系和相应的超导转变温度.

诺贝尔物理学奖获得者著作选译

《1994 年狄拉克纪念讲演录——软界面》

本书是德热纳应英国剑桥大学之邀所作 1994 年狄拉克纪念讲演的讲稿。德热纳教授是最新交叉学科“软物质”的开拓者和奠基人，被诺贝尔基金会誉为“当代的牛顿”。本书以纲要的形式，用作者大力提倡的简单概念和标度律的处理风格，系统讨论了软界面的各种问题：润湿和反润湿的动力学、固体 – 高分子熔体间界面的滑移、黏合原理及高分子 – 高分子的热熔接。本书可供物理学、化学、生物学、高分子科学与工程、材料科学与工程、环境科学与工程、化学工程等多种理工学科的高校教师、研究生、高年级大学生及广大科研人员阅读参考。

《高分子动力学导引》

本书是德热纳的讲演集。本书以纲要的形式讨论了高分子链动力学，蛋白质环的构象，液滴在固体上的干展布，高分子溶液湍流减阻等一系列重要问题，并试图概括于标度概念等统一理论框架中。作者目的是既向专家指明前沿课题，也为初学者入门引路。书后还附有德热纳在获得诺贝尔物理学奖时的颁奖演讲词。本书可供物理学、化学、生物学、材料科学、化学工程等学科的科研人员和高校师生参考。